Eugen Drewermann

Der tödliche Fortschritt

HERDER / SPEKTRUM
Band 4032

Das Buch

Nach Jahrhunderttausenden eines relativen Gleichgewichts mit der umgebenden Natur hat der Mensch in den letzten zwei Jahrhunderten seine natürliche Umwelt in einer Weise verändert, daß ihm der zivilisatorische Fortschritt selbst zum Alptraum zu werden beginnt. Eugen Drewermann hat ein Buch geschrieben, das zum radikalen Umdenken provoziert, weil es die geistigen Motive der dramatischen Zerstörung der natürlichen Lebensgrundlagen bloßlegt und die Probleme an der Wurzel angeht. Ein brillantes Buch, leidenschaftlich und kenntnisreich. Es beweist: Zur Bewältigung unserer Krise bedarf es nicht eines vordergründigen Umweltschutzes, sondern eines neuen Menschenbildes, das den Menschen als Teil der Natur begreift. Drewermann nennt Fakten, Zahlen und Zusammenhänge – ob es sich um Fragen des Bevölkerungswachstums, des Waldsterbens, der Klimaveränderung, um Tiertod oder um Biotechnologie handelt. Aber er besteht auf den Hintergründen. Und er zeigt, daß das Christentum, wenngleich in einer schicksalhaften Verkehrung der eigentlichen Absichten, die heutigen Probleme wesentlich mitverursacht hat. Er schildert die dramatische Zerstörung der Seelen und weist freilich auch Wege der Heilung, die in der Konsequenz der Weisheit liegen, daß die Erde nicht dem Menschen gehört.

Der Autor

Eugen Drewermann, geb. 1940 in Bergkamen, Studium der Philosophie, Theologie und Psychoanalyse. Zahlreiche Publikationen. In Herder/Spektrum: Die Spirale der Angst. Der Krieg und das Christentum (Band 4003); Das Eigentliche ist unsichtbar. Der Kleine Prinz tiefenpsychologisch gedeutet (Band 4068); Dein Name ist wie der Geschmack des Lebens. Tiefenpsychologische Deutung der Kindheitsgeschichte nach dem Lukasevangelium (Band 4113); Zeiten der Liebe (Band 4091); Der gefahrvolle Weg der Erlösung. Die Tobit-Legende tiefenpsychologisch gedeutet (Band 4165).

Eugen Drewermann

Der tödliche Fortschritt

Von der Zerstörung der Erde
und des Menschen
im Erbe des Christentums

Herder
Freiburg · Basel · Wien

4. Auflage

Alle Rechte vorbehalten – Printed in Germany
© Verlag Herder Freiburg im Breisgau 1991
Lizenzausgabe des Verlags Friedrich Pustet, Regensburg, 6. Aufl. 1990
Herstellung: Freiburger Graphische Betriebe 1992
Umschlaggestaltung: Joseph Pölzelbauer
Umschlagbild: Caspar David Friedrich, Das Eismeer
(Kunsthalle Hamburg)
ISBN 3-451-04032-8

Inhaltsverzeichnis

Einführung 7

1. Teil: Fakten, die Symptome sind 9

I. Bevölkerungsvermehrung, Hunger, Arbeitslosigkeit und Verstädterung 10
II. Umweltbelastungen durch Monokultur, Massentierhaltung und den Einsatz chemischer Mittel zur Ertragssteigerung und Gewinnmaximierung . . . 15
III. Umweltbelastung durch Abfall und Abgase 22
IV. Die Zerstörung der Wälder und die wachsende Desertifikation der Erde 29
V. Die Ausrottung der Tiere durch Jagd, Tierhandel, Artenverpflanzung und Straßenverkehr 34

2. Teil: Technische Möglichkeiten und geistige Notwendigkeiten 46

I. Maßnahmen, die absolut notwendig und dennoch völlig unzureichend sind 46
II. Statt »Umweltschutz« ein neues Menschenbild . . 62
   A. Die christliche Anthropozentrik und die Zerstörung der Natur 67
      1. Die geistesgeschichtliche Entwicklung . . . 67
      2. Die praktische Folge: die Zerstörung der Natur, die Entwurzelung des Menschen und die Rechtlosigkeit der Kreatur 79
         a) Die Gewalttätigkeit menschlichen Herrschaftsanspruchs 79

b) Der Verlust der Natur in der neuzeitlichen Literatur und Philosophie 84

c) Die Rechtlosigkeit der Kreatur im christlichen Abendland – oder: von einer
wichtigen Ausnahme 90

B. Fortschritt contra Harmonie – oder: von der
Wahrheit des mythischen Kreislaufes 111

C. Die Zerstörung der Seele und die Herrschaft
der Begriffe 133

III. Die heilende Wahrheit der Träume – oder: von
dem vorläufigen Dienst der Psychoanalyse und
dem erzieherischen Wert der Kunst 142

IV. »Die Erde gehört nicht den Menschen« – die Rede
des Häuptlings Seattle 160

Verzeichnis der zitierten Literatur 166

Register 181

Nachwort zur 3. Auflage 188

Anhang zur 6. Auflage 221

1. Das Bevölkerungswachstum 221

2. Das Abholzen der tropischen Regenwälder 232

3. Die Veränderung des Klimas und der Atmosphäre . . 249

4. Waldsterben, Luftverschmutzung und Autos 262

5. Abfälle aus Haushalt, Industrie und Landwirtschaft
sowie die Verunreinigung der Gewässer und Meere.
Massentierhaltung und Tierversuche 284

6. Der Tod der Tiere 305

7. Technische Innovationen und Fragen der Biotechnologie 331

8. Anregungen zum Umdenken 358

»Unsere Leser . . . haben genau drei Ideen in ihren prächtigen Schädeln. Die erste besagt, daß die menschliche Spezies allen anderen überlegen ist. Die zweite, daß das zwanzigste Jahrhundert allen anderen Jahrhunderten überlegen ist. Und die dritte, daß die erwachsenen Menschen des zwanzigsten Jahrhunderts ihren Kindern überlegen sind. Die ganze Illusion trägt das Etikett Fortschritt, und wer den in Frage stellt, wird pubertär, reaktionär oder ein Eskapist genannt. Der Fortschritt des Geistes. Gott helfe ihnen.«

T. H. White: Das Buch Merlin, 24

Einführung

In einem beängstigenden Tempo stürzt die Welt derzeit auf einen Abgrund zu. Nach Jahrhunderttausenden eines relativen Gleichgewichts mit der umgebenden Natur hat der Mensch in den letzten zwei Jahrhunderten seine natürliche Umwelt in einer Weise verändert, daß ihm der zivilisatorische Fortschritt selbst zum Alptraum zu werden beginnt. Der entscheidende Wegbereiter dieser Entwicklung indessen ist die Geisteshaltung Europas. Sie allein hat im Gefolge und im säkularisierten Erbe des Christentums den Menschen nicht als Teil der Schöpfung, sondern als Herrscher über die Natur gesehen und am Menschen selber wiederum nur den Verstand und Herrschaftswillen gelten lassen. Ehe diese christlich-abendländische Einstellung nicht einem neuen Bewußtsein weicht, wird es keinen Ausweg aus der beschrittenen Einbahnstraße in die Katastrophe geben. Die Ursachen, Gefahren, Chancen und Änderungsmöglichkeiten dieses Menschenbildes zu untersuchen, soll, ausgehend von einer Darlegung der Fakten im ersten Teil dieser Arbeit, die Aufgabe eines nachfolgenden zweiten Abschnittes sein. Der erste Teil stellt Fakten zusammen, die dem Fachmann wenig Neues sagen dürften, aber doch gerade von Geisteswissenschaftlern, von Theologen vornean, in ihrem Ernst gern übersehen oder bestritten werden. Das Ziel dieses Abschnittes ist nicht Originalität oder Vollständigkeit – es wird nur in fragmentischer Kürze gesagt, was jeder aufmerksame Zeitgenosse an sich wissen könnte –, aber da viele, auch Gutwillige, noch nicht wissen wollen, wie dramatisch besonders in den letzten zwei bis drei Jahrzehnten die Zerstörung der Natur vorangeschritten ist, scheint dieser erste Teil als Einführung doch unerläßlich, um die nachfolgende geistige Auseinandersetzung als unausweichlich begreifbar zu machen. Daß überhaupt ein Theologe einen solchen Beitrag schreibt, liegt daran, daß Theologen das bestehende Problem, wenngleich in einer schicksalhaften Verkehrung ihrer eigentlichen Absichten, wesentlich mitverursacht haben.

1. Teil: Fakten, die Symptome sind

Als 1972 der Club of Rome auf die Grenzen des Wachstums hinwies, ging eine Zeit endgültig zu Ende, in der es üblich geworden war, die verfügbare Energiemenge pro Kopf der Bevölkerung zum Maßstab der Entwicklungsstufe einer Zivilisation zu nehmen[1] und die zunehmend bessere und gründlichere Ausnutzung der Natur für immer mehr Menschen zum Hauptziel der Geschichte zu erklären. Zum ersten Mal wußte man, daß es so wie bisher nicht mehr weitergehen konnte. Untersuchte man die folgenden fünf Zivilisationsparameter: Weltbevölkerung, Rohstoffvorräte, verfügbare Lebensmittelvorräte pro Kopf, Industrieproduktion pro Kopf und Verschmutzungsgrad der Umwelt in ihren Wechselwirkungen, so ließ sich ein kybernetisches Verlaufsmodell errechnen, das – unter den heutigen Voraussetzungen – bereits im Jahre 2010 anzeigt, wie die Industrieproduktion wegen eines steilen Abfalls der Rohstoffreserven zusammenbricht; die Bevölkerung würde in diesem Modell noch bis etwa 2050 rapide wachsen, dann aber durch Hungersnöte drastisch abnehmen.[2]

Zu Recht hat man darauf hingewiesen, daß in diesem ersten Versuch »die regional unterschiedlichen Faktoren des menschlichen Verhaltens, seine Adaptionsmöglichkeiten, soziale und psychische Einflüsse« nicht hinreichend berücksichtigt seien;[3] M. Mesarović und E. Pestel haben deshalb vor allem die unterschiedlichen Entwicklungstendenzen von Industrienationen und Entwicklungsländern herausgestellt[4]

[1] C. Lévy-Strauss: Rasse und Geschichte, 42.
[2] D. Meadows: Die Grenzen des Wachstums, 110–115; F. Vester: Das Überlebensprogramm, 221–225.
[3] F. Vester: Das Überlebensprogramm, 225.
[4] M. Mesarović – E. Pestel: Menschheit am Wendepunkt, 58–69.

und die sozio-politischen Verhältnisse sowie die individuellen Wertvorstellungen und Normen in ihrem Systemansatz eines neuen Weltmodells einzubeziehen versucht.[5] Aber auch sie kamen zu dem Schluß, daß ein »Übergang von einer wachstumsorientierten Wirtschaft zum wirtschaftlichen Gleichgewicht«[6] unumgänglich, wenngleich äußerst schwierig sei. »Wir stehen«, schrieben sie, »in diesem Augenblick der Geschichte vor einer beispiellosen Entscheidungssituation. Zum erstenmal, seit der Mensch überhaupt existiert, wird er herausgefordert, sich gegen das vom wirtschaftlichen und technologischen Standpunkt aus Machbare zu entscheiden und sich dafür einzusetzen, was seine Moral und seine Verantwortung für alle kommenden Generationen von ihm verlangen«.[7] Nämlich: ein *freiwilliges Ende des Wachstums!*

I. Bevölkerungsvermehrung, Hunger, Arbeitslosigkeit und Verstädterung

Insbesondere verlangen Moral und Verantwortung heute eine dringende *Beschränkung der Geburtenziffern,* und es ist umgekehrt unmoralisch und unverantwortlich, diese wichtigste aller heutigen Fragen immer noch, wie z. B. in der katholischen Kirche, vorwiegend unter dem Aspekt zu behandeln, welche Auswirkungen »die« Pille auf die Sexualmoral des einzelnen haben werde.[8] Die erschreckende Tatsache lautet heute, daß die Weltbevölkerung sich vermehrt wie Algen in einem eutrophierten Gewässer: bis zum »Umkippen« in eine unbewohnbare Kloake. 1600 Jahre brauchte die

[5] a.a.O., 34–35.
[6] a.a.O., 132.
[7] a.a.O., 132.
[8] Die kath. Kirche ist streng genommen nicht gegen Geburtenkontrolle, sondern gegen künstliche Geburtenkontrolle; aber wie die Menschen leben, läuft beides auf dasselbe hinaus. Der alte Standpunkt von »Humanae Vitae« wurde noch einmal bestätigt am 25. 10. 80.

Menschheit von Christi Geburt an, um sich von ca. 250 Millionen auf 500 Millionen Menschen zu vermehren; dann dauerte es nur noch 200 Jahre, bis die Weltbevölkerung auf das Doppelte, auf eine Milliarde, anstieg. Dann brauchte es nur noch 100 Jahre bis zur nächsten Verdoppelung: 1930 waren es 2 Milliarden Menschen, – noch vor 50 Jahren erst zwei Milliarden Menschen! Inzwischen leben mehr als vier Milliarden Menschen auf unserer Erde; und es wird jetzt nur noch 20 Jahre dauern, bis im Jahr 2000 die Weltbevölkerung bei über 6 Milliarden stehen wird.[9]

In diesem Tempo weiterzurechnen, bedeutet für jeden Denkenden, die *Apokalypse in Zahlen* zu formulieren. Setzt man die mittleren Grunddaten voraus, so ergibt sich, bei besonderer Berücksichtigung der Entwicklungsländer, für den »kurzen« Zeitraum zwischen 1950–2100 dieses Bild (alle Zahlen in Milliarden):[10]

	1950	1975	2000	2025	2050	2075	2100
Weltbevölkerung	2,5	4,0	6,4	9,1	11,1	12,0	12,3
Bevölkerung. in den Entw.-ländern	1,4	2,9	5,0	7,5	9,5	10,5	10,7

Hinter dem angenommenen Abflachen der Kurve nach 2025–2050 stehen Hungerkatastrophen von heute noch unvorstellbarem Ausmaß, vor allem in den Entwicklungsländern, wobei besonders die enorme Verschiebung in dem Zahlenverhältnis von Weltbevölkerung und Bevölkerung in den Entwicklungsländern zu beachten ist. 1968 rechnete die

[9] M. Mesarović – E. Pestel: Menschheit am Wendepunkt, 58–69; vgl. die gleichlautenden Tabellen in: R. Kaiser (Hrsg.): Global 2000, S. 174–176.
[10] O. Matzke: Die »Bevölkerungsbombe« ist kein Blindgänger, FAZ vom 18. 6. 80, S. 11; vgl. Vereinigung Deutscher Wissenschaftler: Welternährungskrise oder: Ist eine Hungerkatastrophe unausweichlich, 35; 113; H. Gruhl: Ein Planet wird geplündert, 171.

Ernährungs- und Landwirtschaftsorganisation der Vereinten Nationen (FAO) damit, daß etwa 20% der Bevölkerung der Entwicklungsländer an Unterernährung leidet und etwa 60% an Mangelernährung.[11] Als im Juni 1980 die Ministerkonferenz des Welternährungsrates (WFC) der UNO in Tansania über die Möglichkeiten im Kampf gegen den Hunger beriet, mußte sie davon ausgehen, daß etwa 1 Milliarde Menschen in Asien, Afrika und Lateinamerika hungern und etwa 450 Millionen davon ständig an der Grenze zum Tode vegetieren.[12] Für das zurückliegende Jahr 1979 rechnet man etwa mit 800 Millionen Menschen in völliger Verelendung und nimmt an, daß von ihnen ca. 50 Millionen Menschen an Hunger und Krankheit sterben, darunter 15 Millionen Kinder im sogenannten »Jahr des Kindes«. Diese Zahlen sind in sich bereits von einer Furchtbarkeit, die menschliches Vorstellungsvermögen bei weitem übersteigt. Aber sie werden von Tag zu Tag, von Woche zu Woche unaufhaltsam weiterwachsen. In 20 Jahren werden es vermutlich 1,5 Milliarden Menschen sein, die im absoluten Elend leben.[13] Derzeit steht einem Wachstum der Bevölkerung von 3–4% in der Dritten Welt ein Anstieg der Nahrungsmittelproduktion von nur 1,3% gegenüber, – eine Schere des Schreckens, für die kein Ende abzusehen ist.

Dabei ist der Hunger nur *ein* Problem. Ein anderes ist die sich steigernde *Massenarbeitslosigkeit*. »Allein in Südasien zum Beispiel nimmt das menschliche Arbeitskraftpotential gegenwärtig jede Woche um 350000 Menschen zu. Diese Zahl wird bis Ende dieses Jahrhunderts auf 750000 in der Woche oder etwa 40 Millionen pro Jahr anwachsen; das ist doppelt so viel wie die gegenwärtige Gesamtbevölkerung von Kanada. Weitere 10 Jahre später dürfte die wöchentliche Zunahme an potentiellen Arbeitskräften in Südasien auf

---

[11] Vereinigung Deutscher Wissenschaftler: Welternährungskrise, 23.
[12] FAZ, 24. Mai 80 (dpa).
[13] K. Natorp: Wie eine Sprungflut, FAZ vom 7. 6. 80, S. 1.

1 Million pro Woche ansteigen.«[14] Zudem brauchen die Millionen neuer Menschen Wohnungen, Ausbildungsplätze, ärztliche Versorgung, ein gewaltig anwachsendes Netz der Infrastruktur des Landes usw. »Um allein mit dem Bevölkerungswachstum bis zur Jahrhundertwende fertig zu werden, muß Indien in den nächsten 20 Jahren täglich (!) 1000 neue Schulklassenräume, täglich 1000 neue Krankenhäuser und täglich 10000 neue Wohnungen bauen.«[15]

Als seien diese Probleme bei gleichbleibender Bevölkerungsvermehrung nicht bereits an sich schon unlösbar genug, führen Hunger und Arbeitslosigkeit durch fortschreitende Landflucht zu einer enormen *Zusammenballung der Menschen in Städten* und damit indirekt erneut zu einer dramatischen Erhöhung der Geburtenrate, einer gewaltigen Ausdehnung des absoluten Raumbedarfs für den Menschen, zu einem verstärkten Bedarf an Energie, Rohstoffen und industriellen Produkten aller Art und mithin insgesamt zu einer noch weit größeren Belastung der Umwelt, als sie aus dem bloßen Anstieg der Geburtenziffern zu ersehen ist. Als Anfang des 19. Jahrhunderts die industrielle Revolution begann, betrug der prozentuale Anteil der Stadtbevölkerung in Städten mit 20000 und mehr Einwohnern nur 2,4% der Weltbevölkerung; im Jahre 1950 hatte er sich verzehnfacht: auf 21%. »Bis zum Jahr 2000 dürfen wir ... mit einer insgesamt sechsfachen Erhöhung der städtischen Bevölkerung rechnen ... In Absolutzahlen bedeutet dies, daß schon am Ende unseres Jahrhunderts fast 4 Milliarden Menschen – also mehr als die gesamte heutige Weltbevölkerung – in Städten leben wird.«[16] Demgegenüber blieb während der letzten 150 Jahre der jährliche Zuwachs der ländlichen Bevölkerung konstant

[14] M. Mesarović – E. Pestel: Menschheit am Wendepunkt, 78.
[15] a.a.O., 78.
[16] F. Vester: Das Überlebensprogramm, 185. Für Mexico-City z. B. ist für das Jahr 2000 mit einer Bewohnerzahl von 32 Millionen Menschen zu rechnen. Insgesamt wird es ca. 400 Städte mit mehr als 1 Millionen Menschen geben; vgl. R. Kaiser (Hrsg.): Global 2000, 187–189; 520.

bei einem Prozentsatz von 0,5%, während die städtische Bevölkerung rund 5 mal schneller anwuchs.[17]

Natürlich bringt diese Entwicklung erhebliche psychologische und soziologische Folgen mit sich, indem – neben der wachsenden Kluft zwischen arm und reich[18] – besonders die Familie an Funktion verliert und zur Kleinfamilie zusammenschrumpft und insofern das Verhältnis von Öffentlichkeit und Privatsphäre denaturiert: die Öffentlichkeit verformt sich zu einer Scheinöffentlichkeit in totalitären Systemen und zunehmender Vermassung, während die Privatsphäre, das Familienglück im Winkel, teils überfordert wird, teils inhaltsleer bleibt[19]. Aber von dieser nur den Menschen selbst betreffenden Problematik sei einmal abgesehen. Für die Frage nach der Belastung der Umwelt kann man davon ausgehen, daß diese zwei Faktoren: das Bevölkerungswachstum und die enorme Zusammenballung der Menschen in riesigen Städten einen Hauptkomplex des Umweltproblems darstellen; die Faktoren, auf die wir jetzt zu sprechen kommen, sind z. T. Folgewirkungen, z. T. rückgekoppelte Teilursachen dieses Problems: die Umweltverschmutzung durch die Trennung von Ackerbau und Viehhaltung, durch den wachsenden Rohstoffbedarf und den Ausstoß von Industriemüll, durch die Zerstörung ökologisch intakter Gebiete infolge von Straßen- und Wohnungsbau, durch den täglichen Stadtverkehr sowie durch klimatische Veränderungen infolge von Industrie und Verstädterung, schließlich Zerstörungen durch Verhaltensweisen, die sich aus blanker Gewinnsucht und Gedankenlosigkeit ergeben.

[17] F. Vester; a.a.O., 185.
[18] J. M. Alfonso: Das Elend der großen Städte, 60–67.
[19] H. P. Bahrdt: Die moderne Großstadt, 23; 56–58; die psychischen Folgen zeigen sich in einer wachsenden Verbrechenshäufigkeit, die eindeutig mit der Stadtgröße und Bevölkerungsdichte korreliert: vgl. die Statistik bei: B. Bruce Briggs: Die Kultur von morgen, in: E. Evans-Pritchard (Hrsg.): Bild der Völker, Bd. 10; Teil II: Die Zukunft der Menschheit, 192; 193; ferner: I. Ball: Megalopolis-Bewohner, in: Bild der Völker, Bd. 4, Teil I: Nordamerika, 100–101.

II. Umweltbelastungen durch Monokultur, Massentierhaltung und den Einsatz chemischer Mittel zur Ertragssteigerung und Gewinnmaximierung

Die Städte sind meist konzentriert um riesige Industriezentren, die in sich selbst wie autonome Staaten im Staat anmuten. Eine Firma wie General Motors etwa beschäftigt 800 000 Menschen und hat einen Umsatz von mehr als 200 Milliarden Dollar, das ist »mehr als das Bruttosozialprodukt der meisten afrikanischen, asiatischen und lateinamerikanischen Länder.«[20] Die Großstädte, die sich an eine solche Konzentration von Kapital und Arbeit anlagern, wachsen ihrerseits ins Phantastische. »Zwischen Washington und Boston gibt es praktisch nur eine Stadtlandschaft mit 40 Millionen Einwohnern, das sind fast so viele Menschen, wie in Spanien und Portugal zusammen wohnen«,[21] das sind etwa so viele Menschen, wie der volksreichste arabische Staat, Ägypten, Einwohner zählt. All diese Menschen wollen als erstes zu essen haben, und da sie selbst keine Nahrungsmittel herstellen, bedürfen sie eines gewaltigen agrarischen Hinterlandes, dessen Fläche aber gerade durch die Verstädterung immer mehr eingeschränkt wird. Infolgedessen nimmt der Druck zu industrieähnlichen Formen der Landwirtschaft ständig zu, mit dem Ergebnis der Massenviehhaltung und des vermehrten Einsatzes von Dünge- und Pflanzenschutzmitteln zur Ertragssteigerung.

Da die Ertragssteigerung – bei möglichst niedrigen Arbeitslöhnen, also bei hoher Rentabilität und Wettbewerbsfähigkeit auf dem internationalen Markt – das alleinige Ziel aller Bemühungen darstellt, gedeiht, ökologisch gesehen, die Landwirtschaft immer mehr zu einer Katastrophenwirtschaft. In der Bundesrepublik Deutschland hat sich durch erhöhten Verbrauch an Industriedünger die landwirtschaftli-

[20] J. M. Alfonso: Das Elend der großen Städte, 69.
[21] a.a.O., 69.

15

che Produktion von 1938 bis 1966 mehr als verdoppelt, obwohl die agrarische Nutzfläche in dieser Zeit um 5% abnahm. In diesem Zeitraum wurden an Stickstoff, Phosphor und Kalium pro Hektar eingesetzt:

1938/39:   94,5 kg
1960/61:   160,4 kg
1965/66:   205,9 kg
1969/70:   220,0 kg

In den Jahren 1969/70 wurden allein 2,4 Milliarden DM für Bodenverbesserungsmittel ausgegeben.[22] Tatsächlich stiegen die Erträge zwischen 1960–69 noch einmal um 50% an, was die einfache Input-Output-Rechnung der Agrarwirtschaft vordergründig zu bestätigen schien, aber diese Ertragssteigerung verlangte 350% mehr Düngung und zusätzlich einen Einsatz von 1350% mehr Pestiziden.[23] Wurden in der Bundesrepublik Deutschland 1963/64 noch 143 Millionen DM für Biozide ausgegeben, so 1971/72 rund 400 Millionen DM. Der Weltverbrauch stieg von 11 Milliarden DM im Jahre 1971 auf 15 Milliarden 1975 – ein Trend, der seit 1955 anhält und etwa alle 5 Jahre zu einer Verdoppelung des Pestizidverbrauchs führt.[24] Dabei ist der ökologische Teufelskreis mit Händen zu greifen: aus Gründen der Wirtschaftlichkeit wird zunächst die Fruchtfolge stark eingeschränkt und der Boden dadurch rasch ausgelaugt; also wird mehr Industriedünger notwendig; dadurch aber verarmt die Bodenfauna und -flora mit ihren lebenswichtigen Stoffwechselvorgängen; infolgedessen erhöht sich die Anfälligkeit der Pflanzen und die Vermehrung schädlicher Insekten; also muß der Einsatz von Schädlingsbekämpfungsmitteln erhöht werden, was den Boden noch mehr belastet und die natürliche Mineraldüngung

[22] F. Vester: Das Überlebensprogramm, 115.
[23] a.a.O., 136.
[24] Natürlich ist eine entsprechend starke Industrie an dem wachsenden Einsatz von Düngemitteln interessiert; zu ihrer Preispolitik und Marktkontrolle vgl. K. R. Mirow: Die Diktatur der Kartelle, 137–146; vgl. B. Commoner: Energieeinsatz und Wirtschaftskrise, 148–149.

weiter einschränkt; zwar läßt sich auch das noch eine Zeitlang durch vermehrten Einsatz von Kunstdünger und Pestiziden ausgleichen, aber die humose Bodenstruktur wird dabei zerstört und der Erosion preisgegeben, neue Gebiete müssen gerodet werden, und der Circulus vitiosus von Monokultur, Intensivnutzung, Verarmung der Bodenflora und -fauna, wachsendem Insektenbefall usw. kann von neuem beginnen.[25]

Die natürlichste Art der Düngung bestünde in dem althergebrachten landwirtschaftlichen Kreislauf von ausgewogener Tierhaltung, Weidewirtschaft und Bodennutzung. Tatsächlich aber schreitet die Verwandlung von Schweinen, Rindern und Hühnern in industriell nutzbare Lebendkonserven immer weiter fort, wieder unter dem einen und einzigen Gesichtspunkt der Ertragssteigerung und der Rentabilität angesichts des steigenden Konkurrenzdrucks des Marktes. Daß Tierhaltung in dieser Form die natürlichen Lebensbedürfnisse der Tiere in krasser Weise verletzt und also eindeutig gegen die Vorschriften des Tierschutzgesetzes verstößt, wird in der Bundesrepublik Deutschland solange keine Bedeutung haben, als der Tierschutz dem Landwirtschaftsministerium unterstellt bleibt und man somit weiterhin den Bock zum Gärtner macht. Aber andere Folgen der Massentierhaltung müssen Eindruck machen: Dünger, der ehedem landwirtschaftlich nützlich war, wird jetzt, zusätzlich zu den Belastungen aus Kunstdünger und Bioziden, zu einem »Abfall«, der die Böden und Gewässer erheblich belastet. In der Schweiz z. B. wurden bisher 32,7%, in Bayern 40% aller Fischsterben durch die Landwirtschaft verursacht.[26] Die Landwirtschaft in ihrer einseitig auf Ertragssteigerung ausgerichteten Form wird somit zu einem Umweltschädling erster Ordnung. Vielen Tierarten, besonders zahlreichen Vögeln, wird durch die Monokultur und die damit verbundene Un-

[25] F. Vester: 122–123, Abb. 10.
[26] F. Vester: Das Überlebensprogramm, 47.

terhöhlung der Nahrungspyramide buchstäblich der Boden entzogen.[27] Von der Belastung der Gewässer macht man sich ein rechtes Bild, wenn man hört, daß z. B. der Rhein pro Tag allein an Phosphaten 100 000 kg in die Nordsee transportiert;[28] das bedeutet ein zusätzliches Wachstum von täglich 10 Millionen kg Algen, die nach ihrem Absterben dem Ozean 13 Million kg Sauerstoff zur Verwesung entziehen; das entspricht einem Sauerstoffentzug aus täglich 1,5 Milliarden m^3 Wasser, also einem Nordseeabschnitt von etwa 20 bis 50 km^2. Von 1 Million Tonnen Stickstoff, die als Düngemittel eingesetzt werden, gehen mehr als 50% (550 000 Tonnen) in die Gewässer der Bundesrepublik Deutschland.[29] Freilich trägt an der Gewässerbelastung nicht allein die Landwirtschaft die Schuld – mithinzurechnen muß man neben den Zuleitungen aus der chemischen Industrie z. B. vor allem die Stickoxide, die aus Autoabgasen durch den Niederschlag in Böden und Gewässer geraten (mindestens 50% der Luftverschmutzung entstammt dem Auto),[30] aber es ist deutlich zu sehen, wie fatal die Verstädterung und die Industrialisierung hier zusammenwirken. Täglich fallen in der Bundesrepublik Deutschland 100 ha freie Landschaft der »Erschließung« durch den Bau von Häusern, Fabriken, Verkehrssträngen, Freizeiteinrichtungen usw. zum Opfer;[31] und wenn auch der verbleibende Anteil der »Natur« noch durch ein einseitiges Wachstumsdenken zerstört, ja sogar gegen die natürlichen Lebensbedingungen verkehrt wird, gibt es für die Umwelt kaum noch eine Rettung.

[27] H. Stern: Ordnung gegen die Natur, in: H. Stern, G. Thielcke, F. Vester, R. Schreiber: Rettet die Vögel, 33; ders.: Lebensraum Dörfer, Hof und Garten, a.a.O., 188–189.
[28] »Fast alle Fische im Rhein hätten Geschwüre und seien ungenießbar«, meldete die AP am 4. 8. 80 (FAZ 5. 8. 80).
[29] F. Vester: Das Überlebensprogramm, 126–127; H. Gruhl: Ein Planet wird geplündert, 82.
[30] F. Vester, a.a.O., 57.
[31] H. Stern: Ordnung gegen die Natur, s. o. Anm. 27, S. 33.

Was den Einsatz von Düngemitteln und Bioziden so verhängnisvoll macht, ist vor allem der Umstand, daß viele Wirkungen langfristig oder erst in Form synergistischer Verkoppelungen verschiedener Schadstoffe zutage treten. Das Paradebeispiel dafür liefert der Gebrauch des inzwischen weltweit verbotenen DDT (Dichlor-Diphenyl-Trichloräthan) und anderer heute noch vielfältig im Einsatz befindlicher chlorierter Kohlenwasserstoffe wie Endrin, Aldrin u. a., des polychlorierten Diphenyl (PCB), das als Weichmacher in Kunststoff und als Schmiermittel in hydraulischen Ölen dient, sowie des Saatbeizmittels Hexachlorbenzol (HCB).[32] Die Pestizide bringen meist sehr bald die Gefahr der Resistenz mit sich: 180 Insektenarten z. B. sind allein gegen DDT resistent geworden, davon 105 Krankheitsüberträger.[33] Darüberhinaus bildet die langfristige Anreicherung der Schadstoffe im Fettgewebe eine Gefahr, die niemand abzuschätzen weiß. Der DDT-Gehalt im Meerwasser beispielsweise ist verschwindend gering. Im Plankton beträgt seine Konzentration nur erst 0,04 ppm, aber in Muscheln steigt seine Anreicherung auf das 70000fache. Kleine vom Plankton lebende Fische weisen bereits eine Konzentration von 0,23 ppm auf, die davon lebenden größeren Fische eine von 1,24–2,7 ppm. Von diesen Fischen wiederum leben Vögel, die eine Konzentration von 3,1 ppm (Seeschwalben) bis 26,4 ppm (Kormorane) aufweisen.[34] Dabei können Vögel DDT-Konzentrationen lange Zeit ertragen; in Streßsituationen aber oder in Hungerzeiten wird Fett und mit ihm das DDT aus dem Gewebe mobilisiert, das dann eine unmittelbar tödliche Wirkung hat.[35] Die DDT-Verseuchung ist inzwischen jedoch so allgemein, daß Säuglinge mit der Muttermilch heute zwei bis dreimal mehr DDT erhalten, als der staatlich für Kuhmilch zugelassene Höchstgehalt beträgt. »›Würde Muttermilch in

[32] F. Vester: Das Überlebensprogramm, 145–147.
[33] a.a.O., 127.
[34] a.a.O., 139.
[35] a.a.O., 146.

irgendeinem anderen Behälter verschickt, so würde sie keine Staatsgrenze passieren dürfen‹, kommentierte ein Biologe den Sachverhalt.«[36]

Man muß sich dabei freilich darüber im klaren sein, daß die Monokulturen und Massentierhaltungen ohne steigenden Einsatz aller möglichen Biozide und Impfstoffe von vornherein nicht möglich sind. In der Geflügelproduktion z. B. sind heute Farmen mit mehreren 10 000 (!) Hühnern keine Seltenheit mehr. Zur Seuchenverhütung muß daher, meist durch Trinkwasservakzine, eine Vielzahl von Impfungen vorgenommen werden.[37] Antibiotika, Hormone zur Schnellmast, Beruhigungsmittel und später Konservierungsstoffe zählen zur Selbstverständlichkeit. Schätzungen des »grauen Marktes« an Tierarzneimitteln kommen auf 40–50 Millionen DM pro Jahr, das sind 30–40% des Gesamtmarktes in der Bundesrepublik Deutschland.[38] Um weißes Kalbfleisch zu bekommen, müssen kranke eisenarme Tiere bei ständiger Dunkelheit gezüchtet werden, nur um die kaum lebensfähigen Tiere für die Dauer der Mast am Leben zu erhalten.[39] Schweine müssen kastriert werden, wegen des unangenehmen Ebergeruchs männlicher Tiere. Den modernen Leistungsrassen unter den Hühnern ist infolge »der erfolgreichen Züchtung auf Legeleistung« der Brutinstinkt völlig verlorengegangen, so daß man die Hennen ohne Unterbrechung legen lassen kann. Bei Puten ist die Züchtung auf Schlachtqualität derart erfolgreich, daß die begehrten Brustmuskeln aufgrund ihrer Größe und Breite die männlichen Tiere paarungsunfähig machen und man zur künstlichen Besamung übergehen mußte.[40]

[36] P. Farb: Die Ökologie, 176.
[37] F. Pirchner: Tierzucht, in: H. G. Gadamer – P. Vogler (Hrsg.): Neue Anthropologie, Bd. 3: Sozialanthropologie, 130. Die Zahl allein der Käfighühner in der Bundesrepublik lag 1980 bei ca. 60 Millionen – je sechs Tiere in Boxen von 50×50 cm!.
[38] F. Vester: Das Überlebensprogramm, 141.
[39] a.a.O., 142.
[40] F. Pirchner, s. o. Anm. 37, S. 121, wo diese Zuchterfolge sehr lobend erwähnt werden.

Kurz: wir ernähren uns von geschundenen und gequälten Monstren, und dies stets unter der ausschließlichen Devise der Ertragssteigerung.

Zu welch einem Fetisch diese Zielsetzung mittlerweile indessen geworden ist, zeigt sich in unübertrefflicher Klarheit an dem Beispiel des Jahres 1968, als in der Bundesrepublik Deutschland 8,3 Milliarden DM für die Agrarpolitik ausgegeben wurden; sage und schreibe 80% dieser Ausgaben waren verursacht durch Überschußproduktion.[41] Damals wurden z. B. 20 Millionen DM für die Subvention von Chester-Käse ausgegeben, mit 412 Millionen DM glaubte man die Magermilchverwertung subventionieren zu müssen, geradezu prämiert wurde der Kunstdüngereinsatz zur Erzielung von Höchsterträgen, während (besonders in Frankreich) Prämien für die Überschußvernichtung zwecks Preisstabilisierung ausgeschüttet wurden.[42] Geändert hat sich an diesem Wachstumskult bis heute nicht sehr viel.[43] Nicht der Hunger in der Welt, wie man gerne vorgibt, wird auf solche Weise bekämpft, sondern veranstaltet wird ein agrarpolitisches Potlatch, ein Konkurrenzkampf, bei dem derjenige obsiegt, der imstande ist, am meisten von seinen hergestellten Gütern zu vernichten.[44]

[41] F. Vester: Das Überlebensprogramm, 128.

[42] a.a.O., 221.

[43] vgl. K. P. Krause: Nun auch ein Berg von Obstkonserven. Die Brüsseler Produktionsbeihilfen, FAZ vom 1. 8. 80, S. 11; danach stieg die Produktionsbeihilfe in der EWG von 561 Mio. DM 1978 auf voraussichtlich 1,146 Mrd. DM in 1980. In Italien z. B. stieg die Produktion von »Verarbeitungstomaten« durch die Beihilfe von 1,5 Mio. to 1977 auf 3 Mio. to 1979. – Wie wenig sich bis heute an der teuren Überschußproduktion geändert hat, zeigt am deutlichsten der europäische Milchmarkt: im Jahre 1980 gab die Europäische Gemeinschaft rund 6 Milliarden DM aus – der deutsche Steuerzahler davon etwa 2 Milliarden –, um insgesamt 700 000 Tonnen Milchpulver, 550 000 Tonnen Butter und 300 000 Tonnen Käse in Drittländer zu exportieren und, sage und schreibe, 1,2 Millionen Tonnen Milchpulver an Vieh zu verfüttern; in: Westfalenblatt vom 25. 3. 81.

[44] Zum Potlatch-Fest, das von den Indianerstämmen der Nordwestküste Nordamerikas begangen wurde, vgl. R. Benedict: Urformen der Kultur, 148–149; W. Hirschberg: Wörterbuch der Völkerkunde, 346–347. Dem-

III. Umweltbelastung durch Abfall und Abgase

Um immer mehr Menschen auf immer engerem Raum mit Nahrung, Wohnraum, Kleidung, Arbeit, Bildung usw. zu versorgen, muß immer mehr Energie aufgewandt und müssen immer mehr Konsumgüter aller Art produziert werden. Entsprechend hoch ist der Abbau der Rohstoffe und der Ausstoß an Abfallprodukten. *Freilich steigt die Industrieproduktion zur Zeit gerade in denjenigen Ländern am meisten an, die ihrer zum Eigenbedarf am wenigsten bedürften, und würde man das dort erreichte Anspruchsniveau zum Weltmaßstab machen, so bräche schon bei der heutigen Bevölkerungszahl die Welt auseinander.* Man hat gegen die Dringlichkeit einer sofortigen und weltweiten Geburtenkontrolle besonders seitens der christlichen Kirchen immer wieder auf die schwindenden Geburtenzahlen der westlichen Industrienationen hingewiesen; aber auch die Industrieländer haben (noch) ein exponentielles Wachstum von 1% pro Jahr gegenüber den 0,02%, die über viele Jahrhunderttausende hin bestanden, und man macht sich bei einer solchen Argumentation vor allem nicht klar, daß bei dem herrschenden Pro-Kopf-Anspruch an Konsum ein Neugeborenes in einem Industrieland soviel an Umweltbelastung mit sich bringt wie 20 Neugeborene in einem tropischen Agrarland. Unter der Annahme eines Verbrauchs von 65g Protein pro Kopf und Tag (= 2000 cal Nahrungsenergie), unter der Voraussetzung ferner einer gleichbleibenden landwirtschaftlichen Pro-Kopf-Produktion und einer (heute noch völlig utopischen) absolut gleichmäßi-

gegenüber scheint es makaber, wenn Politiker jetzt daran erinnern, daß die Forderung nach Einschränkung des Wachstums schon nicht mehr aktuell, weil durch die Energiekrise und den Preisanstieg der Ölprodukte überholt sei. Im Gegenteil: zu befürchten ist, daß man, um wenigstens den Status quo des zivilisatorischen Komforts zu halten, die Umwelt drastisch und rücksichtslos mehrbelasten wird. Die ökonomische Stagnation droht geradezu eine Progression ökologischer Belastungen in gigantischem Maßstab heraufzuführen.

gen Verteilung aller Konsumgüter würden bei den Ansprüchen des Durchschnittsamerikaners von 1970 überhaupt nur etwa 2 Milliarden Menschen auf der Erde Platz haben.[45] Das Optimum der Weltbevölkerung liegt also weit unterhalb der heute bereits erreichten Marke von etwa 4 Milliarden Menschen. Nicht nur Geburteneinschränkung, sondern ein drastischer Geburtenrückgang wäre erforderlich, wenn die Lebensform der Menschen in den westlichen Industrieländern mit ihrer außerordentlichen Umweltbelastung eine weltweite Verbreitung finden sollte.

Tatsächlich sind heute ganze 2% der Weltbevölkerung verantwortlich für 30% der Umweltverschmutzung.[46] Während die Natur nur solche Stoffe »produziert«, die sich nach einiger Zeit wieder zerlegen und erneut in den biologischen Kreislauf eintreten, ist der umweltbelastende Müllausstoß in den Industrienationen nicht nur ins Horrende gestiegen, sondern das natürliche Gleichgewicht von Aufbau und Abbau wird noch zusätzlich durch einen wachsenden Anteil naturfremder Kunststoffe von praktisch unbegrenzter »Lebensdauer« weiter verzerrt.

Um möglichst billig möglichst viel produzieren zu können, hat die Abfallbeseitigung bzw. die Müllverwertung bislang eine sehr geringe Rolle gespielt. In der Bundesrepublik wurden 1970 mehr als 200 Millionen m³ Abfall ohne Abwässer ausgestoßen, 1972 260 Millionen m³. »Diese Menge würde ausreichen, um eine 260 km² große Fläche, etwa den gesamten Großraum München, einen Meter hoch in Müll versinken zu lassen.«[47] »Jedes Jahr wandern in den USA, wo mehr als die Hälfte aller auf der Welt gewonnenen Rohstoffe verbraucht werden, 19 Milliarden Tonnen Abfallpapier, 28 Milliarden leerer Flaschen, 48 Milliarden Abfalldosen, 100 Millionen abgefahrene Reifen und 7 Millionen Schrottautos in den

[45] F. Vester: Das Überlebensprogramm, 217.
[46] P. Farb: Die Ökologie, 182.
[47] F. Vester: Das Überlebensprogramm, 19.

Müll. In jeder Sekunde (!) werden 9 Millionen Liter flüssiger Abfälle ... in nordamerikanische Gewässer geschüttet«.[48]

Sehr bemerkenswert ist gerade diese nähere Zusammensetzung des Abfalls. Im Jahre 1970 stammten in der Bundesrepublik von den mehr als 350 Millionen m³ Abfall allein 191 Millionen m³ aus der Landwirtschaft (!), 114 Millionen m³ waren Hausmüll, 19 Millionen m³ waren Klärschlamm, 12 Millionen m³ bestanden aus Autowracks, 10 Millionen m³ waren Inertmaterialien, 4 Millionen m³ waren Bauschutt, 1,2 Millionen m³ waren Altreifen und 0,8 Millionen m³ bestanden aus Schlachtabfällen.[49] Allein diese Zahlen demonstrieren noch einmal, mit welch einem Preis die unsinnigen Wachstumssteigerungen in der Landwirtschaft bezahlt werden müssen.

Im Hausmüll wächst vor allem der Anteil an Verpackungsmüll fast exponentiell. Die Produktionskosten für Verpackungsmüll betrugen in der Bundesrepublik Deutschland:

> 1951:   1,3 Milliarden DM
> 1967:   9,2 Milliarden DM
> 1970:   12,5 Milliarden DM
> 1973:   17,0 Milliarden DM[50]

Einen Hauptposten des Müllausstoßes stellen die Schrottautos dar. An PKW-Wracks fielen 1968 noch 718 000 Wagen an, 1973 waren es 1 700 000! Aber schon rechnet die Autoindustrie stolz mit einem Ausstoß von 2,15–2,49 Millionen neuen Autos für 1982.[51]

Ein weiteres Problem besteht in der Verwandlung der Flüsse aus ökologischen Lebensadern in giftige Transportsysteme flüssigen oder löslichen Mülls.

An *Abwässern* wurden 1968 14,6 Millionen m³, 1969 bereits 17,5 Millionen m³ allein in die öffentlichen Kanalisationen geleitet. Das entspricht einem Güterzug mit ½ Millionen

[48] P. Farb: Die Ökologie, 166, Anm.
[49] F. Vester: Das Überlebensprogramm, 19.
[50] a.a.O., 19.
[51] ADAC-Motorwelt, August 1980, S. 16.

Tankwagen auf einer Länge von Bonn bis Peking.[52] Hinzu kommen die Industrieabwässer, deren Anteil weitgehend unbekannt ist. Die Schätzwerte einiger Schadstoffe der Abwässer aus der chemischen Industrie sahen für 1968 in der Bundesrepublik wie folgt aus:[53]

anorganische Salze:	7,1 Millionen Tonnen
Streusalze (Verkehr):	1 Million Tonnen
Rotschlamm aus der Aluminium-produktion:	8000 m^3
Quecksilbersalze aus der Chlorpro-duktion (vor allem Papierherstellung):	45 Millionen Tonnen
organische Stoffe aus Brauereien:	0,5 Millionen Tonnen
organische Stoffe aus der Papierin-dustrie:	60000 Tonnen
sowie Phenole verschiedener Herkunft:	1000 Tonnen

Die Stadt Kiel z. B. leitete bis 1972 alles Abwasser einfach in die Ostsee, nämlich täglich 50000 m^3 Schmutzwasser nur 200 m vor der Küste.[54] Dabei war sie in gewissem Sinne

[52] F. Vester: Das Überlebensprogramm, 46.
[53] F. Vester: 47; wie groß die Schadwirkung allein der Streusalze ist, zeigt eine Angabe des Bundes Naturschutz, wonach jährlich 100000 Bäume durch Streusalze vernichtet werden. In Hamburg seien bereits 10% der Bäume »tot«, ein Viertel sei mittel bis schwer, 42% seien leicht geschädigt; dabei sind dies nur die Oberflächensymptome der drohenden Gefahr einer dauerhaften Versalzung und Versteppung der Böden; in: FAZ, 1. 1. 81 (AP).
[54] F. Vester: Das Überlebensprogramm, 46. Wohin das führen kann, zeigt die Katastrophe von 1978 im Seengebiet von New York, wo das Meer bis zu 70 Meilen von der Küste entfernt umkippte: mangels Sauerstoff starben Millionen von Fischen, der Schaden für die Fischerei belief sich auf 50 Millionen Dollar. In der Nordsee, in die noch 1980 von den Anrainerstaaten 12 Millionen Tonnen Abfälle, davon 5 Millionen Tonnen Klärschlamm, der Rest als chemische Abwässer gekippt wurden, sind inzwischen 2 bis 5% der gefangenen Fische durch den »Streß« der Chemikalienflut und den Sauerstoffmangel erkrankt, vor allem an Oberflächengeschwüren, Bronchialtumoren, Deformationen des Rückgrats und Zwerg-

geradezu vorbildlich, denn insgesamt hat der gesetzlich verfügte Gewässerschutz bisher lediglich dazu geführt, von den Binnengewässern ins Meer auszuweichen und hier das Fehlen internationaler Abkommen auszunutzen. So sind die Ozeane heute zur größten Müllhalde des Planeten geworden.

Bei der Verschmutzung der Ozeane denkt man – neben einem Blow out wie im Sommer 1979 auf der Ixtoc I im Golf von Mexiko – zumeist an die spektakulären Unglücke, an denen regelmäßig Tanker der sogenannten Billigflaggenländer beteiligt sind; aber weit gefährlicher sind die Schiffe, die auf hoher See unkontrolliert ihre Ölabfälle ins Meer pumpen.[55] Zudem gelangt etwa das 5fache der Ölmenge von Tankerunglücken durch ölverschmutzte Flüsse ins Meer: 1969 z. B. flossen 2 Millionen Tonnen Petroleumprodukte ins Meer.[56] Die Ozeanverschmutzung mit Erdölprodukten insgesamt aus Industrieabfällen, unkontrollierten Verschüttungen, den Abfällen der maritimen Erdölförderung und des indirekten Fallouts vom Land zum Meer wurde 1969 auf etwa 17,1 Millionen Tonnen geschätzt; 1975 waren es etwa 19 Millionen Tonnen, 1980 rechnet man mit 21,3 Millionen Tonnen[57], wobei Pannen unvorhersehbaren Ausmaßes wie im

wuchs (FAZ, 13. 1. 80). Die Belastung der *Elbe* beruht nach wie vor auf der völlig ungelösten Abwassersituation der Stadt Hamburg und auf der starken Vorbelastung durch Abwässer aus der DDR. – Nach einer Meldung der FAZ vom 13. 9. 80 (AP) verursachten mehrere unbeschriftete 200-Liter-Fässer unbekannter Herkunft, die Schädlingsbekämpfungsmittel enthielten, vor der Küste der *Dominikanischen Republik* ein millionenfaches Fischsterben.

[55] F. Vester: 155; vgl. die Zahlen bei K. Graßhoff – M. Ehrhardt: Wird das Meer durch Öl verseucht?, in: Bild der Wissenschaft, 1977, Heft 6, S. 52–62.

[56] Man schätzt, daß durch Tankreinigung und Ablassen des Altöls jährlich 3 Mio. to Öl ins Meer fließen, – das ist mehr als 50% der Eigenförderung der BRD; F. Schott: Das Weltmeer als Wirtschaftsraum, 26.

[57] F. Vester: Das Überlebensprogramm, 155. Besonders gefährlich ist auch hier offenbar die unvorhersehbare Addition von Schadensmöglichkeiten. Als im Januar 1981 in den Küstengewässern vom Skagerrak und Kattegat bis hinein in den Oslofjord durch eine Ölpest Zehntausende von z. T. seltenen arktischen Seevögeln in einem Massensterben ums Leben kamen, diskutierte man als Ursache einen Blowout der Bohrinseln im norwegi-

Ekofisk-Zentrum oder auf der Ixtoc I in Mexiko natürlich nicht einkalkuliert sind.

Andere Schadstoffe kommen hinzu, und die Verklappung von Abfällen im Meer ist heute bereits zu einem gewinnträchtigen Industriezweig gediehen. So hat die belgische Schifffahrtsgesellschaft Ahlers eine Verklappungsfirma gegründet, um jährlich etwa 100000 Tonnen Titandioxid des Chemiekonzerns Bayer in Antwerpen ins Meer zu versenken. Allein aus der Titandioxidproduktion gelangen vor der belgischen, niederländischen und deutschen Küste jährlich 1,65 Millionen Tonnen von 10–20%iger Schwefelsäure in die Nordsee[58]. Täglich werden allein von Deutschen 375 Tonnen Schwefelsäure, 750 Tonnen Eisensulfat, 40 Tonnen hochgiftiger chlorierter Kohlenwasserstoffe und etwa 550 Tonnen Gips ins Meer geschüttet.[59]

Die Folgen für die Tier- und Pflanzenwelt sind natürlich äußerst weitreichend. Wie stark die Küsten verschmutzt sind, zeigt sich an der Anzahl verölter Vögel pro km Strandlinie, die sich in Holland und Belgien von 1958 bis 1968 verdoppelte. Durch Ölpest sterben jährlich allein in Deutschland etwa 10000 Seevögel.[60] Besonders dramatisch ist die Lage im *Mit-*

schen Teil der Nordsee, das – in Winterstürmen immer wieder übliche – Ablassen ölhaltigen Ballastwassers von Tankfahrzeugen (ein griechischer Kapitän wurde in London verhaftet) oder die fortschreitende Zersetzung der Wracks der im 2. Weltkrieg versenkten Handelsschiffe, deren Korrosionszeit bei etwa 40 Jahren liegt; in: FAZ, 6. 1. 81.

[58] F. Vester: a.a.O., 156.

[59] a.a.O., 156. Auch im Jahre 1980 wurden von der Bundesrepublik Deutschland noch 1200000 Tonnen Abfälle aus der Titandioxid-Produktion, sogenannte Dünnsäuren, zwanzig Seemeilen westlich von Scheveningen (Niederlande) und weitere 720000 Tonnen nordwestlich von Helgoland ins Meer abgelassen. Zudem wurden 1980 von der Bundesrepublik Deutschland 25000 Tonnen Klärschlamm in die Nordsee gekippt und 78000 Tonnen chlorierte Kohlenwasserstoffgemische auf See verbrannt. Alle Anrainerstaaten der Nordsee zusammen versenkten im Jahre 1978 insgesamt 88 Millionen Tonnen Abfälle in die Nordsee. H. Meermann: Das Meer als Mülleimer der Welt. Der Eigennutz der Staaten/ Zuwenig Einhalt gegen Verschmutzung, in: FAZ vom 23. 3. 81, S. 10.

[60] F. Vester: a.a.O., 158.

telmeer,[61] dessen Selbstreinigungskraft schon vor der Wiedereröffnung des Suezkanals nahezu erschöpft war und durch das heute 40% der Weltöltransporte, das sind 400 Millionen Tonnen im Jahr,[62] gehen. 60% aller Badestrände Italiens gelten inzwischen als stark verschmutzt. An den Stränden der *Nordseebäder* traten schon 1961 an 51% aller Tage während der Badesaison mittlere, an 35% schwere Ölverschmutzungen auf. Noch schlimmer wird die Lage durch den Einsatz von Detergentien, da erst dadurch die Schadstoffe von den Meerestieren aufgenommen werden können. So mußten Anfang 1971 1000 Tonnen Muscheln aus dem Jade-Gebiet wegen der übelschmeckenden Ölbestandteile zurückgewiesen werden. Außerdem sind die Detergentien hochgiftig und töten die meisten Tiere der Felsküste selbst in verdünnten Lösungen schon innerhalb von 70 Sekunden.[63]

Zusätzlich zur Verunreinigung der Böden, der Flüsse und der Ozeane kommt nicht zuletzt die *Verunreinigung der Luft*, die zum größten Teil von den Autoabgasen herrührt. Die Tabelle auf S. 29 gibt Aufschluß über Herkunft, Größe, Art und Entwicklung der Luftverschmutzung.[64]
Der Schaden der Abgase ist gewaltig: in Form von gesundheitlichen Schäden, Temperaturabfall durch Albedo, Smoggefahr bei Inversionslagen über den Großstädten, Klimaerwärmung durch CO_2, Gefährdung der lebenswichtigen Ozonschicht, Zerstörung von Kunstwerken, Wertminderung von Grundstücken u. a. Zudem ist die wachsende *Lärmbelästigung* durch den ausufernden PKW-Verkehr außerordentlich kostentreibend: allein an Schlafmitteln konsumiert der Bundesbürger 5000 Tonnen im Jahr. Die Infarktgefahr durch Dauerstreß steigt. Als warnendes Beispiel mag

[61] H. Ant: Verschmutzte Meere, in: Bild der Wissenschaft, 1972, Heft 2, S. 117–125.
[62] FAZ vom 30. 7. 80 (rtr vom 29. 7. 80).
[63] F. Vester: Das Überlebensprogramm, 159–160.
[64] a.a.O., 58.

Schadstoffe (in 1000 to/Jahr)	Kohlen-monoxid	Schwefel-dioxid	Stick-oxide	Kohlen-wasser-stoffe	Stäube
	CO	SO_2	NO_x	C_nH_m	
Verursacher					
Kraftwerke u. Haushalte		3600	900	100	3200
Produktions-anlagen		300	200	900	800
Verkehr	8000	100	900	1000	–
Gesamtemission 1969/70	8000	4000	2000	2000	4000
Gesamtemission 1980 (geschätzt)	8000	4500	4000	3500	2000

Schweden gelten, wo 1971 auf 1,2 Millionen Erwerbstätige 60 Millionen Krankentage (= 1 Tage/Woche!) kamen, davon 1 Million durch Magenulcus![65]

IV. Die Zerstörung der Wälder und die wachsende Desertifikation der Erde

Über die Bedeutung der Wälder als Wasserspeicher und -erneuerer,[66] als Klimaschöpfer und Luftreiniger,[67] als Erosionsbekämpfer und Bodenanreicherer, als Energie- und Nutzholzlieferanten gibt es keinen Zweifel. Zudem schützen die Wälder vor dem Verkehrslärm und sind als Freizeiträume

[65] a.a.O., 83–86; 93.
[66] H. Bibelriether: Schutzwald – wogegen oder wofür?, in: H. Stern (Hrsg.): Rettet den Wald, 339–342; P. Burschel: Der Wald in seiner Umwelt, in: H. Stern (Hrsg.): Rettet den Wald, 109–111; H. M. Brechtel: Wald und Wasser, in: Bild der Wissenschaft, 1971, Heft 11, S. 1150–1158.
[67] H. Bibelriether: a.a.O., 344–47; P. Burschel: Der Wald in seiner Umwelt, in: H. Stern (Hrsg.): Rettet den Wald, 100–103; zu den Gefahren, die dem Wald durch Abgase drohen, vgl. D. H. Knösel: Gefahr für die ›grüne Lunge‹, in: Bild der Wissenschaft, 1971, Heft 10, S. 1023–1031.

von wachsender Bedeutung.[68] Trotzdem sind sie gefährdet. Es wird in der Diskussion um den Umweltschutz mit Vorliebe darauf hingewiesen, daß der Waldbestand in der Bundesrepublik vor allem in den holzwirtschaftlich unrentablen Mittelgebirgsgegenden absolut gesehen zunimmt. Man vergißt dabei jedoch viererlei auf einmal: daß sich der Waldbestand, bezogen auf die Bevölkerungszahl, verringert hat; daß die Wälder dort am meisten schwinden, wo sie am nötigsten wären: in den städtischen Ballungsräumen; daß die Wälder heute unterholzarme Kulturwälder sind, deren Baumbestand vor allem von der Rentabilität der Forstwirtschaft bestimmt wird: weil die Holzproduktion auf einem Hektar Buchenwald 500,– DM, auf einem Hektar Fichtenwald aber über 1000,– DM beträgt, sind die einst herrschenden Laubbäume auf weniger als ein Drittel herabgesunken;[69] und schließlich und hauptsächlich vergißt man gern, daß die Industriestaaten ihre Wälder trefflich zu erhalten wissen, indem sie die Urwälder in den Entwicklungsländern auf riesigen Flächen abholzen.

Auf der Erde gab es 1974 noch schätzungsweise 41 Millionen km² Wald[70], das sind etwa 32% der Erdoberfläche. Doch nimmt der Waldbestand auf der Erde erschreckend ab. Nachdem die Philippinen bereits nicht mehr ertragreich genug sind, werden vor allem die Holzbestände in Indien, Malaysia

[68] H. Bibelriether: Erholung im Wald, in: H. Stern (Hrsg.): Rettet den Wald, 361–367.
[69] H. Stern: Waldeslust gestern, heute, morgen, in: H. Stern (Hrsg.): Rettet den Wald, 25; 1958 bereits betrug von den 6 113 000 ha Hochwald in der BRD der Anteil der Fichten 41,8%, der Buche und anderer Laubhölzer 23,6, der Eiche 8% und der Kiefer und Lärche 26,6%; nach: D. Bartels: Die heutigen Probleme der Land- und Forstwirtschaft, 31.
[70] H. Gruhl: Ein Planet wird geplündert, 85. Unter den heutigen Trends der Waldvernichtung wird die geschlossene Waldfläche Afrikas bis zum Jahr 2000 von 180 auf 146 Millionen ha geschrumpft sein, vielleicht sogar auf 130 Millionen ha; die geschlossenen Naturwälder in Süd- und Südostasien werden bis 1990 um 34% geschrumpft sein und bis zum Jahr 2000 auf weniger als 100 Millionen ha geschrumpft sein; R. Kaiser (Hrsg.): Global 2000. S. 335; 338.

und Indonesien für den Export nach Japan, USA und Europa ausgebeutet – besonders in Japan mit der deutlichen Absicht, den eigenen Baumbestand als strategische Reserve für die Zeit nach dem Jahr 2000 aufzubewahren. In der Bundesrepublik wird 1 m³ pro Kopf und Jahr an Holz genutzt – der gesamte übrige Holzbedarf wird importiert. Internationale Gesellschaften und Rohstoffsucher haben es erreicht, daß vor allem der 5 Millionen km² große Amazonasurwald, von dem jährlich 10 Millionen ha gerodet werden, bis zum Jahre 2002 vollständig vernichtet sein wird. 1970 hatte die brasilianische Regierung das alte Gesetz geändert, das ausländischen Firmen bisher lediglich einen Grundbesitz von maximal 5000 ha gestattete; sie erhöhte die Konzession zum Landgewinn auf 50 000 ha.[71] »Seit 1974 fördert die Regierung agro-industrielle Großprojekte, wie etwa besonders extensive Viehzuchtfarmen (bekanntestes Beispiel: die 150 000 Hektar große Rinderfarm auf Exportbasis, die VW do Brasil im Amazonasgebiet betreibt) . . . Gefördert werden ferner Abbauvorhaben von Mineralien und Erzen.«[72] In diesen Erschließungsprojekten des Amazonasurwaldes scheinen die Indianerstämme ebenso wenig vorzukommen wie die tropische Tier- und Pflanzenwelt – ihr Tod ist beschlossen, zugunsten der Gewinnmaximierung gewisser Milliardenkonzerne, die an Mahagonie, Kautschuk, Erdöl u. a. interessiert sind. Das Argument, die Urwaldrodung sei zur Gewinnung von Agrarflächen unumgänglich, ist geradezu widersinnig: nur 10 bis 12% der Amazonasfläche sind für den Ackerbau geeignet; tatsächlich wird die Abholzung zu einer baldigen Versandung der Böden und zu einer noch schwer abzuschätzenden, aber weitreichenden Klimaveränderung führen.[73] Aber was soll ein Land machen,

---

[71] K. Müller – I. Thörner: Mit der Straße kommt der Tod, in: M. Münzel (Hrsg.): Die indianische Verweigerung, 53.

[72] a.a.O., 53; H. Gruhl: Ein Planet wird geplündert, 87.

[73] B. Flad-Schnorrenberg: Die Wüste unter dem Tropenwald. Wird die Entwicklung Amazoniens zum Aufbau oder zur Katastrophe führen? in: FAZ, 9. 8. 80. Mittlerweile schätzt man, daß bereits ⅓ bis ¼ des Amazonaswaldes abgeholzt ist. Die unmittelbare Folge ist ein starker

das durch die Kartellpolitik internationaler Gesellschaften in die höchste Auslandsverschuldung aller Entwicklungsländer mit System hineingetrieben wurde?[74]

Ein anderes dramatisches Beispiel der Naturzerstörung liefert der Waldraubbau in Nepal. Allein zwischen 1964 und 1975 wurde auf dem 150000 km² großen Staatsgebiet Nepals die Waldfläche von 63000 auf 32500 km² reduziert. Die Folgen sind katastrophale Erosionen durch das Monsunregenwasser, – das extreme Gangeshochwasser 1978 und 1980 in Indien und Bangladesh scheint ursächlich damit in Verbindung zu stehen. Die Wildtierwelt wird stark reduziert: allein die Zahl der Panzernashörner z. B. fiel in zwei Jahrzehnten von rund 1000 auf heute etwa 120. Der Grund dieses gefährlichen Raubbaus liegt ganz offenbar in der Verstaatlichung der Wälder nach dem Zweiten Weltkrieg, denn dadurch entschwand das Interesse der Dorfgemeinden an einer Schonung des Waldbestandes. »Erst seit 1978 wird den Dorfgemeinschaften wieder ein eigener Waldbesitz zugestanden.«[75]

Wasserabfluß in den gerodeten Gebieten und seit 1970 ein deutliches Ansteigen der Wasserhöchststände der Flüsse in der Regenzeit, während in der Trockenperiode das Wasser fehlt – heute trocknen selbst Flüsse aus, die früher das ganze Jahr Wasser führten. Dabei lebt der größte Teil der Bevölkerung im Amazonasgebiet auf dem schmalen Uferstreifen in unmittelbarer Flußnähe; eine deutliche Erhöhung der Wasserhöchststände ist daher in dieser besonders empfindlichen Zone von gewaltigen, auch wirtschaftlichen Schäden. Während zu Beginn der Besiedlung Amazoniens sich die Abholzung auf das Zentrum des Beckens, auf die Region um Belem, konzentrierte, wurden in den letzten 10 Jahren durch den Straßenbau in den Anden auch die Wälder im oberen Amazonien, also der Andenausläufer Boliviens, Ecuadors, Perus und Kolumbiens kolonisiert. Im peruanischen Teil Amazoniens verdoppelte sich in dieser Zeit die Bevölkerung, und es verschwanden 51000 km² Urwald. G. Schikora: Raubbau am Urwald verändert das Klima Amazoniens. Rodung der Andenhänge fördert Wasserabfluß und Überflutungen/Austrocknung durch Wassermangel? in: FAZ, 22.1. 81.

[74] K. R. Mirow: Die Diktatur der Kartelle, 49–53; 1979 war Brasilien mit 35,74 Mrd. Dollar das höchstverschuldete Land der Erde: FAZ vom 30. 7. 80

[75] H. Steinert: Waldraubbau in Nepal fördert die Gangesüberflutungen. Gefährdung der Tierwelt und steigende Erosion/Entwicklungshilfe zur Rettung der Umwelt, in: FAZ, 7. 1. 81.

Weniger mutwillig, aber nicht minder verheerend ist die Zerstörung der Wälder in anderen Entwicklungsländern aus purem Mangel an Brennstoffen. Von den 2,5 Milliarden m³ Holz, die zur Zeit jährlich auf der Welt ausgebeutet werden, werden etwa 50% als Nutzholz verarbeitet, während 50% der Energiegewinnung dienen. Aber gerade hier ist der Unterschied zwischen den Entwicklungs- und den Industriestaaten besonders kraß: in den Entwicklungsländern werden 85% der Holzausbeute verbrannt,[76] in den Industriestaaten werden 80% geschlagen und weiterverarbeitet. Die Industrialisierung hat den Bedarf für den Rohstoff Holz allein zwischen 1950–75 um das Doppelte ansteigen lassen. Nach 1945 verlor Lateinamerika 37% seines Waldbestandes, Afrika 50%, Asien 40%, und immer noch geht in den Entwicklungsländern die Brandrodung mit Raubbau und Wanderfeldbau weiter; Industrialisierung und Bevölkerungswachstum haben den Wasserverbrauch enorm erhöht und wirken wie von selbst in Richtung einer immer größeren Versteppung und Desertifikation. Von 1882 bis 1952 vergrößerten sich die Wüstengebiete von 11 auf 26 Millionen km²; sie nehmen inzwischen ¼ der festen Erdoberfläche ein.[77] In einer Zeit ständig wachsenden Raumbedarfs wächst also nicht die bebaubare Fläche der Erde, es wachsen die Wüsten, und zwar wieder in den Ländern am stärksten, in denen der Bevölkerungsdruck am größten ist.[78]

---

[76] H. Gruhl: Ein Planet wird geplündert, 85.

[77] a.a.O., 88.

[78] H. Mensching: Die Wüste schreitet voran, in: Sahara, Handbuch zu einer Ausstellung des Rautenstrauch-Joest-Museums, 412–415. »Weltweit gehen in jeder Minute 100 Hektar landwirtschaftliche Nutzfläche durch Erosion und Überbauung verloren. Hält diese Entwicklung an, ist in 20 Jahren ein Drittel der heutigen landwirtschaftlichen Nutzfläche verloren.« So K. J. Lampe: Warum gibt es noch kein Huhn mit Wiederkäuermagen? in: FAZ, 24. 6. 80, S. 6–7. Oder, anders ausgedrückt: »Wenn alle Landschaften, die von der UNO dahingehend gekennzeichnet sind, daß sie mit hoher oder sehr hoher Wahrscheinlichkeit der Verödung anheimfallen, zu Wüsten werden, würden im Jahr 2000 die Wüsten mehr als das Dreifache der 7 992 000 Quadratkilometer, die sie 1977 bedeckt haben, beanspruchen.« R. Kaiser (Hrsg.): Global 2000, S. 589.

V. Die Ausrottung der Tiere durch Jagd, Tierhandel, Artenverpflanzung und Straßenverkehr

Natürlich wirkt die Zerstörung der Wälder unmittelbar auf den Bestand der Tierwelt zurück. Schon die einseitige Bevorzugung des *Fichten*bestandes in den Wäldern der Bundesrepublik bedeutet einen schweren ökologischen Schaden. Es besteht nämlich ein direkter Zusammenhang zwischen der Vielfalt der Baumarten und der Vielfalt der Vögel in einem Wald. Ebenso wichtig ist die Alters- und Dichtestruktur eines Waldes.[79] »In einem Buchenwald leben um die 7000 Tierarten. Mehr als 5000 davon sind Insekten und nur knapp über 1000 zählen zu den Wirbeltieren. Der Rest verteilt sich auf einzellige Tiere, Würmer, Schnecken oder Spinnentiere.«[80] In einem Hektar Laubwaldboden leben 250 000 Regenwürmer; ihr Gewicht übertrifft das aller auf dieser Fläche lebenden Säugetiere. Die Zahl der Mikroorganismen pro m^2 Waldboden geht in die Milliarden.[81] Daran wird deutlich, welch eine ökologische Verarmung es bedeutet, wenn an die Stelle eines Laub- oder Mischwaldes durch Kahlschlag und Wiederaufforstung die unterholzarmen, äußerst insektenanfälligen, vogelleeren Stangenwälder treten.

Ein besonderer Schaden für die Wälder und damit für die Tiere des Waldes geht von den *Jagdverbänden* aus. Ihnen liegt vor allem an einer reichen Strecke, und so scheuen sie keine Kosten und Mühen, im Übermaß Schalenwild in den Wäldern anzusiedeln. Eine Rehwilddichte von 35 Tieren pro Hektar ist inzwischen vielerorts durchaus anzunehmen.[82] Da

[79] W. Schröder: Die Tiere des Waldes – Glieder im Ökosystem, in: H. Stern (Hrsg.): Rettet den Wald, 144–145.
[80] a.a.O., 143.
[81] a.a.O., 130.
[82] K. Blüchel: Der Untergang der Tiere, 246; der Schaden für die Wälder durch Reh- und Rotwild wächst seit Jahren immer mehr und wird jährlich auf bis zu 200 DM pro Hektar geschätzt; besonders junge Waldbestände bis zum Alter von 40 Jahren sind gefährdet. Für die Abwehr der Wildschäden werden jährlich 35 Millionen DM aufgewandt: in: FAZ, 29. 1. 81 (dpa).

34

die Waldbestände in sich bereits stark zerklüftet und vorwiegend auf Fichtenbestände reduziert sind, entstehen durch die Äsung der Rehe (und Hirsche) erhebliche Schälschäden, die den Waldbestand weiter gefährden. Aber die Jäger müssen halt ihr Schlachthaus in den Wald verlegen, und da sie vorwiegend zur Hochfinanz der Bevölkerung gehören, können sie nicht nur jeden Preis bezahlen – ihr politischer Einfluß genügt, um mit einer relativ kleinen Zahl von 260 000 Jagdscheinbesitzern in der Bundesrepublik jede gesetzliche Änderung ihres Treibens zu verhindern. Ein Hegering in Paderborn z. B. mußte im Frühjahr 1973 eigens 70 Rehböcke von der polnisch-russischen Grenze nach Nordrhein-Westfalen einfliegen lassen.[83] Wie sehr die Jagd großen Stils heute zum Privileg der Neureichen, der Großindustriellen und nicht zuletzt der Politiker im Bundestag (mit dem Beispiel Walter Scheels an der Spitze) geworden ist, zeigt bereits der Anstieg der Pachtpreise: ein Revier kostete 1953 zwischen 0,50 bis 1 DM pro Hektar; mitte der 60er Jahre wurden 25 bis 30 DM verlangt; heute ist für eine Hochwildjagd bis zu 100 DM pro Hektar zu zahlen, – für eine »ordentliche« Jagd auf 1000 ha also 100 000 DM im Jahr![84]

Aber nicht nur den Wald –, auch den Wildbestand selbst gefährden die Jäger direkt und in erschreckender Weise, wie die blanken Abschußzahlen zeigen. Im Jahre 1973 bezifferte sich die Jagdausbeute in der Bundesrepublik noch auf ca. 6 Millionen Wildtiere, – darunter 1 170 000 Fasanen, 1 140 000 Hasen, 804 000 Kaninchen, 550 000 Rehe, 484 000 Wildtau-

---

[83] K. Blüchel: a.a.O., 247.

[84] a.a.O., 249. Die hohen Pachtpreise führen dazu, daß besonders kapitalkräftige Jäger sich in Revieren bis zu 5000 ha Größe einkaufen und damit andere Jäger aus den Revieren drängen. Der Bund deutscher Jäger verlangte daher im März 1981 die Schaffung der Vereinsjagd und ein gesetzliches Verbot der Einzelpachtvergabe. In der Bundesrepublik beträgt die Jagdfläche für Staatsjagden 10% (also 2,4 Millionen ha), die der Privatjagden 17% und der Gemeinschaftsjagden 73,5% (ddp vom 13. 3. 81, in: WB). Die Zahl der »revierlosen« Jäger liegt bei 48 000. Was deren »Einsatz« für die Jagd zusätzlich bedeuten muß, kann man sich leicht vorstellen.

ben, 376 000 Wildenten, 320 000 Rebhühner, 35 000 Stück Rotwild und 24 000 Schnepfen.[85] Im Jahre 1978 war der Bestand sogar an Hasen bereits derart zurückgegangen, daß man in Nordrhein-Westfalen nur noch 202 000 Hasen erlegen konnte.[86] Die Schuld an dem Schwinden des Niederwilds geben die Jäger nun freilich nicht sich selbst, sondern – teilweise mit Recht! – der Landwirtschaft und dem Straßenbau, dann aber den Greifvögeln, und so treten nunmehr denn sie, Schützer und Heger des Niederwildes, die sie sind, ihrerseits zum Kampf gegen die Greifvögel an. Immerhin, ein ausgestopfter Bussard kostet schon mehr als 120 DM, ein Sperber 500 und ein Uhu weit über 1000 DM.[87]

Es ist, daran gemessen, ein schlechter Trost, daß besonders in den südeuropäischen Ländern, vor allem in Italien und Frankreich, noch weit verantwortungslosere Zustände herrschen als in der Bundesrepublik. *Italien* verzeichnete schon 1970 nicht weniger als 1 613 043 Jagdscheinbesitzer; inzwischen dürften es mehr als 2 Millionen sein, denen sich noch rund 1 Million Wilderer hinzugesellen.[88] Das Treiben dieser Nimrods hat dazu geführt, daß in den meisten Provinzen auf jeden Hasen fünf Jäger kommen und Italien das einzige Land der Welt ist, das jedes Jahr 140 000 Zentner Wild, darunter 600 000 Rebhühner, 200 000 Fasane und 160 000 Hasen, importieren muß. Man muß davon ausgehen, daß jeder der rund 2 Millionen legalen Jäger etwa 840 Schuß im Jahr verfeuert, und nimmt man an, daß etwa jeder fünfte Schuß ein Treffer ist, so bedeutet dies den Tod von 320 Millionen Tieren, von denen mehr als 99% Vögel sind.[89] Hinzu kommen die Fangmethoden mit Leimruten, Schlingen, Netzen, Reusen – insgesamt fallen während der Vögelzüge etwa 500 Millionen Vögel allein über Italien der männlichen Selbstbestätigungs-

[85] K. Blüchel: a.a.O., 162.
[86] Westfalenblatt, 12. 3. 80.
[87] K. Blüchel: Der Untergang der Tiere, 174–175.
[88] a.a.O., 301.
[89] a.a.O., 302.

sucht zum Opfer. Weitere 200 Millionen Vögel werden über Belgien, Frankreich, Spanien und Griechenland getötet. Das Ergebnis: die Abnahme allein zwischen 1967 und 1970 betrug beim Neuntöter 91%, beim Rotschwänzchen 68%, beim Rohrsänger 64%, bei der Singdrossel 34%.[90]

Aber all dies genügt den ehrgeizigen Marodeuren noch nicht. Auf der Suche nach größeren Taten, müssen sie in Afrika, Asien und Alaska auf Safari gehen. In Kenia kann man einen Leoparden für 800, ein Nashorn für 2000, einen Löwen für 240, ein Krokodil für 60 DM plus einer entsprechenden Speziallizenz (2000 DM für einen Elefanten) abschießen[91], und das Geld hat man ja.

Doch nicht nur die Männlichkeitssucht der Männer, die in ihrer Jagdleidenschaft im Grunde kulturhistorisch auf ein steinzeitliches und psychologisch auf ein infantiles Verhalten regredieren, sondern auch die Schönheitssucht der Frauen wird den Tieren zur Gefahr. Allen Lippenbekenntnissen zum Trotz, ist die Bundesrepublik einer der großen westlichen Umschlagplätze für den Pelz- und Lederhandel. 1973 belief sich die Einfuhr auf 1,13 Milliarden DM, und man muß sich die Ziffern nur vor Augen führen, um das Ausmaß an Heuchelei zu begreifen, das politisch mit dem Tierschutzgesetz immer dann getrieben wird, wenn viel Geld und mächtige Wählergruppen auf dem Spiel stehen: aus Südafrika (sonst politisch verfemt) kamen die größten Lieferungen mit 3 560 000 Karakulfellen; die USA lieferten für 77,1 Millionen DM 20 Millionen Rohfelle von Ohrenrobben, Fischottern, Nutrias und Bibern, für 19 Millionen DM Bisam- und Murmeltierfelle, sowie für 27,5 Millionen Rohfelle anderer Tiere; von den gefährdeten Wildkatzen wurden für 24,6 Millionen DM 155 000 Felle geliefert.[92] Dabei muß man bedenken, daß

---

[90] a.a.O., 302.
[91] a.a.O., 260.
[92] a.a.O. 270. Hinzu kommt der illegale Handel mit z. T. phantastischen Dunkelziffern. Nach einer Mitteilung des World Wildlife Fund (4. 12. 80,

ein einzelner Leopardenmantel 3 bis 4 Felle, ein Ozelotmantel 12 bis 20 Felle benötigt und daß zu den getöteten Tieren stets eine noch weit größere Zahl an verendeten Jungtieren, an verwundeten Tieren und an solchen, deren Fell bei der Jagd unbrauchbar wurde, hinzukommen.

Nicht besser ist es um den *Fischbestand* in den Flüssen, Seen und Weltmeeren bestellt, der – zusätzlich zur Verseuchung der Gewässer – durch einen rücksichtslosen Raubbau mit höchstem technischen Komfort in wenigen Jahrzehnten auf das äußerste gefährdet ist. Auch hier sprechen die reinen Fangzahlen eine furchtbare Sprache. Als die einst so reichen Heringsbestände der Nordsee bereits in den 50er Jahren im Ärmelkanal leergefischt waren, nahm man dies keinesfalls als Warnzeichen, sondern »verbesserte« die Fangmethoden und kam 1965 auf den Höchstertrag von 1,5 Millionen Tonnen Heringen; das Ergebnis zeigte sich auf der Stelle: die Ausbeute fiel fortan, trotz modernster Echolotgeräte, auf 5500 Tonnen im Jahr 1971.[93] Statt jährlich 200000 Tonnen fängt die Fischereiflotte der Bundesrepublik heute nur noch 3000 Tonnen. Dann suchte man die Heringsschwärme zwischen Grönland und Norwegen auf, und erreichte auch dort durch rücksichtsloses Überfischen, daß die Fangerträge von 1,7 Millionen Tonnen 1965 auf 21000 Tonnen fielen.[94] Der glei-

---

S. 8) wurden allein 1980 acht Fälle illegalen Handels mit gefälschten Dokumenten entdeckt. Drei Jahre lang importierte z. B. seit 1977 eine in Frankfurt und Offenbach ansässige Firma mit gefälschten Bescheinigungen aus Paraguay für einen Gesamtwert von über 20 Millionen DM mehr als 200000 Krokodilkaimanhäute, 40000 Ozelotfelle und zusammen mehr als 140000 Pelze anderer vom Aussterben bedrohter Tierarten, wie z. B. Otter. Da einige Tierarten in Paraguay gar nicht mehr existieren, werden mit den gefälschten Dokumenten wohl die Exportverbote Brasiliens für den Handel mit Wildtiererzeugnissen umgangen worden sein. Handelsbescheinigungen für seltene Tier- und Pflanzenarten sind so wertvoll geworden, daß sie wie Banknoten gefälscht werden – solange sie nicht international auf fälschungssicheren Papieren angefertigt werden.

[93] Zum Ansteigen der Fischfangerträge in den einzelnen Fanggebieten um ca. 200% zwischen 1948–1968 vgl. die Tabelle bei F. Schott: Das Weltmeer als Wirtschaftsraum, 3.

[94] K. Blüchel: Der Untergang der Tiere, 186.

che Raubbau wurde vor der Küste Perus im fischreichen Kaltwasser des Humboldtstromes betrieben, wo man, wie im Goldrausch, 1968 auf die Maximalausbeute von 15 Millionen Tonnen Sardellen kam; noch 1970 erntete man 12,5 Millionen Tonnen – dann brach der Sardellenfang (und zwar wiederum innerhalb von wenigen Jahren) zusammen: 1973 kam man noch auf 1,4 Millionen Tonnen Sardellen, »heute ist die Fischmehlindustrie nahezu vollständig lahmgelegt. In den Vogelkolonien stirbt der Nachwuchs an Hunger . . .«[95]

Desgleichen ist es nach wie vor trotz entschiedener amerikanischer Maßnahmen unmöglich, die Sowjets und Japaner dazu zu bewegen, den *Walfang* einzustellen, ehe die letzten dieser majestätischen Säugetiere die Chance verlieren, sich in der gähnenden Leere der Weltmeere zur Paarung zu finden. Noch 1969–70 hielten es die Japaner für angebracht, 17 000, die Sowjets 18 000 Wale zu schießen. Nach Angaben der Japaner hängt der Lebensunterhalt von 50 000 Menschen vom Walfang ab,[96] – das ist das Standardargument immer, wenn es um notwendige Veränderungen der Wirtschaft zugunsten des »Umweltschutzes« geht. Aber die »Arbeitsplätze« sind im Walfang im Prinzip längst verloren, und es ist lediglich die Frage, ob man den Mut hat zuzugeben, daß das vorgeschossene Kapital zur Ausrüstung der teuren Walfangflotten eine Fehlinvestition war, oder ob man aus kurzsichtigen Geschäftsinteressen durch die endgültige Ausrottung der Wale einen Schaden anrichtet, der nie wieder gutzumachen ist.

Die Blindheit und der Ausbeutungsfanatismus solcher Beispiele, die sich endlos vermehren ließen, werden nur durch

---

[95] a.a.O., 189; andere Beispiele vgl. E. Mann-Borgese: Das Drama der Ozeane, in: Bild der Wissenschaft, 1977, Heft 7, S. 48–55.
[96] K. Blüchel: 203; am 21. 1. 81 meldet die BZ aus Paris, die Sowjetunion beuge sich den Umweltschützern von Greenpeace und stelle den Walfang ein. Aber noch am 11. 3. 81 beschloß die Internationale Konferenz zur Erhaltung wilder Pflanzen und Tiere in Neu Delhi mit großer Mehrheit den Schutz des Finwal, Pottwal und Seiwal und das Verbot des Handels mit Walprodukten (dpa vom 11.3. 81; FAZ).

das schon historische Exempel der Jahre 1865–1875 übertroffen, als in den Prärien Nordamerikas in knapp 10 Jahren die vier großen Bisonherden von etwa 30 Millionen Tieren (!) zusammengeschossen wurden. Mit den Bisons wurde damals das Schicksal der Plains-Indianer besiegelt, die gerade 100 Jahre zuvor sich auf die Büffeljagd spezialisiert hatten; aber was bedeutete das damals schon, wo doch die Dampfmaschine plötzlich in aller Welt den Bedarf an Treibriemen hochschnellen ließ.[97]

Abgesehen von der Ausrottung in großen Zahlen, kann tatsächlich jedoch schon ein scheinbar winziger Eingriff in die Regelkreisläufe eines intakten ökologischen Biotops u. U. von katastrophalen Folgen sein.

Im Nordosten Australiens z. B. erstreckt sich auf 2000 km Länge das Große Barrier-Riff,[98] das zahlreiche kleine Inseln schützt und eine unermeßlich reiche, wohlabgestimmte Fauna und Flora beherbergt; es stellt die größte Bauleistung dar, die auf diesem Planeten je von lebenden Wesen hervorgebracht wurde. Sporttaucher im Roten Meer, vor Guam, vor Australien, machten nun bevorzugt u. a. auch auf die Kugelfische Jagd,[99] was zur Folge hatte, daß sich die bis dahin ziemlich seltenen Dornenkronenseesterne[100] außerordentlich vermehrten und allein zwischen 1967–1969 an der Küste von Guam insgesamt 50 km Korallenbänke zerfraßen; gleichzeitig verschwand ein Viertel des Großen Barrier-Riffs. Der Zusammenbruch der Korallenriffe bedeutet nicht nur den Untergang einer unwiederbringlichen Zauberwelt, sondern

---

[97] H. J. Stammel: Die Indianer, 215–216; wie die Bisontötung vor sich ging, dazu vgl. W. Müller: Geliebte Erde, 18–28; als Kommentar zu dem Wahnsinn der Weißen vgl. Schwarzer Hirsch: Ich rufe mein Volk, 199–200; 203–204.

[98] Zum Vorgang der Riffbildung vgl. W. Krebs: Riffe und ihre Geschichte, in: Bild der Wissenschaft, 1971, Heft 5, S. 464–471.

[99] Zu deren Beschreibung vgl. F. Krapp: Die Haftkiefer oder Kugelfischverwandten, in: B. Grzimek (Hrsg.): Grzimeks Tierleben, Bd. 5, S. 254–264.

[100] H. Fechter: Die Seesterne, in: B. Grzimek (Hrsg.): Grzimeks Tierleben, Bd. 3, 366; 387.

zugleich die Vernichtung der Existenzgrundlage der Inselbewohner, die im Riff seit Jahrhunderten ihre Nahrung finden. Eine scheinbar harmlose Freizeitjagd hat in wenigen Jahren Folgen heraufbeschworen, deren niemand im Moment Herr zu werden vermag.[101]

Aber nicht nur wirtschaftliche Gewinngier und sportlich-smarte Bedenkenlosigkeit gefährden die Tiere, sondern ebenso die ans Perverse grenzende Tierliebe des Großstädters, der nach Ausrottung zahlreicher einheimischer Tierarten das Innere seiner Betonbauten mit exotischen Tieren und Pflanzen auszustaffieren bemüht ist. Es zählt zu den merkwürdigsten Inkonsequenzen, daß dieselben Leute, die den Praktiken der Massentierzüchtung – nebst den Tierexperimenten der Pharma-Industrie – mit den üblichen Verdrängungsmechanismen ungerührt gegenüberstehen, im Urlaub sich über den Stierkampf in Spanien empören und voller Liebe sich ihrem Papagei oder ihrer Schildkröte zuwenden können, während sie wiederum nicht das geringste Interesse dafür aufbringen, unter welchen Umständen die Tiere in den Tropen eingefangen, auf engstem Raum unter Verlustziffern bis zu 75% transportiert[102] und dann in den Zooabteilungen der Warenhäuser zumeist in viel zu großer Stückzahl und auf viel zu engem Raum in armseligen Käfigen, meist sogar ohne jede Kenntnis ihrer Lebensgewohnheiten, gehalten und vermarktet werden. Das Geschäft mit den Tieren beläuft sich in der Bundesrepublik auf etwa 2,5 Milliarden DM jährlich. »Allein die Futterkosten für 5 Millionen Wellensittiche und Kanarienvögel, 3 Millionen Hunde, 3 Millionen Katzen, 1 Million Goldhamster und Meerschweinchen, 15 Millionen Zierfische, 100000 Schildkröten, 20000 Affen, ... Schlangen, ... Streifenhörnchen betragen ... jährlich etwa 650

[101] K. Blüchel: Der Untergang der Tiere, 286–291.
[102] a.a.O., 160.

Millionen Mark«.[103] Großenteils werden die Tiere dabei verschenkt wie Spielzeug, das man wegwirft, sobald der Weihnachts- oder Geburtstagsspaß vorüber ist. So werden nach einer dpa-Meldung vom 10. 7. 80 jährlich etwa 80 000 Hunde in der Bundesrepublik besonders während der Urlaubszeit ausgesetzt, weil sie ihren Besitzern lästig werden. »Hunde werden in Mülltonnen gesteckt, in Plastiktüten an Bäumen aufgehängt oder aus dem fahrenden Auto auf die Straße geworfen.«[104] Die Tierliebe ist oft leider nur eine weitere Spielart der Gedanken- und Rücksichtslosigkeit und, natürlich, der Profitsucht.

[103] a.a.O., 152. Nach wie vor ist die Bundesrepublik Deutschland einer der großen Umschlagplätze für den Handel mit gefährdeten Tieren und Pflanzen. Noch im Jahre 1980 wurden über 200 000 Felle wildlebender Tiere für die Bekleidungsindustrie eingeführt; außerdem 66 Tonnen Elfenbein und mehr als 500 000 Häute oder Fertigprodukte seltener Reptilien – so die Zahlen der offiziellen Statistik des Bundesernährungsministeriums, die natürlich die außerordentlich hohen Dunkelziffern noch nicht berücksichtigt (FAZ vom 18. 2. 81). – Auf der Internationalen Konferenz zur Erhaltung wilder Pflanzen und Tiere im März 1981 in Neu Delhi wurden Handelsverbote für knapp 70 Arten von Pflanzen und Tieren beschlossen, die vom Aussterben bedroht sind. Man schätzt, daß von den 1,3 Millionen Elefanten Afrikas jährlich 50 000 bis 150 000 geschossen werden – ein Paar Stoßzähne bringt etwa 500 Dollar. Alljährlich werden allein 7,5 Millionen Vögel gefangen und von Asien, Afrika und Lateinamerika nach Europa und Japan exportiert. Trotz strengster Überwachung sind gerade die hochentwickelten Länder für das Aussterben von Tieren verantwortlich. Vor allem Japan ist mit seiner besonders großen Nachfrage nach seltenen Tieren und Tierprodukten zur größten Gefahr für die bedrohte Tierwelt geworden (dpa vom 11. 3. 81, FAZ). – Ein besonders schlimmes Beispiel liefert der Import von Schildkrötenkindern; 1959 wurden allein nach England 88 Tonnen (!), 1960 noch 60 Tonnen dieser unglücklichen Tiere geliefert – das sind 250 000 im Jahr. Aus den Balkanländern importieren die Deutschen in ähnlichen Zahlen – als Kinderspielzeug; B. Grzimek: Wildes Tier – weißer Mann, 248.

[104] FAZ, 11. 7. 80 (dpa vom 10. 7. 80). Schlimmer noch sind die Zustände in Frankreich. Nach AFP vom 1. 2. 81 hat der französische Tierschutzverband »SPA« die Bürger gebeten, ihre Hunde und Katzen sterilisieren zu lassen, sonst werde Frankreich im Jahr 2000 von 15 Millionen Hunden (über-)bevölkert sein. Schon heute gibt es in Frankreich 8,5 Millionen Hunde und etwa ebenso viele Katzen. Jährlich werden zu Beginn der großen Ferien 150 000 Hunde und 200 000 Katzen ausgesetzt, was für zwei Drittel der Tiere den Tod bedeutet (FAZ vom 2. 2. 81).

Nicht aus vermeidbarer Bosheit, sondern wirklich aus Unkenntnis und Ahnungslosigkeit können Menschen selbst dann noch ganze Landstriche verwüsten, wenn sie nur das Beste wollen. Das schlimmste Beispiel dafür sind die ökologischen Explosionen bestimmter *Tier- und Pflanzenarten*, die man willkürlich *in eine fremde Umwelt* verpflanzt. Die Brunnenkresse z. B., die in Europa keinerlei Probleme verursacht, wird in Neuseeland über 4 m lang und verstopft mehr und mehr die Flußläufe.[105]

Die *Kettenwirkungen* eines einmal gestörten Gleichgewichts zeigt am besten die bekannte australische Kaninchenplage. Die Kaninchen wurden 1788 ins Land geholt. Das einzige einheimische Raubtier war der Dingohund, der bisher von Emus gelebt hatte, inzwischen aber über die neu eingeführten Schafe herfiel. Da sich infolgedessen die Emus vermehrten und in die Weizenfelder einbrachen, dezimierten die Farmer die Emus, und die Schafzüchter suchten die Dingos abzuschießen. Die Kaninchen hatten daher bald nach dem Verschwinden der Dingos gar keinen Feind mehr, und sie vermehrten sich sprichwörtlich zu einer Landplage ersten Grades. Um sie zu bekämpfen, führte man Wiesel und Füchse aus Europa ein, mußte aber bald erleben, daß die Füchse viel lieber die Känguruhratten, und die Wiesel lieber die australischen Vögel heimsuchten, die leicht zu fangen waren. Durch die Dezimierung der Vögel jedoch vermehrten sich die Insekten und verwüsteten die Eukalyptuswälder, von denen sich wiederum die Koalabären ernährten, und so wurden zum Schutz der Eukalyptusbäume die Koalabären, von denen es ursprünglich viele Millionen gab, bis auf knapp 1500 Stück im Jahre 1950 ausgerottet. Die Kaninchen hingegen vermehrten sich in all den Jahren ungehindert weiter, bis 1953 die Myxomatose aus Südamerika importiert wurde und über 90% der Tiere vernichtete. Ein Rest von ihnen aber wurde immun,

---

[105] P. Farb: Die Ökologie, 70–71.

und es scheint, als stehe bald ein neues Kaninchenproblem ins Haus.[106]

Ins Unglaubliche gestiegen sind nicht zuletzt die Opfer, die der *Straßenverkehr* den Tieren abverlangt. Das Verkehrsnetz der Bundesrepublik ist von 127,6 Tausend 1951 über 133,4 Tausend 1960, 162,4 Tausend 1970 auf 168,2 tsd. km im Jahre 1975 gestiegen. Für die Tierwelt sind die Straßen zumeist reine Todesfallen. Allein in Dänemark kamen in einem Jahr 119 930 Igel, 94 416 Kleinsäuger wie Mäusearten, Maulwurf, Mauswiesel und Hermelin und 366 831 Vögel registriertermaßen ums Leben. Als die Autobahn von Hamburg nach Schleswig gebaut wurde, zählte man allein für den durch Schleswig-Holstein führenden Teil von Eckernförde nach Hamburg jährlich 2555 überfahrene Hasen, das waren 4% der schleswigholsteinischen Jagdstrecke. Zwischen 1975–76 beliefen sich die Wildverluste auf den Straßen der Bundesrepublik wie folgt: Rotwild 800, Damwild 700, Rehwild 70 000, Schwarzwild 1500, Hasen 150 000, zusammen ein Gesamtschaden von 10 Millionen DM. An waldnahen Straßen schätzt man auf einen Kilometer Straße etwa 3000 Insekten; auf einer Versuchsstrecke von 10 000 km werden etwa 1 160 000 Insekten von Autos erfaßt. Auf einem nur 15,5 km langen Straßenabschnitt starben in 4 Jahren etwa 600 Vögel.[107]

Insgesamt ist die Bilanz der vielfachen Schädigungen der Tierwelt erschreckend: seit Anfang des 17. Jahrhunderts wurden 475 Tierarten ausgerottet. Schutzbedürftig, weil akut

[106] K. Blüchel: Der Untergang der Tiere, 282–283.
[107] W. Erz – I. Günther: Straßen durchkreuzen die Wege des Wildes, in: Bild der Wissenschaft, 1978, Heft 4, S. 106–118; nach einer Meldung der AP (FAZ, 17.10. 80) mußten die deutschen Autoversicherer im Jahre 1979 für die Regulierung von 72 000 Unfällen mit Wildtieren, die registriert wurden, insgesamt 99 Millionen DM aufwenden; 1978 war der Schadensaufwand bei 78 000 Unfällen etwa gleich hoch. Die Bilanz der jährlichen Wildunfälle in der Bundesrepublik betrug auch für 1980 noch: 20 Verkehrstote, 1500 Verletzte, 250 000 getötete Wildtiere, 10 Millionen DM Sachschäden. Als lokales Beispiel: allein im Kreis Paderborn betrugen die Wildverluste 1979/80: 318 Stück Rehwild, 13 Stück Damwild, 13 Stück Schwarzwild, 250 Hasen, 134 Kaninchen (WB vom 25. 2. 81).

bedroht, sind nach Meinung des World Wildlife Fund (WWF) 375 Tierarten: 168 Säugetiere, 113 Vögel, 11 Reptilien, 26 Weichtiere, 8 Fischarten und 6 Amphibien.[108] Jede ausgerottete Tierart bedeutet einen nie wieder gut zu machenden Verlust. Aber was soll und kann geschehen, um den Menschen daran zu hindern, der Kreatur ringsum und schließlich auch sich selbst zum größten Feind auf Erden zu werden?

[108] K. Blüchel: Der Untergang der Tiere, 88.

2. Teil: Technische Möglichkeiten und geistige Notwendigkeiten

»Eines Tages gehen wir dahin,
eines Nachts aber erwachen hier Alle.
Nur klug zu werden, sind wir gekommen,
und sind doch nur gekommen,
die Dinge zu verwirren hier auf Erden.
O, daß wir doch still,
daß wir doch friedlich dahinlebten!«

(L. Schultze-Jena: Alt-aztekische Gesänge, Teil 1, XX 223, S. 133)

I. Maßnahmen, die absolut notwendig und dennoch völlig unzureichend sind

Die Frage des Umweltschutzes ist eine Überlebensfrage der Menschheit. Sie zu beantworten ist nur durch gleichzeitige Anstrengungen auf den verschiedenen politischen, sozialen, technischen und biologischen Ebenen der Auseinandersetzung möglich. Aber die Zeit drängt, und es scheint, daß alle praktisch zu treffenden Maßnahmen, selbst wenn sie zustande kämen, zu spät kommen werden und nur noch symbolisch darauf hinweisen können, daß die eigentliche Entscheidungsebene im Grunde nicht technischer, sondern geistiger, letztlich religiöser Natur ist. Denn nicht eine bloße Änderung des praktischen Verhaltens, sondern eine geistige Wandlung wäre notwendig, um der selbstverschuldeten Herausforderung schon der nächsten Zukunft gewachsen zu sein; jedoch die Aussichten für eine solche Wandlung sind mehr als ungünstig.

Die Liste der *praktischen* Erfordernisse und Möglichkeiten ist im Grunde bereits durch die äußere Beschreibung der

Umweltgefährdungen gegeben; sie ist lang, aber eigentlich selbstverständlich und schon oft vorgetragen worden.

Als erstes müßte die *Bevölkerungszunahme gestoppt* werden. Nicht 8 oder 10 Milliarden Menschen, sondern höchstens 2 Milliarden Menschen kann unser Planet beim derzeitigen Stand der Technik und der Lebensansprüche ohne nachhaltigen Schaden vertragen.

Ein einfaches Rechenexempel kann die Dringlichkeit bevölkerungspolitischer Maßnahmen verdeutlichen. Gesetzt den günstigsten Fall: es würden alle Religionen und die Regierungen aller Länder ab sofort eine strikte Gleichgewichtspolitik fordern *und durchsetzen,* so würde man selbst dann noch mit einer Übergangsperiode von 35 Jahren bis zum Erreichen einer konstanten Fertilitätsrate rechnen müssen; sogar wenn man bereits vor fünf Jahren (um 1975) weltweit mit einer strikten Geburtenkontrolle begonnen hätte, so würde man immer noch mit einer Geburtensteigerung von etwa 110% auf etwa 6,3 Milliarden im Jahre 2010 rechnen müssen.[1] Inzwischen aber kostet jedes durch Feigheit, Blindheit, Parteiengezänk und ideologische Unfehlbarkeitsansprüche verlorene Jahr furchtbare Opfer. Angenommen, man beginnt mit drastischen bevölkerungspolitischen Maßnahmen auch in den nächsten zehn Jahren noch nicht, sondern läßt sich noch fünf Jahre länger Zeit, bis 1995, so steht zu erwarten, daß allein wegen eines bloßen Zögerns um diese fünf Jahre bis zum Jahr 2025 etwa 170 Millionen Kinder im Alter bis zu 15 Jahren mehr werden an Hunger und Elend sterben müssen. Und umgekehrt: wenn man bereits 1975 zu einer effektiven Geburtenkontrolle gelangt wäre und würde nicht bis 1995 warten, so »könnte man in den nächsten 50 Jahren den zu frühen Tod von mehr als 500 Millionen Kindern vermeiden.«[2]

[1] M. Mesarović – E. Pestel: Menschheit am Wendepunkt, 77.
[2] a.a.O., 77.

Dies sind Zahlen, die jeder sich selbst ausrechnen kann. Aber alles spricht dafür, daß man nichts zur Abwendung der sicheren Katastrophe tun wird. Die entscheidenden Jahre gehen gerade im Augenblick vorüber, und niemand wird die Lawine des Elends in ein paar Jahren mehr aufhalten können.

Die verzweifelt immer wieder, auch auf der Weltbevölkerungskonferenz 1974 in Bukarest geäußerte Hoffnung, daß vermehrter Wohlstand von selbst die Geburtenraten vermindern werde, ist eine haltlose Utopie: man brauchte 70 Jahre, ehe eine solche Umkehr wirksam werden könnte,[3] und außerdem: woher soll der Wohlstand kommen? Er kam bisher durch die Industrialisierung, aber gerade diese führt in den Entwicklungsländern zu Massenarbeitslosigkeit, Landflucht und einer katastrophalen Ausdehnung der Slums der Städte.[4] Zudem hat sich gezeigt, daß die Industrialisierung in der gegenwärtigen Form einen Grad der Umweltzerstörung mit sich bringt, daß von einer erhöhten Ausbeutung der Natur weder für noch mehr Menschen noch für längere Zeiträume eine Lösung zu erhoffen ist. Vor allem aber gilt der Satz: Kinder sind das Brot der Armen, und solange man nicht die Entwicklungsländer in den Stand setzt, für Arbeitslosengeld, Krankengeld, Arztkosten, Altersversorgung usw. zu sorgen, wird man gerade in den armen Ländern auf die Großfamilie mit vielen Kindern überhaupt nicht verzichten können. Statt daß also die Industrienationen sich die Hände in Unschuld waschen und das Bevölkerungsproblem für eine Sache der Entwicklungsländer erklären, müßte die *Entwicklungshilfe*, gekoppelt mit bevölkerungspolitischen Maßnahmen, um ein Vielfaches erhöht werden. Nach wie vor zeigt man sich außerstande, den Entwicklungsländern mindestens 1% des Bruttosozialproduktes zufließen zu lassen, und lieber gibt

---

[3] H. Gruhl: Ein Planet wird geplündert, 185.
[4] Vgl. L. da Silva: Die Favelas von Rio de Janeiro, in: Evans-Pritchard (Hrsg.): Bilder der Völker, Bd. 5, Teil I: Südamerika östlich der Anden, 122–128.

man, z. B. in den USA, immer noch 2,8% des Bruttosozialproduktes für Werbezwecke zur Belebung eines vollkommen
verstopften Marktes aus, als den simpelsten Forderungen
internationaler Gerechtigkeit und Humanität nachzukommen.[5] Allenfalls zwingt die steigende Abhängigkeit von den
Rohstoffen die USA und Westeuropa (anders als die autarke
UdSSR und China), ihre riesigen Nahrungsmittelüberschüs-
se mehr und mehr zum Import von Rohstoffen einzusetzen;[6]
aber wenn es nicht gelingt, die rohstoffreichen Entwicklungsländer, vor allem Indien,[7] gegen den Geburtenandrang politisch zu stabilisieren, wird die Woge des Elends nicht nur
durch sich selbst nach diktatorischen Lösungen drängen,
sondern als erstes die westliche Welt mit in den Untergang
reißen. Während die Rüstungsausgaben zur Austragung des
Ost-Westkonfliktes weiter ins Gigantische klettern,[8] ver-
spielt der Westen durch die zögerliche Behandlung der Entwicklungshilfe seine einzige mindestens theoretisch noch
denkbare Lebenschance.[9]

[5] J. M. Alfonso: Das Elend der großen Städte, 69.
[6] vgl. H. Gruhl: Ein Planet wird geplündert, 328; 331.
[7] Die Bodenschätze Indiens sind etwa so reich wie die der USA: es besitzt
gewaltige Lagerstätten an Manganerzen (30% der Weltvorräte), an Glim-
mer (75%) und Bauxit, Steinkohlenreserven von ca. 130 Mrd. to und mit
ca. 20 Mrd. to Vorräten an 60–70% Fe-haltigem Erz etwa 20% der
Weltvorräte; vgl. E. Weigt: Entwicklungsland Indien, 8.
[8] Die Rüstungsausgaben betragen in der UdSSR und den USA immer noch
zwischen 8–10% des Volkseinkommens, und das Beispiel der »Großen«
führt auch die armen Entwicklungsländer dazu, im Weltmaßstab mitzu-
halten. Indien ist seit 1974 eine Atommacht! Dazu: U. Albrecht, D. Ernst,
P. Lock, H. Wulf: Rüstung und Unterentwicklung, 126–127. Vgl. als
Rückblick auf den Stand der Rüstungsausgaben schon vor 12 Jahren:
Vereinigung Deutscher Wissenschafler: Welternährungskrise oder: Ist
eine Hungerkatastrophe unausweichlich, 100–102. – Seither sind die
Rüstungsausgaben weltweit noch gestiegen: vgl. M. Brzoska, P. Lock,
H. Sellin: Rüstungsjahrbuch 80/81, SIPRI, Reinbek 1980 (rororo 4735).
[9] Vor allem müßte die Kluft zwischen den Erlösen aus Fertigwaren und
Rohprodukten geschlossen werden; die Exporterlöse der Entwicklungs-
länder vorwiegend für Rohstoffe sind allein zwischen 1950 und 1969 zwar
auf 150% gestiegen, aber im gleichen Zeitraum stiegen die Exporte der
Industrieländer um 420%. Zudem sinken die Marktanteile der Rohstoffe
am Welthandel noch schneller (von 44% 1960 auf 33% 1969) als der Anteil

Angesichts des Geburtenproblems können alle anderen „Lösungen" in jedem Einzelfall zwar wichtige und notwendige Verbesserungen bedeuten, aber solange die Gefahr besteht, daß in jeden Entlastungsspielraum sogleich wieder neue Menschenmassen eindringen, muten alle Maßnahmen zweiter Hand wie der Versuch an, die Dekorationen im Tanzsaal der Titanic kurz vor der Kollision mit dem Eisberg zu restaurieren. Gleichwohl sind im einzelnen tatsächlich äußerst wichtige Verbesserungsmöglichkeiten gegeben, die ohne das Geburtenproblem an sich sehr wirksam werden könnten.

Man kann und muß die *Energieversorgung* von den fossilen Brennstoffen unabhängig machen.[10]

Mitte der 50er Jahre glaubte man, vor allem in der *Kernenergie* den Schlüssel zur Dauerlösung des Problems zu besitzen.[11] Aber sowohl die Kernspaltung wie die Kernfusion bringen Schwierigkeiten mit sich, die sich als weit größer erweisen könnten als ihr Nutzen.

Zunächst ist der Uranvorrat zur Kernspaltung begrenzt, denn von den etwa 2–3 Millionen Tonnen Uran ist nur das

der Rohstoffe am Export der Entwicklungsländer (von 85% 1960 auf 76% in 1969): E. Eppler: Wenig Zeit für die Dritte Welt, 66. Aufhebung der Zollschranken und Stabilisierung der Rohstoffpreise sind seit langem entscheidende, aber nie realisierte entwicklungspolitische Forderungen.

[10] Derzeit schätzt man die Ablagerungen verfügbarer *Kohle*mengen auf 16,8 Bio. to, die bei den heutigen Jahresverbrauch etwa 4–600 Jahre lang den Energiebedarf der Welt decken könnten. Aber die Umweltbelastungen sind enorm: Anstieg des CO_2-Gehaltes in der Atmosphäre, Wasserbelastung, Landschaftszerstörung, hohe Unfall- und Krankheitsrate. Die förderfähige *Öl*menge ist schwer abzuschätzen, dürfte aber bereits in 50–60 Jahren erschöpft sein. Die Kohleverflüssigung zur Ersetzung des Öls kann nur eine zeitweise Entlastung bringen; sie bedeutet fast eine Verzehnfachung des Kapitalaufwands gegenüber der Energiegewinnung aus Kohle. Vgl. B. Commoner: Energieeinsatz und Wirtschaftskrise, 45; 68; 131; 180; K. Winnacker: Schicksalsfrage Kernenergie, 15.

[11] Zur Entwicklung der Kernkraft in Deutschland vgl. L. Martin-Edingshaus: Vom Atom-Ei bis Brokdorf, in: Bild der Wissenschaft, 1977, Heft 4, S. 112–131; die Kosten stiegen inzwischen von 121 Mio. DM 1960 über 1047,1 Mio. 1970 auf 1735,4 Mio. 1975.

Isotop U 235 zur Spaltung geeignet, und da dieses nur zu 0,7% im Natururan enthalten ist, beläuft sich die wirkliche Uranreserve auf nur 21 000 Tonnen U 235. Rechnet man noch das konvertierte Plutonium hinzu, das in den Wiederaufbereitungsanlagen aus den Brennelementen der Leichtwasserreaktoren ausgeschieden wird, so entspricht der Gesamtvorrat an Kernbrennstoffen dem Gegenwert von etwa 75 Milliarden Tonnen Steinkohle. »Wollte man in der ganzen Welt auch nur 20 Prozent des gesamten Energieverbrauchs durch Kernenergie aus Leichtwasserreaktoren ersetzen, so würde dieser Vorrat an Kernbrennstoffen doch nur einige Jahrzehnte reichen.«[12] Deshalb setzt man die Hoffnung auf den *Schnellen Brüter.* Im Leichtwasserreaktor liegt der Konversionsfaktor bei 0,5 (also das Verhältnis des neu erzeugten, durch Anlagerung frei gewordener Neutronen aus U 238 entstandenen Plutoniums [Pu 239] zu dem verbrauchten Material [U 235]). Das Ziel der Brüter ist es, die Neutronenökonomie zu verbessern, indem man auf Moderatoren zur Verlangsamung der Neutronen verzichtet und den Kern mit U 238 umgibt, um auch die austretenden Neutronen zur Konversion zu nützen. Als Kühlmittel wird flüssiges Natrium verwandt. Die Gefahr der Überhitzung bei Ausfall des Kühlmittelkreislaufs läßt sich vermeiden, weil bei höherer Temperatur die Uranatome eine höhere Geschwindigkeit erhalten und daher die Neutronenverluste zunehmen.[13] Aber es ist sehr die Frage, ob der Schnelle Brüter, dessen Vorkosten in der Bundesrepublik auf 3 Milliarden DM geschätzt werden, jemals rentabel wird.[14]

Vor 20 Jahren hielt man neben der Kernspaltung vor allem die *Kernfusion* für aussichtsreich. Aber so einfach die theore-

---

[12] K. Winnacker: Schicksalsfrage Kernenergie, 101. Ein Leichtwasserreaktor wie der in Biblis hat eine Leistung von 2500 Mio. Watt und könnte bei ganzjähriger Laufzeit mehr als 20 Mrd. kWh erzeugen; das sind ca. 10% der jetzigen Stromerzeugung in der BRD; s. Winnacker, 109.

[13] K. Winnacker: Schicksalsfrage Kernenergie, 144.

[14] a.a.O., 148.

tischen Voraussetzungen der Plasmaphysik[15] auch aussahen, so schwer ist das technische Problem, Tritium und Deuterium zu Helium zu verschmelzen. Um das Plasma auf die notwendigen 50 bis 100 Mio. Grad zu erhitzen, wurde in der UdSSR die *Tokamak*-Maschine entwickelt,[16] in der das Plasma durch magnetische Felder von der Gefäßwand ferngehalten und zugleich aufgeheizt wird. Die Magnetspulen müssen, um Leitungsverluste zu vermeiden, mit flüssigem Helium auf minus 270° C abgekühlt werden, und das in unmittelbarer Nähe von etwa 100 Millionen Grad im Plasma! Das Hauptproblem aber liegt darin, daß das überschwere Wasserstoffisotop Tritium in der Natur nicht vorkommt und zudem eine Halbwertzeit von nur 12,4 Jahren hat. Es muß also künstlich erzeugt werden, indem man Lithium mit Neutronen bestrahlt. Die Lithiumvorräte sind zwar doppelt so hoch wie die von Uran und Thorium zusammen, aber auch sie haben Grenzen, so daß man – bei noch weit höheren Temperaturen – eines Tages Deuterium mit Deuterium fusionieren müßte. Vor allem erleidet die Lithiumwand starke Strahlenschäden durch die Neutronen; sie muß alle zwei Jahre ausgewechselt werden, und wenn auch die Kernfusion selbst keine radioaktiven Spaltprodukte mit sich bringt, so ergeben doch die Metallwände größere Mengen radioaktiven Materials. Außerdem sind die Instabilitäten des Plasmas nicht ausreichend bekannt. Schließlich kann die Beta-Strahlung des Tritiums schon bei den kleinsten Lecks infolge des hohen Diffusionsvermögens der Wasserstoffisotope bei hohen Temperaturen zu einer Gefahr werden.

Mit großen Anstrengungen arbeitet man, eben wegen der Schwierigkeiten der Tokamak-Maschine, zur Zeit an der *Laser-Fusion*. Deren Vorteil läge darin, daß die extrem kurzen Reaktionen keine Reaktionen mit den Reaktorwänden

[15] Plasma ist eine Mischung aus freien Atomkernen und freien Elektronen, die magnetisch gut lenkbar ist.
[16] In Europa soll nach dem Tokamak-Prinzip z. B. der Jet (Joint European Torus) gebaut werden.

ergäben. Dazu aber brauchte man Laser, die 300000 Joules in Pulsen von 10^{-8} bis 10^{-9} sec Dauer erzeugen können. »Solche Laser existieren zur Zeit noch nicht«.[17] Zudem muß während des Laserimpulses die Dichte des Wasserstoffes 10000fach über der von flüssigem Wasserstoff liegen, und dazu braucht man Druckleistungen von 10^{12} Atmosphären. Die bei der Fusion erzeugte Energie muß an einer Auffangwand in Wärme verwandelt werden, wozu wiederum große Kühlsysteme nötig sind, kurz, es wird mit Sicherheit in diesem Jahrhundert kein Kraftwerk mit der Laserfusion arbeiten.[18]

Vor allem hat B. Commoner ganz recht, wenn er es als das »herausragende Merkmal der Kernenergie« überhaupt bezeichnet, »daß hier die Kapitalkosten hoch und rasch ansteigend sind, weil die Kernenergie einen extravaganten Fall ›thermodynamischen Overkills‹ darstellt (um Dampf zu erzeugen, wird eine Energiequelle mit einer ihr innewohnenden ›Temperatur‹ verwendet, die um viele Tausende von Graden über der tatsächlich benötigten Temperatur liegt) und deshalb eine äußerst komplizierte, unberechenbare und möglicherweise sehr gefährliche Technologie ist.«[19]

Abgesehen von der monströsen Gefahr einer Reaktorexplosion und den Schwierigkeiten der politischen und militärischen Sicherheitsauflagen der Kernenergietechnik ist die Lagerung des radioaktiven Mülls, rein euphemistisch »*Entsorgung*« geheißen, keinesfalls sorgenfrei. Das beim Brüter anfallende Pu 239 ist das gefährlichste radioaktive Material überhaupt. Seine ausgesandten Alpha-Teilchen setzen ihre Energie auf kurzer Entfernung frei und wirken sehr schädigend auf das Zellmaterial.[20] Würde z. B. das Kernwaffenpro-

---

[17] K. Winnacker: Schicksalsfrage Kernenergie, 163.

[18] a.a.O., 164.

[19] B. Commoner: Energieeinsatz und Wirtschaftskrise, 180.

[20] Alphateilchen haben eine Reichweite von 1/100 mm, aber hohe Ionendichten von 400–130000 Ionen pro 1 My Weg in Wasser. Auf dem Weg von wenigen Zelldurchmessern geben Alphateilchen daher ihre ganze

gramm auf dem Brüter beruhen, »gehören hierzu nach laufenden Vorausberechnungen der Kernkrafterzeugung schließlich etwa 130 Millionen Pfund Plutonium ... Wenn vier Zehntausendstel des Materials in die Umgebung entlassen werden, könnten sich daraus 600 000 Krebsfälle pro Jahr ergeben.«[21] Der Abfall, der von einem Kernkraftwerk durchschnittlicher Größe mit 1000 Megawatt Leistung »produziert wird, entspricht einer Radioaktivität von etwa 2500 tons Radium«. Die »Strahlung der von dem Kernkraftwerk einer Großstadt produzierten Abfälle würde – falls sie ungehindert auf die Umwelt einwirken könnte – ausreichen, das Hundertfache der Stadtbevölkerung zu töten.«[22] Man mag sagen: wir werden eben dafür sorgen, daß diese Abfälle nicht ungehindert auf die Umwelt einwirken; aber wie will man ein solches Versprechen halten, und vor allem: wem will man es auferlegen? Bereits heute lagern Hunderte von Tonnen Pu 239 mit einer Halbwertszeit von 24 000 Jahren als fertige Bomben in den Raketensilos und U-bootschächten; selbst wenn kein weiteres Plutonium mehr hinzukäme, wäre die heutige Menge erst in 240 000 Jahren wieder verschwunden.[23] Man kann dieses Plutonium im Grunde nur wieder zu Brennelementen verarbeiten, aber das ganze wird, je länger je mehr, ein unauflösbarer Circulus vitiosus.[24]

Energie ab. Vgl. H. D. Scharring: Biologische Auswirkungen radioaktiver Strahlung, in: Kernexplosionen und ihre Wirkungen, 170.

[21] B. Commoner: Energieeinsatz und Wirtschaftskrise, 91.

[22] a.a.O., 81.

[23] K. Winnacker: Schicksalsfrage Kernenergie. 36. Zu den Schwierigkeiten der sogenannten »Endlagerung« in den umstrittenen Salzstöcken bei Gorleben vgl. z. B. U. Klugmann (Red.): Gorleben – wo der Salzstock wächst, in: Naturmagazin Draußen, Heft 9, S. 58–67; Hamburg 1980.

[24] Zur Gefährlichkeit des Plutoniums im einzelnen vgl.: Arbeitsgruppe ›Wiederaufarbeitung‹: Atommüll oder Der Abschied von einem teuren Traum, 111–126; inzwischen scheint ein Abtransport des Kernmülls zur Sonne rentabel zu werden, aber spätere Generationen könnten die Uran-, Lithium- und Plutoniumvorkommen fehlen, und den Müll auf eine Parkumlaufbahn um die Erde zu schießen, ist gleichfalls nicht ohne Risiko. Vgl. H. H. Ruppe – D. Hayn: Kernmüll ins All, in: Bild der Wissenschaft, 1980, Heft 8, 69–74.

Bei all diesen Überlegungen ist vorausgesetzt, daß wie selbstverständlich die riesigen Summen an Kapital und Energie vorgeschossen werden können, die der Aufbau der Kernenergietechnik verschlingt. Aber das ist keineswegs mehr selbstverständlich, und auf Jahrzehnte hin verbraucht und kostet das ehrgeizige Fusions- und Brüterprogramm weit mehr, als es an Geld und Energie wieder einzubringen verspricht. Freilich haben vor allem die Erdölkonzerne in gerade dieser Technik so hoch investiert, daß es für sie kein Zurück mehr geben dürfte, koste es, was es wolle.[25] Wirtschaftlicher und auf lange Sicht realistischer ist es jedoch ohne Zweifel, die Sonne nicht künstlich auf der Erde nachzuahmen, sondern ihre gewaltigen Energiemengen selbst besser auszunutzen.

Gegen die *solare Energie* wird meist auf ihre diffuse Natur und ihre Unwirtschaftlichkeit hingewiesen. Aber das Gegenteil ist richtig. Unwirtschaftlich ist es allemal, Öl in einem Ofen bei 230° C zu verbrennen, um einen Raum auf 23° C zu erwärmen und stets eine unnötig hohe Quelltemperatur auf Prozesse anzusetzen, die eine weit niedrigere und unterschiedliche Energiequalität erfordern.[26] Anders bei der Sonnenenergie. Die Sonne ist in sich selbst ein einzigartiger Fusionsreaktor, und es kommt »lediglich« darauf an, die 5500° C ihrer Oberflächentemperatur wieder zu bündeln und in den gewünschten Graden zu konzentrieren. Man rechnet, daß bereits ein Kollektor von 1300 cm² oder ein Quadrat von 36 cm Kantenlänge ausreicht, um die Raumwärmung eines Haushaltes im Dezember im mittleren Teil der USA zu gewährleisten. Bis zu 38% des Energiehaushaltes der USA könnten bereits durch solche relativ einfachen Kollektorvorrichtungen gedeckt werden.[27] Um für den verbleibenden Bedarf die solare Energie in eine transportable Energiequelle

[25] Vgl. H. Hatzfeldt und S. de Witt: Die Grenzen der Kernenergie, in: Die Zeit, Nr. 47, 16. 11. 79.
[26] B. Commoner: Energieeinsatz und Wirtschaftskrise, 114.
[27] B. Commoner: Energieeinsatz und Wirtschaftskrise, 117.

umzuwandeln, läßt sich unbegrenzt und ohne jeden schädlichen Abfall Wasserstoff verwenden.[28] Vor allem: man kann – *anders als Öl und Kohle – die Sonne nicht verkaufen;* sie ist kein Profitobjekt, an dem gewisse Monopole sich bereichern können, – sie gehört allen, und es gilt nur, ihre Kraft besser zu nutzen.[29] Desgleichen sollten sich andere Wirkungen der Sonne: der fallende Regen, die Temperaturunterschiede der Meere, die Windenergie, auf die Dauer leichter zum technischen Gebrauch verwenden lassen *als die Kernenergie mit ihren erheblichen Risiken.*

In der *Nahrungsmittelproduktion* hat es offensichtlich keinen Sinn mehr, das Heil in der Züchtung monströser Hybridformen von Pflanzen und Tieren und vor allem in einer immer größeren Abhängigkeit von agrarfremden Industriezweigen (wie der Petrochemie und der Kunstdüngerherstellung) zu suchen. Schon auf der individuellen Ebene zeigt sich, daß der vermehrte Kapitaleinsatz nicht dem Bauern selbst, sondern nur der Zulieferindustrie (für Maschinen, Brennstoff, Strom, Düngemittel, Biozide usw.) Gewinn gebracht hat. Es gilt vielmehr, zum Typ der »organischen Farmen« und Höfe zurückzufinden, die nachweislich dieselbe Rentabilität wie die konventionellen industrialisierten Betriebe erreichen können,[30] ohne die Umwelt durch Monokulturen, Bodenerosion, Giftmüll u. ä. auf gefährliche Weise zu belasten. Gerade die Landwirtschaft könnte als erste zu einem vernünftigen *Recycling* von »Abfall« (Dünger) und Wiederverwertung (Kompostierung) zurückfinden.

Statt einer ständigen Ertragssteigerung unter Auslaugung

---

[28] Prof. Justi (Braunschweig) z. B. schlug vor, die Sonnenenergie in den Tagesstunden zur Elektrolyse von Wasser zu nutzen und dann in Rohrleitungen den Wasserstoff und Sauerstoff zur Bedarfsstelle zu bringen, wo sie mit hohem Wirkungsgrad wieder verbrannt werden könnten. Vgl.: Kraft der Sonne, in: Bild der Wissenschaft, 1974, Nr. 5, 74–83.

[29] B. Commoner: 132–133; zu denken ist auch an Sonnenkraftwerke von 130 km² Fläche im Weltraum: W. Büdeler: Sonnenkraftwerke im Weltraum, in: Bild der Wissenschaft, 1977, Heft 10, S. 60–65.

[30] B. Commoner, 150.

der Böden und unter Inkaufnahme einer ungeheuerlichen Form von Tierquälerei kann vor allem *die Nahrungskette verkürzt* werden: die meisten Haustiere werden heute lange Zeit als Nahrungskonkurrenten des Menschen gehalten, ehe sie die Prozession in die Schlachthöfe und Fleischfabriken antreten. Enorme Mengen an Energie und Lebensmittel könnten durch eine einfache *Änderung der Lebensgewohnheiten* zugunsten eines mehr *vegetarischen* Küchenzettels eingespart und der Dritten Welt zur Verfügung gestellt werden.[31] Statt in dem Fischreichtum der Weltmeere nur Rohstoff für die Konservenfabriken und Fischmehlindustrie zu sehen, ließe sich das Nahrungsangebot durch Züchtung von *Algen* mit einem Eiweißgehalt von 50% (zum Vergleich: Rindfleisch 21%) in Aquakulturen hervorragend erweitern.[32] In Japan hat man damit bereits sehr erfolgreich begonnen; Indien, das zur Hälfte streng vegetarische Eßgewohnheiten befolgt und über wunderbare Küstenstreifen verfügt, könnte seine Nahrungsprobleme auf diese Weise sicher weit besser lösen, als wenn man das Volk zur Schlachtung der heiligen Kühe und zum »Genuß« von Wasserbüffelfleisch anhält.

Freilich kann man die Ozeane, Böden und Gewässer biologisch nur dann nutzen, wenn man sie nicht in Kloaken verwandelt und wenn die Kosten zu ihrer Reinerhaltung nicht ins Horrende steigen.[33] Hier sind wichtige *gesetzgeberi-*

---

[31] Gerade umgekehrt aber verläuft die Entwicklung. »In den USA alleine ist der Fleischkonsum pro Kopf von 1960 bis 1972 um 22% gestiegen. In der Bundesrepublik gar um 33%, in Japan um 364%, weil es dort in Nachahmung der amerikanischen Sieger ›modern‹ wurde, Rindfleisch zu essen.« R. Jungk: Das Spektrum der großen Hungersnot, in: Bild der Wissenschaft, 1974, Heft 12, S. 60.

[32] F. Schott: Das Weltmeer als Wirtschaftsraum, 9; E. Mann-Borgese: Das Drama der Ozeane, in: Bild der Wissenschaft, 1977, Heft 7, S. 48–55; L. H. Grimme: Mikroorganismen als Nahrungsquelle, in: Bild der Wissenschaft, 1972, Heft 7, S. 736–744.

[33] So z. B. wird die Wasseraufbereitung zu Trinkwasser mit dem Verschmutzungsgrad des Rohwassers ständig steigen. Auch das neue Abwassergesetz, das ab 1. 1. 81 pro Schadeneinheit und Jahr 12,– DM und ab 1. 1. 1986 – erst – 40,– DM Abgabe verlangt, wird nichts daran ändern, daß die Verunreinigung von Gewässern immer noch billiger ist als die

sche Maßnahmen nach dem Verursacherprinzip unerläßlich: Der Preis eines Produktes dürfte nicht nur die bloßen Herstellungskosten berechnen, sondern müßte auch die Kosten zur Vernichtung des Produktes in einem vernünftigen Recycling umfassen. Nur so würde der Wettbewerb auf dem freien Markt in Richtung umweltfreundlicher Produkte, und nicht in Richtung immer größerer Mengen biologisch gefährlichen Mülls driften. Internationale Abkommen über die Reinerhaltung der Luft und der Meere müßten verhindern, daß die nationalen Binnenmaßnahmen des Umweltschutzes lediglich zu einer erhöhten Gesamtbelastung vor allem der Ozeane führen. Schließlich ist auch nicht einzusehen, wieso es sich die Regierungen, vor allem der westlichen Länder, weiter gefallen lassen sollen, daß einige wenige Konzerne (wie BP, Texaco, Shell usw.) wesentliche Teile der Produktionsmittel international kontrollieren, ohne auf irgendwelche nationalen oder internationalen Interessen, insbesondere die des Umweltschutzes, Rücksicht nehmen zu müssen. Die Milliardenverluste, mit denen Ende der 50er Jahre die Zechen im Ruhrgebiet stillgelegt wurden und Tausende von Bergarbeitern für die kurzatmigen Gewinne der Erdölindustrie »freigesetzt« wurden, die Summen, die jetzt für die Neuerschließung von Zechengelände in den Agrargebieten des Münsterlandes gezahlt werden müssen, bringen ja nicht die sechs führenden Erdölkonzerne auf, sondern der deutsche Steuerzahler; ihm gebührt also ein Mitspracherecht bei der Kapitalvergabe. Außerdem müßte der *Schutz der Entwicklungsländer* vor dem Zugriff der Konzerne international verbessert werden, indem die Austauschrelationen auf dem Weltmarkt, die sich allein zwischen 1950 und 1971 für die Entwicklungsländer um 7% verschlechtert haben, endlich günstiger gestal-

---

Abwasserreinigung selbst. Vgl. die Dokumentation von L. Hartmann, O. Klee, W. Kühn, A. Stein, G. Traum unter der Redaktion von H. D. Heck: Trinkwasser bald knapp und unbezahlbar, in: Bild der Wissenschaft, 1977, Heft 1, S. 40–53.

tet werden.[34] Nur so lassen sich weitere tiefgreifende Umweltzerstörungen gerade in den letzten ökologisch noch intakten Gebieten der Dritten Welt verhindern.

Das Sterben der *Wälder* wird sicher zu einem erheblichen Teil verlangsamt werden, wenn der enorme Papierbedarf für Druckerzeugnisse durch die Fortschritte der Elektrotechnik in den Verlagen, durch Bildschirmzeitungen, Computerausdrucke, durch die mikrofotografische Wiedergabe ganzer Bibliotheken auf engstem Raum weiter eingeschränkt wird. Daneben aber stehen Erfordernisse des unmittelbaren Naturschutzes. Die *Jagd- und Fischereigesetze* müßten drastisch verbessert werden. Der *Schutz der Tiere vor den Verkehrswegen* muß zu einem integrierenden Teil des Straßenbaus werden. Es ist aberwitzig, Igel und Kröten unter Naturschutz zu stellen und sie alsdann allerorten zu ungeheuerlichen Zahlen bis zur völligen Ausrottung totfahren zu lassen, während schon geringfügige Verbesserungen (Zäune, Untertunnelungen, Schutzstreifen zwischen Wald und Fahrbahn) wirksame Abhilfen bilden könnten.[35]

Nicht zuletzt eröffnet der *Städtebau* und die *Verkehrsgestaltung* neue Möglichkeiten.

Ohne Zweifel gehört die Zukunft der *Schiene statt der Straße*, den Massenverkehrsmitteln statt dem Individualverkehr – der mächtigen Autoindustrie zum Trotz. Kurioserweise kann als Vorbild zur Verbesserung der Verkehrslage durch die elektrifizierte Intercity-Eisenbahn und die elektrifizierte Stadtbahn (als die thermodynamisch effizientesten Mittel der Personen- und Frachtbeförderung) heute wieder die gute alte Straßenbahn dienen, die in den USA nicht aus verkehrstechnischen Gründen verdrängt wurde, sondern weil z. B. General Motors besonders viele Busse verkaufen wollte.[36] Vor allem muß und kann das Verhältnis zwischen

[34] E. Eppler: Wenig Zeit für die Dritte Welt, 66.
[35] W. Erz – I. Günther: Straßen durchkreuzen die Wege des Wildes, in: Bild der Wissenschaft, 1978, Heft 4, S. 106–118.
[36] B. Commoner: Energieeinsatz und Wirtschaftskrise, 161–163.

immateriellem (informativem) und materiellem (güterbeförderndem) Verkehr durch Laserkommunikation, Fernsehtelefonnetz, Pipeline-Rohrpostsysteme usw. wesentlich verbessert werden:[37] man muß dann nicht mehr mit einem PKW, dessen Energieleistung und Umfang 6 Personen befördern könnte, schnell mal für eine Stunde in die Stadt, nur um sich zu erkundigen, ob eine bestimmte Bestellung schon erledigt wurde. Mit Sicherheit wird das kommende Jahrhundert kopfschüttelnd und fassungslos einer Zeit gegenüberstehen, die, wie die unsrige, Lärm, Streß, Gestank, Naturzerstörung, jährliche Unfallzahlen, höher als die Kriegsopfer der Amerikaner in Korea, Geldausgaben, die privat wie öffentlich horrende sind, sowie einen enormen Erwartungsdruck an individueller »Mobilität« begeistert in Kauf nimmt, nur um der Segnungen des Privatautos teilhaftig zu werden.

Der *Städtebau* muß und wird auf den Ersatz des Kraftverkehrs durch Elektrofahrzeuge, rollende Gehsteige usw. ebenso Rücksicht nehmen müssen wie auf die Verbesserung der elektronischen Kommunikationssysteme.[38] Noch entfallen 70% des Stadtverkehrs auf den Berufsverkehr, und das zweimal am Tag; eine bessere Raumordnung könnte dem abhelfen.[39] Der Flächenbedarf der Städte könnte von den heute noch üblichen 400 m² pro Einwohner in einer futuristischen Stadt durch Mehrfachnutzung der Fläche auf 20 m² gesenkt und dafür könnten Naherholungsgebiete und kulturelle Freizeiträume eröffnet oder erhalten werden.[40] Das Flächenangebot selbst könnte durch Urbarmachung von Wüstenzonen mittels entsalztem Meerwasser[41] vermehrt werden

[37] F. Vester: Das Überlebensprogramm, 209–210.
[38] H. Hoffmann: Die Stadt als Ausweg, in: H. G. Gadamer – P. Vogler (Hrsg.): Sozialanthropologie, 371.
[39] a.a.O., 371.
[40] a.a.O., 355.
[41] Zu den Möglichkeiten der Süßwassergewinnung durch Meerwasserentsalzung vgl. K. Fischbeck: Süßwasser aus dem Meer, in: Bild der Wissenschaft, 1971, Heft 6, S. 580–589.

– all dies freilich nur, wenn wir lernen, mit den vorhandenen Rohstoffen und Energieträgern sorgsamer und mit der Umwelt freundlicher umzugehen.

Und eben danach sieht es ganz und gar nicht aus. Viel wahrscheinlicher ist, daß die Menschheit jede sich bietende Entlastung dazu benutzen wird, sich weiter auszubreiten und zu vermehren, und als nächstes steht uns vermutlich nicht ein Ende des Wachstums, sondern der »Sieg der Gewissenlosen«[42] mit einem Bevölkerungszuwachs gerade der armen Länder um 3% jährlich bevor (wie z. B. in der Türkei mit einer Bevölkerungszunahme von 20 auf 36 Millionen Menschen allein zwischen 1950 bis 1970). Die unmittelbaren Ursachen der Bevölkerungsexplosion: der Rückgang der Kindersterblichkeit und die Verlängerung der Altersspanne,[43] sind Ergebnisse eines medizinischen Fortschritts, den niemand mehr wird zurücknehmen wollen. Aber es müßte unter diesen Umständen zur medizinischen Vernunft eine freiwillige biologische Steuerung hinzutreten, die den ältesten Drang allen Lebens auf diesem Planeten überwindet: jede vorhandene ökologische Nische randvoll mit der eigenen Art zu besetzen, bis erst die Grenzen der Umwelt die eigene Zahl durch Entzug der Lebensgrundlagen (und psychologisch meist durch Blockierungen des Brutpflegeinstinktes[44]) auf ein erträgliches Maß zurückdrängen. Tatsächlich scheint die Menschheit indessen gerade jetzt bereit, den Marsch der

---

[42] H. Gruhl: Ein Planet wird geplündert, 182.

[43] Zwischen 1950–1967 nahm die Sterberate von Kindern im 1. Lebensjahr (bezogen auf 1000 Einwohner) z. B. in Schweden von 21 auf 12,9, in Großbritannien von 31,4 auf 18,8, in der BRD von 55,3 auf 22,8, in Japan von 60,1 auf 15, in Mexiko von 96,2 auf 63,1, in Kolumbien von 123,9 auf 78,3, in Indien von 127,1 im Jahre 1950 auf 77,6 1964 ab. Das Verhältnis der Geburtenziffer zur Sterbeziffer (auf 1000 Einwohner) entwickelte sich in Schweden – noch relativ langsam – von 1750 bis 1965 von 37:27 zu einem Verhältnis von 16:10; H. Glubrecht: Das Wachstum der Weltbevölkerung und seine anthropologischen Konsequenzen, in: H. G. Gadamer – P. Vogler (Hrsg.): Sozialanthropologie, 38; 39.

[44] So z. B. bei Ratten und Mäusen, und in gewissem Umfang auch beim Menschen, wie z. B. die Abtreibungsproblematik zeigt.

Lemminge anzutreten. Sie beherrscht die Natur besser als je zuvor, doch eben ihr »Endsieg« über die Natur droht ihre eigenen Lebensgrundlagen zu zerstören.[45]

II. Statt »Umweltschutz« ein neues Menschenbild

An dieser Stelle wird zugleich deutlich, daß die Idee des »Umweltschutzes« im Grunde zu spät ansetzt. Wer von »Umwelt« spricht, meint stets die Umwelt des Menschen, und all seine Argumente für den Schutz dieses oder jenes Teils der Natur erhalten ihre Plausibilität nur innerhalb menschlicher Zwecksetzungen und im Appell an den menschlichen Überlebenswillen. In dieser Hinsicht mag es unter Umständen – wenn auch wohl erst nach weltweiten Erschütterungen und Katastrophen – vielleicht sogar dahin kommen, daß die Menschheit sich irgendwann aufgrund einer verbesserten Kenntnis der Naturzusammenhänge und deren technischer Nutzung in einer Größenordnung von 10–20 Milliarden Menschen auf einem überlebensfähigen Gleichgewicht einpendelt. Aber in einer solchen Welt wird nur überlebt haben und überleben dürfen, was dem Menschen nützt, und vom Menschen selbst wird man nur das gelten lassen können, was sich ohne Risiko in Ruhe und Ordnung störungsfrei verwalten läßt. Es wird (oder würde) geistig eine Menschenrasse sein, die aus der Selektion des Schlechtesten am heutigen Menschen hervorgeht: aus dem Willen zu einem rigorosen und schrankenlosen *Anthropozentrismus,* der nur den Menschen kennt und kennen will, ohne zu bedenken, daß der Mensch selbst verstümmelt wird, wenn man von Grund auf die vorgegebenen Beziehungen zu Herkunft und Ursprung des Menschen methodisch und praktisch verleugnet.

Der Typ dieses Menschen ist heute am besten wohl am Modell des *Marxismus* abzulesen, dem der Mensch grund-

---

[45] H. Gruhl: Ein Planet wird geplündert, 220.

sätzlich nicht als ein Kind der Natur, sondern als ein Produkt der Gesellschaft gilt.[1] Bezeichnenderweise ist der eigentliche Ort des Wissens um den Menschen für diese größte Ideologie des 20. Jahrhunderts nicht eine (theologische oder philosophische) Lehre, die den Menschen als Teil und in Einheit mit der Welt zu betrachten sucht, sondern was der Mensch ist, bestimmen im Marxismus rein anthropozentrisch Soziologie und Geschichtswissenschaft und innerhalb derselben die »Gesetze« der Ökonomie, der Ausbeutung der Natur. Das Verhältnis des Menschen zur Welt ringsum wird – im Erbe Hegels – marxistisch als bloßes »Anderssein«,[2] als »Negation«[3] der Natur »begriffen«[4], und die Aufgabe, der Sinn des menschlichen Lebens soll fortan darin liegen, die Natur durch Arbeit[5] auf den Menschen hin umzugestalten, oder, in der Sprache Hegels, die Natur als solche »aufzuheben«, um sie auf einer vermeintlich höheren Stufe »wiederherzustellen«.[6] Ja, im Unterschied zu Hegel, soll der Mensch von der Natur jetzt überhaupt nur noch »begreifen« können, was er ihr durch eigene Arbeit entrissen hat: allein die dem Menschen unterworfene, in blankem Herrschaftswissen angeeignete und umgestaltete Natur ist dem Menschen bekannt;[7] er

---

[1] Vgl. K. Marx: Thesen über Feuerbach, MEW III 6: das menschliche Wesen sei »das Ensemble der gesellschaftlichen Verhältnisse«.

[2] G. W. F. Hegel: Phänomenologie des Geistes, 21–22 (Philos. Bibl.)

[3] G. W. F. Hegel: »der Geist . . . ist sein Produkt . . . in einer beständigen Negation dessen, was die Freiheit aufzuheben droht« (nämlich der Notwendigkeit der Natur): Die Vernunft in der Geschichte, 55 (Philos. Bibl.).

[4] Hegel: Enzyklopädie, § 381; S. 313 (Philos. Bibl.).

[5] So F. Engels: »das Tier *benutzt* die äußere Natur bloß und bringt Änderungen in ihr einfach durch seine Anwesenheit zustande; der Mensch macht sie durch seine Änderungen seinen Zwecken dienstbar, beherrscht sie. Und das ist der letzte, wesentliche Unterschied des Menschen von den übrigen Tieren, und es ist wieder die Arbeit die diesen Unterschied bewirkt.« F. Engels: Dialektik der Natur, MEW XX 452; vgl. 322–324.

[6] Hegel, Logik, I 93–94 (Philos. Bibl.).

[7] So K. Marx an L. Feuerbach: »Selbst die Gegenstände der einfachsten ›sinnlichen Gewißheit‹ sind ihm (dem Menschen) nur durch die gesellschaftliche Entwicklung, die Industrie und den kommerziellen Verkehr gegeben.« (K. Marx: Die deutsche Ideologie, MEW III 43.) U. Krolzik, der die Krisen der »Umwelt« aus der mittelalterlichen Philosophie zu

selbst steht von Hause aus der Natur als ein Fremder, als ein »Anderer« gegenüber, und es ist das Ziel seiner Bemühungen nicht, sich in die Natur einzufügen, sondern umgekehrt: er muß die Natur wie eine Feindin erobern und seinem Diktat unterwerfen. Dementsprechend gilt es jetzt als größte Kulturleistung, die Ausdehnung des Menschen gegen die Natur immer weiter voranzutreiben, und der wichtigste Maßstab der Geschichte liegt in dem »Fortschritt« dieser Bemühung.

In gewissem Sinne mag diesen Hauptzügen marxistischer »Anthropologie« wirklich etwas Prophetisches anhaften; vielleicht überlebt in Zukunft tatsächlich nur eine Menschheit, die sich mit diesem Menschenbild einverstanden erklären kann; denn die Völker, die sich selbst und ihre Stellung zur Natur weniger gewalttätig und selbstherrlich gesehen haben, sind bislang alle mit Erfolg zugrunde gerichtet worden. Es kann freilich auch sein, daß gerade die Krise der Gegenwart zu einem Wendepunkt in der gesamten Lebenseinstellung führt, und dann allerdings kommt man nicht umhin, eine Reihe von Selbstverständlichkeiten besonders des abendländischen Menschenbildes zutiefst in Frage zu stellen, und zwar obenan die Grundüberzeugung, die sich im Marxismus nur noch wie in einem späten Endstadium der abendländischen Geistesgeschichte,[8] dort aber immer wieder und besonders kraß und roh ausspricht: daß *der Mensch als Mittelpunkt und Maß* der Welt gesehen werden müsse.

Wenn von der Natur ein Stück Eigenständigkeit neben und mit dem Menschen überleben soll, dann darf man schlechterdings eigentlich gar nicht von »Umwelt« und »Umweltschutz« sprechen,[9] sondern man muß die geistigen Grundlagen eben jener Einstellung bekämpfen, für welche die ganze

begründen sucht, weist zu Recht auf die Gleichartigkeit der kapitalistischen wie der kommunistischen Wirtschaft in ihrer Bedenkenlosigkeit gegenüber der Natur hin, ohne dieses Faktum freilich geistig zu begründen: U. Krolzik: Umweltkrise – Folge des Christentums? 26.

[8] So die berühmte 11. These von K. Marx über L. Feuerbach; K. Marx: Thesen über Feuerbach, MEW III 7.

[9] So sehr richtig W. Müller: Indianische Welterfahrung, Stuttgart 1976, 47.

Natur nur »Umwelt« des Menschen ist; man muß demgegenüber den Menschen wieder als einen Teil der Natur sehen lernen, dessen Auftrag nicht darin besteht, sich immer weiter gegen die Natur auszubreiten. Freilich: um mit der Natur draußen innerlich in Einklang zu kommen, bedürfte es eines Menschen, der zuallererst in seiner inneren Natur, mit seinem Gefühl, seiner Phantasie, mit seinem »Unbewußten« tief genug verankert wäre, um darin eine wahrere Verbindung und Einheit mit der ihn umgebenden »Natur« zu entdecken, als sie der objektivierende Verstand und ein einseitiger Herrschaftswille »herstellen« können. Die Frage des »Natur-« und »Umweltschutzes« lautet, wie man die »Natur« bzw. die »Umwelt« vor dem Menschen schützen kann; aber das kann man nur, wenn der Mensch aufhört, die Natur als eine wilde, undurchdringliche Macht anzusehen,[10] die erst durch des Menschen Verstand und Willen zu sich selbst gebracht werden könnte.[11]

Aus der Frage nach dem »Umweltschutz« wird so von selbst eine Frage nach dem Menschenbild, das sich im Abendland herausgebildet hat und in wenigstens drei Punkten so wie bisher nicht fortbestehen darf:

1) in der Überzeugung, alles drehe sich um den Menschen und sei nur zu seinem Zweck und Nutzen da;

2) in der Überzeugung, die menschliche Geschichte habe ihren Sinn in einem ständigen Fortschritt, und

3) in der Überzeugung, am Menschen seien ausschließlich die zweckrationalen Kräfte »menschlich«, sein Gefühl, sein Unbewußtes aber sei entweder etwas »Pathologisches« oder es existiere überhaupt nicht.[12]

---

[10] Vgl. den Naturbegriff in der Erkenntnistheorie Kants, wo die Natur als eine chaotische Mannigfaltigkeit von Sinneseindrücken erscheint, die erst vom menschlichen Verstand geordnet werden muß: I. Kant: Kritik der reinen Vernunft, Werke IV 409; Prolegomena, V 159–161; 186–189.

[11] So vor allem bei Hegel; aber auch schon F. W. J. Schelling: System des transzendentalen Idealismus, 269–270 (Philos. Bibl.).

[12] So erkennt sich Descartes als »eine Substanz . . ., deren ganzes Wesen und Natur bloß im Denken bestehe«; Descartes: Abhandlung über die Methode, Kap. 4; in: I. Frenzel (Hrsg.): Descartes, 66.

Alle drei Punkte hängen, wie wir bald sehen werden, innerlich zusammen und sind, aus verschiedenen Gründen, zentral in der bisherigen Gestalt des *Christentums* verankert. Daher muß es vor allem darum gehen, den Beitrag des Christentums an dem gekennzeichneten einseitigen Menschenbild des Abendlandes zu verstehen. Denn nur durch geistige Entscheidungen religiöser Qualität läßt sich eine wirkliche Veränderung des Menschen erreichen, und die Überzeugungen, die im Abendland im Verlauf der letzten hundert Jahre in einer so explosiven Weise praktisch geworden sind, wären ohne ihren religiösen Ursprung auch in ihrer säkularisierten Form gar nicht vorstellbar gewesen. Inwieweit also, lautet die Frage, trägt das Christentum Schuld an der bestehenden Zerstörung der Natur und des Menschen; was waren die Gründe seiner geistigen Einstellung; und in welchem Umfang verfügt es über Möglichkeiten und Ansatzpunkte zu einer inneren Wandlung?

Während wir bisher mit bloßen Fakten und Zahlen gearbeitet und damit im Grunde noch der bestehenden Äußerlichkeit des Denkens Tribut gezollt haben, geht es jetzt darum, die geistigen Hintergründe zu verstehen und ihre Konsequenzen, ihre Gefährdungen und Chancen zu überprüfen. Zu beginnen ist dabei mit einem gedrängten geistesgeschichtlichen Abriß, aus dem sich dann die innere Zusammengehörigkeit der verschiedenen Folgewirkungen des abendländischen Menschenbildes deutlich machen und eventuell auf entsprechende Änderungsmöglichkeiten hinweisen läßt.

A. Die christliche Anthropozentrik und die Zerstörung der Natur

1. Die geistesgeschichtliche Entwicklung

Rein historisch hat der Anthropozentrismus des Christentums, sehr vereinfachend dargestellt, zwei Gründe: einen philosophischen und einen religiösen. *

Während für die Ägypter,[13] aber auch für die Babylonier[14] und Inder[15] das Göttliche gerade auf der Einheit von Mensch und Tier beruhte, haben als erste die *Griechen* ihren Göttern rein menschliche Züge verliehen[16] und damit umgekehrt den Menschen in die Nähe der Götter gerückt. Religionspsychologisch ist damit bereits in den Anfängen der griechischen Gottesvorstellung eine Entwicklungsrichtung angelegt, die den Menschen selbst, je länger, je mehr, aus dem Zusammenhang mit der Welt der Triebe, des Unbewußten und des Mythischen herauslösen mußte. Bereits mit der jonischen Naturphilosophie beginnt denn auch ein Denken, das im Abendland fortan ganz entscheidend werden sollte, indem es an die Stelle des Mythos den Logos, an die Stelle des Gefühls die Ratio, und an die Stelle der Welt der Götter die Gesetzmä-

---

[13] Th. Mann faßte den ägyptischen Standpunkt treffend dahin zusammen »Drei sind eins: Gott, Mensch und Tier. Denn vermählt sich das Göttliche mit dem Tierischen, so ist's der Mensch . . . vermählt sich hinwiederum das Tier mit dem Menschen, so ist's ein Gott . . . Siehe, im Tiere finden sich Gott und Mensch, und ist das Tier der heilige Punkt ihrer Berührung.« Th. Mann: Joseph und seine Brüder. II: Joseph in Ägypten, S. 514 (Fischer Tb. 1184).

[14] A. Parrot: Assur, 207.

[15] H. Zimmer: Indische Mythen und Symbole, 78–82.

[16] So meinte G. W. F. Hegel, in den griechischen Göttern werde der Geist als die objektiv schöne Individualität angeschaut: Philosophie der Geschichte, 346 (reclam 4881–85). K. Kerényi meinte: »Die Vergegenwärtigung der Gottheit in menschlicher Idealgestalt . . . ist als ein Charakterzug der griechischen Kultur bekannt.« K. Kerényi: Arethusa, Über Menschengestalt und mythologische Idee, in: Humanistische Seelenforschung, 203.

ßigkeit der Ursachen setzte.[17] Noch einen Schritt weiter, und man entdeckte in Griechenland die *menschliche Geschichte* im Unterschied zur bloßen Naturgeschichte,[18] und bald schon zerstörte die Rationalität des Denkens die gesamten geistigen Grundlagen des alten Götterglaubens.[19] In dieser Zeit der Skepsis wurde zum ersten Mal der berühmte Satz des Protagoras ausgesprochen, der, allerdings zunächst rein erkenntnistheoretisch, den Menschen zum »Maß aller Dinge« erklärte und von der Natur nur noch ein Spiel subjektiver Erscheinungen gelten ließ.[20] Welt und Mensch wurden einander jetzt so fremd, daß entweder der Mensch isoliert und frei einer Welt gegenüberstand, aus der die Götter geflohen waren, oder aber in der die Vermittlung zwischen Mensch und Welt, an sich aller Unmittelbarkeit beraubt, allein durch den Schöpfungsgedanken zustande kam.

Was diese mehr theoretische Einstellung praktisch bedeutete, zeigten vor allem *die Römer,* für die der griechische Anthropozentrismus sich mit einem ungeheuren Herrscherwillen verband. »Die Welt«, schrieb in Konsequenz des griechischen Ansatzes *Cicero,* »ist ... in erster Linie der Götter und Menschen wegen geschaffen worden, aber all ihre Einrichtungen sind nur zum Nutzen der Menschen ersonnen und ausgeführt«;[21] und entsprechend schilderte er, wie vorzüglich z. B. der Bau des Rückens der Rinder sich zum Jochtragen bei der Feldarbeit eigne und daß das Schwein seine Seele, sein Leben, allen Ernstes nur habe, um dem Menschen das Salz zum Einpökeln zu sparen, »damit es nicht faule.« Das Leben der Tiere hat für Cicero den Wert einer lebenden

---

[17] W. Müller: Indianische Welterfahrung, 76–77.

[18] Herodot möchte mit seiner Geschichtsschreibung verhindern, daß »das durch Menschen Geschehene mit der Zeit in Vergessenheit gerate«; Historien I 1.

[19] Vgl. Xenophanes aus Kolophon, Fr. 14–16, in: Diels-K.: Die Fragmente der Vorsokratiker, 19 (rk 10).

[20] Protagoras aus Abdera, Fr. 1, in: Diels-K.: Die Fragmente der Vorsokratiker, 121.

[21] Cicero: De natura deorum, 2. Buch, Kap. LXII.

Konserve;[22] denn, so behauptet er, »der ganze Vorrat (sc. der Natur d. V.) (ist) nur der Menschen wegen da«.[23] Mit den Römern tritt erstmals eine Geistesart auf den Plan, die die gesamte Natur praktisch zum bloßen Rohstoff für menschliche Zwecksetzungen erklärt.[24] Die Wirkungen dieser Einstellung haben im gesamten Mittelmeerraum und weit darüber hinaus bis heute ihre sichtbaren Spuren hinterlassen.

Schon im *Vorderen Orient* hatte der *Ackerbau* seit der neolithischen Revolution[25] und dann vor allem ab 1000 vor Christus die *Eisenherstellung*[26] und der *Schiffsbau*[27] zur Abholzung der Wälder und zur Verwüstung ganzer Landstriche geführt – das Gebiet des heutigen Libanons ist dafür ein Beispiel. Aufgrund des Kulturvergleichs mit ähnlichen Entwicklungen in Mittelamerika[28] und den Andenländern wird man zwar zur Entlastung der Römer feststellen müssen, daß offenbar besonders in der *Verstädterung,* ermöglicht durch systematische Ackerbestellung und Viehhaltung, gleich an welchem Ort der Welt und in welchem Kulturkreis, die Wurzeln aller großen Umweltkrisen (Bevölkerungswachs-

---

[22] a.a.O., LXIV.

[23] a.a.O., LXIII; wie anders man auch denken konnte, zeigt in der griechisch-römischen Antike vor allem die pythagoreische Religion, die, z. T. doch wohl indisch beeinflußt, von der Wesensverwandtschaft aller Lebewesen ausgeht und als einzige die Tötung von Tieren zum Verzehr oder zum Opfer scharf verurteilt; vgl. Empedokles, Fr. 128; 136; Diels-K., 70–71.

[24] Mit Recht faßte Hegel die gesamte römische Geisteshaltung als »Religion der Zweckmäßigkeit« zusammen: Philosophie der Religion, II 158; Werke 16. – Die vor- und außerchristlichen Formen von Umweltzerstörung geistesgeschichtlich in Rechnung zu stellen, kann freilich nicht bedeuten, die Hauptschuld des jüdisch-christlichen Naturverständnisses in seinen außerordentlich schädlichen Folgen wieder zu nivellieren; gegen U. Krolzik: Umweltkrise – Folge des Christentums?, 17.

[25] J. N. Leonard: Die ersten Ackerbauern, 12; 40; 122–123 (rororo sachbuch 71).

[26] P. Knauth: Die Entdeckung des Metalls, 84 (rororo sachbuch 72).

[27] M. E. Edey: Die Seefahrer, 16; 58–59; Nederland 1974.

[28] Vgl. z. B. die Tributlisten der Azteken in: K. Ross: Codex Mendoza, Fribourg 1978, 36–65.

tum, rasche technische Entwicklungen, die innere Entfremdung des Menschen von der Natur und ein enormer Zuwachs künstlicher Bedürfnisse sowie die Erfordernisse eines verselbständigten Warenhandels) gelegen sind. Dennoch verblieben die frühen Ackerbauern des Nahen Ostens, des alten China oder der Neuen Welt im Unterschied zu den Griechen und Römern in einem Weltbild, das die Natur noch als eine lebende Einheit sah und respektierte. Die Erde galt allerorten als Große Mutter,[29] und man hatte bei allem kulturellen Fortschritt die Erinnerung daran noch nicht verloren, daß jeder Eingriff in die Natur das vorhandene Gleichgewicht störe und einem Frevel gegen die Götter gleichkomme.[30] In Indien z. B. steht bis heute in manchen Landstrichen die Scheu vor der Heiligkeit der Großen Mutter einer Verwendung von tiefgreifenden Eisenpflügen im Ackerbau entgegen, und das gleiche machten die Indianer Nordamerikas gegen den Ackerbau der Weißen geltend.[31] Gemessen an der Ehrfurcht, mit der die Stadtkulturen und frühen Reiche mindestens in ihrer Religion der Natur noch scheu und respektvoll gegenüberstanden bzw. in ihr als Teil eingebettet waren, mutet die praktische Skrupellosigkeit, mit der die Römer die Religion auf die Anbetung menschlicher Macht und die Natur auf eine bloße Vorratskammer zur menschlichen Ausbeutung reduzierten, wahrhaft erschreckend an. Die Verkarstung aller Länder im und rings um das Mittelmeer zeigt noch heute sehr deutlich, in welch einem buchstäblich verwüsteten Boden die Wurzeln des Abendlandes wuchsen, und tatsächlich trennt uns von der Rücksichtslosigkeit römischer Sied-

---

[29] Vgl. C. Picard: Die Große Mutter von Kreta bis Eleusis, in: Eranos-Jahrbuch, 1938, S. 59–90.

[30] Vgl. die Klagelieder für den sterbenden Korngott bei der Ernte der frühen Ackerbauvölker: J. G. Frazer: Der goldene Zweig, 541–542; 570–571; 759–760.

[31] Vgl. W. Müller: Geliebte Erde. Naturfrömmigkeit und Naturhaß im indianischen und europäischen Nordamerika, Bonn 1972, 16.

lungs- und Rodungspolitik in Germanien,[32] Nordafrika und Kleinasien lediglich der Stand der technischen Mittel; die Geisteshaltung und Machart, unähnlich allen anderen Völkern, hat sich in den Grundlagen unverändert erhalten.

Auch das *Christentum*, das politisch und kulturell das Erbe der Römer antrat und damit das »Abendland« begründete, hat den Anthropozentrismus der römischen Grundeinstellung und die Fremdheit gegenüber der Natur keinesfalls gemildert, sondern eher noch aufgrund des jüdischen Ansatzes gesteigert.

Die *Religion Israels,* von der das Christentum wesentlich geprägt ist, besaß zur Natur von vornherein ein außerordentlich heikles Verhältnis. Ursprünglich erwachsen aus dem Glauben an den »Gott der Väter«,[33] war die Religiosität des Alten Testamentes eine Religion des Stammesverbandes, und sie gründete in dem Glauben an die besondere Bedeutung, die dem eigenen Volk aufgrund einer Offenbarung an den Stammvater zukommt. Im Mittelpunkt dieser Religion stand ganz und gar der Mensch bzw. die Geschichte eines einzigen Volkes. Es brauchte Jahrhunderte der Auseinandersetzung mit den Mythen der Ackerbauvölker, ehe man in den Glauben an den »Gott der Väter« so etwas wie Natur und Welt in dem Gedanken der *Schöpfung* miteinbezog.[34] Aber auch der Schöpfungsgedanke, so wichtig er als theologische Idee war, verbesserte den vorgegebenen einseitigen Anthropozentrismus der Bibel an sich nicht. Während die zeitgenössischen Mythen der Inder[35] und Ägypter das Naturgeschehen in riesigen Zeiträumen zu begreifen suchten, schrumpfte der

[32] Zur Abholzung der Wälder an Rhein und Donau durch die Römer vgl. R. Plochmann: Mensch und Wald, in: H. Stern (Hrsg.): Rettet den Wald, 159–161.

[33] A. Alt: Der Gott der Väter, in: Kleine Schriften, I 1–78.

[34] Vgl. E. Drewermann: Strukturen des Bösen. Die jahwistische Urgeschichte in exegetischer, psychoanalytischer und philosophischer Sicht, 1. Bd., Paderborn ³1981, S. XVIII.

[39] Vgl. die Zeitmaße der hinduistischen Mythologie bei H. v. Glasenapp: Die nichtchristlichen Religionen, 158–159 (Fischer Lexikon 1).

Kosmos und seine Geschichte für den Hebräer bereits rein zeitlich zu einem bloßen Vorspiel der menschlichen Geschichte von wenigen Jahrtausenden zusammen; die Welt wurde nach menschlichen Zeitmaßen gemessen, nicht umgekehrt. Zudem ergab sich die Schöpfungsidee in der Bibel nicht eigentlich aus einer tieferen Erfahrung der »Welt«, sondern aus einem Glaubens- oder Machtanspruch gegenüber den Göttern Kanaans. Die Fruchtbarkeit der Erde verstand die Bevölkerung des »gelobten Landes« bis dahin, wie alle Ackerbau treibenden Völker, als Frucht der heiligen Hochzeit zwischen der Mutter Erde und dem Gott des Himmels; die Propheten hielten dieser Ansicht, die auch auf die Israeliten einen tiefen Eindruck machte, den Glauben der Väter in der Wüste entgegen: nicht Baal, sondern der Gott der Väter mußte auch den Regen, auch die Frucht der Erde, ja die ganze Welt erschaffen haben und erhalten.[36]

Anders als die Griechen, für deren Naturphilosophie *das* Göttliche ein unpersönliches Prinzip in oder hinter allen Dingen war und die nach den wirkenden Gesetzen und Ursachen der Naturerscheinungen forschten, betrachteten die Hebräer den Gott der »Schöpfung« wie einen absoluten Patriarchen, der mit seinem Befehl und mit seiner Macht die Welt regiert. Griechen wie Hebräer taten auf ihre Weise ein äußerstes, die Welt der Mythen zu überwinden; aber die Griechen lösten das Geheimnis der Natur in eine Abstraktion der Rationalität auf, während die Hebräer die Welt als eine bloße Manifestation der Macht Gottes betrachteten.[37] So wie der Gott Israels die Welt durch seinen Befehl und Willen gestaltet und beherrscht, so ist für den Hebräer umgekehrt der Mensch darin seinem Gott ähnlich, daß ihm seinerseits die Erde zu Füßen liegt.[38] Gott, dem alles gehört,[39] hat dem

---

[36] Hos 2, 10–15.

[37] Dementsprechend betrachtete Hegel die jüdische Religion als »Religion der Erhabenheit«: Philosophie der Religion, II 46–95.

[38] Ps 8,7; in Gn 1, 28 bedeutet das hebräische Wort »herrschen« (rdh) eigentlich »niedertreten«.

[39] Vgl. Ps 50, 10–13.

Menschen die Erde mit all ihren Geschöpfen anvertraut, auf daß er in der Verwaltung der Welt die Gebote Gottes erfülle.

Es ist bereits hier hervorzuheben, daß besonders der zweite Schöpfungsbericht der Bibel und, parallel dazu, manche Weissagungen der Propheten für die Endzeit Erinnerungen widerspiegeln, die den Menschen an sich nicht nur als Herrscher, sondern weit ursprünglicher als »Diener« der Welt betrachten;[40] man muß zudem sagen, daß die Weisungen Gottes für die Bibel eine Ordnung der Natur bewirken, die der Mensch letztlich nur bestaunen, nicht verstehen kann[41] und die er natürlich einhalten muß. Aber das Verhältnis der Macht und des Willens zur Schöpfung ist auf seiten Gottes ebenso wie auf seiten des Menschen schon vom Prinzip her *äußerlich*.[42] Im Grunde ist die Religion Israels eine Wüstenreligion geblieben, die aus Scheu vor den Göttern Kanaans die Erde niemals gütig und warm nach Art der Großen Mutter zu sehen vermocht hat. Die spontane Bewunderung aller semitischen Nomadenstämme gehört dem Nachthimmel mit dem Heer der Sterne,[43] nicht der Erde, und vergeblich sucht man in der Bibel nach Zeugnissen einer autochthonen Poesie irdischer Schönheit. Daß Gott imstande ist, *dem Menschen* »Most, Öl und Wein«[44] sowie »Weizenmark und Felsenhonig«[45] zu geben, darin erschöpft sich der hebräische Lobpreis der Schöpfung. Die einzige große Ausnahme (außerhalb des Buches Hiob) bildet der Psalm 104, der aber bezeichnenderweise nur eine hebräische Nachdichtung des großen Sonnengesanges des Pharao Echn-aton darstellt:[46] mehr als ein halbes

[40] Gn 2, 15.
[41] Hiob 38–39; 40, 6–41, 26.
[42] Vor allem G. W. F. Hegel bemängelte insgesamt die Äußerlichkeit der jüdischen Gottesvorstellung, in der Gott nur als Macht bestimmt werde: Philosophie der Religion, II 19; Gott werde hier nur anerkannt, nicht erkannt: a.a.O., II 64.
[43] Ps 8, 4; 19, 2–7; Hiob 9, 7–10.
[44] Dt 7, 13; Hos 2, 10.24; Jer 31, 12.
[45] Ps 81, 17; 147, 14;
[46] Der »Große Hymnus« von Amarna, in: J. Assmann: Ägyptische Hymnen und Gebete, Zürich 1975, 215–221.

Jahrtausend dürfte das ägyptische Original von der biblischen Kopie trennen, und was dort aus einem breiten Strom der Naturverbundenheit fließt, mutet in der Bibel an wie ein »Bach in den Steppen des Südlands.«[47] Im übrigen erschöpft sich die biblische Naturschilderung in einer Anzahl von Gotteserscheinungen in Sturm, Blitz und Donner,[48] und nicht einmal dies sind eigenständige Zeugnisse biblischen Denkens und Empfindens, sondern Nachbildungen der kanaanäischen Baalsliturgie.[49] Original hebräisch ist allein der Gedanke, daß Gott dem Menschen die ganze Welt zu seiner Nutzung »zu Füßen gelegt« hat – ein Ausdruck, der im Grunde die Unterwerfung eines Feindes bezeichnet.[50]

Es kommen jetzt also zwei Gedanken zusammen: die Natur als eine Art Feindin, die sich dem menschlichen (und göttlichen) Willen zu unterwerfen hat, so bei den Hebräern – die Natur als ein Ensemble rationaler Gesetzmäßigkeiten, so bei den Griechen; beide Gedanken bilden den Hintergrund der »christlichen« Einstellung zur Natur, und erst ihr Zusammenwirken begründet Jahrhunderte später die moderne Naturwissenschaft und Technik. Maßgebend ist für das Christentum freilich in den ersten Jahrhunderten nicht das Bemühen der Griechen um wissenschaftliche Erkenntnis der Natur; im Gegenteil, man kann sich den Zusammenbruch der »heidnischen« Naturwissenschaft unter dem Anspruch der christlich-jüdischen Anthropozentrik zunächst gar nicht radikal genug vorstellen. Während die Griechen bereits wußten, daß die Erde eine Kugel ist, und sogar den Erdumfang annähernd genau bestimmt hatten,[51] blieb für die Christen

[47] Ps 126, 4.
[48] z. B. Ps 29, 3–10; Hiob 36, 26–37, 13.
[49] J. Gray: Mythologie des Nahen Ostens, Wiesbaden 1969, 118–120.
[50] vgl. Ps 110, 1; zur Wirkungsgeschichte von Gen 1,28 vgl. die sorgfältige Untersuchung bei U. Krolzik: Umweltkrise – Folge des Christentums?, 70–80, wo der Hauptpunkt dieser Einstellung: die unerhörte Anthropozentrik der biblischen Weltsicht, freilich nicht thematisiert wird.
[51] Eratosthenes von Kyrene (275–195 v.Chr.) bestimmte als erster den Erdumfang durch Messungen der Zenitdistanz der Sonne an gleichen Tagen in Alexandrien und Assuan, also über dem gleichen Längengrad.

1500 Jahre lang die Erde eine Scheibe, und auf ihr stand der Mensch noch weit mehr im Mittelpunkt als für das Judentum: Gott war in Christus Mensch geworden! Zudem ging es dem Gott des Christentums nicht nur um das Geschick eines Volkes, sondern um das Schicksal jedes einzelnen, so wie Christus ein einzelner gewesen war, und gerade dieser Gedanke führte zu einer weiteren außerordentlichen Radikalisierung des anthropozentrischen Weltbildes. Die Überzeugung von der absoluten Bedeutung und Geltung des Individuums – an sich eine der wichtigsten und großartigsten Lehren, die das Christentum mitbrachte – wurde nämlich, statt eine metaphysische Überzeugung zu bleiben, naturphilosophisch zu dem Gedanken der *Vorsehung* Gottes auch in der Naturordnung ausgestaltet. Die gesamte Natur hatte jetzt dem Wohl und Wehe allein des Menschen zu dienen, und zwar sogar jedes einzelnen Menschen; ja, indem Christus als Herrscher des »Kosmos« verstanden wurde,[52] glaubte man den Menschen auch in kosmologischem Sinne zum Mittelpunkt des Weltalls erklären zu müssen. Der christliche Anthropozentrismus ging schließlich so weit, die Naturordnung völlig auf den Kopf zu stellen und das gesamte Schicksal der Natur vom Menschen abhängig zu machen: wegen der Sünde Adams seien alle Geschöpfe bestraft worden, die gesamte Natur sei vom Menschen negativ beeinflußt und müsse durch den Menschen erlöst werden – ganze Generationen von Theologen haben sich abgemüht, diese Anschauung als eine höhere Form der Gerechtigkeit und Weisheit Gottes darzutun.[53] In Wahrheit demonstrierte man mit derartigen Theore-

Ähnlich dachte vor ihm Aristarch von Samos (ca. 320–250 v. Chr.). Vgl. Th. L. Heath: Aristarch of Samos, the ancient Copernicus, Oxford 1913.

[52] In Anlehnung an den gnostischen Hymnus in Kol 1, 16.

[53] G. Altner, der eine Brücke zwischen Bibel und Umweltproblematik zu schlagen sucht, geht dem Problem eher aus dem Wege, wenn er auf Röm 8,19–22 rekurriert und die heutigen globalen »Zerstörungsfolgen als unbegreifliche Werdevoraussetzung des Schöpfungswirkens Gottes« interpretiert: G. Altner: Leidenschaft für das Ganze, 143–144. Das Problem liegt in der radikalen Anthropozentrik, die sich gerade in Röm 8,19–22 ausspricht.

men nur, daß man die Natur nicht kannte und auch nicht zur Kenntnis nehmen wollte.

Tatsächlich befand sich das Christentum gerade an dieser Stelle mit seinem naturphilosophischen Anthropozentrismus sogar von Anfang an in Widerspruch auch zu den aufgeklärten griechischen Philosophen, die sehr wohl wußten, daß die Welt nicht einfach nur für den Menschen geschaffen worden sein konnte. Bereits in der Mitte des zweiten Jahrhunderts hielt *Celsus* den frühchristlichen Apologeten vor, daß die Natur keinesfalls auf die speziellen Bedürfnisse des Menschen zugeschnitten sei,[54] sondern das Wohl aller Kreaturen gleichmäßig zu berücksichtigen habe; aber das Christentum wollte davon nichts hören; der Gedanke der göttlichen Vorsehung und der Mittelpunktstellung des Menschen verbot es. Erst als die *Araber* dem Mittelalter wieder Zugang zu den vergessenen Griechen verschafften und in Form von Mathematik und experimenteller Forschung den Anstoß zur exakten Naturwissenschaft gaben, kam eine Bewegung in das Abendland, an der das christliche Weltbild mehr und mehr zugrunde gehen sollte. Der *Scholastik* gelang es wohl noch, die *Philosophie* der Griechen zu integrieren, und sie konnte in ihrer Metaphysik dabei unmittelbar an die frühchristliche Apologetik anknüpfen, die »das Göttliche« oder »das Sein« des Aristoteles mit dem Jahwe des Alten Testamentes identifiziert hatte;[55] aber der eigentliche Todesstoß kam von seiten der Naturwissenschaft und richtete sich zunehmend deutlicher gegen das anthropozentrische Weltbild des Christentums selbst.

Merkwürdigerweise, wenngleich in sich konsequent, gestaltete sich die Bewegung auf zwei Ebenen gegenläufig: seit der *Renaissance*, der Wiederentdeckung der griechisch-römischen Antike, wurde der Mensch, bisher ein gehorsamer Diener Gottes und ein erlesener Gegenstand der göttlichen Fürsorge, seiner selbst als eines freien und unabhängigen

---

[54] Origines: Gegen Celsus, IV 75; BKV 52/53.
[55] Minucius Felix: Dialog Octavius, XX 1; BKV 14.

Wesens voll bewußt. Das Recht, in allen Bereichen sich seines eigenen Verstandes zu bedienen, ließ ihn die Welt unabhängig von den Bindungen an das kirchliche Dogma vorurteilsfrei mit der Objektivität griechischen Geistes erforschen. Aber indem er das tat, konnte ihm alsbald nicht verborgen bleiben, daß seine Rolle in der Welt, objektiv betrachtet, eher klein und winzig und jedenfalls nicht zentral und wichtig war. Giordano Bruno, der dies ahnte, konnte von der Kirche noch verbrannt werden; aber die Entdeckung des heliozentrischen Weltbildes durch *Kopernikus* und *Galilei* war ein Schlag, durch den die christliche »Weltanschauung« zentral widerlegt wurde.

Die christliche Theologie suchte zwar jahrhundertelang die Zerstörung ihrer anthropozentrischen Naturvorstellung zu ignorieren oder mit Scheinerklärungen wegzudisputieren;[56] sie versuchte desgleichen im 19. Jahrhundert noch einmal etwa 100 Jahre lang gegen die Abstammungslehre *Ch. Darwins* Front zu machen; ja sie bekämpft noch heute die Psychoanalyse vor allem für die Grundüberzeugung, daß die Seele des Menschen sich nicht weniger aus dem Tierreich entwickelt hat als der menschliche Körper. Aber nicht nur, daß all diese verkehrten Frontstellungen die Lage für den christlichen Anthropozentrismus schon schwierig genug gestalteten, schließlich erwies sich auch der Vorsehungsgedanke selbst in seiner anthropozentrischen Form als falsch. Die christliche Selbstzufriedenheit mochte noch so tolle Blüten treiben wie die anmutigen Betrachtungen darüber, daß Gott der Herr die Steinböcke wohl absichtlich mit krummen Hörnern geschaffen habe, damit die Menschen leichterhand Griffe für ihre Spazierstöcke daraus gewinnen könnten[57]; für den

---

[56] Dies, obwohl bereits Augustinus, wenngleich nahezu als einziger, die Möglichkeit diskutiert hatte, ob nicht Gott von Anfang an die Keimkräfte aller späteren Entwicklungen in die Natur eingesenkt habe, als geschaffene Ideen und Urpotenzen im Unterschied zu den ewigen Ideen. Vgl. J. Brinktrine: Die Lehre von der Schöpfung, Paderborn 1956, 263–264.

[57] So Barthold Heinrick Brockes (1680–1747): Irdisches Vergnügen in Gott (1721–1748); nach: F. Martini: Literaturgeschichte, 177.

denkenden Teil der Menschheit stand spätestens mit dem Erdbeben von Lissabon und dem »Candide« des *Voltaire*[58] fest, daß die Natur Gesetzen folgt, die auf die Sonderinteressen des Menschen nicht die geringste Rücksicht nehmen. *Leibniz* war mit seiner »Theodizee« der erste (und in der offiziellen Theologie einzige!), der erkannte, daß der gesamte Gottesglaube des Christentums an den falschen Hoffnungen des Anthropozentrismus auf eine besondere Fürsorge der Natur für den Menschen zugrunde gehen müßte, und er hat fast beschwörend darauf hingewiesen, daß man buchstäblich um Gottes willen die Natur größer und den Menschen lediglich als ihren – unbedeutenden – Teil betrachten müsse.[59]

Indes: das Christentum wollte von seinem Anthropozentrismus nicht lassen. Gott ist in Christus Mensch geworden – also muß der Planet Erde der Mittelpunkt der Welt sein. Vor allem deshalb scheint noch vor 10 Jahren besonders Teilhard de Chardin (obwohl selbst er erst nach einer langen Zeit des Widerstandes) derartig gefeiert worden zu sein, weil sein »Mensch im Kosmos« im Grunde den alten Anthropozentrismus noch einmal mit Argumenten der Evolutionslehre erneuerte: das ganze Weltall rollt sich nach seiner Meinung zusammen, nur um den Menschen hervorzubringen.[60] Tatsächlich helfen solche Konzeptionen wenig, und jeder Tag, an dem die Kirche fortfährt, den Menschen weiterhin als Mittelpunkt der Welt zu sehen, bringt unausweichlich die Gefahr mit sich, statt des christlichen Glaubens den Atheismus zu verbreiten. Es stimmt, was Albertus Magnus sagte: man kann nicht über Gott richtig denken, wenn man falsche Ansichten über seine Schöpfung verbreitet, und man wird an keinen Gott glauben, der dazu zwingt, die Erde falsch zu sehen.

---

[58] Voltaire: Candide oder der Optimismus, in: Sämtliche Romane und Erzählungen, Frankfurt 1976 (it 209), Bd. I 293–294.

[59] G. W. Leibniz: Die Theodizee, II 120; S. 179 (Philos. Bibl. 71).

[60] P. Teilhard de Chardin: Der Mensch im Kosmos, München 1959, 132–138.

2. Die praktische Folge: die Zerstörung der Natur, die Entwurzelung des Menschen und die Rechtlosigkeit der Kreatur

a) Die Gewalttätigkeit menschlichen Herrschaftsanspruches

So gespalten aber ist heute seit den Tagen der Aufklärung das geistige Bewußtsein im Abendland geworden: Auf der einen Seite dringen die Radioteleskope der Astronomen in immer größere Weiten des Weltraums vor, und die Dimensionen von Raum und Zeit dehnen sich ins Unvorstellbare; die Mollekularbiologie stellt überzeugend die Zusammengehörigkeit *allen* Lebens auf unserem Planeten unter Beweis, und die Winzigkeit des Menschen als eines Naturwesens wird durch solche Erkenntnisse von Tag zu Tag deutlicher; *dieser* Strang griechischer Objektivität setzt sich ungebrochen seit der Renaissance geistesgeschichtlich fort.

Aber auf der anderen Seite ist vom Christentum, selbst wenn all seine übrigen Dogmen vollkommen unglaubwürdig erscheinen mögen, doch diese eine Grundhaltung geblieben, die schon das Alte Testament vorgebildet hat: daß der Mensch eine absolute Vorrangstellung in der Natur besitzt und den Anspruch einer uneingeschränkten Machtausübung in der Natur erheben kann, ja, soll. Aus beidem: aus dem wachsenden objektiven Wissen um die Naturgesetze und aus dem subjektiven Machtanspruch der christlichen Anthropozentrik wird jetzt vor allem in zunehmend säkularisierter Form ein tödlicher Sprengstoff: die Entdeckung der objektiven Ohnmacht und Nebensächlichkeit des Menschen in der Natur und die Überzeugung von der subjektiven Sonderrolle des Menschen verbinden sich nach Art von Mittel und Ziel; indem die Naturwissenschaft den Menschen objektiv entthront, wird sie gleichwohl von dem subjektiven Herrschaftsanspruch eines säkularisierten Christentums in ein Machtinstrument verwandelt, mit dessen Hilfe man den verlorenen Vorrang in der Natur wiederherstellen, ja überhaupt erst wirklich einnehmen kann.[61]

Nachdem die religiösen Grundlagen des christlichen Anthropozentrismus durch eine absurde Naturphilosophie zerstört worden sind, bleibt jetzt ein Anspruchsdenken übrig, das die christlichen Jenseitshoffnungen zu Desideraten technischer Machbarkeit herabsinken und dadurch die menschlichen Erwartungen ins vollkommen Wahnsinnige wachsen läßt. Schmerzfreiheit, lang anhaltende Gesundheit und die Verlängerung des Lebens, so lange es geht, werden jetzt zu Zielen, für die kein Preis zu hoch ist;[62] und da man das Leid, mit dem die Religion früher zu versöhnen suchte, auch mit der besten Technik letztlich nicht abschaffen, sondern nur verschieben kann, muß der Anteil des Menschen an der Last des Lebens fortan soweit als irgend möglich auf die Natur und dabei vor allem auf die Tiere abgewälzt werden. Die gesamte Natur muß jetzt in eine Megaprothese, in ein Sanatorium für eine möglichst leidfreie Menschheit verwandelt werden. Der

[61] Von daher stimmt es nur zum Teil, wenn U. Krolzik: Umweltkrise – Folge des Christentums?, 84, meint: »Erst durch die Auflösung der Gottbezogenheit von Mensch und Natur in der Renaissance entsteht ein Menschen- und Naturverständnis, das der Natur ihren Eigenwert nimmt und sie zum reinen Mittel herabwürdigt.« – Ein reines Mittel war die Welt für den christlich-jüdischen Anthropozentrismus von Anfang an; aber es gab innerhalb der religiösen Bindungen Formen der Verantwortung und der sittlichen Askese, die einem bloßen Ausbeutungsdenken zur Absolutsetzung irdischen Glücks im Wege standen. Das eigentliche Problem liegt gerade darin, daß die falsche naturphilosophische Anthropozentrik des Christentums sich seit dem Beginn der Neuzeit notwendig gegen die eigenen religiösen Grundlagen richten mußte. Insofern trägt das Christentum sehr wohl die Schuld an der Herabwürdigung der Natur zum bloßen Ausbeutungsgegenstand.

[62] Zu Recht meint C. Amery: »Das Christentum hat . . . seinen historischen Erben eine – möglicherweise tödliche – Überzeugung vermitteln können: die Überzeugung von der glanzvoll angeordneten Zukunft, von dem Neuen Jerusalem, das uns auf jeden Fall erwartet, sei es im Gang der Heilsgeschichte, sei es im ehernen Pendelschlag der historisch-materialistischen Uhr.« C. Amery: Das Ende der Vorsehung, 122; (rororo 6874). G. Altner: Leidenschaft für das Ganze, 128–130 spricht zu Recht von »Todesverdrängung als mechanistischer Religionsersatz«.

marxistische Utopismus, der mit seiner Lehre vom »Anders-sein« des Menschen und der Wiederherstellung der Natur in einem Menschenparadies diese Desiderate formulierte, ist nur ein spät gezeugter Bastard dieser Perversion des Christentums.

Freilich läßt sich die Erkenntnis nicht vermeiden, daß es im Grunde sinnwidrig und widersprüchlich ist, die Naturwissenschaft, die bereits rein rational die Verwandtschaft und Zusammengehörigkeit aller Lebewesen aufzeigt, auf eine Weise technisch zu »nutzen«, die alle natürlichen Zusammenhänge zerstört und ebenso irrational wie rücksichtslos dem vermeintlichen Sonderinteresse einer einzigen Spezies dient. Aber mit der Einsicht allein ist es nicht getan; man müßte vielmehr eine Haltungsänderung herbeiführen, die den engen Rahmen des Christentums bei weitem übersteigt. Das christliche Abendland, das sich bisher als Hort der Wahrheit betrachtete, hätte an dieser Stelle besonders von den sogenannten »Naturvölkern« außerordentlich viel zu lernen.

Als der *Sioux-Indianer Standing Bear*[63] seine Meinung über die Weißen (also die abendländischen Christen!) und ihre Stellung zur Natur ausdrückte, sprach er Worte, die wie ein Menetekel der abendländischen Kultur anmuten und in ihrer Einfachheit und Beobachtungsschärfe von einer quälenden Richtigkeit sind: »Die Amerikaner«, erklärte er, »haben Wörter und Begriffe, die wir überhaupt nicht kennen: so zum Beispiel Ausrottung und Seuche und Schädling. Bevor Amerikaner das Land der Indianer betraten, gab es keine Spezies von Pflanzen, Vögeln oder Tieren, die ausgerottet worden

---

[63] Standing Bear war der Erwachsenenname des Dakota-Jungen Plenty Kill (geb. 1868), der mit 11 Jahren in der Regierungsschule von Carlisle den Namen »Luther« erhielt. Zu seinem Leben s. u. S. 140, Anm. 70.

wären. Alles lebte und starb im ewigen Gleichgewicht der Natur, um wiedergeboren und erneuert zu werden. Dann kamen die Amerikaner und jagten die Biber, bis es keine mehr gab. Dann benötigten sie Mustangs, und bald gab es keine mehr. Und als ihnen das Fleisch der Antilopen schmeckte, dauerte es nicht lange, und diese waren so gut wie ausgerottet. Sie kamen in die Prärie, wo große Wälder die Ufer der Flußläufe säumten. Sie brauchten Holz, aber nicht etwas, sondern alles. Nun gibt es keine Wälder mehr an den Flüssen. Und so, wie sie vieles an der Natur als Schädling betrachten und ausrotten, so daß es aus der Natur verschwindet, so ist auch der natürliche Mensch für sie ein solcher Schädling. Und sie vernichten ihn, wo sie nur können. . . . Es gibt in keiner Indianersprache solche Wörter, die vollständige Zerstörung und Nimmerwiederkehr bedeuten. Wie viele Pflanzen gibt es, die anderen Pflanzen schaden! Man kann sie an einer Stelle, wo sie das Wachstum der Pflanzen (hindern, d. V.), die dem Menschen als Nahrung . . . dienen, verdünnen, aber man darf sie nicht überall ausrotten. So ist die Natur in Unordnung geraten, Flüsse sind ausgetrocknet, Seen verschwunden, Pflanzen, Tiere und Menschen verschwinden, und an die Stelle dieses Ausgerotteten setzen Amerikaner etwas, von dem sie meinen, daß es besser als die Natur ist. Aber es ist schlechter, weil es immerfort weitere Zerstörung und Unordnung gebiert. Auf der einen Seite sagen sie, Gewalt sei zu verdammen, auf der anderen Seite aber betreiben sie das Gegenteil: Alles an ihrem Denken und Tun ist Gewalt. Sie sagen: Lebensfreude sei Sünde, auch dafür gibt es kein indianisches Wort, deshalb hassen sie sich und alles in der Welt. Sie bringen wundersame Dinge hervor, aber es sind alles Dinge, die zerstören. Sie nennen Bequemlichkeit Komfort, aber es zerstört die physische Kraft des Menschen. Komfort macht Kulturmenschen, Kulturpflanzen und Kulturtiere zu krankhaften Schwächlingen. Und wenn eine überwiegende Mehrzahl von Menschen Schwächlinge sind, so sehen sie den Starken als Schädling, der zum Wohle der Schwächlinge ausgerottet werden muß, damit die Menschen noch größere Schwächlinge werden. Es ist deshalb nicht gut, die Gedanken der Amerikaner verstehen zu wollen, denn sie sind wie Gift.«[64]

In dieser Rede ist alles enthalten, was zu sagen ist: die rein vom Menschen her und äußerst kurzschlüssig entworfene Einteilung der Natur in Nützlinge und Schädlinge, die Maßlosigkeit und Widersinnigkeit, die Natur stets bis zum bitteren Ende, restlos, auszupressen, die Künstlichkeit und Unnatur der gesamten Lebensweise, die Gewalttätigkeit, mit der hier scheinbar menschliche Ansprüche gegen die Natur und letztlich gegen den Menschen geltend gemacht werden, und schließlich der Aberglaube, jeden beliebigen Verlust an Pflanzenarten und Lebewesen durch Kunstprodukte ersetzen zu können. Im Grunde galten diese »Weißen« den Indianern als unbegreiflich, und gerade die Klügsten unter ihnen kamen immer wieder zu dem Schluß, es müsse sich bei ihnen um Wahnsinnige handeln. Wie konnte man nur Tiere, von denen man lebte, wie die Büffel, so dezimieren, daß sie ausstarben! – Ein Tier, selbst wenn es noch so großen Hunger hätte, würde sich nicht so unsinnig verhalten wie die Menschenart, die das christliche Abendland hervorgebracht hat.

In einer ergreifenden Szene schildert *A. de Saint-Exupéry* einmal, wie er, nach einem Flugzeugabsturz in der Libyschen Wüste dem Verdursten nahe, eines Morgens zur Wassersuche aufbricht und trotz der Not des Überlebens aus Neugier der Spur eines Feneks bis zu einem Tal folgt, in dem kleine dürre Bäumchen standen, deren Blätter eine goldgelbe Schneckenart beherbergten und somit den Wüstenfüchsen als Nahrungskammer dienten. Dabei machte Exupéry eine Entdeckung, die er als »eines der geheimnisvollen Wunder der Natur« bezeichnete:[65] der »Fenek blieb nicht etwa vor jedem

[64] Zitat nach: H. J. Stammel: Die Indianer, 180–181 (GGTb 11216).
[65] A. de Saint-Exupéry: Wind, Sand und Sterne, in: Gesammelte Schriften, I 298 (dtv).

Baum stehen. Manche ließ er links liegen, obwohl sie von Schnecken wimmelten. Andere umging er scheu. An andere wiederum machte er sich heran, aber ohne sie leerzufressen. Zwei bis drei Schnecken entnahm er ihnen und zog dann ein Wirtshaus weiter. Warum handelten die Feneks so? ... Wenn der Wüstenfuchs sich am ersten Baum sattfräße, wäre in zwei oder drei Mahlzeiten die ganze lebende Last heruntergeholt. So wäre schnell von Bäumchen zu Bäumchen der Viehbestand vernichtet. Aber der Fenek hütet sich, den Nachwuchs zu stören. Er holt sich jede seiner Mahlzeiten von hundert solcher braunen Stauden. Ja, er tut noch mehr: er nimmt nie zwei benachbarte Schnecken vom gleichen Zweig. Er handelt wie in vollem Bewußtsein der Gefahr. Fräße er nach seinem Hunger, stürben die Schnecken aus, und wenn die Schnecken verschwunden wären, hätte es auch mit den Feneks ein Ende.«[66]

b) Der Verlust der Natur in der neuzeitlichen Literatur und Philosophie

Dies ist eine Episode, die der Art nach ohne weiteres ein indianischer Oheim oder Großvater seinem Brudersohn oder Enkel als Beispiel für sein eigenes Verhalten erzählt haben könnte; Indianer, Naturvölker, pflegen aus dem Verhalten der Tiere zu lernen. »Beachte das Verhalten dieses Weisen«, sagt in der großen Indianer-Saga »Hanta Yo« der alte Tunkasila zu Ahbleza beim Verfolgen einer Wolfsfährte; er, der Wolf, »sieht sich alles zweimal an und stellt so sicher, daß wahr ist, was er sieht. Selbst wenn er ums Leben rennt, schaut er zweimal hin.«[67] Aus dem Verhalten der Tiere kann man lernen, wie man selber leben sollte; und der Mensch könnte sich formen nach der Weisheit der Kreatur. Er könnte es, wenn er nicht sich selbst zum Maß aller Dinge aufwerfen würde. Im christlichen Abendland aber sind Menschen wie

[66] a.a.O., 298–299.
[67] R. Beebe Hill: Hanta Yo, Hamburg 1980, 219.

Exupéry, die angesichts des Todes noch in dem Gefühl der Verwandtschaft mit allem Lebenden einer Fuchsspur folgen, zu absoluten Ausnahmen geworden. Selbst unter den Dichtern ist der *Verlust an Natur* inzwischen symptomatisch, wie es sich am Beispiel zweier großer russischer Schriftsteller in etwa exemplarisch zeigen läßt.

Ein Autor wie der Dichter *Iwan S. Turgenjew*, der in all seinen Erzählungen und Romanen eine wunderbare landschaftliche Kulisse für seine Akteure bereithält, schilderte im vergangenen Jahrhundert doch zugleich die wachsende Entfremdung, mit der sein Romanheld Basarow die Natur als eine Art Laboratorium für Zergliederungsprobleme auffaßt.[68] Auch Turgenjew selbst steht in dem ganzen Schrecken des enttäuschten Anthropozentrismus einer Natur gegenüber, die den Menschen als biologisches Wesen nicht wichtiger nimmt als die Ameisen und Libellen;[69] all seine Naturschilderungen durchzieht eine schwermütige Schönheit, die sich voller Melancholie an eine Einheit erinnert, die bestehen müßte und doch längst verloren ist. Aber immerhin ist für Turgenjew die Natur noch existent.

Seinem genialen Kontrahenten *F. M. Dostojewski*, diesem nach 100 Jahren vielleicht modernsten Autor der westlichen Welt, diesem jedenfalls scharfsinnigsten Kenner und Deuter menschlicher Seelennot und Verzweiflung, ist die Natur bereits vollkommen entschwunden. Er kann einmal in seinen Briefen von der Begeisterung sprechen, die ihn beim Anblick eines Vögelchens auf der Straße überkommt, er weiß auch sehr genau um die Wirkung, die es beim Leser hinterläßt, wenn er der armen und gequälten Nelly den lieben Hund Assorka mit seinen Kunststückchen an die Seite stellt,[70] und er kann schließlich in einem erschütternden Bild Raskolnikows

---

[68] I. S. Turgenjew: Väter und Söhne, Kap. 5. u. Kap. 23; in: Romane, Stuttgart (Parkland) o. J., S. 315–317; 434–439.

[69] I. S. Turgenjew: Gedichte in Prosa: Die Natur; in: Erzählungen 1857–1883. Gedichte in Prosa, S. 908–909;

[70] F. M. Dostojewski: Die Erniedrigten und Beleidigten, 331–332 (GG Tb. 936–937).

Mord an den beiden alten Frauen mit einem Traum einleiten, in dem ein kleiner Junge weinend zu seinem Vater ruft, als ein Karrenpferd, auf der Straße zusammengebrochen, von einem jähzornigen Kutscher brutal über die Augen und Nüstern geschlagen wird.[71] Aber in Wahrheit ist die Natur für Dostojewski nur noch ein Bild für die eigene mißhandelte und gequälte Seele des Menschen; sie existiert nicht mehr an sich, und der Mensch in den ausgeklügelten Straßen von Petersburg besitzt keinen Raum mehr, in dem er sich von der Erniedrigung durch die Menschen erholen[72] oder sich auf seine eigene Würde zurückbesinnen könnte. Von der »Natur« erfährt man bei Dostojewski gerade noch, ob es draußen staubig und heiß oder regnerisch und matschig ist, und (als Witz), daß die russische Eisenbahn wie der Stern Wermut der Apokalypse Rußland strahlenförmig heimsucht. Es ist in dem ganzen Werk Dostojewskis eine Naturfremdheit spürbar, die in der Tat für die Entwurzelung des abendländischen Menschen der Neuzeit typisch ist.[73]

[71] Die Szene selbst ist autobiographisch und wird für Dostojewski: Tagebuch eines Schriftstellers, 111–120 zu einem *Argument* für die Gründung von Tierschutzvereinen. F. M. Dostojewski: Schuld und Sühne, 60–64; München o.J. (Droemer).

[72] Sogar Descartes konnte es noch als ein Heilmittel empfehlen, »die Frische eines Gebüsches, die Farben einer Blume, den Flug eines Vogels« zu betrachten, obwohl doch diese Beschäftigungen nicht ernsthaft und wissenschaftlich seien; Brief vom Juni 1645 an Elis. von der Pfalz, in: I. Frenzel (Hrsg.): Descartes, 165.

[73] Vgl. die Vision der Natur als einer alles stumpf und gefühllos verschlingenden Maschine im Angesicht des sterbenden Christus: Der Idiot, 396; und in der Abrechnung des kranken Ippolit, a.a.O., 400–401 (GG Tb. 361–362). Die Natur ist in den Augen Ippolits geradezu »boshaft! Warum schafft sie die vollkommensten Wesen, um sie dann nur auszulachen?« (Der Idiot, 289). Die Natur vermittelt dem Menschen das Gefühl absoluter Nichtigkeit und erniedrigt ihn zu einem Atom, das sie, wie Millionen von Wesen, täglich opfert, um ihr Gleichgewicht aufrecht zu erhalten. – Am klarsten zeigt sich das Naturverständnis Dostojewskis in der Traumvision des Fürsten Myschkin auf der Bank im Park am Morgen einer »russischen Nacht«, als er auf Aglaja wartet und sich an seinen Kuraufenthalt in der Schweiz erinnert: »Über ihm breitete sich der strahlende Himmel, unten lag der See, der Horizont ringsherum war hell und unabsehbar weit, der Fernblick war endlos. Er schaute lange hin und

Daß dies nicht zuviel behauptet ist, erkennt man vor allem an der letzten großen philosophischen Strömung dieses Jahrhunderts, dem *Existentialismus*. Eigentlich entstanden aus der Lebensphilosophie, hätte gerade diese Philosophie Möglichkeiten genug besessen, die Warnungen vor allem von *L. Klages* gegenüber dem reinen Herrschaftswissen und Aneignungstrieb in ihr Konzept aufzunehmen und das »Wissen um Geheimnisse«[74] an die Stelle eines Geistes zu setzen, der das Leben tötet;[75] aber sie machte sich zwar den Irrationalismus der Lebensphilosophie zu eigen, gab jedoch methodisch bereits zu verstehen, wie sie zur Natur stand: in Anlehnung an den erkenntnistheoretischen Skeptizismus von Descartes,[76] Berkeley,[77] Kant[78] und Husserl[79] klammerte sie zunächst die gesamte Außenwelt ein, um sie dann von den Selbstvollzügen des Subjektes her neu zu entwerfen. Auf diese Weise

quälte sich dabei. Er erinnerte sich jetzt, wie er seine Hände in diese helle, blaue Endlosigkeit ausgestreckt und geweint hatte. Ihn peinigte, daß er alledem ganz fremd war. Was war denn das für ein Fest, was war es für ein unaufhörlicher, großer Feiertag, der nie ein Ende nahm, zu dem es ihn schon lange, schon seit jeher, von Kindheit an, hinzog und zu dem er nie gelangen konnte! An jedem Morgen ging dieselbe helle Sonne auf, jeden Morgen erstrahlte auf dem Wasserfall ein Regenbogen . . . jede ›kleine Fliege, die im heißen Sonnenstrahle neben ihm summt, nimmt an diesem ganzen Chor teil: sie kennt ihren Platz, liebt ihn und ist glücklich;‹ jeder Grashalm wächst und ist glücklich! Und alles hat seinen Weg, kommt und geht mit einem Lied, nur er allein weiß und versteht nichts, weder die Menschen noch die Töne, er ist allen fremd, er ist ausgeschlossen.« (Der Idiot, 410). Die Natur als eine vollendete paradiesische Harmonie, von der allein der Mensch ausgestoßen ist – das gibt am eindringlichsten wieder, wie naturfremd Dostojewski die Menschen sieht.

[74] L. Klages: Der Mensch und das Leben, Jena 1937, 79.

[75] a.a.O., 51.

[76] R. Descartes: Meditationen über die erste Philosophie, in: I. Frenzel (Hrsg.): Descartes, S. 95–125 (1.–3. Meditation).

[77] George Berkeley (1685–1753), behauptete in der »Abhandlung über die Prinzipien der menschlichen Erkenntnis« die Identität von Sein und Wahrgenommenwerden.

[78] I. Kant verwahrte sich in der »Kritik der reinen Vernunft« zwar gegen die Auflösung der Wirklichkeit in bloßen Schein, gab aber zu, daß uns Dinge nur als Erscheinungen zugänglich seien.

[79] E. Husserl: Cartesianische Meditationen und Pariser Vorträge, (deutscher Originaltext) 1952.

wurden die Gegenstände der Natur zu Orten einer grenzenlosen Kontingenz, der erst der Mensch so etwas wie Grund, Bedeutung und Sinn verleihen konnte,[80] oder aber es wurden die Tiere, die Bäume und die Sterne als etwas für den Menschen »Vorhandenes« und »Zuhandenes« betrachtet, dessen der Mensch sich zum Gebrauch bedienen sollte.[81] Im Grunde ist die Natur den Existentialisten fremdgeblieben, und sie sind besonders an dieser Stelle Erben *S. Kierkegaards,* der es sich schon aus Gründen der protestantischen Religiösität auf das strengste untersagte, in die Natur sich zu »vergaffen wie die Heiden«.[82]

Selbst einem Denker wie *A. Camus,* der viel zu sehr von der Schönheit des Mittelmeers geprägt war, um die Natur schlechterdings ekelhaft zu finden,[83] erschien doch vor allem der Tod[84] derart inakzeptabel, daß ihm schon deswegen das Leben des Menschen wie ein einziger absurder Kampf[85] gegen die blutige Mechanik[86] der Natur vorkam. Deutlich ist hinter Camus' Revolte noch der christliche Anthropozentrismus spürbar, der sich – ohne Gott –nicht in die simpelsten Tatsachen der Natur einzufügen versteht und sich statt dessen das Recht zu einer metaphysischen »Revolte« gegen Gott und alle Welt herausnimmt. Von der Sonderstellung des Menschen gegen die Natur unter der Bevorzugung Gottes ist jetzt indes nur die Gewißheit geblieben, daß der Mensch eine besondere Behandlung durch die Natur fordern darf und muß, aber eben deshalb widerlegt die Natur selbst in Gestalt des Todes die Idee eines gütigen, speziell den Menschen umsorgenden

[80] Vgl. J. P. Sartre: Der Ekel, 136 (rororo 581).
[81] So bei M. Heidegger: Sein und Zeit, Tübingen 1963, 70.
[82] S. Kierkegaard: Der Begriff Angst, 147 (rk 81); zitiert nach J. G. Hamann.
[83] A. Camus: Der Mensch in der Revolte, Hamburg 1953, 322: hebt die Bedeutung des »mittelmeerischen Denkens« als Erfassung der Harmonie und Schönheit der Natur hervor.
[84] ders.: die Pest, 119–125 (rde 15).
[85] ders.: Der Mythos von Sisyphos, 32 (rde 90).
[86] ders.: Der Mythos von Sisyphos, 18–19.

Gottes.[87] Die Natur und die menschliche Existenz an sich müßten natürlich keinesfalls als absurd erscheinen, wohl aber führt sich die Philosophie des christlichen Anthropozentrismus bei Camus selber ad absurdum und hinterläßt einen Menschen, der um seiner selbst willen die Natur ebenso bekämpfen muß wie die Idee eines Gottes. Die bewundernswerte Schönheit der Natur, die Camus als Dichter anerkennt, ist jetzt nur noch die Rückseite einer absurden Sinnzerstörung, die er als Philosoph beklagt und ohnmächtig bekämpft.

Ein Gedicht, das *Rilke* bereits am Anfang des Jahrhunderts schrieb, mutet wie ein Vorgriff auf diese ganze Art des Denkens an: »Wie die Natur die Wesen überläßt / dem Wagnis ihrer dumpfen Lust und keins / besonders schützt in Scholle und Geäst: / so sind auch wir dem Urgrund unseres Seins /nicht weiter lieb; *er wagt uns*. Nur daß wir, / mehr noch als Pflanze oder Tier, / *mit* diesem Wagnis gehn . . .«[88]

Eben dieser Wille, *mit* dem Wagnis zu gehen, erstirbt bei Camus in dem Protest gegen eine Natur, die den Menschen hervorbringt wie eine Zellblase, die in der Unendlichkeit des Raumes und der Zeit sogleich wieder zerplatzt.[89] Es ist der äußerste Punkt vor dem Abgrund, bis zu dem der christliche Anthropozentrismus führen konnte, daß Menschen wie Camus nur noch dafür leben wollten, um in einer sinnlosen und mörderischen Natur wenigstens in der kurzen Strecke ihres Protestes sich selber in ihrer Isoliertheit und Ausgesetztheit ein Stück vermeintlicher Humanität zu bestätigen.

Vor etwas mehr als 300 Jahren wurde der englische Philosoph *Anthony Shaftesbury* geboren, ein Zeitgenosse des Leibniz und ein Mann, der vor allem auf Goethe großen Einfluß ausübte; er starb bereits im Alter von 42 Jahren in Neapel, aber er faßte angesichts des heraufziehenden Rationalismus und noch vor dem Beginn des Industriezeitalters zusammen, woran sich heute entscheidet, ob das Christen-

[87] ders.: Die Pest, 72.
[88] R. M. Rilke: Werke in 3 Bänden, Frankf., 1966; Bd. II 211.
[89] L. Tolstoi: Anna Karenina, München 1961 (GG Tb. 692–694), 770.

tum in nächster Zukunft seinen Sinn oder seinen Untergang findet: »Was sollte unser Auge in der Natur so sehr verblenden«, schrieb er, »daß wir nichts von der Einheit der Absicht und der Anordnung eines Geistes darin erblicken, die doch sonst auffallend sichtbar sein würde? Alles, was uns vom Himmel und von der Erde zu sehen vergönnt ist, zeugt von Ordnung und Vollkommenheit, so daß sie einer Seele . . ., die mit Wissenschaft und Erkenntnis bereichert ist, die edelsten Gegenstände der Betrachtung gewähren. Alles ist reizend, liebreich, erheiternd, ausgenommen der Mensch und seine Lage, die den Verhältnissen nicht angemessen erscheint. Hieraus entspringt Unglück und Übel, und folgt der Ruin des schönen Gebäudes. Deswegen stirbt alles dahin, und die ganze Ordnung des Universums, sonst so fest und unwandelbar, fällt hier zusammen und geht durch den einen Gedanken verloren, daß wir uns selbst zum Mittelpunkt aller Dinge machen und das Wohl des Ganzen dem Wohl und Interesse eines so kleinen Teiles unterwerfen.«[90]

c) Die Rechtlosigkeit der Kreatur im christlichen Abendland oder: von einer wichtigen Ausnahme

Aber gerade in dieser Einheitlichkeit hat das offizielle Christentum bis heute nicht zu denken vermocht. Statt den Menschen in ein harmonisches Verhältnis zur Natur zu setzen, gab man sich vielmehr die größte Mühe, Mensch und Tier so radikal wie möglich mit metaphysischen Argumenten von einander zu unterscheiden, und zwar weil man eigentümlicherweise sonst fürchtete, Gott aus den Augen zu verlieren – so eng gehörten der Gottesglaube und die Andersartigkeit des Menschen für den Abendländer zusammen.

Das beste und erschreckendste Beispiel dafür liefert in der Neuzeit das berühmt-berüchtigte 5. Kapitel im »Discours de

---

[90] Anthony Shaftesbury: Die Moralisten; dt. Übers. von M. Frischeisen-Köhler, Philos. Bibl., Bd. 111, Leipzig 1909; 2. Teil, 4. Abschn., S. 108–109; 110–111; abgedruckt in: K. Vorländer: Philosophie der Neuzeit, V 162.

la méthode« des *Descartes*. Nachdem er gerade die gesamte Außenwelt erkenntnistheoretisch zugrundegerichtet und dann aus der Selbstgewißheit des zweifelnden Denkens neu begründet hat, kommt Descartes in diesem Kapitel auf das Wesen des Menschen zu sprechen und stellt die ebenso ungeheuerliche wie kennzeichnende Behauptung auf, daß man zwischen Maschinen und Tieren eigentlich keinen Unterschied herausfinden könne: wenn es Maschinen gäbe, welche die Organe und die äußere Gestalt eines Affen oder eines anderen vernunftlosen Tieres besäßen, so wären diese Maschinen in nichts von jenen Tieren zu unterscheiden; demgegenüber verfüge der Mensch, meint Descartes, über Sprache und Vernunft (im Sinne eines Universalinstrumentes des Handelns, das nicht an die Disposition der Organe gebunden sei). Indem er auf diese Weise den Tieren nicht nur weniger, sondern überhaupt keine »Vernunft« (also auch keine »Gefühle«, die für Descartes nur unklare Gedanken sind) zubilligt und sie zu reinen Automaten erniedrigt, verrät er auch sogleich den Grund seiner wirklichkeitsfremden und aller Beobachtung widersprechenden Theorie: Descartes glaubt, die Automatentheorie der Tiere aufstellen zu müssen, weil es »nach dem Irrtum der Gottesleugnung« keinen anderen Irrtum gebe, »der schwache Gemüter mehr vom rechten Pfad der Tugend entfernt, als wenn sie sich einbilden, die Seele der Tiere sei mit der unsrigen wesensgleich und wir hätten daher nach diesem Leben nichts zu fürchten noch zu hoffen, nicht mehr als die Fliegen und die Ameisen.«[91] Wiederum verwechselt Descartes hier den metaphysischen Anspruch der christlichen Dogmatik (die Lehre von der Unsterblichkeit der Seele) mit einer naturphilosophischen Betrachtung;[92] aber nicht dies allein ist schlimm, sondern wie

[91] R. Descartes: Abhandlung über die Methode, in I. Frenzel (Hrsg.): Descartes, 81. – Ähnlich wendet sich schon Augustinus: Gottesstaat, I 20 gegen den Vegetarismus der Manichäer.

[92] Daß man die Einheit von Mensch und Tier sehr wohl mit der Unsterblichkeitslehre verbinden kann, zeigt nicht nur die ägyptische Religion, sondern vor allem die Seelenwanderungslehre der Inder und Pythagoreer; im

sehr ihn das christliche Dogma hindert, den simpelsten Beobachtungen zu trauen, wenn es um die Tiere geht. Sie *dürfen* keine dem Menschen verwandten Züge aufweisen, sie müssen als seelenlose Maschinen gesehen und vor allem behandelt werden.

Dieser förmliche Zwang, die natürlichsten Regungen den Tieren gegenüber zu verleugnen, herrscht so gut wie ausnahmslos im gesamten Abendland. Selbst ein Mann wie *Spinoza*, der immerhin anerkennt, daß die Tiere Empfindungen haben,[93] erklärt es doch für das gute Recht des Menschen, »sie nach Belieben (!d. V.) zu gebrauchen und so zu behandeln, wie es uns am besten paßt, da sie ja der Natur nach nicht mit uns übereinstimmen und ihre Affekte von den menschlichen Affekten der Natur nach verschieden sind«.[94] Diese Versicherung, daß die Tiere ganz andere Affekte besäßen als die Menschen, zerreißt jedes Band der Gemeinsamkeit von Mensch und Tier und stellt natürlich einen Freibrief für jede Art von Tierquälerei dar; es braucht mithin noch nicht einmal ein ersichtlicher Nutzen für den Menschen zur Legitimation herangezogen zu werden; – er kann und darf mit den Tieren machen, was er will. Lehren gar, wonach man (wie z. B. in Indien) Tiere nicht schlachten dürfe, sind nach Spinoza »mehr in einem eitlen Aberglauben und in weibischer Barmherzigkeit als in der gesunden Vernunft begründet«.[95]

Der »eitle Aberglaube« bestünde z. B. in solchen Ideen, wie man sie noch heute bei den angeblich »Wilden« findet, deren Glauben an die Beseeltheit aller Dinge man als *»Animismus«* und deren Überzeugung von der Zusammengehörigkeit von Mensch und Schöpfung man als *»Totemismus«* zu

---

Grunde argumentiert Descartes nach Art einer petitio principii: die Tiere müssen als seelenlos vorgestellt werden, damit sie von den Menschen unterschieden sind, und also sind sie von den Menschen unterschieden, weil sie keine Seele haben.

[93] B. de Spinoza: Die Ethik, III. Teil, Lehrs. 57, S. 164 (Philos. Bibl.).
[94] a.a.O., IV Teil, Lehrs. 37, S. 221.
[95] a.a.O., S. 221.

beschreiben sucht, nur um mit solchen Begriffen die wichtigsten Lehren eines ursprünglich menschheitlichen Weltver-
ständnisses als barbarisch und primitiv, weil von dem christlich-jüdischen Anthropozentrismus abweichend, hinzustellen; die »weibische Barmherzigkeit« aber dürfte nichts anderes sein als die selbstverständlichste Regung von Mitleid und
Güte gegenüber der Kreatur: gelehrt zu haben, daß es sie
nicht geben *darf*, ist eine Schuld, von der das christlich-
jüdische Denken sich niemals mehr wird reinwaschen können; und eine »Vernunft« für comme il faut erklärt zu haben,
kraft deren man jedes unmittelbare Mitgefühl unterdrücken
muß, um ausschließlich an den eigenen Nutzen und Vorteil –
oder noch nicht einmal daran! – zu denken, wenn es darum
geht, sich der Tiere zu bedienen, lädt dem Christentum
unmittelbar die ganze Verantwortung für die Ungeheuerlich-
keiten auf, mit denen heute rein nach Gründen der Ertragssteigerung in jahrhundertelang vervollkommneter Perfektion
Tiere als »Rohstoffe« und »Biomasse« »gezüchtet« und »gehalten« werden.

Man sage nicht, hier liege ein Gedankensprung vor, weil
Spinoza ein Jude war und schon vor 350 Jahren gelebt hat. Im
Gegenteil zeigt gerade die Einhelligkeit des Christentums in
diesem Punkte mit dem sonst so verfemten Juden, wie sich die
gemeinsame biblische Grundlage im Abendland auswirkt.
Ich selbst erinnere mich aus meiner Studienzeit der Dogma-
tik-Vorlesungen eines heute berühmten deutschen Bischofs,
in der er im Rahmen der »Schöpfungslehre« die Einzigartig-
keit des Menschen beschwor und dann seinen Hörern treu-
herzig versicherte, es könne dem Fisch und dem Hasen gar
nichts Besseres passieren, als vom Menschen gegessen zu
werden, denn dies entspreche der Rangmäßigkeit der Schöpfungsordnung; die etwa 500 Zuhörer quittierten diese Darlegungen mit wohlgefälligem Lachen – offenbar erleichtert,
denn ein urtümliches Gefühl des Unbehagens und der
Schuld, das solche Ausführungen im Abendland immer wieder nötig macht, verschwand bei dieser appetitlichen Theolo-

gie. Unter den »Wilden« von der Kalahari bis zum Nordpol gibt es kein Jägervolk, das nicht unter dem Zwang zu töten leiden würde;[96] in der Kinderstube aller Völker gibt es kein Kind, das nicht von Hause aus an allem, was lebt, mit großer Anteilnahme hängen würde; die christlich-jüdische Gefühls-verrohung und Gedankenlosigkeit hingegen muß mit System erzogen werden.

Gewiß, der Gerechtigkeit wegen ist zuzugeben, daß auch andere Kulturen sich ihre Ideologie der Naturausbeutung zurechtzulegen versucht haben; aber sie sind dabei nie zu der spezifisch abendländischen Anthropozentrik gelangt; sie haben den Gedanken des Gleichgewichts und die Stimme der Kinder niemals ganz zum Schweigen gebracht. Als z. B. im alten China der Herr Tian von Tsi einmal in seiner Halle ein großes Fest für 1000 Gäste gab, soll er beim Auftragen von Fisch und Geflügel seufzend gesagt haben: »Wie gut ist doch der Himmel gegen die Menschen! Er läßt das Korn wachsen und bringt Fische und Vögel hervor zu unserem Gebrauch«, und alle Gäste sollen ihm zugestimmt haben wie ein Echo. »Es war aber der zwölfjährige Sohn des Bau dabei. Der . . . sprach: Es ist nicht so, wie der Herr sagt. Alle Wesen auf der Welt sind unsere Mitgeschöpfe. Unter diesen Geschöpfen gibt es nicht edlere und geringere. Sie überwältigen einander nur durch Größe, Klugheit und Kraft und essen dann der Reihe nach einander auf. Es ist aber nicht so, daß sie füreinander erzeugt wären. Was der Mensch an eßbaren Dingen unter die Hand bekommt, das ißt er auf. Aber das ist nicht ur-sprünglich vom Himmel für die Menschen erzeugt. Schnaken und Mücken beißen uns in die Haut, Wölfe und Tiger fressen unser Fleisch; aber darum hat doch nicht ursprünglich der Himmel den Menschen und sein Fleisch für Schnaken und Mücken, Wölfe und Tiger wachsen lassen.‹«[97]

---

[96] Zum sog. Tiertöterskrupulantismus vgl. E. Drewermann: Strukturen des Bösen, II 198–202; Paderborn³ 1981; als Beispiel der Scheu eines Indianers, Tiere zu töten, vgl. die Äußerungen von Schwarzer Hirsch: Ich rufe mein Volk, 57; 70; 81; 149–150; 206.

[97] Liä Dsi: Quellender Urgrund, VII 28; S. 179; Düsseldorf-Köln 1972.

An dieser kleinen Geschichte aus dem Gedankenkreis des Taoismus trennen sich Welten. Auch die Kultur des alten China kannte, wie man sieht, die Versuchung eines allzu praktischen Anthropozentrismus; aber sie bewahrte sich das Bewußtsein ihrer Gefahr; sie blieb dabei, die Natur als ein ganzes zu sehen, in dem kein Teil auf Kosten eines anderen bevorzugt ist. Alles Leben lebt voneinander, gewiß; aber ein Recht zur Ausbeutung, ein Auftrag geradewegs zur Unterwerfung aller Lebewesen durch eine einzige Spezies – das ist etwas anderes, das ist christlich-jüdisch.

Der Unterschied zwischen dem jüdisch-christlichen und dem östlichen Denken und Handeln wird noch heute jedem deutlich, der auf dem Landweg den Mittleren und Fernen Osten bereist; er wird bald merken, daß die eigentliche Grenze nicht zwischen den geographischen Zonen Europas und Asiens verläuft, sondern zwischen den Kulturkreisen der Bibel (einschließlich des Islam) und den Kulturen des Ostens, und daß diese geistige Grenze weder mit dem Wirtschaftssystem noch mit der Rasse noch mit der Sprache, sondern einzig mit der religiösen Einstellung etwas zu tun hat. In allen europäischen wie islamischen Ländern, vom Balkan bis Pakistan, wird ihm das gleiche Bild geboten: ein Autoverkehr, der ohne Rücksicht auf Verluste durch Land- und Dorfstraßen flutet, Fahrer, die mit Vorliebe in Schafherden hineinjagen, um die erschreckten Tiere auseinanderzutreiben, auf den Dorfmärkten Hühner, die, mit zusammengebundenen Füßen tagelang ohne Wasser und Nahrung in der Sonne liegend, zum Verkauf angeboten werden, Esel mit riesigen Lasten, unter denen sie kaum noch gehen können – fast gewöhnt man sich so sehr daran, wie an die Lastwagen, die bei uns dichtgepackt mehrere Tausend Hühner auf einmal zum städtischen Schlachthaus befördern.

Aber dann, jenseits der pakistanisch-indischen Grenze, Autofahrer, die einem Huhn ausweichen, das sich im warmen Staub eines Feldweges badet, Hotelgäste, die einem Gecko, der im Schein der Neonröhre auf Insekten lauert, Glück wünschen, statt Jagd auf das »Ungeziefer« zu machen, immer wieder Gaststätten mit der Aufschrift »vegetarians«, und vor allem, was den Europäer seit den Tagen Vasco da Gamas in Staunen versetzt: Hospitäler für Tiere; in den arabischen Ländern seit biblischen Tagen[98] eine Unzahl ausgehungerter streunender Hunde, denen die Kinder zum Vergnügen mit Steinen nachwerfen, Katzen, die man mit Fußtritten aus den Speiserestaurants jagt, wenn sie verstohlen um Fischgräten und andere Delikatessen »betteln«, aber in Indien Tierhospitäler. Von der Grenze des islamischen Pakistan bis zur Grenze Indiens trennen räumlich nur wenige Kilometer Niemandsland; geistig aber liegt dazwischen die unendliche Kluft zwischen dem biblischen Anthropozentrismus und dem östlichen Einheitsdenken, und diese Kluft wird nirgends sichtbarer, als am Umgang mit den Tieren.

Um den Gegensatz so klar wie möglich herauszuarbeiten, kommt man nicht umhin, vor allem des Philosophen *J. G. Fichte* zu gedenken, dem das Verdienst gebührt, in seiner Naturrechtslehre von 1796 den Tieren überhaupt mehrere Seiten gewidmet und dort in beispielhafter Klarheit und Eindeutigkeit formuliert zu haben, wie nach den Prinzipien des christlichen Abendlandes das Verhältnis von Mensch und Tier vorgestellt werden muß. Bereits der Zusammenhang, in dem Fichte auf die Tiere zu sprechen kommt, spricht für sich selbst: das Eigentumsrecht. »Es gibt«, so stellt er in seiner Rechtsphilosophie fest, »auf dem Erdboden . . . Tiere, deren Akzidenzen entweder eine Brauchbarkeit für die Menschen haben, den Zwecken derselben unterworfen sind, oder deren Substanz sogar brauchbar, ihr Fleisch zu essen, ihre Haut zu verarbeiten ist, usf.«[99] Werden solche Tiere der Substanz oder ihrer Akzidenzen halber vom Menschen »zu einem regelmäßigen Gebrauche« unterworfen und »in seine Botmäßigkeit« gebracht, so leitet sich aus diesem Akt der Zähmung und

[98] Ps 59, 7.15.
[99] J. G. Fichte: Grundlage des Naturrechts, 217 (Philos. Bibl.).

Haltung das Eigentumsrecht des Besitzers ab, freilich nicht so, als ob das Zähmen selbst schon den wahren Rechtsgrund des Besitzers darstellte, sondern so, daß der Staat zuvörderst vertraglich garantiert und durch Gesetze sanktioniert, welche Tierarten als zahmes Vieh zu gelten haben.[100] Mit anderen Worten: der Mensch an sich hat den Tieren gegenüber jedes Recht, und die Frage ist nur, wie sich die Menschen untereinander ihre vermeintlichen Ansprüche auf den »Gebrauch« und die »Botmäßigkeit« der Tiere teilen; nur durch und für die Menschen gibt es Rechte, und die unvernünftigen Tiere haben keine. Die im angegebenen Sinne »zahmen Tiere« sind von vornherein »nur Eigentum«;[101] die wilden Tiere aber, die keiner Privatperson botmäßig sind, haben als Gemeingut zu gelten und sind, »sofern ihre Substanz zu etwas zu brauchen ist«, nach Belieben anzueignen. Da sie sich nicht, wie unangebauter Boden, für künftige Zeiten zur Nutzung aufbewahren lassen, so ist es, meint Fichte, »sehr zweckmäßig, daß man sich ihrer bemächtigt, wo man sie findet.«[102]

Lediglich wenn der Lebensraum bestimmter Tiere bereits in Eigentum übergegangen ist, setzen Revierzuweisungen dem Abschuß der wilden Tiere Grenzen. Aber selbst in diesem Falle hat man es noch mit in irgendeiner Weise unmittelbar nützlichem Wild zu tun. Es gibt jedoch auch wilde Tiere, welche die Zwecke des Menschen stören, und hier gilt der Grundsatz: »Die Wildheit muß überall der Kultur weichen«, d. h.: »Es ist . . . jedem vernunftmäßigen Staat anzumuten, daß er das Wild zunächst gar nicht ansehe, als etwas Nutzbares, sondern als etwas Schädliches, nicht als ein Emolument (Vorteil, d. V.), sondern als einen Feind.«[103]

Die eigentlich ursprüngliche Beziehung des Menschen zum Tier also ist die Feindschaft, das Töten, das blanke Abschießen, und erst im Rahmen des Nutzens und für besondere

---

[100] a.a.O., 217–219.
[101] a.a.O., 222.
[102] a.a.O., 222.
[103] a.a.O., 223.

Zwecke dürfen gewisse staatlich verordnete zahme Tierarten unter der Aufsicht bestimmter Eigentümer bis zur Aneignung ihrer Substanzen und Akzidenzen leben; eben hierin erweist sich die Vernünftigkeit der menschlichen Gesellschaft und die Überlegenheit ihrer Kultur.

Daß Fichte mit diesen Worten keinesfalls sich etwa nur in der Wortwahl vertan oder zu drastisch formuliert hätte, daß er sich im Gegenteil über den Ernst und die Konsequenzen seiner Darlegungen völlig im klaren ist, gibt er unzweideutig an gleicher Stelle zu verstehen, wenn er erklärt, daß das Leben, die Hege und Schonung des Wildes »überhaupt im Staate gar kein möglicher Zweck sondern nur der Tod desselben . . . Zweck« sei.[104] Die vorzügliche Aufgabe des Staates ist es nach Fichte, vermittels der Jagd die Kultur vor den wilden Tieren zu beschützen, und da dies nie endgültig gelingt, solange es noch wilde Tiere gibt, sind »dem Jäger noch andere Verbindlichkeiten aufzulegen, die sich hierauf beziehen, als die Ausrottung der Raubtiere, aus denen er selbst keinen Nutzen ziehen kann, deren Leben ihm aber auch nicht unmittelbar schadet, (die welche seinem Widerstande schaden, Füchse, Wölfe u. dgl. rottet er schon aus) z. B. Hühnergeier, u. dgl. Raubvögel, Sperlinge, selbst Raupen und andere schädliche Insekten.«[105]

Die ganze Wahrheit über seine Rechtsauffassung der Kreatur bringt Fichte freilich nicht einmal im Zusammenhang mit dem Eigentumsrecht, sondern mit der Lehre von der Recht-

[104] a.a.O., 224.
[105] a.a.O., 224–225. Um zu sehen, wie wenig sich seit den Tagen Fichtes geändert hat, vergleiche man z. B., mit welch einer Mühe noch heute etwa J. Feinberg: Die Rechte der Tiere und zukünftiger Generationen, in: D. Birnbacher (Hrsg.): Ökologie und Ethik, Stuttgart 1980, S. 140–179 zu beweisen sucht, daß man den Tieren, weil sie Interessen haben, Rechte zusprechen *kann* (S. 151). Die Frage ist ja in Wahrheit nicht, ob die Tiere Interessen haben, die man berücksichtigen könnte, sondern wie man den Anthropozentrismus der christlichen Ethik umstürzen und ein Weltbild begründen kann, innerhalb dessen es zu einer selbstverständlichen Pflicht wird, auf die Interessen der Tiere Rücksicht zu nehmen.

losigkeit eines Mörders an den Tag: ein Mörder schließt sich nach Fichte selber aus dem Vertragsverhältnis des Staates aus, er besitzt mithin keinerlei Rechte mehr; ein so Verurteilter, schreibt Fichte, »wird erklärt für eine Sache, für ein Stück Vieh«,[106] und gegen ihn wird der Tod nicht als Strafe, sondern als Sicherungsmittel wie gegen »ein schädliches Tier«, wie gegen »eine Naturgewalt«[107] verfügt. Deutlicher läßt sich die Rechtlosigkeit, die Todesstrafe der »wilden« Tiere angesichts des Menschen der christlich-abendländischen »Kultur« nicht ausdrücken.

Man sage nicht, Fichte war nur ein Philosoph, und er sei nicht maßgeblich und typisch für das abendländische Denken – genau wie er vor zwei Jahrhunderten gefordert hat, hat man gehandelt, und wiederum hat er nur ausgesprochen, was im Abendland bereits schlechthin als Gemeingut gilt: die christliche Anthropozentrik kennt kein Recht der Kreatur, sie kennt nur den Menschen und seinen Nutzen, und an der Seite des abendländischen Menschen hat nur Platz, was den Zwecksetzungen des Menschen dient. Dies gilt in ungefragter Selbstverständlichkeit und in nahezu einhelliger Einmütigkeit.

Die einzige wirkliche Ausnahme unter den abendländischen Philosophen bildet *A. Schopenhauer*. Er ist der einzige, der, kongenial zum Denken des alten Indiens mit den sanften Lehren des *Buddha* und der *Hindus* von der Einheit allen Lebens und der grenzenlosen Güte zu allen Lebewesen, das Getto der abendländischen Anthropozentrik durchbrach. Daß er dies nur vermochte, indem er – wohlgemerkt ein halbes Jahrhundert vor Ch. Darwins Abstammungslehre – die Wahrheit von der Einheit des Lebens gegen das Christentum und gegen die gesamte abendländische Gottesvorstellung richtete,[108] war nach der jahrtausendelangen Verschmelzung

---

[106] Fichte: a.a.O., 272.
[107] a.a.O., 273.
[108] A. Schopenhauer: Parerga und Paralipomena, Werke VI 394–395.

des Christentums mit einem radikalen Anthropozentrismus zweifellos unvermeidbar. Die Entdeckung elementarer naturhafter Zusammenhänge zwischen Mensch und Tier wird bei Schopenhauer jetzt, am Anfang des 19. Jahrhunderts, zu einem Argument des *Atheismus;* ja, dieser wird bald schon die einzige Weltanschauung, die wirklich erfolgreich von Europa in die Welt ausstrahlt. Furchtbarer kann der Irrweg des Christentums in einem entscheidenden Punkt seiner bisherigen Einstellung zweifellos kaum offenbar werden. Aber Schopenhauers Kritik richtete sich nicht nur gegen das mangelhafte Naturverständnis des Christentums, sondern er wies vor allem auf die ungeheure Einseitigkeit und Naturfremdheit schon des *Alten Testamentes* hin, und das völlig zu Recht, wie wir soeben sahen.

Der eklatante Mangel der biblischen Anthropozentrik wirkt sich tatsächlich am schlimmsten darin aus, daß es kaum möglich scheint, auf dem Boden der Bibel eine umfassende, nicht nur auf den Menschen bezogene *Ethik* der Natur zu begründen. Die Bibel selbst enthält außer einer einzigen kümmerlichen Stelle,[109] daß der Gerechte sich seines Viehs erbarmt, und dem Gebot, dem dreschenden Ochsen nicht das Maul zu verbinden,[110] nicht einen einzigen Satz, wo von einem Recht der Tiere auf Schutz vor der Roheit und Gier des Menschen oder gar auf Mitleid und Schonung in Not die Rede wäre.[111] Die Schonung der Haustiere ist bereits lange Zeit früher besonders in der persischen *Zoroaster-Religion* zu einem zentralen Anliegen erhoben worden,[112] und wieder stellt die Bibel auf diesem Hintergrund ihre außerordentliche Begrenztheit unter Beweis.

[109] Spr. 12, 10.
[110] Dt 25,4.
[111] Vgl. A. Schopenhauer: Parerga und Paralipomena, VI 395; Anweisungen wie Dt 22,6.10, die gegenüber den reinen Besitzregelungen bezüglich der Tiere kaum ins Gewicht fallen, wird man doch nicht als Tierschutzvorschriften verstehen können.
[112] K. F. Geldner: Die zoroastrische Religion, (Vendidad 13; 15; 18) Tübingen 1926 (Religionsgesch. Lesebuch), 37–40.

Entscheidend ist jedoch, daß Schopenhauer den jüdisch-christlichen Mythos von der prinzipiellen Sonderrolle des Menschen, vornehmlich in der Radikalität des Descartes'-schen Standpunktes, angreift. »Die vermeinte Rechtlosigkeit der Thiere«, schreibt er, »der Wahn, daß unser Handeln gegen sie ohne moralische Bedeutung sei, oder, wie es in der Sprache jener Moral heißt, daß es gegen Thiere keine Pflichten gebe, ist geradezu eine empörende Rohheit und Barbarei des Occidents, deren Quelle im Judenthum liegt.«[113] »So einem occidentalischen, judisirten Thierverächter und Vernunftidolater«, fährt er fort, »muß man in Erinnerung bringen, daß, wie Er von seiner Mutter, so auch der Hund von der seinigen gesäugt worden ist«, und fügt, an das Christentum adressiert, hinzu: »Daß die Moral des Christenthums die Thiere nicht berücksichtigt, ist ein Mangel derselben, den es besser ist einzugestehen, als zu perpetuiren«.[114]

Statt die Kreaturen der Willkür des Menschen auszuliefern, lehrt Schopenhauer eine Moral des *Mitleids*, die, wie im Buddhismus, grenzenlos ist und die Gleichheit aller Lebewesen als Erscheinungen der Natur im Wesentlichen: in Geburt und Tod, zur Grundlage hat. In der Tat sieht Schopenhauer, daß »Mitleid mit Thieren . . . mit der Güte des Charakters so genau zusammen« hängt, »daß man zuversichtlich behaupten darf, wer gegen Thiere grausam ist, könne kein guter Mensch seyn.«[115] Also nicht indem er sich gegen die Tiere und seine Mitgeschöpfe richtet, um sie zu seinen Zwecken auszubeuten, beweist der Mensch seine Menschlichkeit, sondern im Gegenteil, indem er sich der Gemeinsamkeit aller Geschöpfe erinnert und die Wesensverwandtschaft alles Lebendigen praktisch bestätigt. Schopenhauers universelles Mitleid ist die einzige Form einer Ethik der »Umwelt«, die nicht anthropozentrisch ihre Gründe aus dem egoistischen Hinweis auf den

[113] A. Schopenhauer: Preisschrift über die Grundlage der Moral, *nicht* gekrönt von der Königlich Dänischen Sozietät der Wissenschaften, IV 238.
[114] a.a.O., 241.
[115] a.a.O., 242.

Nutzen und Nachteil bestimmter Verhaltensweisen für das Sonderwesen Mensch entwickeln muß, sondern die den Menschen gerade von dem bloßen Utilitarismus zweckrationalen Handelns befreit und zu dem Gefühl einer tiefen und innigen Verbundenheit und Hingabe an alles Lebendige befähigt. Nicht der einseitige Vorteil des Menschen, sondern das Glück aller Lebewesen zu vermehren ist das Ziel einer solchen Moral. »Ethik«, so meinte daher der große Schopenhauer-Schüler *Albert Schweitzer,* »besteht . . . darin, daß ich die Nötigung erlebe, allem Willen zum Leben die gleiche Ehrfurcht vor dem Leben entgegenzubringen wie dem eigenen. Damit ist das denknotwendige Grundprinzip des Sittlichen gegeben. Gut ist, Leben erhalten und Leben fördern; böse ist, Leben vernichten und Leben hemmen.«[116]

Wie diese Anteilnahme am Wohlergehen aller Lebewesen für A. Schweitzer praktisch aussieht, verdient etwas ausführlicher zitiert zu werden, weil es den Abstand zwischen der Idee der Ehrfurcht vor dem Leben und dem wirklichen Empfinden und Verhalten jedes einzelnen besonders deutlich werden läßt. Jemand, dem das Leben als solches heilig ist, schreibt A. Schweitzer, »reißt kein Blatt vom Baum, bricht keine Blume und hat acht, daß er kein Insekt zertritt. Wenn er im Sommer nachts bei der Lampe arbeitet, hält er lieber das Fenster geschlossen und atmet dumpfe Luft, als daß er Insekt um Insekt mit versengten Flügeln auf seinen Tisch fallen sieht. Geht er nach dem Regen auf der Straße und erblickt den Regenwurm, der sich darauf verirrt hat, so bedenkt er, daß er in der Sonne vertrocknen muß, wenn er nicht rechtzeitig auf Erde kommt, in der er sich verkriechen kann, und befördert ihn von dem todbringenden Steinigen hinunter ins Gras. Kommt er an einem Insekt vorbei, das in einen Tümpel gefallen ist, so nimmt er sich die Zeit, ihm ein Blatt oder einen Halm zur Rettung hinzuhalten.« »Ethik ist ins Grenzenlose erweiterte Verantwortung gegen alles, was lebt.«[117]

[116] A. Schweitzer: Kultur und Ethik, München 1960, 331.
[117] a.a.O., 332.

Man hat den Eindruck, als müsse man schon zu den indischen Jainas gehen, um noch Menschen zu finden, die nach solchen Anweisungen leben; die Religionen der Bibel jedenfalls scheinen weit davon entfernt, solch eine Haltung auch nur als nicht lächerlich, geschweige denn als vorbildlich und richtig zu betrachten.

Und doch, wenn wir bisher sagten, die Bibel kenne kaum eine Stelle, an der sie von ihrem zerstörerischen Anthropozentrismus abweiche, so trifft dieses Urteil für *einen* Autor der Bibel nicht zu. In die Schöpfungsgeschichte der Priesterschrift mit dem fatalen Gebot: macht euch die Erde untertan (Gn 1,28), sind von dem Redaktor der ersten fünf Bücher Moses Fragmente der sogenannten *jahwistischen Urgeschichte* eingefügt worden, die einen anderen Geist verraten.

Der Autor, den man als »Jahwisten« bezeichnet, weil er Gott stets Jahwe nennt, steht vermutlich am Anfang einer eigentlichen hebräischen Geschichtsschreibung überhaupt; jedenfalls ist er es, der als erster den Glauben an den Gott der Väter zu einem eigentlichen Schöpfungsglauben ausgestaltet hat, indem er Mythen übernimmt, umformt oder nacherzählt, deren Motive in den Schöpfungserzählungen so gut wie aller Völker der Erde eine auffallende Verbreitung und Ähnlichkeit besitzen. Auch der Jahwist stellt den Menschen in gewissem Sinne in den Mittelpunkt der Schöpfung Gottes, aber anders als die Priesterschrift: nicht um zu herrschen und sich auszubreiten steht der Mensch im Zentrum der Welt, sondern um die Welt, die in der Einheit mit Gott wie ein Paradies sein kann, zu bedienen und zu bewahren;[118] nicht im Sieg über die Schöpfung wie über einen Feind, sondern in einer Art Gehorsam gegenüber der Natur sieht der Jahwist den Auftrag des Menschen.

---

[118] Gn 2, 15; vgl. zur Auslegung der Stelle E. Drewermann: Strukturen des Bösen, 1. Bd., Nachwort zur 3. Aufl., Paderborn 1981: Von dem Geschenk des Lebens oder: Das Welt- und Menschenbild der Paradieserzählung des Jahwisten (Gen 2,4 b–25), 365–378.

Statt der Anthropozentrik der Angst und des Machtwillens hat der Mensch den Auftrag, den »Baum in der Mitte des Gartens«, das Zentrum der Welt, zu respektieren. Nur solange ist diese Welt für den Jahwisten ein Paradies, als die Erde einen Mittelpunkt besitzt, der dem Menschen vorgegeben ist und ihn mit dem Himmel verbindet; und die Hauptfrage des menschlichen Daseins liegt darin, ob der Mensch von Gott her in der Mitte der Welt angesiedelt bleibt oder ob er die Natur ringsum nur noch in der habgierigen Perspektive seiner eigenen anthropozentrischen Interessen wahrzunehmen vermag.

An dieser Stelle des Schöpfungsanfangs greift der Jahwist das weltweit verbreitete Mythem von der Einheit zwischen Mensch und Tier auf: auf der Suche nach einem Partner seien Adam von Gott die Tiere zugeführt worden, und er habe ihnen Namen gegeben (Gen 2,19). Dieser Zug der biblischen Schöpfungsgeschichte ist so deutlich unhebräisch, er spiegelt so deutlich Urzeiterinnerungen der Menschheit, daß es einem den Atem verschlägt: so ist also selbst in der Bibel die Kunde von einem Menschsein nicht gänzlich verschollen, für das die Tiere Partner eines Dialoges waren, von einer Zeit, als Mensch und Tier miteinander redeten! Und der Jahwist wertet diese Zeit nicht, wie unsere Kulturhistoriker und die Philosophen des Deutschen Idealismus, als eine primitive Vorzeit, aus der wir gottlob zur Zivilisation erwacht wären, sondern er sieht in ihr die Lebensart, die Gott dem Menschen von seinem Wesen her zum Auftrag gemacht hat und aus der herausgefallen zu sein des Menschen Schuld darstellt!

Der Jahwist befindet sich damit im Einklang mit den großen menschheitlichen Überlieferungen, wonach die Menschen im Ursprung fähig und berufen seien, den Tieren und den Dingen ringsum »Namen« zu geben. Man hat auch darin seitens der Exegese zumeist eine Art Machtausübung (durch Namensmagie) sehen wollen; aber in Wahrheit geht es viel eher um ein Vernehmen dessen, was die Lebewesen in ihrem Wesen sind. So wie Platon dem Dialog Kratylos (383a–385a) die Meinung vorangestellt hat, daß jedes Ding seine von Natur ihm zukommende Benennung habe, so sollten zufolge den Ursprungsmythen der Völker die Menschen zunächst auf die innere Sprache, auf die Musik, auf den Befehl der Dinge und der Lebewesen hören lernen – ein jeder Mensch ein Orpheus, ein Franziskus, der versteht, was die Tiere, die Bäume, die Blumen ihm sagen wollen, und der es in Gesang und Sprache wiedergeben kann. Nur in diesem Einklang und in dieser Harmonie vermag der Mensch wirklich den Garten zu »bedienen«, wie er sollte. Als in dem Grimmschen Märchen der »Frau Holle« (KHM 24) die »Goldmarie« verzweifelt die Welt der Machtgier und der Ausbeutung verläßt, lernt sie, zurückgestürzt in die Welt der großen Mutter, erneut, die Welt als eine »Wiese« zu betrachten, in der ein jedes Ding mit seinem Auftrag sich zu Wort meldet. In einem solchen »Gehorsam« gegenüber den Mitgeschöpfen sehen die Urzeiterzählungen das »Reden mit den Tieren«.[119]

Für den Menschen dieser Urzeiterinnerungen ebenso wie für den Jahwisten war die Welt noch keine »Wildnis«, noch keine Erde voller Dornensträucher und *wilder* Tiere, sie war vielmehr wie seine Mutter, aus deren Staub er selber kam.[120] Erst wenn der Mensch sich von seinem Schöpfer aus Angst immer weiter entfernt, meint der Jahwist, verdirbt dem Menschen die Erde unter den Füßen, sie verweigert ihm die Nahrung, und entsetzt schreit sie auf über das Blut, das der Mensch vergießt; es ist nach dem Jahwisten schließlich der entwurzelte, denaturierte Mensch, der die Stadtkultur »erfindet« und die Erde in der Sintfluterzählung nahezu gänzlich in den Untergang reißt.[121] Ja, es ist für den Jahwisten ein und dieselbe Entwicklung, daß die Menschen aufhören mit den

---

[119] Zum »Frau-Holle«-Märchen vgl. E. Drewermann – I. Neuhaus: Frau Holle (Reihe: Grimms Märchen tiefenpsychologisch gedeutet), Olten-Freiburg 1982.
[120] Gn 3, 18; zur Auslegung vgl. E. Drewermann: Strukturen, I 93; zum Muttersymbol der Erde in Gn 2, 7 vgl. Drewermann, Strukturen, II 22.
[121] Gn 4, 17; vgl. Drewermann, I 152–153.

Tieren zu reden, daß Gott aufhört, mit den Menschen zu reden und daß am Ende die Menschen einander selbst nicht mehr verstehen, so daß ihr Machwerk an der eigenen Seelenverwirrung zusammenbricht.[122] Alles drei gehört für den Jahwisten offenbar zusammen: Gott nicht mehr zu vernehmen, die Tiere, statt mit ihnen zu »reden« wie mit Brüdern, als Feinde zu betrachten, und die Gemeinsamkeit untereinander zu verlieren. Nach diesem Zeugnis der Bibel ist es mithin des Menschen *Schuld*, wenn ihm die Natur als feindlich erscheint! – Gemessen an dieser Ansicht, die freilich bereits im Judentum so gut wie einzig dasteht,[123] ist es mithin nicht ein Wesensauftrag, sondern ein Symptom des Gottesabfalls, die Natur sich »untertan zu machen«, statt sie zu »bedienen«, sich von ihr immer mehr zu unterscheiden, statt sich in sie einzufügen, ihr zu befehlen, statt auf sie zu horchen.

Das Christentum, das die Lehre des Jahwisten in dem Dogma von der Erbsünde zur Grundlage seiner Erlösungslehre gemacht hat, muß, wenn die jahwistische Sicht der Schöpfung gelten soll, eines schlimmen Mißverständnisses seiner selbst geziehen werden. Denn statt die Kluft zwischen Mensch und Natur als ein Krankheitssymptom der Menschheit zu werten, hat es selber alles getan, um diese Kluft so groß wie nur möglich zu machen. Aus dem, was des Menschen Schuld ist, hat es ein gutes Recht, ja sogar eine Art eigentlichen Schöpfungsbefehls gemacht, und es hat damit nicht nur die Kraft verloren, den Menschen zu Gott zurückzubringen und mit der verfeindeten Natur auszusöhnen, es hat sogar alles getan, um sich selbst der letzten Korrekturmöglichkeiten zu berauben, indem es den sogenannten Na-

---

[122] Zum Dialogabbruch zwischen Gott und Mensch in der jahwistischen Urgeschichte vgl. E. Drewermann: Strukturen, I 168–169.

[123] Allenfalls verwandt ist ihr nur die gelegentlich noch geäußerte Ansicht, der Friede zwischen Mensch und Tier im »Gelobten Land« hinge von der Befolgung des Gottesgebotes ab: Hiob 5, 22, oder die mythische Verheißung eines Tierfriedens: Jes 11, 1–9; Mc 1,13, bzw. der Gedanke vom Bund mit der Schöpfung für den Menschen in Hos 3, 20.

turvölkern, durch die es seine eigene Einseitigkeit hätte einsehen und überwinden können, den Titel »Heiden« beilegte und ihnen binnen kurzem die Überlebensgrundlagen zerstörte.[124]

Was es von den glaubenslosen »Wilden« gerade in diesem Punkte hätte lernen können, vermag noch einmal der Dakota-Indianer *Standing Bear* zu sagen: »Für uns (sc. die Indianer, d. V.)«, sagte er, »sind die großen weiten Ebenen, die herrlichen rollenden Prärien, die baumbekränzten Windungen der Flüsse nicht ›wild‹. Nur der Weiße hält die Natur für eine ›Wildnis‹, nur für ihn wird das Land beunruhigt von ›wilden‹ Tieren und ›barbarischen‹ Völkern. Für uns ist die Natur sanft und vertraut. Die Erde ist schön, und wir sind umgeben von den Segnungen des Großen Geheimnisses. Erst als der behaarte Mann vom Osten erschien und mit brutaler Niedertracht Ungerechtigkeiten über Ungerechtigkeiten auf uns und unsere Familien häufte, erst da wurde das Land für uns ›wild‹. Als sogar die Tiere des Waldes vor ihm die Flucht ergriffen, da begann für uns der ›wilde Westen‹.«[125]

Und in ähnlicher Weise sagte der Stoney Indianer *Tatanga Mani* (1871–1967): »Wir waren ein Volk ohne geschriebene Gebote, aber wir waren unserem Großen Geist nahe, dem Herrscher, dem Schöpfer von allem. Ihr Weißen haltet uns für Wilde, weil ihr niemals unsere Gebote verstanden habt. Ihr habt nicht versucht, sie zu verstehen. Wenn wir der Sonne, dem Mond oder dem Wind unseren Lobgesang dar-

---

[124] Auch die jahwistische Urgeschichte kennt den Gegensatz zwischen den Heiden und dem Volk der Offenbarung, aber sie reiht auch Israel in die Genealogie der von Gott abgefallenen Menschheit ein und versteht den Gegensatz des Menschen zu seinem Schöpfer und zur Natur als eine Frage im Herzen eines jeden Menschen, jenseits von Religions- und Volkszugehörigkeit; vgl. E. Drewermann: Strukturen, I 274; 323; das Christentum, das als die Religion des bereits gekommenen Heils auftrat, hat aus einer Menschheitsfrage wieder eine Konfessionsfrage gemacht und durch seine Intoleranz viel Unheil über die Natur, die Menschen und sich selbst gebracht.
[125] Zitiert nach W. Müller: Geliebte Erde, 29.

brachten, sagtet ihr, wir treiben heidnische Vielgötterei. Ohne uns zu verstehen, habt ihr uns als verlorene Seelen verurteilt, einfach deshalb, weil unsere Gottesverehrung sich von der euren unterscheidet ... Wußtet ihr, daß Bäume sprechen? Doch, das tun sie. Sie sprechen miteinander, und sie sprechen auch zu euch, wenn ihr zuhört. Das Schlimme ist, daß die Weißen nicht zuhören. Sie haben es nie gelernt, den Indianern zuzuhören, deshalb werden sie vermutlich auch nicht anderen Stimmen der Natur zuhören. Ich aber habe eine Menge von den Bäumen gelernt: Mal erzählen sie vom Wetter, mal von Tieren und manchmal vom Großen Geist.«[126]

Man kann und muß sehr zweifeln, ob das Christentum, die abendländisch geprägte Welt, noch die Kraft findet, sich selbst in Richtung einer solchen Einstellung zu verändern.[127] In den 2000 Jahren seiner Geschichte hat es, wie zum Beweis dieser Möglichkeit, nur in der Gestalt des heiligen Franziskus trotz allem einen Mann hervorgebracht, der auch und gerade vom Geist des Christentums her zu einer überzeugenden Haltung des Einklangs und der Verwandtschaft mit Sonne und Wind, mit Feuer und Wasser, Blumen und Erde fand; selbst den Tod redete Franziskus nicht als Feind, sondern als Bruder an.[128] Von Franziskus allein wird berichtet, daß er die Waldtauben zähmte durch seine Worte und seine milden Augen,[129] daß er mit dem wilden Wolf von Gubbio ohne Angst sprach[130] und daß er den Fischen predigte.[131] Aber es

---

[126] T. C. Mc Luhan: ... wie der Hauch eines Büffels im Winter, 29; Hamburg 1979.

[127] Vgl. die Kritik bei J. Passmore: Den Unrat beseitigen, in: D. Birnbacher: Ökologie und Ethik, 215–227 (reclam 9983).

[128] W. v. den Steinen u. M. Kirschstein (Übers.): Franz von Assisi: Die Werke, S. 7 (Der Sonnengesang); (rk 34).

[129] a.a.O., 95 (Fioretti XXII).

[130] a.a.O., 93–95 (Fioretti XXI).

[131] a.a.O., 122–24 (Fioretti XL); vgl. demgegenüber die Selbstverständlichkeit, mit welcher der Ogalalla-Schamane Schwarzer Hirsch davon erzählt, daß die Tiere zu ihm reden: Schwarzer Hirsch: Ich rufe mein Volk, 147; 175.

genügt nicht, Franziskus, wie geschehen, zum Umweltpatron zu erklären, ohne das anthropozentrische Denken des Christentums im Sinne des heiligen Franziskus von den Grundlagen her zu ändern. Die Aufgabe der Bischöfe und kirchlichen Führer liegt nicht daran, daß auch sie im Rahmen ethischer Überlegungen die »Verantwortung« für die »Umwelt« herausstellen und auf den Schaden eines bloßen Konsumdenkens hinweisen; es genügt auch nicht, daran zu erinnern, daß die Welt Gottes Schöpfung ist, oder, mit manchen Politikern, sich für oder gegen die Kernkraft auszusprechen;[132] gefordert ist vielmehr eine weit grundlegendere religiöse Neubesinnung, die mit dem bisherigen jüdisch-christlichen Anthropozentrismus bricht und zu einem Einheitsdenken, zu einem religiösen Welterleben zurückfindet, das in der abendländischen Geistesgeschichte stets als unchristlich, ja als quasi pantheistisch oder gottlos bekämpft wurde. Dann erst gewänne das Christentum auch moralisch die Kraft, glaubwürdig in Frage zu stellen, was es bisher fraglos geduldet hat: von der Vivisektion der Tiere über die grauenhaften Tierversuche in den Laboratorien der Pharmaindustrie[133] bis

---

[132] So sprach sich der Paderborner Erzbischof J. J. Degenhardt in seiner Silvesterpredigt 1979 uneingeschränkt für die Kernkraft aus, selbstverständlich mit den üblichen Sicherheitsauflagen (Degenhardt: Anders leben, damit andere überleben, 15–18). Demgegenüber wurde auf der kath. Bischofskonferenz vom 23. 9. 80 vor »katastrophalen Auswirkungen« eines »rücksichtslosen Vorantreibens der Kernenergie« gewarnt, aber nicht erörtert, welche Gefahren die weitere Verbrennung fossiler Energieträger für die Atmosphäre hat. In diesen technischen Fragen sollten die Bischöfe nicht eine Kompetenz beanspruchen, die sie nicht besitzen. Die Änderung des religiösen Bewußtseins in der Einstellung zur Natur zu bewirken, wäre hingegen ihre Pflicht. Immerhin ist es das erste Mal, daß kirchlicherseits von einem »maßlosen Hochmut« die Rede war, »wenn der Mensch in der Schöpfung nichts anderes als ein Rohstofflager zur Befriedigung seiner Bedürfnisse sehen würde.« Zerstörung und Schändung der Natur widersprechen dem christlichen Verständnis der sichtbaren Schöpfung (FAZ, 24. 9. 80; dpa vom 23. 9. 80; auszugsweiser Abdruck der Erklärung der Bischöfe in FAZ, 26. 9. 80, S. 9–10.).

[133] Nach neuesten Schätzungen des Welttierschutzbundes werden jährlich in der Welt rund 200 Millionen (!) Tiere bei Versuchen der Industrie getötet. Hinzukommt eine außerordentlich hohe Dunkelziffer bei Tier-

hin zu der Ausbeutung der »Substanzen und Akzidenzen« der Tiere in der Nahrungsmittel-, Kleidungs- und Freizeitindustrie. Es müßte als ein religiöses, nicht zunächst moralisches Anliegen des Christentums begriffen werden, die kommende Generation der Kinder schon im Kommunionunterricht eine Weltbrüderschaft und Frömmigkeit der Welt zu lehren, wie es die Indianer taten, wenn sie die Kinder anwiesen: »Reiße die Blumen auf der Prärie und im Wald nicht sinnlos ab. Tust du es, dann bekommen die Blumen keine Kinder (d. h. keinen Samen), und bleiben die Blumenkinder aus, dann gibt es in einiger Zeit keine Blumenstämme mehr. Und sterben die Blumenstämme aus, wird die Erde traurig. Die Blumenstämme und alle anderen Stämme lebender Wesen haben ihre besonderen Plätze in der Welt, und die Welt wäre unvollständig und unvollkommen ohne sie.«[134]

versuchen in aller Welt auf militärischem Sektor; Westfalenblatt vom 6. 1. 81 (ddp). – Die kath. Bischofskonferenz in Fulda hat im September 80 zum ersten Mal nach der Berechtigung des Umfangs und der qualvollen Art der Tierversuche gefragt und auch die Praxis verurteilt, »Nutztiere wie ›Material‹ in Fleisch- oder Eierfabriken naturwidrig« zu halten. – Derartige Erklärungen sind gewiß ein wichtiger Anfang kirchlicher Besinnung; aber man wird sich aus der jahrhundertelangen Verantwortung in dieser Frage nicht mit ein paar moralischen Appellen retten können; die Grundlagen des Religiösen selber stehen angesichts der Naturzerstörung im »Christlichen Abendland« in Frage. Zudem kommt man selbst bei solchen ethischen Mahnreden nicht daran vorbei, politisch konkret zu werden. In den 20 Jahren CDU/CSU-Regierung machte sich lächerlich, wer für den Tierschutz im Bundestag eintreten wollte. Die SPD/FDP-Koalition hingegen verabschiedete 1972 ein Tierschutzgesetz, das im Grunde die Massentierhalter statt der Tiere schützt; das Arzneimittelgesetz von 1978 und das Chemikaliengesetz von 1980 erhöhen die Tierversuche, sozusagen per Gesetz, um ca. 5–7 Millionen Tiere pro Jahr. Zum neuen Chemikaliengesetz vgl. G. Michelsen u. F. Kalberlah: Der Fischer Öko-Almanach, 116–118.
[134] W. Müller: Geliebte Erde, 14.

B. Fortschritt contra Harmonie oder: von der Wahrheit des mythischen Kreislaufes

Dieser Gedanke von der Vollständigkeit der Welt ist als Prinzip einer ethischen Grundhaltung sogar der Mitleidsmoral Schopenhauers oder der Ehrfurcht vor dem Leben A. Schweitzers bei weitem vorzuziehen. Auch das Mitleid ist noch eine Haltung, die vom Menschen ausgeht und der Natur, wenngleich wohlwollender, in gewissem Sinne Unrecht tut.

Mit Schärfe hat der chinesische Weise Laotse die Weltordnung dem menschlichen Mitleid entgegengestellt: »Himmel und Erde sind nicht gütig,« sagte er. »Ihnen sind die Menschen wie stroherne Opferhunde.« Und er folgerte daraus: »Der Berufene ist nicht gütig: Ihm sind die Menschen wie stroherne Opferhunde.«[1] Natürlich ging es Laotse nicht darum, eine gleichgültige oder sadistische Einstellung zur Natur zu lehren. Aber er wußte, daß man von der Natur nicht verlangen kann, daß sie den Vorstellungen menschlicher Ethik oder Ästhetik entspricht.

Wer z. B. einen Hund oder einen Vogel pflegt, ist gütig gegen die Natur, und er folgt der Weisung Albert Schweitzers von der Ehrfurcht vor dem Leben; aber er wird traurig sein und mit der Natur hadern müssen, wenn sein Hund oder Vogel stirbt oder getötet werden muß, und eben hieran zeigt sich, daß Mitleid und Ehrfurcht allein nicht ausreichen, um in ein angemessenes, nicht rein vom Menschen her bestimmtes Verhältnis zur Natur zu gelangen. Wenn es gut ist, Leben zu fördern, und böse, Leben zu töten, dann erscheint die Natur notgedrungen als grausam und »ungütig«, denn sie tötet unablässig, was sie hervorgebracht hat. Das Mitleid, so ethisch wertvoll es ist, muß angesichts des ständigen Sterbens in der Natur zwangsläufig in eine grenzenlose Traurigkeit, in einen metaphysischen Pessimismus hineinführen, dem es

[1] Laotse: Taoteking, Nr. 5; S. 45.

schließlich schwerfallen wird, das Leben unter diesen Umständen überhaupt noch zu akzeptieren. Schopenhauer selbst ist dafür ein Beispiel, ebenso Albert Schweitzer, am meisten vielleicht Reinhold Schneider, der gerade als ein gläubiger Mensch an dem Konflikt zwischen dem christlichen Gottesbild mit seinen stark anthropomorphen Zügen und dem Bild der Natur mit ihren aller menschlichen Mitleidsmoral hohnsprechenden Grausamkeiten in seinen letzten Lebensjahren den bloßen Willen zu leben immer mehr verlor und sogar die Lehre des Christentums von einem ewigen Leben schließlich mehr als Belastung, denn als Verheißung empfand.[2]

Der Natur liegt nicht an dem Leben, sondern an einem *Gleichgewicht* zwischen Leben und Tod, und wer den Tod nicht als Bedingung des Lebens anerkennt, wird die Natur niemals bejahen können. Eben deshalb kann es nicht genügen, nur eine ethische »Lösung« im Sinne der Mitleidsmoral Schopenhauers oder der Ehrfurcht vor dem Leben im Sinne A. Schweitzers vorzuschlagen; es kommt vielmehr darauf an, zu einem Weltbild hinzufinden (oder besser: zurückzufinden), das zu Tod und Leben eine einheitliche, ruhigere Einstellung besitzt.

Wenn es um die abendländische Weltauffassung geht, tut man sich regelmäßig viel darauf zugute, daß durch das Christentum die Religionen der »Heiden« mit ihren barbarischen Riten und Praktiken, wie den Tausenden von Menschenopfern bei den mittelamerikanischen Indios, den Kopfjagden der Eingeborenen in Neuguinea und im Amazonasurwald oder den blutigen Tieropfern noch des Alten Testamentes überwunden worden seien. Aber man vergißt, daß das Christentum ebenso wie seine biblische Schwesterreligion, der Islam, in wörtlichem Sinne Kopfjagd auf alle Andersdenkenden gemacht hat und daß, selbst wenn man die Kreuzzüge,

---

[2] R. Schneider: Winter in Wien, 197; ders.: Verhüllter Tag, 123 (Herder Tb. 42); vgl. auch die vorsichtige und einfühlende Kritik des bloßen Mitleids bei Anatole France: Die Aufzeichnungen eines Landarztes, in: Erzählungen, Zürich 1975, S. 300–302.

Eroberungen und Autodafés für bedauerliche Entstellungen biblischer Wesensart halten wollte – wozu allerdings schwerlich ein Recht besteht[3] –, es immer noch einen entscheidenden und äußerst kennzeichnenden Unterschied ausmacht, wofür die »Wilden« und wofür die Christen töteten. Die drei Religionen der Bibel töteten in dem Gefühl absoluter Überlegenheit aufgrund des Anspruchs einer reinen Lehre, die nunmehr die Erde erleuchten sollte; die Kopfjagden und Menschenopfer der »Heiden« aber dienten nicht einer geistigen Revolution der bestehenden Welt, sondern gerade umgekehrt: dem Erhalt der Weltordnung.

Die Kopfjagd mag mancherorts die Enthauptung (und Wiedergeburt) des Mondes nachgebildet haben,[4] aber sie war in dieser Symbolik vor allem ein Bestandteil der Erfahrung, daß Tod und Leben erst als Einheit die bestehende Welt begründen. Wenn den Initiationsfeiern auf Neuguinea zunächst ein Kriegszug vorausgeht, dann, um hervorzuheben, daß nur erwachsen werden kann, wer bereit ist, das Leben als ganzes, in Liebe und Tod, in Gebären und Kämpfen, anzunehmen.[5] Sterben und Geborenwerden bedingen einander und müssen sich entsprechen, und zwar so sehr zahlenmäßig ausgewogen, daß die Geburt eines Kindes für die meisten »Naturvölker« bedeutet, daß anderenorts gerade jemand gestorben ist; und wenn jemand stirbt, darf man annehmen, daß gerade eben an anderer Stelle ein Kind zur Welt gekommen ist.

---

[3] Vgl. die Kritik an der Intoleranz der biblischen Religionen bei S. Radhakrishnan: Weltanschauung der Hindu, 10–11; 49–63.

[4] A. E. Jensen: Die getötete Gottheit. Weltbild einer frühen Kultur, 55 (Urban Tb. 90).

[5] a.a.O., 128; E. Drewermann: Strukturen des Bösen, II 608; vgl. die Parallelität der im Kindbett gestorbenen Frauen und der im Kampf gefallenen Krieger bei den Azteken, die an den Osthimmel und Westhimmel versetzt wurden, um dort die Sonne zum Mittagspunkt und zum Untergang zu geleiten: Fray Bernardino de Sahagun: Einige Kapitel aus dem Geschichtswerk, übers. aus dem Aztekischen von E. Seler, 7. Abschn., S. 306–313; E. Seler: Codex Fejérváry-Mayer, 207.

Dasselbe Gleichgewicht zwischen Geburt und Tod herrscht aber nicht nur quantitativ, sondern vor allem energetisch: die Menschenopfer der Azteken waren notwendig, damit die Sonne, das Herz der Welt, ihre Kraft aus den geopferten Herzen der Menschen zurückgewinnen könnte; und wenngleich die Azteken, ebenso wie andere Völker, auch grausame Kriege zum Zwecke rücksichtsloser Ausbeutung und Machtbeanspruchung zu führen verstanden, so dienten ihre permanenten Blumenkriege doch im wesentlichen der Gewinnung von Opfergefangenen für den Sonnengott.[6] Innerhalb dieses Weltbildes ist der Tod nicht der Feind, sondern ein dienender Teil des Lebens, und der Krieg ist eine ewige Einrichtung, damit das Leben ewige Dauer besitzen kann.[7] Der Sinn solcher Kriege bestand daher nicht in der Vernichtung des Gegners, sondern im Gegenteil: ein einziger Gefallener genügte bei vielen Stämmen, um die Kampfhandlungen sogleich einzustellen.[8] Schließlich sollten auch die *Tieropfer* zumeist ein Gleichgewicht wiederherstellen, das durch menschliche Übergriffe verletzt worden war.

Kurz: gerade die vermeintlich besonders widerwärtigen und dem christlichen Abendland moralisch so überaus deutlich unterlegenen Handlungen der »heidnischen« Völker verraten fast immer ein besonders hohes Maß an Gespür für eine Welteinheit, die man als eine umfassende *Harmonie* aus

---

[6] Zweifellos liegt in der aztekischen Praktik allerdings eine maßlose Übersteigerung von im Grunde weisen und richtigen Erkenntnissen vor; vermutlich haben hier theologische Abstraktionen und Fanatismen der Priesterkaste eine große Rolle gespielt; vgl. E. Jensen: Die getötete Gottheit, 149; I. Nicholson: Mexikanische Mythologie, 12–13.

[7] E. Jensen: Die getötete Gottheit, 147; E. Drewermann: Strukturen des Bösen, II 608; vgl. die ständigen Kriege der Dani und Jalé im Hochland von Neuguinea: K. F. Koch: Die Jalé im Hochland Neuguineas, in: E. Evans-Pritchard (Hrsg.): Bild der Völker, 1. Bd.: Australien und Melanesien, 80–84.

[8] Ein zusätzliches Motiv zum Kriegführen ergab sich noch aus dem Wunsch, den eigenen Mut zu festigen und zu beweisen, und darin hatte insbesondere der scheinbare Sadismus der nordamerikanischen Plainsindianer seine Wurzeln: W. Müller: Glauben und Denken der Sioux, 127.

einander bedingenden Gegensätzen verstehen muß. Diese Ordnung sollte der Mensch beschützen und vor Störungen bewahren, statt sie zu gefährden. Der Mensch ist innerhalb des mythischen Weltbildes ein Teil oder sogar das rituelle Zentrum eines Kräftespiels höchsten Gleichmaßes und vollendeter Schönheit. Nicht Mitleid, sondern der Wille, dieses Gleichgewicht zu schützen, sollte infolgedessen sein Handeln bestimmen. Dies war die Weisheit aller »heidnischen« Religionen, und hierin hatten sie zweifellos recht, so sehr sie sich in ihren Anschauungen über die Kräfte der Natur im Sinne der heutigen Naturwissenschaft auch irren mochten.

Gemeinhin wird dem mythischen Denken heute – neben seinen naturwissenschaftlichen Irrtümern – unterstellt, was man in der funktionalistischen Schule der Soziologie als »Soziokosmismus« bezeichnet hat:[9] man projiziere in den »primitiven« Gesellschaften die soziale Ordnung an den Himmel, um sie von daher zu rechtfertigen und zu stabilisieren.[10] Aber das ist ein krasses Mißverständnis und nur ein Ausdruck der eigenen geistigen Haltlosigkeit. Die Mythen wollen nicht durch eingebildete Scheinargumente das soziale Zusammenleben durch Gutgläubigkeit funktionsfähig halten, sondern umgekehrt: sie wissen, daß die Menschen nur leben können, wenn sie sich in die vorgegebene Ordnung der Natur einfügen; daher möchten sie, daß die Art des Zusammenlebens bis ins kleinste ein möglichst getreues Spiegelbild der kosmischen Ordnung darstellt.

Man betrachte z. B. den viergeteilten Stadtplan von Tenochtitlan, der in seiner ganzen Anlage die vier Weltgegenden mit ihren inhaltsreichen Beziehungen zu Sonnenaufgang und -untergang, Nacht und Helligkeit, Geburt und Tod widerspiegelt,[11] oder das Welthaus der nordamerikanischen India-

[9] E. Topitsch: Das Ende der Metaphysik, 30–32; 57–70.
[10] ders.: Das Ende der Metaphysik, 30.
[11] K. Ross: Codex Mendoza, 9; 18–19; W. Krickeberg: Altmexikanische Kulturen, 88; E. Seler: Codex Fejérváry-Mayer, 171–180; 180–182; E. Drewermann: Die Symbolik von Baum und Kreuz in religionsgeschichtlicher und tiefenpsychologischer Bedeutung, 6–8.

ner, dessen vier Pfeiler ebenfalls die vier Weltpunkte wiedergeben und dessen runder Kuppelbau das Erdenrund und das Firmament darstellt:[12] die ganze Welt ist für Menschen, die so bauen, wie ein Ort, an dem sie zu Hause sind,[13] und umgekehrt sind sie nur dort zu Hause, wo sie den Mittelpunkt der Welt betreten.[14] Ähnliche Symbole kennt auch die Architektur *katholischer Kirchen:* auch die katholischen Kirchenbauten verkörpern die ganze Welt mit dem Altar als Weltenberg und mit dem Kreuz als axis mundi;[15] an ihren Wänden befinden sich die 12 Apostelleuchter, die den 12 Tierkreiszeichen entsprechen, durch welche Christus, die unbesiegbare Sonne, sich im Verlaufe eines Kirchenjahres bewegt; aber der Unterschied ist eklatant: die Symbolsprache der katholischen Kirchen weist nicht mehr auf die Natur hin, sondern verdrängt sie zugunsten eines Beziehungsgeflechtes, in dem nur noch Gott und Mensch einander begegnen. Es lag in der ebenso ungewollten wie denknotwendigen Konsequenz dieses Ansatzes, daß ein Teil des abendländischen Christentums die Symbolsprache der katholischen Kirche irgendwann selbst als noch zu weltlich empfand und als unchristlich ausmerzte, um des reinen Evangeliums willen.[16]

Allenfalls das eine oder andere *Märchen* enthält in seinen Anklängen an die Mythologie der »heidnischen« Vorzeit Erinnerungen an ein Denken, für welches die Menschen und die Natur in ihren Gegensätzen eine Einheit bildeten, so z. B. das berühmte Märchen von »Schneeweißchen und Rosenrot« (KHM 161), das den Wechsel von Sommer und Winter in der Gestalt zweier Mädchen verkörpert, die im Haushalt ihrer Mutter, der Erde, als wichtigste Lebensregel die Weisung

---

[12] W. Müller: Glauben und Denken der Sioux, 172–183; ders.: Die Religionen der Waldlandindianer Nordamerikas, 256–276.

[13] Vgl. dagg. das NT: unser Politeuma (Staatswesen) ist nicht von dieser Welt, sondern im Himmel, Phil 3, 20.

[14] Vgl. zu Gn 11: E. Drewermann: Strukturen, I 280; W. Müller: Glauben und Denken der Sioux, 210.

[15] E. Drewermann: Strukturen des Bösen, II 52–53; 38; 510–512.

[16] E. Drewermann: Strukturen des Bösen, III 526–528.

empfangen, in ihrer Gegensätzlichkeit stets geschwisterlich vereint zu bleiben. Die Welt dieses Märchens ist eine Welt ohne Angst; die Mächte der Natur erscheinen darin als harmonisch zusammenlebende Menschen, und ihrerseits werden darin die Menschen angeleitet, sich innerhalb der natürlichen Harmonie in einer harmonischen Natürlichkeit zu entfalten.

Aus dem Gedanken einer solchen Harmonie und Einheit im Haushalt der Natur folgt näherhin zweierlei: zum einen *das Handeln nach dem Gesetz des Ausgleichs* und zum anderen *das Denken in Kreisläufen*.

Während die – an sich sehr berechtigten – Aufforderungen zum Mitleid mit der Kreatur sich stets an das einzelne Tier wenden und schon dadurch zum Teil absurde Verzerrungen des Gesamtbildes mindestens nicht ausschließen, zumeist sogar begünstigen (mit wem soll man Mitleid haben: mit der Schlange oder dem Adler?), ergeben sich aus dem *Grundgedanken der Harmonie und des Ausgleichs* bei den sogenannten Naturvölkern Verhaltensweisen von einer staunenswerten Ehrfurcht vor der Ökonomie der Natur und eines für den Abendländer undenkbaren Feingefühls auch dem kleinsten Leben gegenüber.

Werner Müller hat seine kleine, sehr lesenswerte Studie »Geliebte Erde« mit einem derartigen Beispiel aus dem nordamerikanischen Bereich eingeleitet.

Die Indianer lieben es, ihre besonders festlichen Mahlzeiten durch die Früchte einer Bohnenart (Falcata comosa) zu verfeinern. Da die unterirdischen Früchte schwer zu sammeln sind, nutzen die Indianer den Spürsinn und Fleiß eines kleinen Tieres, der Bohnenmaus, die in ihren Bauten größere Mengen der begehrten Früchte als Wintervorräte sammelt. Leicht könnte man sich vorstellen, wie ein europäischer Bauer dabei verfahren würde, indem er den Bau ausplündert und die Maus als Schädling nach Möglichkeit totschlägt, so wie es ihm im Umgang mit Hamstern oder Maulwürfen jederzeit und allerorten richtig scheint. Anders die Indianer.

Sie wissen, daß die Maus in dem kalten Präriewinter umkommen muß, wenn man ihr die gesamten Vorräte nimmt; sie bewahren sich auch ein Gefühl dafür, mit ihrem Tun im Grunde einen Diebstahl an fremdem Eigentum zu begehen, und so legen sie für die entwendeten Bohnen zum Ersatz Speckstücke und Maiskolben in die aufgegrabenen Erdlöcher. Vor der Suche nach den Bohnenmäusen wenden sich die Indianer in einem Gebet an die Maus: »Du, die du heilig bist, habe Mitleid mir mir und hilf mir. Ich bitte dich darum. Du bist nur klein, aber doch groß genug, deinen Platz in der Welt auszufüllen. Du bist freilich schwach, doch stark genug für deine Arbeit, denn heilige Mächte stärken dich. Du bist auch weise, denn die Weisheit der heiligen Mächte ist ständig bei dir. Möge ich immer weise sein in meinem Herzen, denn wenn heilige Weisheit mich anleitet, dann wird sich dieses schattenverwirrte Leben in beständiges Licht verwandeln.«[17]

Das heißt es, mit der Kreatur im Einklang zu leben und sie als Partner eines harmonischen Gleichgewichts nicht zu bemitleiden, wohl aber zu respektieren; das auch heißt es, zu den heiligen Mächten so zu beten, daß dabei das Herz des Menschen weit wird für die gesamte Welt. Es ist eine Weisheit und eine Frömmigkeit, die im christlichen Abendland durch die Jahrtausende ihres gleichen sucht.

Die andere Vorstellung, die sich wie von selbst aus der Erfahrung der Harmonie der Welt ergibt, ist der Gedanke des *Kreislaufs*.

»Ihr habt bemerkt«, sagte der Oglalla-Schamane Black Elk, »daß alles, was ein Indianer tut, sich in Kreisläufen vollzieht. Das geschieht, weil die Kräfte des Himmels und der Erde auch in Kreisen wirken und weil alles versucht, rund zu sein. In den alten Zeiten, als wir eine starke und glückliche

---

[17] W. Müller: Geliebte Erde, 7–9; ders.: Glauben und Denken der Sioux, 122; nach M. R. Gilmore: Uses of plants by the Indians of the Missouri River Region. 33. Annual Report of the Bureau of American Ethnology 1911/12, Washington 1919, 43–154, p. 96; id.: The Ground Bean and its Uses. Indian Notes 2 (1925), 178–187.

Nation waren, schöpften wir alle Kraft aus dem heiligen Ring des Volkes, und solange der Ring unverletzt war, gedieh unser Volk. Der blühende Baum war der lebendige Mittelpunkt des Ringes, und der Kreis der vier Windrichtungen nährte ihn ... Wir wissen davon, weil unsere Religion uns von der jenseitigen Welt erzählt. Alle Kräfte der Welt wirken in Kreisen. Der Himmel ist rund, und wie ich hörte, ist die Erde rund wie eine Kugel, und ebenso alle Sterne. Wenn der Wind am heftigsten weht, bildet er runde Wirbel. Die Vögel bauen ihre Nester kreisrund, denn sie haben die gleiche Religion wie wir. Die Sonne geht in einem Kreis auf und wieder unter. Der Mond macht es ebenso, und beide sind rund. – Sogar der Wechsel der Jahreszeiten bildet einen großen Kreis und kehrt immer wieder dorthin zurück, wo er begann. Das Leben der Menschen ist ein Kreis – von der Kindheit zur Kindheit –, und so ist es mit allem, worin sich die Kraft der Welt regt. Unsere Tipis waren rund wie die Nester der Vögel, und immer waren sie in einem Kreis aufgestellt, dem Ring eines Stammes, einem Nest aus vielen Nestern, in dem nach dem Willen des Großen Geistes unsere Kinder geboren wurden.«[18]

Die Bewahrung der großen Kreisläufe allen Daseins, in denen die Natur ihr Gleichgewicht wie im Wechsel der Gezeiten, wie im Kommen und Gehen von Sommer und Winter[19] wiederherstellt, ist allen großen Mythologien gemeinsam.[20] Die Welt ist für sie eine Bewegung, die immer wieder an ihren Ausgangspunkt zurückkehrt, eine Schlange, die sich im Bild des Ouroboros in den Schwanz beißt und sich als Weltenschlange immer wieder verjüngt.[21] Die Inder fan-

---

[18] Mc Luhan: ... wie der Hauch eines Büffels im Winter. Indianische Selbstzeugnisse, 48; Schwarzer Hirsch: Ich rufe mein Volk, 184–185.

[19] Vgl. Gn 9, 27.

[20] M. Eliade: Kosmos und Geschichte. Der Mythos der ewigen Wiederkehr, 55–64 (rde 260).

[21] H. Leisegang: Das Mysterium der Schlange, in: Eranos-Jahrbuch, 1939, S. 192–193.

den in der Chola-Zeit für diese Wahrheit das Symbol des tanzenden Shiva: einer Gottheit, die in einem Kranz unendlicher Weltenfeuer mit der einen Hand den Kosmos schafft und mit der anderen wieder zurücknimmt. Auf die Frage, warum die Welt existiert, gibt dieses Symbol indischer Weisheit nur eine Antwort des Vollzuges: das rhythmische Kreisen des Tanzes trägt seinen Grund, die Freude seiner Bewegung, in sich selbst, und ebenso, scheint das Symbol des tanzenden Shiva zu sagen, offenbart die Welt ihre Größe und Schönheit nur demjenigen, der ihre Melodie, ihren Rhythmus vernimmt und mit seinem Leben darin einschwingt.[22]

Es ist bezeichnend, daß die Idee des Kreislaufes heute von der Mehrzahl der Umweltschützer wie ein magisches Schibbolet zum Panier erhoben wird. In der Tat: die Vernunft der Natur zeigt sich auch der modernen Naturwissenschaft und Technik nicht anders als in dem Kreislauf von Hervorbringung und Zurücknahme, in der Herstellung einer »rollenden Bewegung«, wie die Azteken das herrschende vierte Weltzeitalter als Synthese aus vier vorangegangenen Weltgegensätzen bezeichneten.[23]

Aber die »rollende Bewegung« der indianischen Weltauffassung oder die Vision des Shiva Nataraja der Inder ist etwas anderes als das kybernetische Prinzip des Recycling: jenes wird künstlich gemacht, um an die Stelle der Natur zu treten, dieses wird gefunden, um vom Menschen mitempfunden und mitgetragen zu werden, dieses ist Religion, jenes ein technisches Programm, dieses Sinn, jenes Plan, dieses eine Antwort nach dem Grund des Lebens, jenes ein Funktionsmodell gewisser Ursachen und Wirkungen innerhalb von mehr oder weniger fragmentarischen Lebensvollzügen. Die Wahrheit des Kreislaufes ist hier wie dort von gleicher unabweisbarer Evidenz, aber die Art, sie zu begreifen, ist so grundverschie-

[22] E. Drewermann: Gott der Natur – Gott der Offenbarung – Gegensätze? Zwischen Shiva und Christus, in: Theologie und Glaube, 2/1971, S. 320.
[23] L. Séjourné: Altamerikanische Kulturen, 194–198.

den wie Feuer und Wasser, wie Dunkelheit und Licht; und ein größerer Kontrast läßt sich nicht denken als die Anthropozentrik des Abendlandes, alles drehe sich um den Menschen, und diese Auffassung von der Welt als einem großen Ring, in dessen Mittelpunkt der Mensch eintreten müsse.

Vermutlich haben diejenigen Forscher recht, die diesen Unterschied bereits in den Differenzen der Sprachsysteme begründet finden. Die sogenannten *Hochsprachen* sind durch Flexion gekennzeichnet, die *Naturidiome* durch das Prinzip der Polysynthese, bei der aus Stämmen und anderen Partikeln Wortbündel komponiert werden, die es erlauben, der unendlichen Vielfalt der Naturerscheinungen auf das geschmeidigste zu folgen, während die flektierenden Sprachen die vielfältigen Sinnesbezüge der sichtbaren Wirklichkeit auf abstrakte Begriffe zur Bezeichnung von Denkbezügen reduzieren. Einem einzelnen Wort europäischer Sprachen stehen daher oft ein Dutzend und mehr Worte etwa der Indianersprachen gegenüber, denn diesen liegt gerade nicht an Abstraktion, sondern an Präzision in der Erfassung und Wiedergabe. Für das englische »cut« z. B. lassen sich sieben verschiedene Hidatsa-Wörter finden, je nachdem, wie das Schneiden ausgeführt wird, ob durch Schlag, Schnitt oder Druck, ob dabei eine Wunde zugefügt wird, etwas klein geschnitten wird usw.[24]

Das Teton-Dakota kennt acht Arten des Gehens, je nachdem, ob man noch unterwegs ist oder schon angekommen ist, ob man zu einem heimatlichen oder fremden Ort geht, ob man sich beim Sprechen an dem betreffenden Ort befindet oder nicht; durch Suffixe läßt sich des weiteren markieren, ob das Ankommen erwartet ist oder nicht, Präfixe differenzieren, ob beim Gehen ein Gegenstand oder eine Person mitgebracht oder abgeholt wird,[25] usw. Europäische Sprachen brauchen viele Sätze, um ein einzelnes derartiges Wortbündel

---

[24] W. Müller: Glauben und Denken der Sioux, 98.
[25] a.a.O., 99–100.

wiederzugeben, und sie erreichen nie dessen Plastizität; umgekehrt lassen sich unsere Abstrakta nur durch genaue situative Inhaltsangaben umschreiben. Die Habgier der Weißen und ihre Undankbarkeit z. B. umschrieb Tecumseh im Jahre 1811 damit, daß die Weißen giftigen Schlangen glichen, die ihre Wohltäter zu Tode stächen, und daß sie alle Jagdgründe forderten vom Aufgang der Sonne bis zum Untergang.[26]

Ist diese aller Gedankenblässe abholde Sinnlichkeit der polysynthetischen Sprachen an sich bereits überaus geeignet, den Menschen in seinem Denken und Fühlen mit der ihn umgebenden Natur so innig wie nur möglich zu verbinden, so tritt ein zweiter wichtiger Unterschied hinzu. N. M. Holmer hat die amerikanischen Ursprachen in einen sogenannten *pathozentrischen* und einen *ergozentrischen Sprachtypus* unterschieden, je nachdem, ob das Possessiv »mein« mit dem Reflexiv »mich« übereinstimmt (pathozentrisch) oder nicht (ergozentrisch).[27] Das Dakota z. B., das nach dieser Unterteilung eine pathozentrische Sprache ist, sagt nicht: »ich habe eine leise Stimme«, sondern eigentlich: »eine leise Stimme haben in bezug auf mich«, und es ersetzt mit Vorliebe überhaupt das Possessiv durch das Reflexiv, also nicht: »mein Pferd ist gestorben«, sondern: »das Pferd ist gestorben in bezug auf mich«.[28]

Es ist natürlich die Frage, wieweit sich ein solcher linguistischer Befund sprachphilosophisch interpretieren läßt;[29] aber

---

[26] a.a.O., 102. Den Eindruck, den die indianische Redekunst hinterließ, mußten selbst Augenzeugen bewundern, die sich nicht gerade durch ein hohes Maß an Verständnis für die Eigenart der indianischen Lebensform auszeichneten, wie B. Möllhausen: Wanderungen durch die Prärien und Wüsten des westlichen Nordamerika, 40–41.

[27] N. M. Holmer: Amerindian Structure Types. Observations on the System of Possessive and Personal Inflection in the American Indian Languages. Språkliga Bidrag, vol. 2, Nr. 6, Lund 1956; referiert bei: W. Müller: Glauben und Denken der Sioux, 117–118.

[28] W. Müller: Glauben und Denken der Sioux, 117.

[29] Sicher kann man nicht allen Völkern mit einer ergozentrischen Sprache auch eine ergozentrische Denkweise unterstellen, sowenig wie die Fähigkeit oder gar Vorliebe für Abstraktionen an sich schon ein Zeichen der

zweifellos beweist die Pathozentrik der Dakota-Sprache einen passivischen Charakter und verrät eine »duldende, empfangende, weibliche Struktur . . ., die vom Tatwillen meilenweit absteht. Denn das ›Ich‹ dringt auf die Welt ein, das ›Mich‹ schmiegt sich der Welt an; das Ich will wirken, das Mich aufnehmen; das Ich verändern, das Mich bewahren.«[30]

In einem solchen pathozentrischen, ebenso anschaulichen wie impressionistischen Denken gedeiht eine Weltanschauung und eine Sprache, die selber wie eine Artikulation, wie ein Gesang der Natur sind. Für jedes Lebewesen gibt es in der Volksmusik der Dakota einen eigenen Gesang, denn ein jedes ist selbst ein unverzichtbarer Teil der Weltharmonie. So heißt es im Wildrosenlied, das Gilmore überliefert hat,[31] von der Erde:

> »Alles, was lebt, ist ihr Lied;
> Alles, was stirbt, ist ihr Lied;
> Auch der Wind, der da weht, ist ein Erdlied;
> Und die Erde will alle ihre Lieder singen.«[32]

Ähnlich malten Jahrhunderte früher die Azteken den Gott Xolotl mit einem Blumengesang vor dem Mund.[33]

Sehr entfernt mag man sich bei diesen Vorstellungen an die Stellen der Bibel erinnert fühlen, wonach die Welt aus dem Wort Gottes hervorgeht (Gen 1,3) und die Schöpfung wie ein schweigender Lobgesang erscheint (Ps 19, 2–5);[34] aber aus

---

Weltfremdheit und Naturferne sein muß: das Sanskrit z. B. hat nicht nur eine wunderbare Mystik und Lyrik der Natur, sondern auch eine absolut pathozentrische Religion und Lebensanschauung hervorgebracht, – gegen die Logik seiner Sprache.

[30] W. Müller: Glauben und Denken der Sioux, 118.

[31] Uses of plants, 86.

[32] Nach: W. Müller: Glauben und Denken der Sioux, 124.

[33] Vgl. Codex Borbonicus, p. 16, wo der Gott Xolotl im Zentrum der gesamten Welt gegenüber der versinkenden Sonne mit einem Steinmesser in der Hand ein zwiespältiges Lied singt, das durch Steinmesser und Blume angedeutet wird: K. A. Nowotny: Codex Borbonicus, S. 17.

[34] So konnte in der Romantik M. Claudius den Ps 19 noch dahin auslegen, daß ein jedes Geschöpf eine Spur von Gott an sich habe. »Und du kannst die Geister aller der verschiedenen Geschöpfe, die um uns her sind, als so viele Boten ansehen, die in *die Zeit* gesandt worden, daß sie uns nicht allein

dem Wort Gottes ist im Verlauf der biblischen Theologie kein Gesang geworden, sondern ein Gebilde, das dem griechischen Logos immer ähnlicher wurde, ein rationaler Wille, ein Vernunftgesetz hinter den Dingen, keine Symphonie, die zerbräche, wenn eines ihrer Teile fehlen würde. Nicht der Lobgesang der Schöpfung, sondern der Auftrag der menschlichen *Geschichte* ist das eigentliche Thema des biblischen Gotteswortes, und diese Geschichte wird vorgestellt als ein Prozeß fortschreitenden Heils. In dessen Mittelpunkt steht der handelnde, verantwortliche, aktiv planende Mensch, der sich nicht in der Harmonie des Kreises, sondern in der Spannung von Ungleichgewichten auf ein Ziel zubewegt; der Auftrag des menschlichen Lebens besteht jetzt nicht mehr in der Wahrung einer gegebenen Ordnung, sondern in dem fortschreitenden Sieg über eine bestehende »Unordnung«.

Wie die Handlungsweise des Europäers auf Menschen des Kreislaufs wirken muß und gewirkt hat, davon gibt eine kleine Bemerkung in Jack Londons Erzählung »Die Art des weißen Mannes« (S. 10) Zeugnis: »Die Augen des weißen Mannes sind nicht blind«, sagt dort ein Indianer am Yukon-River. »Der weiße Mann sieht alles, und er denkt großzügig und sehr weise. Aber der weiße Mann des einen Tages ist nicht der weiße Mann des nächsten Tages, und deshalb versteht man ihn nicht. Er tut nicht immer dieselben Dinge auf dieselbe Weise. Und nie weiß man, welches sein nächster Weg sein wird. Der Indianer hingegen tut immer dasselbe auf dieselbe Weise. Der Elch kommt immer, wenn der Winter naht, von den hohen Bergen herab. Der Lachs kommt immer im Frühling, wenn das Eis den Fluß verlassen hat. Immer tut alles dasselbe auf dieselbe Weise, und das weiß der Indianer und versteht es deshalb. Aber der weiße Mann tut nicht immer alles auf dieselbe Weise, und deshalb weiß der Indianer nie, was er tun wird, und versteht ihn nicht.«

an den Vater erinnern, sondern auch, ein jedes durch seine Natur, Art und Eigenschaft, etwas von ihm sagen und kund tun sollten.« M. Claudius: Sämtliche Werke, 615.

Es ist nicht so, als ob es nicht auch innerhalb des mythischen Weltbildes so etwas wie Geschichte geben könnte, wie immer wieder behauptet wird. Zwar, große Kulturen, wie die Inder, kannten keine Geschichtsschreibung, aber schon die alten Hochkulturen haben ihre Göttergeschichte mit der Aufzeichnung der Ruhmestaten ihrer Dynasten zu verbinden gewußt. Vor allem jedoch bedeutete die Entdeckung der mittelamerikanischen Geschichtsschreibung vor wenigen Jahrzehnten so etwas wie eine Sensation: Analphabeten, wie die Azteken und Mixteken, die mehr als ein halbes Jahrtausend ihrer Geschichte chronologisch aufgezeichnet hatten![35]

Freilich war *der Sinn* der mittelamerikanischen Geschichts-»bücher« oder der Angaben der Mayastelen grundlegend verschieden von der Geschichtsschreibung der Bibel. Die Bibel schildert den einmaligen, unwiederholbaren Weg, den Gott mit dem auserwählten Volk zur Erlösung aller anderen Völker am Ende der Geschichte gehen wollte; und eben diese Merkmale: die Einmaligkeit des Handelns sowie der Gedanke einer immanenten *Verbesserung* in Richtung auf ein gewissermaßen notwendiges und unbedingt gutes Ende der Geschichte blieben die Grundvoraussetzungen der abendländischen Geschichtsbetrachtung, selbst noch als die religiöse Idee der Heilsgeschichte in der Aufklärung durch die Vorstellung einer sittlichen Vervollkommnung ersetzt wurde.[36] Die indianische Geschichtsschreibung Mittelamerikas verfolgte demgegenüber die Absicht, eine immer wieder-

---

[35] Vgl. den Codex Nuttall, der 1949 von A. Caso als Geschichte der Dynastie von Tilantongo zwischen 838–1330 n. Chr. gedeutet wurde.

[36] Auch der marxistische Fortschrittsglaube ist im Grunde in der Idee einer allgemeinen Gerechtigkeit sittlich motiviert, wenn er auch die ehemals göttliche Verheißung als ein ökonomisches Gesetz interpretiert. Die Gewißheit eines garantiert guten Endes der Geschichte hat christlicherseits die Diskussion um die Problematik des Umweltschutzes lange Zeit durch einen leichtfertigen Optimismus blockiert, der sich weigerte, die anstehenden Gefahren überhaupt wahrzunehmen; vgl. C. Amery: Das Ende der Vorsehung, 197; J. Passmore: Den Unrat beseitigen, in: D. Birnbacher (Hrsg.): Ökologie und Ethik, 225 (reclam 9983).

kehrende *Periodik* bestimmter mantischer Zyklen aufzustellen,[37] und wenn man darin auch den typischen Ausdruck eines heidnischen Fatalismus oder einer ausufernden Astrologie erkennen will, so ist doch die Grundidee der indianischen Geschichtsauffassung klar sichtbar: die Geschichte des Menschen als etwas Abhängiges, als einen Teil des kosmischen Geschehens, ja sogar als dessen Reflex zu betrachten.

Auch hier also herrscht wieder die gleiche pathozentrische Weltsicht vor, und die Differenz zur abendländisch-christlichen Geschichtsbetrachtung kann an dieser Stelle nicht kraß und folgenschwer genug gesehen werden: während die indianische Geschichtsphilosophie das Handeln des Menschen im Einklang und im Spiegelbild des himmlischen Geschehens zu begreifen sucht, wird es im Erbe des Christentums für das 19. Jahrhundert schließlich zur Aufgabe und zum Ziel der Geschichte, den Menschen immer mehr von einem bloßen Naturwesen in das Bild des eigentlichen Menschen zu transformieren und ihn als »frei«, d. h. als unabhängig von den Bestimmungen der Natur, allererst hervorzubringen. Der christlich-jüdische Gedanke der fortschreitenden Welterlösung wird jetzt vor allem im Marxismus so gedeutet, daß alle menschliche Geschichte überhaupt erst durch den Abfall von »Gott«, also von der Natur[38] ermöglicht worden sei[39] und daß erst durch fortschreitende Erkenntnis und Arbeit der Mensch wieder mit der Natur und mit sich selbst am Ende der Geschichte versöhnt werden könne.

Die Wahrung der großen Kreisläufe der Natur durch das Denken in menschlichen Fortschritten gegen die Natur ersetzt zu haben, trennt die Religionen der Bibel (ebenso wie ihre säkularisierten Derivate) von allen anderen Religionen,

---

[37] Zur indianischen Philosophie der Zeit vgl. J. E. S. Thompson: Die Maya. Aufstieg und Niedergang einer Indianerkultur, 256–269.
[38] Im Sinne der berühmten Gleichsetzung von Gott und Natur bei Spinoza: Ethik, IV, Vorrede; S. 187 (Philos. Bibl.).
[39] So G. W. F. Hegel: Religionsphilosophie, II 253–260; E. Drewermann: Strukturen des Bösen, III 85–92.

und hier liegt eine Einseitigkeit der christlichen Theologie vor, die dringend ihrer Korrektur bedarf.

Es blieb F. Nietzsche vorbehalten, das radikal ergozentrische Weltbild der biblischen Geschichtsschreibung durch die Erinnerung an die mythische Welt der Griechen und damit im Grunde an die Welt der Mythen insgesamt aus seiner Enge befreit zu haben. Wiederum erneuerte er zentral den Gedanken des *Kreislaufes*[40] und beschuldigte das Christentum zu Recht, die Natur, die Wirklichkeit der Welt, zum Teil verdrängt, zum Teil in schlimmer und schädlicher Vereinfachung verfälscht zu haben, indem es die Natur vermenschlichte[41] und den Menschen mit moralischem Zwang unnatürlich machte. Erneut läßt sich am Werk Nietzsches beobachten, wie elementare Wahrheiten, die zum ältesten Erkenntnisgut der Menschheit gehören, in der Neuzeit nur noch im Protest gegen eine radikal einseitige Position des Christentums und konsequenterweise dann sogar als Argumente des Atheismus geltend gemacht werden mußten. Das verkehrte Verhältnis des Christentums zur Natur kehrt sich seit Jahrhunderten Zug um Zug gegen das Christentum selbst. Nach dem Zusammenbruch der anthropozentrischen Naturphilosophie des Christentums war Nietzsche der erste, der gegen die *moralisierende* Anthropozentrik der christlichen Weltbetrachtung an die unbegreifbare Schönheit der Welt, an das Künstlertum der Schöpfung als eine Grunderfahrung erinnerte.[42] Freilich blieb auch er im Grunde – wie sein Lehrer

---

[40] F. Nietzsche: Der Wille zur Macht, Nr. 1062; S. 692.

[41] »Die Unnatur (schon im griechischen Altertum) kämpft gegen das Heidnische an, als Moral, Dialektik.« Der Wille zur Macht, Nr. 1047; S. 682.

[42] »Mit dem Wort ›dionysisch‹ ist ausgedrückt: ein Drang zur Einheit, ein Hinausgreifen über Person, Alltag, Gesellschaft, Realität, über den Abgrund des Vergehens: das leidenschaftlich schmerzliche Überschwellen in dunklere, vollere, schwebendere Zustände; ein verzücktes Jasagen zum Gesamt-Charakter des Lebens, als dem in allem Wechsel Gleichen, Gleich-Mächtigen, Gleich-Seligen; die große pantheistische Mitfreudigkeit und Mitleidigkeit, welche auch die furchtbarsten und fragwürdigsten Eigenschaften des Lebens gutheißt und heiligt; der ewige Wille zur Zeugung, zur Fruchtbarkeit, zur Wiederkehr; das Einheitsgefühl der

Schopenhauer – in gewisser Weise noch dem christlichen Anthropozentrismus verhaftet: die Enttäuschung an der Unwahrheit der christlichen Einstellung zur Natur ist bei ihm viel zu deutlich spürbar, als daß er in ein unbefangenes Verhältnis zur Welt gelangen könnte.[43] Den Menschen in die Natur einzubeziehen, lief bei ihm darauf hinaus, die menschliche Geschichte in eine Art darwinistischer Zuchtanstalt für den kommenden Übermenschen zu verwandeln.[44] Zudem waren es vornehmlich die grausamen, tragischen Melodien, die Nietzsche aus dem Konzert der Natur heraushörte,[45] und auch nach seiner »Umkehrung aller Werte«[46] änderte sich an seiner melancholischen Grunderfahrung der Welt nichts, nur daß er sie, anders als Schopenhauer, im Sinne einer dionysischen Wollust zu bejahen suchte. Aber Nietzsches Philosophie war doch ein Schritt in die richtige Richtung: der Naturfremdheit und Weltvergessenheit des Christentums mit allen Mitteln den Garaus zu machen.

Dem Christentum, das in der Synthese aus jüdischer Geschichtstheologie und griechischer Geschichtsbetrachtung die Hauptschuld an der Überbetonung der menschlichen Geschichte und ihrer verzerrten Isolierung von der Natur zu tragen hat, wäre es dabei merkwürdigerweise an sich durchaus möglich, ein Konzept der menschlichen Geschichte zu entwerfen, das gerade den bestehenden Zustand des gekennzeichneten abendländischen Geschichtsverständnisses als falsch und unhaltbar erweisen würde. Es müßte zu diesem Zwecke allerdings erneut den schon in der Bibel wie vergesse-

---

Notwendigkeit des Schaffens und Vernichtens.« Der Wille zur Macht, Nr. 1050; S. 683; ders.: Die Geburt der Tragödie, Kap. 6; S. 42–43 (reclam 7131–7132).

[43] Vgl. F. Nietzsche: Also sprach Zarathustra, 2. Teil: Von den Mitleidigen.

[44] Diesen Gedanken freilich setzte er gegen Darwins Lehre von der Entwicklung der Gattung: F. Nietzsche: Der Wille zur Macht, Nr. 684; 685; S. 459–464.

[45] F. Nietzsche: Die Geburt der Tragödie aus dem Geist der Musik, Kap. 1; S. 21–23 (reclam 7131–32).

[46] Untertitel von Nietzsches Hauptwerk: Der Wille zur Macht.

nen Autor der *jahwistischen Urgeschichte* als entscheidend würdigen lernen. Denn der Jahwist ist im Alten Testament, soweit zu sehen, der einzige Theologe, der wußte, daß die Geschichte der Menschheit so nicht sein dürfte, wie sie ist, und daß ihre Entwurzelung von den natürlichen Grundlagen keinesfalls ein Zeichen fortschreitender Vermenschlichung, sondern das Indiz einer zunehmenden Entartung des Menschen darstellt.[47]

So wie die Welt, der Raum, sich in der Einheit mit Gott um einen Mittelpunkt zu einem Ring der Geborgenheit zusammenschließt, so lehnt sich auch das Erleben der Zeit für den Jahwisten ursprünglich an die großen Kreisläufe der Natur an (Gen 8,21.22). Dem Menschen des Paradieses ist der Kreis der Zeit so heilig wie der Zyklus des Kirchenjahres dem Gläubigen: in dem vorgegebenen Ring der Zeit offenbart sich für ihn das Geheimnis des Lebens. In ihm lernt er für sein eigenes Leben, jeden Abschnitt des Daseins, von der Jugend bis zum Alter, von der Geburt bis zum Tod als eine Einheit zu sehen. Erst außerhalb des Zeitkreises verformt sich das Leben dem einzelnen zu einem Verzweiflungskampf gegen Alter und Tod, zu einer Identifikation nur mit der expansiven, fortschrittsbetonten Lebenszeit der Jugend; erst der Ungehorsam, aus dem Zyklus der Zeit herausgefallen zu sein, macht aus dem Dasein selbst ein Leben, für das der Tod als Strafe gelten muß (Gen 3,19). In der Einheit mit Gott hingegen würde der Mensch zufolge der jahwistischen Paradieserzählung der Welt und der Ordnung der Zeit gegenüberstehen wie ein Liebender: nicht die Veränderung, die Umgestaltung, der einlinige »Fortschritt« wäre sein Ziel, sondern die immer neue Wiederholung des Gleichen, die »Bewahrung« und »Bedienung« der Schönheit der Dinge; er hoffte an jedem Morgen neu, im Wehen des kühlenden Frühwinds der Gott-

---

[47] E. Drewermann: Strukturen des Bösen, III 166–177; a.a.O. I, Nachwort: Von dem Geschenk des Lebens oder: das Welt-und Menschenbild der Paradieserzählung des Jahwisten (Gn 2, 24b–25).

heit zu begegnen, wenn diese sich im Weltengarten zur Wanderschaft ergeht (Gen 3,8).

Das Christentum hat jedoch gerade in die jahwistischen Texte vom sogenannten Paradies der Menschheit eine phantastische, übernatürliche Vergangenheit hineingelesen, die keinen Raum mehr für die eigentliche Einsicht der jahwistischen Urgeschichte läßt, daß der Mensch seine Geschichte gerade so verstehen sollte, wie die nordamerikanischen Indios (und viele andere Völkerstämme) sie gesehen haben: als ein Geschehen, das in die Kreisläufe der Natur eingebettet ist und seinen Sinn darin besitzt, der Natur zu dienen, statt einen von der Natur entfremdeten Menschen durch die technische »Vermenschlichung« der Natur vermittels der »Fortschritte« und »Errungenschaften« der menschlichen Geschichte wieder mit seinem verlorenen Ursprung zu »versöhnen«. Während es im Deutschen Idealismus hieß, daß Geschichte erst durch den »Abfall« (von der Natur) möglich geworden sei, müßte das Christentum gerade umgekehrt ein Interesse haben, herauszustellen, daß Geschichte und Menschlichkeit am ehesten dem Zustand ähnlich sehen, den A. Stifter in seinem »Nachsommer« zu beschreiben versucht hat:[48] ein Dienst an den Dingen und an der Kreatur, nicht aber ein Kampf der menschlichen Spezies buchstäblich gegen alle Welt ringsum. Statt den Einklang von Natur und Geschichte für eine phantastische Vergangenheit oder utopische Zukunft auszugeben, sollte das Christentum den Mut haben anzuerkennen, daß zahlreiche Völker, die es im Namen seiner eigenen Lehre glaubte kulturell entwurzeln zu müssen, in eben dem Frieden mit sich selbst und der Natur zu leben verstanden, den es sich selber nur noch als etwas schuldhaft Verlorenes oder göttlich Verheißenes, nicht aber Menschenmögliches vorstellen konnte.

Vor allem müßte das Christentum zu diesem Zweck seine

---

[48] A. Stifter: Der Nachsommer, 329–330 (GG Tb. 1378–1380); E. Drewermann: Strukturen des Bösen, III 148–166.

eigene Diagnose von »Heil« und »Unheil« in der menschlichen Geschichte neu durchdenken.

Als Hieronymus Bosch in der Zeit des humanistischen Aufbruchs sein Altartriptychon vom »Jüngsten Gericht« malte,[49] hat er in der Mitte der unteren Bildhälfte einen Menschen gemalt, der wie der Inbegriff des Menschenbildes anmutet, den das Christentum bislang selbst gefördert hat: es ist ein Mensch, der nur Kopf und Füße besitzt, eine vergeistigte Molluske, auf deren Körper man verzichten kann, weil sie ihn ohnedies nur brauchen würde, um das Gehirn zu tragen; die Gesichtszüge dieses Menschentyps sind feist, die stechenden Augen von einer wachsamen Selbstzufriedenheit und Sicherheit, die Backen und die Mundpartie lassen erkennen, daß es sich hier um einen Mann des Willens und der Macht handelt, für den es keine Geheimnisse und keine Fragen geben kann, die sich nicht alsbald in verwaltete Macht überführen ließen; eingehüllt wird der Kopf dieses Mannes von einem zylindrischen Helm, ein umgekehrter Nürnberger Trichter, aus dessen Röhre ein Arm wächst, der ein gezücktes Schwert umklammert hält. Die Welt des »Jüngsten Gerichtes« rundherum ist angefüllt von außerordentlich modern wirkenden Visionen des Schreckens: allerorten werden die Menschen zu Opfern ihrer eigenen Maßlosigkeit, sie selber verwandeln sich in dämonische Tiere, die sich und andere mit mechanisierten Werkzeugen, Mischgebilden aus bestialischer Gier und ausgeklügelter Technik, quälen und foltern. Es gibt in der Welt des Hieronymos Bosch nichts, das nicht Angst und Grauen hinterlassen und selbst aus Angst und Grauen geboren würde.

Ein solches Bild der Geschichte, eine solche Vision universeller Angst, wie sie der Jahwist in der Sündenfallgeschichte mit dem Symbol der Schlange in der Tat als Grundmodell der heutigen Menschengeschichte porträtieren wollte,[50] bedürfte

---

[49] ausgestellt in Brügge, Groeningemuseum.
[50] E. Drewermann: Strukturen des Bösen, 1. Bd., 3. Aufl. 1981, S. LXXV–LXXVI; 68.

einer fortschreitenden Erlösung; *ihre Angst* zu lindern, wäre die Botschaft vom Glauben im Christentum berufen. Aber wie soll das Christentum einer solchen Aufgabe nachkommen, wenn es selbst als Typus der Angstfreiheit nur den idiotischen, alle Angst verdrängenden und nur Angst erzeugenden Homunculus des Hieronymus Bosch fördert und herausbildet, einen eisenbewehrten Kopf, dessen Wille die Macht und dessen Geist Zerstörung ist? Die Seelenlosigkeit des Christentums ist das eigentliche Problem in der weltweiten Zerstörung der Natur aus dem Gedankenkreis des Abendlandes. Nicht die Erlösung des Menschen von der Natur, sondern die Erlösung des Menschen von der Angst des Daseins, die ihn hindert, in ein natürliches Verhältnis zu sich selbst und der ihn umgebenden Natur zu gelangen, wäre die Aufgabe des Christentums. Die Fehler oder die Zweideutigkeiten seiner eigenen Diagnose des Übels in der sogenannten Erbsündenlehre aber fördern bisher noch die Angst, die Naturfremdheit und die Triebunterdrückung des Menschen, statt sie zu lindern.

Zu lernen wäre hier wieder aus dem jahrtausendealten Erbe fremder Religionen. Eine alte taoistische Geschichte erzählt, Dsi Gung, ein berühmter Jünger des aufklärerischen Moralisten Konfuzius, sei bei einer Wanderung durch die Gegend des nördlichen Han-Flusses zu einem alten Mann gekommen, »der in seinem Gemüsegarten beschäftigt war. Er hatte Gräben gezogen zur Bewässerung. Er stieg selbst in den Brunnen hinunter und brachte in seinen Armen ein Gefäß voll Wasser herauf, das er ausgoß. Er mühte sich aufs äußerste ab und brachte doch wenig zustande. Dsi Gung sprach: ›Da gibt es eine Einrichtung, mit der man an einem Tag hundert Gräben bewässern kann. Mit wenig Mühe wird viel erreicht. Möchtet Ihr die nicht anwenden?‹ Der Gärtner richtete sich auf, sah ihn an und sprach: ›Und was wäre das?‹ Dsi Gung sprach: ›Man nimmt einen hölzernen Hebelarm, der hinten beschwert und vorn leicht ist. Auf diese Weise kann man das Wasser schöpfen, daß es nur so sprudelt. Man nennt das einen

Ziehbrunnen.‹ – Da stieg dem Alten der Ärger ins Gesicht, und er sagte lachend: ›Ich habe meinen Lehrer (sc. aus der Schule Laotses, d. V.) sagen hören: ›Wenn einer Maschinen benützt, so betreibt er all seine Geschäfte maschinenmäßig; wer seine Geschäfte maschinenmäßig betreibt, der bekommt ein Maschinenherz. Wenn einer aber ein Maschinenherz in der Brust hat, dem geht die reine Einfalt verloren. Bei wem die reine Einfalt hin ist, der wird ungewiß in den Regungen seines Geistes. Ungewißheit in den Regungen des Geistes ist etwas, das sich mit dem wahren SINNE (sc. mit dem Tao, mit Gott, d. V.) nicht verträgt. Nicht daß ich solche Dinge nicht kennte: ich schäme mich, sie anzuwenden . . . Ihr vermögt nicht einmal, Euch selbst in Ordnung zu halten: woher wollt Ihr Zeit nehmen, an die Ordnung der Welt zu denken? Geht weiter, stört mich nicht in meiner Arbeit.‹«[51]

C. Die Zerstörung der Seele und die Herrschaft der Begriffe

Die Sünde ist weniger eine Herausforderung Gottes, als eine Leugnung der Seele, weniger eine Verletzung des Gesetzes, als ein Verrat gegen sich selbst.

S. Radhakrishnan: Weltanschauung der Hindu, 78–79

So ist die Frage nach dem Umgang mit der Welt, die sich unter der Hand in eine Frage nach dem Verständnis von der Natur und der Stellung des Menschen in der Welt verwandelte, letztlich eine Frage nach dem Bild des Menschen von sich selbst; und die Verkehrtheit in der Stellung des Menschen zur Natur ergibt sich zutiefst aus einer verkehrten Einstellung des Menschen zu sich selbst.

Wir sahen schon, daß das Christentum historisch selbst nur in eine Bewegung eingetreten ist, die bereits Jahrhunderte vor

---

[51] Dschuang Dsi: Südliches Blütenland, XII 11; S. 135–136.

ihm den Menschen vorwiegend in seinen »rationalen« Kräften: Verstand und Willen, gelten ließ. Aber der Protest des Christentums gegen die Welt der Mythen trieb seinerseits die schon bestehende Verstandeseinseitigkeit noch weit radikaler und folgenschwerer voran, als es der Geist der griechisch-römischen Aufklärung von sich aus zu tun vermocht hätte. Um seine Lehre von Christus gegenüber den an sich sehr verwandten Mythen der Heiden absetzen zu können, erklärte die frühe Kirche die mythischen Erzählungen für teuflische Erfindungen,[52] und es konnte daher nicht umhin, im Menschen all diejenigen Kräfte zu verteufeln, denen die Mythen entstammen: gerade die Kräfte des Gefühls, des Unbewußten, des Visionären, Traumhaften, mußten dem christlichen Verdikt anheimfallen.

Die Stimme Gottes sollte fortan allein von der menschlichen Ratio vernommen werden; der Verstand sollte nunmehr die äußere Natur als ein entgöttlichtes Terrain ohne Geheimnisse erforschen, und der menschliche Wille sollte gehorsam diejenigen Teile der Offenbarung annehmen, die sich als übernatürliche Mysterien dem rationalen Verständnis entzogen. Natur und Übernatürliches, Menschliches und Göttliches, Verstand und Gefühl, Diesseits und Jenseits wurden auf diese Weise unheilvoll voneinander getrennt, und so wie man die Natur durch den christlichen Anthropozentrismus zugleich entgöttlichte und vermenschlichte, so machte man innerlich den Menschen durch derartige Aufspaltungen in seiner Religion unnatürlich und in seinem Handeln und Denken gottlos.

Wie sehr das Christentum sich von der gefühlsmäßigen Verankerung seiner Dogmen und Lehren in der menschlichen Psyche gelöst hat, ist am besten an der Tatsache zu erkennen, daß die Wiederentdeckung der Tiefenschichten der menschlichen Seele in der Neuzeit Zug um Zug gegen die kirchliche Dogmatik erkämpft und erneut als Argument des Atheismus

---

[52] E. Drewermann: Strukturen des Bösen, III 519; Justin: 1. Apologie, 54.

geltend gemacht wurde. L. Feuerbach, als er entdeckte, daß die christlichen Glaubenssätze vor allem Wahrheiten des Gefühls, also gerade nicht des Verstandes darstellten, zog daraus, ganz in Konsequenz des christlichen Menschenbildes, nicht den Schluß, daß der christliche Glaube der menschlichen Psyche zutiefst gemäß sei, sondern daß er, *nur* als Gefühl, *unwahr* sein müsse.[53] Nachdem man jahrtausendelang gelehrt hatte, daß der Mensch nur in Verstand und Willen bei sich selbst sein könne, mußte die Religion, wenn sie nachweislich viel mehr dem Gefühl als dem Verstand angehörte, eine Form der menschlichen Entfremdung darstellen; und so wie in der Tat dem Christentum bis dahin nicht an der Einheit des Menschen mit sich selbst, nicht an der Integration aller Teile der menschlichen Psyche, sondern vorwiegend an der Übereinstimmung mit dem recht äußerlich vorgestellten göttlichen Willen gelegen war, so glaubten Feuerbach und seine (linkshegelianischen) Schüler, jetzt ohne Schaden an die Stelle des christlichen Gottes die menschliche Gesellschaft setzen zu können, wobei sie auch die menschliche Gesellschaft nach wie vor möglichst rational zu bestimmen suchten.

Freilich muß man gerecht urteilen. Das Christentum hat zweifellos ein großes Verdienst darin, daß es aus den heidnischen Gottesvorstellungen alle willkürlichen, dämonischen Züge entfernt hat; aber dieses Verdienst schmilzt dahin, wenn die Geistigkeit, Vernünftigkeit, Personalität oder Bewußtheit des Weltengrundes so verstanden wird, daß auch im Menschen nur das Bewußtsein eigentlich menschlich sei.

Die *Leugnung des Unbewußten im Menschen* aufgrund der Vergeistigung des Gottesbildes war eigentlich ein ebensolcher Kurzschluß von Metaphysik und Anthropologie wie der christliche Anthropozentrismus auf einen naturphilosophi-

---

[53] Vgl. L. Feuerbach: Das Wesen des Glaubens im Sinne Luthers. Ein Beitrag zum »Wesen des Christentums« (1844), in: E. Thies (Hrsg.): Feuerbach. Werke in 6 Bänden, Bd. IV, 12.

schen Kurzschluß hinauslief. Die rationale Psychologie des Descartes' und Leibniz', die im Grunde noch heute mit den Vorstellungen einer kausalen Mechanik der Seele in Gestalt der empirischen Psychologie die Lehrstühle der Universitäten besetzt hält, war bereits von A. Schopenhauer hinlänglich kritisiert worden;[54] aber erst F. Nietzsche nutzte die Entdeckung seines Lehrmeisters zu einem Rundumschlag gegen das gesamte christliche Menschenbild, insbesondere gegen seine verkrampfte *Moral*. Die Weißen, hörten wir soeben den Indianerhäuptling Standing Bear sagen, nennen Lebensfreude Sünde, »deshalb hassen sie sich und alles in der Welt.«[55] Bei Nietzsche liest sich das so: »Die Unwissenheit in psychologicis – der Christ hat kein Nervensystem –; die Verachtung und das willkürliche Wegsehenwollen von den Forderungen des Leibes ... die grundsätzliche Reduktion aller Gesamt-Gefühle des Leibes auf moralische Werte ...« »Tatsächlich erweist sich der Christ als eine *übertreibende* Form der Selbstbeherrschung: um seine Begierden zu bändigen, scheint er nötig zu haben, sie zu vernichten oder zu kreuzigen.«[56]

Nicht nur also, daß das Christentum die *äußere* Natur falsch zu sehen gelehrt hatte, vor allem, daß es mit seinem Rationalismus und moralistischen Voluntarismus auch den Menschen verkürzt und in eine falsche Stellung *zu sich selbst* gebracht hat, wird jetzt zu einem zentralen Vorwurf gegen das Christentum.

Natürlich hängen beide Vorwürfe innerlich zusammen; denn die Anerkennung des Unbewußten im Menschen wäre nur die logische Folge aus der Anerkennung der evolutiven Einheit des Menschen mit der umgebenden Kreatur. Aber gerade dagegen richten sich heute noch weite Teile des Christentums ebenso wie der herrschende Begriff von Wissenschaft, der dem Christentum entstammt.

---

[54] A. Schopenhauer: Preisschrift über die Grundlage der Moral, in: Werke IV, 239.
[55] Zitat nach: H. J. Stammel: Die Indianer, 180–181 (GG Tb. 11216).
[56] F. Nietzsche: Der Wille zur Macht, Nr. 227; 229; S. 161; 162.

S. Freud, der die Gedanken Schopenhauers und Nietzsches, ohne es zu wollen, in seinen Sprechstunden als Arzt
bestätigt fand, wurde nicht nur seines angeblichen »Panse-
xualismus« wegen bekämpft, sondern vor allem wegen der
Konsequenz, mit der er den Menschen bis in die kleinsten
Verästelungen seiner Seele hinein als ein Wesen der Natur, als
ein Abkömmling des Tierreichs zu verstehen suchte[57] – ein
Gedanke, der besonders von seiten der Verhaltensforschung
seit Jahrzehnten immer mehr bestätigt wird.[58] Die christliche
Dogmatik aber sieht trotz Darwin und Freud noch immer so
aus, als wenn über den Menschen nach wie vor nur das eine zu
sagen wäre: daß er von Gott geschaffen wurde, und sie hält
mit ihrer Leugnung des Unbewußten nach wie vor daran fest,
daß Gott, wenn schon nicht den Leib, so doch die Seele des
Menschen unmittelbar geschaffen habe[59]. In Wahrheit dachte
bereits der heilige Augustinus über die Möglichkeit nach, daß
Gott der Schöpfung von Anfang an alle Entfaltungsmöglich-
keiten, einschließlich der menschlichen Seele, mitgegeben
habe,[60] und es muß keinesfalls dasselbe sein, an Gott oder die
menschliche Seele zu glauben und den Menschen von seiner
Herkunft aus der Tierreihe mit metaphysischen Scheinargu-
menten zu isolieren und anthropologisch ausschließlich auf
die rationalen Seelenteile zu reduzieren.[61]

Doch auch hier sind die Wirkungen besonders der säkularisierten Formen des Christentums so mächtig, daß sie mit
zwingender Logik ihre eigenen Konsequenzen zeitigen: die
christliche Lehre von der unmittelbaren Schöpfung der
menschlichen Seele durch Gott taucht auf den Kathedern der

[57] S. Freud: Totem und Tabu, Werke IX 152–153.
[58] I. Eibl-Eibesfeldt: Der vorprogrammierte Mensch. Das Ererbte als bestimmender Faktor im menschlichen Verhalten, 17–70.
[59] Vgl. J. Brinktrine: Die Lehre von der Schöpfung, Paderborn 1956, 249–
254; 256–260.
[60] M. Raich: St. Augustinus und der mosaische Schöpfungsbericht, Frankfurt. zeitgem. Broschüren 1889, 131 ff.; 143 ff.
[61] Die Bibel selber kennt demgegenüber noch das Herz und die Niere als
Träger unbewußter Seelenregungen.

psychologischen Lehrstühle wieder auf im Gewande der absurden tabula-rasa-Theorie, wonach es im Menschen nichts anderes gibt, als was er von außen übernommen hat;[62] die großen Einsichten der Psychoanalyse in die triebmäßige Motivation menschlichen Handelns, die Weite der Archetypenlehre C. G. Jungs, die Vielzahl von Analogien und Homologien des Verhaltens, auf welche die Verhaltensforschung mehr und mehr aufmerksam macht[63] – all dies wird mit einem Federstrich vom Tisch gefegt, weil es in das Bild der Rationalität der menschlichen Psyche nicht hineinpaßt. Statt dessen bemüht man sich um den Nachweis, daß die menschliche Psyche, wenn schon nicht die Schöpfung eines Gottes, so doch ein Produkt der gesellschaftlichen Verhältnisse sei. Die Psychoanalyse wird so, wenn überhaupt, nur im Rahmen einer Lernpsychologie der frühen Kindheit rezipiert und damit im Grunde zu einem Hilfsorgan, um die marxistische Doktrin zu rechtfertigen, das Wesen des Menschen sei nichts weiter als ein Spiegelbild der sozialen Bedingungen.[64]

Aus der christlichen Lehre von der Schöpfung der menschlichen Seele und ihrer Unsterblichkeit, die gerade in einem Höchstmaß die Personalität und Freiheit des Menschen begründen wollte und konnte, wird mithin durch die systematische Verleugnung der Tiefenschichten der menschlichen Psyche eine »Anthropologie«, die den Menschen in eine weitgehende Abhängigkeit und Unfreiheit führt und in jedem Falle das Subjekt, die Verantwortlichkeit des Handelns vom einzelnen weg in die großen gesellschaftlichen Gruppierungen verlegt. Aus der Verstandeseinseitigkeit des Christentums erwächst jetzt die Gefahr, daß der Mensch mit Vorliebe nach dem Modell des Computers gesehen wird und die Vernunft

---

[62] E. Drewermann: Strukturen des Bösen, II, 3. Aufl. 1981, S. XXXV–XXXVIII; XLV–XLIX.
[63] Vgl. z. B. I. Eibl-Eibesfeldt: Der vorprogrammierte Mensch, 44–45, die Ausdrucksbewegungen verschiedener Primaten.
[64] K. Marx: Thesen über Feuerbach, MEW III 6; A. Lorenzer: Die Wahrheit der psychoanalytischen Erkenntnis, 7 (stw 173).

des Menschen sich auf den Gehorsam gegenüber der technischen Steuerung seitens der gesellschaftlichen Bürokratie reduziert.[65]

So steht zu erwarten, daß die Verwüstung der äußeren Natur durch den Menschen sich durch eine gleichgeartete technische Ausbeutung und Kontrolle des Menschen durch den Menschen vollenden wird. Beides steht unzweifelhaft im Wechsel zu einander: der (abendländische) Mensch ist mit der äußeren Natur gerade so verfahren, wie er mit sich selbst verfuhr, und es war ein und derselbe Vorgang, das »Tierische«, Triebhafte in der eigenen Psyche auszurotten und in der äußeren Natur alles scheinbar »Wilde« und »Unbeherrschte« zu vernichten. In gewissem Sinne wird man sogar die These wagen können, daß in der Zerstörung der Natur durch die abendländische Technologie nur die innere Verwüstung des abendländischen, des christlichen Menschen nach außen verlegt wurde. Denn die so erfolgreiche Zersetzung der »heidnischen« Mythen durch das Christentum hat beide Auswirkungen gleichzeitig und beide in dialektischem Wechsel heraufbeschworen: sie hat den Menschen aus der äußeren Natur herausgelöst und zugleich von seiner inneren Natur getrennt; und in gleichem Maße wie das eine vollzieht sich das andere. Die Ebene dieser Wechselwirkung ist dabei keineswegs mehr nur der moralisch einleuchtende Tatbestand, daß Güte oder Roheit gegenüber der Natur und dem Menschen letztlich voneinander nicht zu trennen sind und daß, wer zu Menschen gut ist, nicht wissentlich zu Tieren grausam sein kann; es geht vielmehr darum, daß die Zerstörung der gefühlsmäßigen Verbindung des Menschen zur äußeren Natur zugleich eine schwerwiegende Entfremdung des Menschen zu sich selber heraufführen mußte und daß umgekehrt ein Mensch, der sich selbst in den Tiefenschichten seiner Psyche nicht kennt und zutiefst angstvoll gegenübersteht, die äußere

---

[65] J. Weizenbaum: Die Macht der Computer und die Ohnmacht der Vernunft, 13–32.

Natur als genauso fremd und gefahrvoll erleben muß. Ein Mensch, der in der Schule des Christentums seine innere Natur verleugnet und verdrängt, wird eine große Erleichterung darin spüren, die Qual, die Krankheit, die neurotische Zerrissenheit, die er sich selber in dem Prokrustesbett seiner ideologischen Verengungen und Überforderungen auferlegt, an die Kreatur draußen abzugeben,[66] und die Rücksichtslosigkeit im Umgang mit sich selbst ist nicht nur das Vorbild, sondern auch der Grund für die Brutalität, mit der er der Natur insgesamt gegenübertritt.

Und umgekehrt.

Ein Mensch, der sich, wie die Jägerkulturen der Urzeit, durch den Bären,[67] oder, wie die Teton-Dakotah, durch den Büffel »definierte«,[68] nimmt zu sich ohne Zweifel ein anderes Verhältnis ein, als der Mensch, den Lamettrie nach dem Vorbild der Maschine zu interpretieren suchte.[69]

Noch einmal höre man, mit welchen Worten ein Indianer, der schon erwähnte Standing Bear,[70] die Zusammengehörigkeit der Einstellung des Menschen zur Natur und zu sich selbst beschrieben und dabei die indianische Auffassung der christlich-abendländischen gegenübergestellt hat: »Der Dakota-Indianer«, erinnert er sich wehmütig, »war ein echter Sohn der Natur, er liebte sie, die Erde und alles, was auf ihr

---

[66] Wie sehr man sich am Leid der Tiere im Christentum zu weiden vermochte, zeigt z. B. die Katzenorgel, die im 16. Jh. bei Prozessionen mitgeführt wurde. J. Delumeau: Stirbt das Christentum, Olten-Freiburg 1978, S. 71 sieht in solchen Praktiken ein Zeichen, daß das Christentum keine tieferen Wurzeln im Abendland geschlagen habe. Gerade umgekehrt! Hinweis bei J. Schwermer: Was sagt die Psychologie zur Glaubenssituation des heutigen Menschen, Theologie und Glaube, 2/1979, S. 159–170.

[67] E. Drewermann: Strukturen des Bösen, II 198–201.

[68] W. Müller: Glauben und Denken der Sioux, 217–222.

[69] J. O. Lamettrie: L'homme machine, 1748; dt.: 1875.

[70] Standing Bear, der sich 1898 als Dolmetscher Buffalo Bill's Wildwest-Show anschloß, hielt später Vorlesungen und veröffentlichte eine Reihe schriftstellerischer Arbeiten: T. C. Mc. Luhan: ... wie der Hauch eines Büffels im Winter, 12.

lebte. Diese Zuneigung steigerte sich im Alter. Alte Leute verehrten den Boden geradezu, und in dem Gefühl, einer mütterlichen Macht nahe zu sein, saßen oder lagen sie auf der Erde, so oft sie konnten. Es tat der Haut gut, die Erde zu berühren; und die alten Leute gingen gern mit bloßen Füßen über den heiligen Erdboden. Sie errichteten ihre Zelte auf der Erde und bauten ihre Altäre aus Lehm. Die Vögel, die durch die Luft flogen, ließen sich auf der Erde nieder; sie war der letzte Ruheplatz aller Lebewesen, der Menschen, Tiere und Pflanzen. Die Erde beruhigte und stärkte, reinigte und heilte . . . Verwandtschaft mit allen Lebewesen der Erde, des Himmels und des Wassers zu fühlen, war ein aufrichtiger und wichtiger Grundsatz im Leben der Lakotas. Sie achteten Tiere und Vögel wie Brüder und Schwestern und begegneten ihnen ohne jede Furcht. Manche Lakotas fühlten sich ihren gefiederten und Pelz tragenden Nachbarn so nahe, daß sie die Sprache der wilden Geschöpfe verstehen konnten. – Der alte Lakota war weise. Er wußte, daß fern von der Natur das Herz des Menschen verhärtet; und er wußte: wer Pflanzen und Tiere nicht achtet, wird auch bald seine Achtung vor den Menschen verlieren. Deshalb sah er darauf, daß die jungen Leute sich dem besänftigenden Einfluß der lebendigen Natur nicht entzogen.«[71]

Das Christentum, das mit Absicht und Erfolg den Menschen gegen den besänftigenden Einfluß der Natur gestellt hat, muß sich demgegenüber die Bilanz seiner Bemühungen vorhalten lassen: ein Mensch, der aus Angst vor sich selbst und seinen natürlichsten Regungen weder zu sich selbst noch zu der Natur, die ihn umgibt, ein ruhiges Vertrauen fassen kann, eine Daseinsform, die den Menschen nur in seinen oberflächlichsten Teilen: in Verstand und Willen, gelten läßt, und eine Handlungsweise, die von einer grenzenlosen Habgier und Ichaufblähung gekennzeichnet ist. Recht hat Henry Miller, wenn er von der Neuzeit des christlichen Abendlan-

[71] a.a.O., 12.

des meinte: »Die moderne Zeit . . . war nur eine Übergangsperiode, eine Atempause, in welcher der Mensch sich dem
Tod der Seele anpassen konnte. Schon führen wir in grotesker
Weise eine Art lunares Leben. Die Glaubensformen, Hoffnungen, Grundsätze und Überzeugungen, die unsere Kultur
aufrechterhielten, sind abgestorben, und niemand wird sie
wiederauferwecken . . . Nein, von nun an und für lange Zeit
werden wir (nur, d. V.) im Geist leben. Das bedeutet Zerstörung . . . Selbstzerstörung . . . weil der Mensch nicht dazu
erschaffen war, um im Geist allein zu leben. Der Mensch
sollte mit seinem ganzen Wesen leben. Aber die Natur dieses
Wesens ist verloren, vergessen, begraben. Der Zweck des
Lebens auf der Erde ist die Entdeckung unseres wahren
Wesens und das Handeln nach dieser Erkenntnis . . . Wir
müssen uns als das erkennen, was wir sind. Und was sind wir
anderes als das Endprodukt eines Baumes, der keine Früchte
mehr tragen kann. Wir müssen deshalb in den Untergrund
gehen, wie Samen, so daß etwas Neues, etwas anderes entstehen kann. Wir brauchen nicht so sehr Zeit wie eine neue
Anschauungsweise, einen neuen Lebenshunger mit anderen
Worten.«[72]

III. Die heilende Wahrheit der Träume: oder: von dem
vorläufigen Dienst der Psychoanalyse und dem erzieherischen
Wert der Kunst

Wie dies geschehen kann, ist natürlich eine äußerst schwierige
Frage.

Wenn die hier vorgetragene Diagnose zutrifft, daß die
Krise der »Umwelt« in Wahrheit eine Krise des abendländischen Menschenbildes darstellt, dann kommt man an der
Erkenntnis nicht vorbei, daß die eigentlich anstehenden Probleme letztlich religiöser Natur sind. Keinesfalls kann es dann

[72] H. Miller: Nexus, 29 (rororo 1242).

mehr genügen, die Schöpfungstheologie des Christentums mit einigen umweltfreundlichen ethischen und asketischen Ableitungen zu drappieren, gewisse »höhere Werte« der Ideologie technischer Machbarkeit gegenüberzustellen und im übrigen die Rechte des Menschen auf gute Luft und trinkbares Wasser zu reklamieren.[1]

Es geht vielmehr darum, zunächst die Schuld des Christentums an der bestehenden Krise zu begreifen und zu verstehen, wieso eine Religion der Nächstenliebe und der Selbstzucht einen Menschentyp hervorbringen konnte, der in der Egozentrik und Maßlosigkeit seiner Ansprüche in der Geschichte der Menschheit einzigartig dasteht und dem es absolut selbstverständlich und normal vorkommt, die Erde, die Wälder, die Berge, die Tiere zu »kaufen« und nach dem ausschließlichen Gesichtspunkt des höchsten Angebotes in »Eigentum« umzuwandeln; es geht darum zu verstehen, wieso das abendländische Christentum mit seiner Art, von Gott zu sprechen, eine geistige Einstellung begründen konnte, für die »Gott« wesentlich nur noch mit dem Menschen zu tun hat und in deren Konsequenz in der Neuzeit »Gott« schließlich ohne Schaden durch die Sittlichkeit des Allgemeinen bzw. durch die menschliche Gesellschaft ersetzt werden konnte.[2] Wie das

---

[1] So der gut gemeinte Beitrag von M. Rock: Theologie der Natur und ihre anthropologisch-ethischen Konsequenzen, in: D. Birnbacher (Hrsg.): Ökologie und Ethik, Stuttgart (Reclam 9983), 1980, S. 72–102, der ohne grundlegende Korrektur des bestehenden Christentums auf »Ehrfurcht vor der Natur« drängt. Warum das Christentum dazu niemals ernsthaft in der Lage war, wird nicht untersucht. Nicht viel anders, wenngleich in sich ein großer Fortschritt, liest sich die Erklärung der deutschen Bischöfe zur Umwelt und Energieversorgung, FAZ, 26. Sept. 80, S. 9.

[2] Man hat es zumeist als panslawistische Überspanntheit belächelt, als F. M. Dostojewski im »Tagebuch eines Schriftstellers« (1877) von der katholischen Kirche meinte, ihre Idee sei längst verurteilt und an ihr Ende gekommen, und dies besonders am Beispiel Frankreichs und der französischen Revolution glaubte ablesen zu können. »Frankreich«, schrieb Dostojewski, »das aus den Ideen von 1789 seinen eigenen französischen Sozialismus entwickelt hat, das heißt: die Pazifizierung und Organisation der menschlichen Gesellschaft ohne Christus und außerhalb Christi, ganz so wie sie der Katholizismus *in* Christus organisieren gewollt, doch nicht

Christentum sich selbst seiner zentralen Inhalte soweit hat entledigen können, daß von der christlichen Lehre nur noch eine bestimmte rein anthropozentrische Moral und von der Kirche nur noch die Idee der menschlichen Einheit als Produkt der menschlichen Geschichte übrig blieb – dieser Perversion des Religiösen muß man nachgehen, um an dem Ort der Zerstörung der inneren Natur des Menschen zugleich den Ursprung auch für die Verwüstung der äußeren Natur zu bemerken.

Schon seiner selbst wegen sollte das Christentum ein Interesse daran wiedergewinnen, seine eigenen Lehren und Gebote von den Tiefenschichten der menschlichen Psyche her zu begründen und darin zu verwurzeln. Statt den Menschen im Namen des Glaubens systematisch in Widerspruch zu den Kräften des Unbewußten zu setzen, sollte man vielmehr erkennen, daß man, sicher ohne es zu wollen, im Kampf gegen die Mythen der Heiden und damit gegen die Welt der archetypischen Gestaltungen des Unbewußten insgesamt die

gekonnt hat: dieses selbe Frankreich ist und fährt fort, – wie in seinen Revolutionären des Konvents so auch in seinen Atheisten, seinen Sozialisten und seinen modernen Kommunisten –, immer noch im höchsten Grade eine katholische Nation zu sein, bis ins Kleinste durchdrungen vom katholischen Geist und Buchstaben ... Selbst der heutige Sozialismus – anscheinend ein heftiger, verhängnisvoller Protest aller Nationen gegen die katholische Idee ... – selbst dieser Protest ... ist in Frankreich nichts anderes als die treueste und unbeirrteste Fortsetzung der katholischen Idee, ihre endgültige Vollendung, ihre schicksalhafte Folge, von Jahrhunderten ausgearbeitet! Denn der französische Sozialismus ist nichts anderes als die *gewaltsame* Vereinigung der Menschen – eine Idee, die noch aus dem alten Rom stammt und sich unversehrt im Katholizismus erhalten hat.« Im Protestantismus hingegen sah Dostojewski lediglich einen Protest, der von den Tagen des römischen Kaiserreiches an sich gegen den Machtanspruch Roms geltend mache und der sobald in sich zusammenbrechen werde, wenn erst der Katholizismus selbst verschwunden sei. Dostojewski: Tagebuch eines Schriftstellers, München 1963, übers. v. E. K. Rahsin, S. 290–291; vgl. 512; 546–548. Zu Dostojewskis Bewertung des Katholizismus als Anti-Religion, als bloßer Fortsetzung des west-römischen Imperiums, als Spiels mit den niedrigsten Gefühlen des Menschen und als geistigen Wurzelgrunds des Atheismus vgl. auch: Der Idiot, 528–530.

Grundlagen *jeder* Religion zerschlagen und einen Menschen übrig gelassen hat, der, sich selber ebenso fremd wie ausgeliefert, allein auf sich gestellt, zunehmend mehr versuchen mußte, inmitten einer seelen- und heimatlosgewordenen Welt mit Hilfe seines Verstandes und seines Willens sich einen Unterschlupf zu zimmern, der ihn die Fremdheit einer gottlos gewordenen Welt vergessen ließ.

Wer die Natur vor dem Menschen schützen will, muß, wenn er über ephemere Maßnahmen hinausgelangen will, vor allem den Menschen vor sich selber, vor dem Menschenbild der Neuzeit, schützen.

Wie aber kann das geschehen?

Gewiß ist es nicht möglich, zur Religion des Bärenkultes oder zum Magna-Mater-Kult der frühen Pflanzer zurückzukehren. Wohl aber ist es möglich zu sehen, daß die Gestalt des Bären, der Großen Mutter oder des Himmelsvaters nur deshalb eine religiöse Macht über den Menschen gewinnen konnten, weil sie selbst Mächte der menschlichen Psyche sind, und wenn es auch unmöglich ist, in kulturhistorischem Sinne zu diesen Kräften zurückzukehren, so ist es doch möglich, den Menschen dadurch zu kultivieren, daß man ihn seelisch zu den Tiefen seiner selbst hinabführt, an denen er allererst in einer religiösen Weise sich selbst und die Natur als eine Einheit erleben kann.

Die Aussichten dafür sind indessen denkbar schlecht. Die fremden Kulturen und Religionen, die dem westlichen Menschen helfen könnten, aus seiner Enge und Einseitigkeit herauszufinden, werden gerade in diesem Jahrzehnt unter dem Einfluß europäischen Gedankengutes zerstört. Als man in Manaus die Indianer aufforderte, dem Papst bei seiner Lateinamerikareise etwas Folklore vorzuspielen, lehnten die am Rande der Stadt lebenden Indianer das ab: »Wir haben die Lebensfreude verloren, haben unser Land verloren und die Kraft, uns als Indianer zu fühlen.«[3]

---

[3] FAZ vom 16. Sept. 80 (dpa/AFP).

Von den 6 Millionen Indianern, die vor 480 Jahren Brasilien bevölkerten, leben heute noch ganze 200 000, die durch Bodenspekulation und Zivilisationskrankheiten aufs äußerste gefährdet sind. Allein der geplante Bau von zwei Autobahnen dürfte bereits durch die üblichen Infektionskrankheiten etwa 10 000 Indios dahinraffen, abgesehen von der zu erwartenden Gesamtzerstörung des Amazonasurwaldes.[4] Von den Aboriginals Australiens leben heute ebenfalls nur noch etwa 200 000 Personen, die unter den 14 Millionen Weißen hoffnungslos zum Untergang verurteilt sind.[5] Selbst großen Menschheitsreligionen wie dem Buddhismus wird gerade in unseren Tagen durch den Kommunismus in wichtigen Ländern seiner Verbreitung die Existenzgrundlage entzogen. Der westliche Mensch wird mehr und mehr nur noch sich selbst begegnen, und die einzige Chance besteht folglich nur darin, daß er seine eigene tragische Unausweichlichkeit endlich zum Anlaß nimmt, sich selber wirklicher und tiefer zu begegnen als bisher, statt die Flucht in die Weite und den Sturz in den Fortschritt auf ruinöse Weise fortzusetzen.

Das Verfahren einer derartigen tieferen Begegnung mit sich selber ist im Westen – bezeichnenderweise – aus dem Studium seelischer Krankheiten entwickelt worden: in Form der *Psychoanalyse* und der tiefenpsychologischen Psychotherapie.

Ohne Zweifel hatte C. G. Jung recht, wenn er darauf hinwies, daß die Tiefenpsychologie nicht mehr ist und sein kann als ein Notbehelf, mittels dessen der Mensch des Abendlandes vom Verstand aus versuchen muß, zu den verdrängten und verschütteten Teilen seiner Psyche wieder einen Zugang zu finden.[6] Die Meditation des Ostens ist gewiß wesentlich reicher und tiefer an Erfahrungsmöglichkeiten seelischer Wirklichkeit als es die Tiefenpsychologie je sein

[4] S. o. S. 31–32.
[5] E. Haubold: Der Geist der großen Eidechse soll nicht gestört werden, FAZ 8. Sept. 80, S. 7.
[6] C. G. Jung: Zur Psychologie östlicher Meditation, in: Werke XI 617–619; ders.: Yoga und der Westen, a.a.O., 571–580.

kann. Die Zeit wird kommen, wo man über ein Jahrhundert spotten wird, das schon froh sein mußte, wenn es durch seine Krankheiten und Katastrophen auf dem Wege der Psychoanalyse daran erinnert wurde, daß der Mensch neben Verstand und Willen auch noch über so etwas wie Aggressionen (Nietzsche, Adler) und sexuelle Wünsche (Schopenhauer, Freud) verfügt, ganz zu schweigen von der Vielzahl angeborener archetypischer Vorstellungs- und Handlungsweisen, auf deren Spur er schon durch die sorgfältige Beobachtung von Haus- und Zootieren gelangen konnte.

Die Tiefenpsychologie ist in der Breite ihrer gegenwärtigen Lehre und Praxis weder willens noch imstande, den Menschen zu den verleugneten zutiefst religiösen Schichten seiner Seele zurückzuführen, und doch ist sie ein erster und unentbehrlicher Schritt in die richtige Richtung. Erst wenn der Bereich des Schattens[7] durchkämpft ist, läßt sich die Sphäre der anima, des kulturell und sozial Verdrängten[8] ohne größere Gefahr durchwandern, und danach erst würde der Eintritt in das Terrain der religiösen Bilder und Symbole mit den Lehren von Trinität und Gottessohnschaft, von Tod und Auferstehung, von Himmelsbrot und Lebenswasser wieder ohne Zwang, Verlogenheit und Seelenstarre möglich.

Die Religion des *Christentums,* selber die Hauptursache für die bestehende Bewußtseinseinseitigkeit des westlichen Menschen, hat sich bislang gegen die Anerkennung der psychischen Quellen ihrer Dogmen und Riten verzweifelt zu wehren gesucht. Indessen steht sie angesichts der vom Abendland verursachten Bevölkerungsexplosion vor allem in

---

[7] C. G. Jung: Über die Psychologie des Unbewußten (1943), in: Ges. Werke VII, Olten-Freiburg 1967, ·S. 58; ders.: Der Schatten (1948), in: Ges. Werke IX 2: Aion, Olten-Freiburg 1951, S. 17–19.

[8] C. G. Jung: Die Beziehungen zwischen dem Ich und dem Unbewußten (1928) in: Ges. Werke VII, Freiburg-Olten 1964, S. 171–178; 207–232; ders.: Über den Archetypus unter besonderer Berücksichtigung des Animabegriffs (1936), in: Ges. Werke IX, 1. Teil: Die Archetypen und das kollektive Unbewußte, Olten-Freiburg 1976, S. 67–87.

den nicht-christlichen Ländern Asiens heute endgültig vor der Frage, ob sie sich bereits rein religionsstatistisch in die Rolle einer Sekte drängen lassen will, oder ob sie die Fähigkeit (wieder-)entdeckt, den Glauben an die natürliche Gottgemäßheit, an die natürliche Christlichkeit der menschlichen Seele[9] zu einem umfassenden Verständnis aller Menschheitsreligionen in ihren Hauptsymbolen und Sakramenten auszugestalten.

Insbesondere der *Katholizismus,* der seit Jahrhunderten die geistesgeschichtliche Entwicklung des Abendlandes in Philosophie und Dichtung dem Protestantismus überlassen hat und nur mit dem Rest seiner verbliebenen hierarchischen Macht an der Objektivität seiner Glaubenssymbole festgehalten hat, sollte endlich sich auf seine eigene Meinung über die natürlichen Grundlagen des Glaubens zurückbesinnen; er sollte seine Riten und Glaubenslehren, gerade weil diese nach allem, was die Tiefenpsychologie C. G. Jungs gezeigt hat, im Menschen selber »objektiv«, vor aller subjektiven Reflexion verankert sind,[10] nicht länger als etwas die Religionen Trennendes auslegen, sondern zeigen, wie die Menschen aller Zonen und Zeiten in den gleichen Vorstellungen und Ausdrucksgestalten des Religiösen übereinstimmen. Nur so wird die katholische Kirche ihrem Anspruch gerecht, eine Botschaft zu besitzen, die sich an alle Völker und alle Menschen der Erde richtet (Mt 28, 19–20).

Der Aufbau der *»Weltkirche«,* der bisher als eine organisatorische, missionarische und politische Frage gesehen wurde und ohne Zweifel nach dem Ende der Kolonialzeit ein für allemal in eine Sackgasse geraten ist, sollte als eine *innere* Aufgabe begriffen werden: die Einbeziehung aller Menschen in den Glauben des Christentums ist ein Auftrag zur Vermenschlichung des christlichen Glaubens selbst, ein Weg der

[9] Tertullian: Das Zeugnis der Seele, 1; in: Tertullians ausgew. Schriften; Bd. I, BKV Bd. 7, S. 204.
[10] C. G. Jung: Theoretische Überlegungen zum Wesen des Psychischen, Werke VIII 265.

Integration der menschlichen Psyche und darin in der Tat eine Entscheidungsfrage für das Heil und Unheil aller Menschen – oder der christliche Glaube ist nichtig und es bleibt der abendländischen Kirche nur eine Zukunft, in der die Folgen ihrer eigenen Veräußerlichung, ihrer jahrhundertelangen Seelenlosigkeit, ihrer seelischen und geistigen Selbstentleerung längst vor der sogenannten Säkularisation mit unerbittlichem Zwang auf sie zurückkommen werden. Entweder es wird die Kirche wohl oder übel, einfach indem sie so bleibt, wie sie ist, ihre eigene Selbstzerstörung befördern und sich, gemäß dem Programm Hegels, in ihrer (rein sittlich verstandenen) Wahrheit in die Vernünftigkeit des Staates, in die Freiheit des sozialisierten Bürgers aufheben,[11] oder es wird ihr jetzt und heute gelingen, ihre eigene Wahrheit nach innen zu ziehen, sie mit den Kräften der Seele rückzuverbinden und die Ebene des Gefühls und der Anschauung eben nicht als die vorläufige, uneigentliche, vorphilosophische, unbegriffene Gestalt des Religiösen, sondern im Gegenteil als die wesentliche und grundlegende Form menschlicher Selbstfindung und Begegnung mit dem Absoluten überhaupt interpretieren.

Es war nach drei Jahrhunderten protestantischer Denktradition im Abendland nur folgerichtig, mit Hegel die Ablösung der Religion durch das philosophische Denken und politische Handeln zu fordern. Aber gerade der Menschentyp Hegels, der es sich zum Ziel gesetzt hat, seine eigenen Gefühle in den »Begriff« zu übersetzen, dieser Menschentyp, gleich ob in links- oder rechtshegelianischer Version, ist heute in eine Krise geraten, die nur durch die Wiederherstellung des Religiösen in einer tieferen, wahrhaft »katholischen«, universellen Gestalt überwunden werden kann.

Die Aufgabe, die sich damit stellt, hat, wie gesagt, für den abendländischen Menschen, ihre beste Lösung vorerst in der psychoanalytischen Behandlung gefunden, und zwar vor

[11] G. W. F. Hegel: Religionsphilosophie, II 343–344.

allem in der Hinwendung zum Traum. Der neurotische Patient, der unter seiner Veräußerlichung leidet, wird mit Behutsamkeit im Verlauf einer psychoanalytischen Behandlung von der Frage weggelenkt: was muß ich tun?, und es wird ihm statt dessen vorwiegend gegen den Widerstand seines Bewußtseins die aufmerksame Beobachtung seiner *Träume* zur Pflicht gemacht. Diese via regia zum Unbewußten ist nicht nur um der Konfrontation mit den verdrängten Triebregungen willen von größter Bedeutung; aus der immer wieder geschulten Zuwendung zu den tieferen Schichten der eigenen Persönlichkeit formt sich vor allem nach und nach ein Mensch, der innerlich zu sich selbst eine neue Einstellung zu finden vermag. Er betrachtet sein unmittelbares tieferes Erleben immer weniger als Quelle von Störungen und Gefahren, wie es ihm aufgrund seiner Verstandeseinseitigkeit bisher erscheinen mußte. Er sieht in seinen Träumen fortan mehr und mehr einen Ort, an dem er der eigentlichen Wahrheit über sein Leben begegnen kann. Er lernt in der Beschäftigung mit dem eigenen Träumen eine Haltung zu gewinnen, wie sie gerade den sogenannten »primitiven« oder »archaischen« Religionen gemeinsam ist und wie sie überall dort eingenommen wird, wo ein eigentlich religiöses Erleben mehr ist als eine unerwünschte Peinlichkeit.

Die Völker der Antike wußten und die »primitiven« Völker der Gegenwart wissen noch heute, daß ein Traum auf die rational nicht lösbaren Lebensfragen antworten und in ein verworrenes Leben Richtung und Ordnung bringen kann. Wie in den Tagen der Bibel wissen sie, daß ein Traum wie die nächtliche Vision Jakobs in Bethel (Gn 28, 10–19) eine Gotteserscheinung sein kann, die das gesamte eigene Leben, ja das Leben und die Zukunft sogar eines ganzen Volkes vorauszubedeuten vermag; daß es Träume sind, die furchtbares Unheil vorausahnen lassen, wie der Traum Nebukadnezzars in Dn 2, oder die Mut dazu machen, etwas äußerlich Furchtbares und Beleidigendes in Wahrheit als das eigentlich Erwartete und Verheißene zu sehen, wie in Mt 1; 2; und daß

man an den entscheidenden Wendepunkten des Lebens, zu
Beginn der Reifezeit etwa, in der Lebensmitte oder im Herbst
der Lebenstage der deutenden Hilfe von Träumen bedarf, so
sehr, daß sich der Name, das gesamte Wesen eines Menschen
in einem einzelnen Traumbild aussprechen kann.[12]

Deshalb bedarf es für gewöhnlich sorgfältiger Vorberei-
tungszeremonien und -übungen zum Empfang einer wichtigen Traumbotschaft. Die Bedeutung des Traumes, der Vision
für den einzelnen wie für den Stamm ist so groß, daß die
Träume den Stamm auch soziologisch schichten: »die Visio-
näre steigen durch eine große Vision zur Stammeselite auf.«[13]
Die Träume sind der Ursprung des Mythos wie die Rituals.[14]
Ein religiöser Kultplatz ist noch heute für die Eingeborenen
Australiens eine Erinnerungsstätte an die »Traumzeit«, die
sich aus der Vorzeit in die Gegenwart erstreckt und in der
Wachen und Schlafen, Bewußtsein und Unbewußtes eine
Einheit bilden.[15] Die Religion basiert für sie auf der inneren
Verbindung mit diesen Orten der Traumzeit, die wie ein
Netz das Land durchziehen.

Die Zerstörung der Träume und die Zerstörung der Religion sind daher nur zwei Seiten ein und desselben Vorgangs;
und wer den Menschen von seinen seelischen und religiösen
Bindungen löst, der muß, wie sich gezeigt hat, unweigerlich

[12] Als z. B. der Sioux-Schamane Schwarzer Hirsch J. G. Neihardt sein
Leben erzählte, sprach er nicht von den äußeren Taten und Begebenhei-
ten, von der »Historie« also, sondern er sagte: »nun da ich alles wie von
einem hohen Berggipfel aus überblicken kann, weiß ich: es war die
Geschichte eines ungeheuren Gesichts, das einem Menschen offenbart
worden.« Schwarzer Hirsch: Ich rufe mein Volk, 13.
[13] W. Müller: Glauben und Denken der Sioux, 67.
[14] W. Müller: Die Religionen der Waldlandindianer Nordamerikas, Berlin
1956, S. 57: »Geträumte Mythen, mythenhaltige Träume, visionäre Kulte
und Riten mit mythischer Basis, alles das geht unablässig und unauftrenn-
bar durcheinander. Erklären läßt sich diese Tatsache nur durch den
gemeinsamen Untergrund einer bildernden Seelenwelt.«
[15] R. A. Gould: Die Eingeborenen der Gibson-Wüste Australiens, in: E.
Evans-Pritchard (Hrsg.): Bild der Völker, 1. Bd.: Australien und Ozeanien, Wiesbaden 1974, S. 53.

auch die Beziehungen des Menschen zu der ihn umgebenden Natur zerstören. Bei den Träumen ist infolgedessen am ehesten zu beginnen, wenn man den Menschen wieder mit sich selbst und damit zugleich mit der Natur verbinden will. In der Seele des Menschen sind seit Jahrmillionen aus dem Gedächtnis der Evolution Wasser und Wind, Berg und Baum, Sonne und Mond, Wolke und Stern, Schlange und Vogel, Höhle und Fels, Wald und Wüste, Hitze und Schnee als archetypische Bilder und Symbole der Begegnung mit dem Absoluten im eigenen Inneren gespeichert. Aber welcher Mensch in den Hochhäusern unserer Großstädte träumt noch von Brunnen und Meeren, Pferden und Raben, Geistern und Ahnen? Welcher Mensch verfügt noch über die Kräfte, religiös zu sein, außer dem Willen dazu – vielleicht – und einem Verstand, der ihm sagt, daß es so wie bisher nicht mehr weitergeht?

Diese Feststellung ist wohl die am meisten betrübliche: daß wir nicht mehr imstande sind, auch nur entfernt noch in der Weise zu träumen, wie es den Menschen der »Primitivvölker« bereits in Kindertagen möglich ist. Die psychoanalytische Traumdeutung mit ihren Lehren von Traumzensur und Verdrängung, latentem Triebwunsch und manifestem Symbolgehalt eignet sich vortrefflich, den Verzerrungen und Uneigentlichkeiten der kranken Psyche des Mitteleuropäers auf die Spur zu kommen;[16] aber man müßte sich schämen, einen Traum wie den des Sioux-Schamanen Black Elk, den dieser 1872 im Alter von neun Jahren träumte, auch nur annähernd mit den Mitteln psychotherapeutischer Diagnostik analysieren zu wollen – ein Traum, gewaltiger und majestätischer als die Visionen eines Ezechiel oder des Sehers von Patmos, eine Himmelsreise zu den vier Weltpunkten, zum Weltenbaum, zwischen Oben und Unten, eine universelle Einheitserfahrung, in welcher sich die Weissagung dieses Traumes selbst

---

[16] So C. G. Jung über die Psychoanalyse Freuds in: Sigmund Freud als kulturhistorische Erscheinung, Werke XV 49–51.

erfüllt: »Alle geflügelten Tiere der Luft werden zu dir kommen, und Wind und Sterne werden deine Verwandten sein.«[17] Die Seelenlandschaft eines solchen Traumes, wie ihn ein Indianerkind des vergangenen Jahrhunderts träumen konnte, kennt keinen Unterschied mehr zwischen Innen und Außen, zwischen psychischer Natur und kosmischer Realität; und ihre Größe und Wahrheit liegt gerade darin, daß sie imstand ist, Mensch und Natur als Einheit in sich zu versammeln. Ein solcher Traum verrät ein Verwandtschaftsgefühl, wie es sich unnachahmlich schön in dem Traumgesang eines Ottawaindianers ausspricht:

»Ich bin es, der in den Winden wandert,
Ich bin es, der in der Binse flüstert,
Ich schüttele die Bäume,
Ich schüttele die Erde,
Ich wühle allenthaben die Wasser auf.«[18]

Die Tiefenpsychologie kann dieses Einheits- und Verwandtschaftsgefühl zwischen dem einzelnen und dem All im Grunde nur zerstören, indem sie alle Bilder als Ausdrucksgestalten der menschlichen Psyche interpretiert und mithin dem alten Anthropozentrismus sogar besonders konsequent verhaftet bleibt. Das hindert jedoch nicht, daß gerade sie, indem sie sich überhaupt den tieferen Schichten der menschlichen Psyche zuwendet, in die Richtung weist, in der, nach Abtragung des neurotischen Schutts, die eigentliche Wahrheit des menschlichen Lebens wieder zu suchen wäre. Die Psychoanalyse hätte ihre Mission erfüllt, wenn (wieder) ein Menschentyp entstehen würde, dem seine Träume auch ohne Erklärung zur Offenbarung würden und der in seinen Träumen, oder, noch jenseits der Bilder, in seiner Meditation, zur Einheit mit sich und darin mit aller Welt gelangen könnte.

Es läßt sich daher allen Ernstes und mit vollem Nachdruck

---

[17] W. Müller: Indianische Welterfahrung, Stuttgart 1976, S. 54–57; Schwarzer Hirsch: Ich rufe mein Volk, 39.
[18] W. Müller: Geliebte Erde, 13, nach: G. Copway: Recollections of a Forest Life, London 1850, S. 40.

sagen, daß die Rettung des Menschen und die Rettung des Lebens auf diesem Planeten auf das innigste zusammenhängen mit der Rückkehr zur »Traumzeit«, mit der Wiedererinnerung des Religiösen.

Wie aber nach dem Verlust des Ursprungs der Mensch wieder zu seiner religiösen Wahrheit finden könnte, darüber läßt sich kein Programm entwerfen. Noch ragen in den Dogmen und Riten der katholischen Kirche gewisse Erinnerungen an das gemeinsame religiöse Erbe der Menschheit wie Alpengipfel aus den Nebeln der Zeit. Vielleicht hat die geistige Starre des Katholizismus, das jahrhundertelange »Catholica non leguntur« in der Neuzeit, seinen Sinn und seinen Auftrag darin, in der vermeintlich mittelalterlichen Gestalt seiner Glaubenslehren die Türen offenzuhalten in einen Bereich jenseits der Katastrophe des Fortschritts. Alle anderen Fragen: der politischen, rechtlichen, technischen und ethischen Seite des Schutzes der Natur vor den Verwüstungen des Menschen müssen jedenfalls zurücktreten hinter der einen Frage: wie ist der Mensch einer Kultur zu heilen, die gottlos ist bis in den Schlaf hinein?

»Ich verstehe«, sagte der chinesische Weise Liä Dsi auf die Frage seiner Zeit, »nur das eigene Selbst in Ordnung zu bringen; einen Staat in Ordnung zu bringen, verstehe ich nicht«. Und er fügte hinzu: »Ich habe noch nie gehört, daß, wenn das eigene Selbst in Ordnung ist, der Staat in Verwirrung käme, und habe auch noch nie gehört, daß, wenn das eigene Selbst in Verwirrung ist, der Staat sich ordnen ließe. Die Ursache der Ordnung liegt also im eigenen Selbst.«[19]

Die Krise der »Umwelt« ist eine Krise der Religion und der menschlichen Psyche, dann erst eine Krise der Politik und der Wirtschaft. Gerade deshalb ist die Psychoanalyse und die Beschäftigung mit der Welt der Träume ein so wichtiges Mittel zur Wiederbelebung der religiösen Tiefenschichten der menschlichen Psyche.

[19] Liä Dsi: Quellender Urgrund, VIII 16; S. 170.

Schaut man sich über die Hilfsmittel der Psychoanalyse und der Psychotherapie hinaus nach weiteren möglichen Erkenntnisquellen und praktischen Steuerungsmöglichkeiten der bestehenden Krise um, so gerät man im weitesten Sinne an die *Kunst*. Wenn die zentrale Problematik der Weltzerstörung, wie sich gezeigt hat, im Verlust der Träume, in der Entfremdung vom Unbewußten zu sehen ist, so wäre gerade die Kunst in all ihren Formen dazu berufen, Große Träume und Visionen zu beschwören, die das Verschüttete freilegen, bewußtmachen und zum Leben erlösen können. Freilich ist jede wahre Kunst viel zu wahrhaftig, als daß sie sich irgendeinem Zweck außerhalb ihrer selbst unterwerfen dürfte; und so ist die abendländische Kunst in ihrer gegenwärtigen Gestalt weit eher selbst ein Krisenindikator als ein Therapeutikum, und man zäumt das Pferd förmlich am Schwanze auf, wenn man *vor* einer Wiederverankerung des Gefühls, des Unbewußten im Religiösen und des Religiösen im Unbewußten auf eine Wiederherstellung der Kunst warten wollte; gleichwohl steht die Kunst unmittelbar den Quellen außerordentlich nahe, aus denen die Wahrheiten der Religion ebenso wie die wesentlichen Einsichten des einzelnen für sein persönliches Leben erwachsen. Von daher läßt sich die Bedeutung gerade der Kunst für die Kultivierung des Unbewußten, für die »Erziehung der Gefühle«[20] gar nicht überschätzen.

Es ist schon gezeigt worden, wie sehr die *Literatur* – um nur diese zu erwähnen – durch einen fortschreitenden Ausfall an Naturerleben und Naturschilderung gekennzeichnet ist. Aber statt zu beklagen, wie es ist, läßt sich doch vielleicht an einem wunderbaren, nur leider fast vergessenen Beispiel zeigen, wie es sein könnte, ja dringend notwendig sein müßte.

Wer an die große katholische Literatur Frankreichs denkt, dem werden sogleich Namen wie G. Bernanos oder F. Mau-

---

[20] Titel des ersten Hauptwerkes von G. Flaubert: L'éducation sentimentale, [1]1843–1845; [2]1864–1869; dt.: Lehrjahre des Herzens, München (Winkler) 1957.

riac einfallen; aber gerade diese Dichter sind – wie Dostojewski – eben darin groß, daß sie den Menschen in seinen
Abgründen und in der Abhängigkeit von der Gnade zu
verstehen und darzustellen suchen. Die Natur kennen sie
nicht oder höchstens als symbolische Kulisse, und die Menschen, die sie schildern, sind gleichermaßen ihrer inneren wie
der äußeren Natur völlig entfremdet. Manch einer wird an P.
Claudel oder womöglich an A. Gide denken; aber für Claudel
ist die Natur nur die Bühne einer metaphorischen Seelenlandschaft, und A. Gide ist in seinen Gefühlen viel zu sehr
gebrochen, als daß er die Natur anders als in einem allerdings
sehr sensiblen Impressionismus zum Gegenstand künstleri-
scher Nachempfindung erwählen könnte. Wohl hat A. Gide
sich in seinem lyrischen Werk »Uns nährt die Erde«[21] geradezu verzweifelt gegen die Verleumdung der Natur durch das
Christentum zur Wehr zu setzen versucht; aber unbefangen
und ursprünglich ist keine Zeile im Werke dieses wundervoll
lyrischen Romanciers.

Weit und breit ist es insofern allein der von Claudel zur
Konversion geführte und von A. Gide als ein naiver Scharla-
tan verhöhnte Francis Jammes,[22] in dessen Werk sich menschliche Güte, weitherziges Mitgefühl für alle Kreatur und eine
tiefe, durch viel Leid vermittelte Frömmigkeit auf überzeu-
gende Weise miteinander verbinden. »Es gibt Dinge«, sagte
Francis Jammes von sich, »die mich in den wehevollsten
Umständen meines Lebens getröstet haben. Etliche unter
ihnen zogen in solchen Zeiten auf sonderbare Art meine
Blicke auf sich. Und ich, der ich mich nie vor den Menschen
beugen konnte, habe mich demütig diesen Dingen hingege-
ben. Da brach ein Strahlen aus ihnen – doch nicht nur aus den
Erinnerungen, die mich mit ihnen verknüpfen – und durch-
drang mich wie ein Schauer der Freundschaft. – Ich fühlte sie
und fühle sie rings um mich leben in meinem verborgenen

---

[21] A. Gide: Uns nährt die Erde, in: Romane, 7–113.
[22] A. Gide: Aus den Tagebüchern, 1889–1939, 223–224.

Reiche, und ich bin ihnen verantwortlich wie einem älteren Bruder.«[23]

Wenn in der Paradieserzählung auf den Anfangsseiten der Bibel der Jahwist es als des Menschen Bestimmung darstellt, das Wesen der Dinge zu vernehmen und sie mit den ihnen zukommenden Namen zu benennen, wenn also in der Nähe Gottes das Weltverhältnis des Menschen wesentlich *nicht* technisch, sondern zutiefst poetisch, dichterisch, musikalisch sein sollte, dann kann man von Francis Jammes wie von nur wenigen (d. h., von wem eigentlich sonst?) mit Recht sagen, daß er diesem Schöpfungsauftrag nachgekommen ist. Dieser Dichter, in dem die Liebe zur Natur aus dem unbegreiflichen Erbe der Basken weiterlebte und – fast möchte man sagen: – das kastilische Christentum überdauerte, war in der Tat imstande, die Natur sprechen zu hören, und alle Dinge waren ihm belebt. »Gegen Ende August«, schrieb er, »um Mitternacht nach einem sehr heißen Tage geht über die hingeknieten Dörfer ein ungewisses Raunen. Es klingt anders als das der Bäche und Quellen oder das des Windes, anders ist es als das Geräusch, mit dem die Tiere das Gras zermalmen, oder das ihrer Ketten, an denen sie über den Krippen zerren, anders ist es als die Laute der unruhigen Wachhunde, der Vögel oder der Schiffchen an den Webstühlen. So mild sind diese Klänge dem Ohre, wie dem Auge der Schimmer der Morgenröte ist. Nun regt sich eine ungeheure und sanfte Welt; die Grashalme lehnen sich bis zum Morgen aneinander, unhörbar rauscht der Tau, und mit jedem Sekundenschlag ändert das große Keimen völlig das Antlitz der Gefilde. Nur die Seele kann diese Seelen erfassen, den Blütenstaub in der Glückseligkeit der Baumkronen ahnen und die Rufe und das Schweigen vernehmen, darin das göttliche Unbekannte sich vollzieht. Es ist so, als ob man sich mit einem Male in einem völlig fremden Land befände und hier von der sehnsüchtigen Schwermut der Sprache ergriffen würde, ohne doch genau zu verstehen, was

[23] F. Jammes: Das Paradies der Tiere, in: Der Hasenroman und Das Paradies der Tiere, 136.

sie ausdrückt. – Aber ich kann doch tiefer in den Sinn des
Raunens der Dinge eindringen als in den einer Menschenspra-
che, die mir unbekannt ist. Ich fühle, daß ich verstehe und
daß es dazu gar keiner großen Anstrengung bedarf. Vielleicht
ist mein Dichten manchmal so weit, den Willen dieser verborgenen Seelen zu übersetzen und einige ihrer Lebensäußerun-
gen auf eine faßliche Art aufzuzeichnen. Ich verstehe es
schon, diesem unbestimmten Raunen innerlich Antwort zu
geben, wie ich es verstehe, mit Schweigen verständlich die
Fragen einer Freundin zu beantworten.«[24] »Die Gewißheit
von der Beseeltheit der Dinge lebt in den Kindern, den Tieren
und den schlichten Herzen,«[25] fügte er hinzu.

In dieser Haltung, die man als wahrhaft franziskanisch
bezeichnen darf, drängte es Francis Jammes, darum zu beten,
daß er mit den blutenden und geschundenen Eseln gemeinsam ins Himmelreich gelangen möge,[26] und er war sich nicht
zu schade, für seinen verstorbenen Hund und für sich selbst
Fürbitte bei Gott einzulegen:
»Soll mir dereinst, mein Gott, die Gnade werden,
dich anzuschaun von Angesicht zu Angesicht am Jüngsten
Tag,
gib, daß ein armer Hund ins Angesicht dem schauen mag,
der immer schon sein Gott ihm war auf Erden.«[27]

Ja, das Gebet Francis Jammes' erweitert sich zum Flehn
darum, daß alle Welt auf ihre Weise glücklich sein möge, und
ein solches seiner »Gebete der Demut« sei in voller Länge
zitiert, weil es besser als alles Kommentarwerk durch sich
selber zeigen kann, welch eine Religiösität, Sensibilität und
Menschlichkeit zusammenkommen müßten, um die Not der
Zeit zu meistern und zum Einklang mit sich selbst und allen
Kreaturen hinzufinden:

[24] a.a.O., 134–135.
[25] a.a.O., 128.
[26] F. Jammes: Gebete der Demut, 9–12; auch in: ders.: Regung des Herzens,
178–179.
[27] Gebete der Demut, 50–51; Regung des Herzens, 185.

Gebet, daß die anderen glücklich seien

Mein Gott, da doch die Welt so tut, wie du es ihr bestellt,
da nach dem Markt die alten Pferde mit den schweren Knien
und die gebeugten Ochsen sanft einträchtig ziehn,
segne das freie Land und alle, die darinnen wohnen.
Du weißt, daß hingelagert bis zum blauen Horizont
zwischen den schimmernden Gehölzen und dem Sturz der
Bäche
Korn wächst und Mais und hochgewundne Reben.
All das ist wie ein großer Ozean von Güte ausgeschenkt,
darein sich Mittagslicht und Himmelsklarheit senkt,
und wie im freudig blanken Sonnenschein die Säfte steigen,
regen die Blätter sich und singen an den Zweigen.
Mein Gott, da doch mein Herz, geschwellt wie eine Traube,
ausbrechen will in Liebe und von Schmerz zerbirst,
wenn es dir gut scheint, laß es leiden, dieses Herz . . .
Doch gib, daß die unschuldigen Reben dort im Hügelgrün
in deiner Allmacht ihrer Reife sanft entgegenblühn.
Gib allen alles Glück, das mir sich muß versagen,
und laß die Liebenden, die sich gedämpfte Worte sagen,
im Lärm der Wagen, Tiere und Verkäufe
Hüfte an Hüfte ihre Küsse trinken.
Gib, daß die guten Bauernhunde in den Herbergswinkeln
die Suppe schmackhaft finden und im Kühlen schlafen
und daß die Ziegen, die in langen Zügen schleppend
schwanken,
die ungereiften Beeren weiden samt den gläsern hellen
Ranken.
Mein Gott, denk nicht an mich: ich bin bereit . . .
Doch – Dank! Denn sieh, ich höre unterm Himmel deiner
Gütigkeit
die Vögel, die im Käfig schon bestimmt, zum Sterben sich zu
legen,
aufsingen, o mein Gott, vor Freude wie Gewitterregen.«[28]

[28] Gebete der Demut, 19–21; Regung des Herzens, 181–182.

Sollte man denken, daß diese Art zu beten, daß der Katholizismus eines Francis Jammes eine wirkliche, ja sogar die einzige Antwort wäre, wie man fühlen, denken, leben müßte, um der Zerrissenheit des Menschen und der Zerstörung der Natur dicht vor dem Abgrund Einhalt zu gebieten? – Eine, zugegeben, phantastische Möglichkeit, gegen deren Verwirklichung so gut wie alles spricht. Aber in unserer Zeit ist der Schutz der Kreatur vor dem Menschen und der Schutz des Menschen vor sich selbst durchaus so radikal zu denken, daß die jahwistische Vision des »Paradieses« bereits als die einzig noch verbleibende realistische Chance zum Überleben erscheinen muß: ohne eine Haltung, wie sie der Dichter des »Paradies der Tiere« besessen hat, bleiben nur noch die visionären Prophezeiungen des Hieronymus Bosch. Freilich: das Ninive, das dem Propheten Jona folgte, hat historisch niemals existiert, und wann in der Geschichte hätten Menschen, Völker und Epochen jemals vor dem Eintritt in die Offenbarung ihres (Un-)Wesens, vor dem Hereinsturz der Apokalypse zu ihrer Wahrheit hingefunden?

IV. *»Die Erde gehört nicht den Menschen« – die Rede des Häuptlings Seattle*

Wir möchten, trotz allem, diese Untersuchung mit einer Hoffnung schließen, die zwar keine ist, da sie, geäußert vor mehr als 120 Jahren, von der Wirklichkeit inzwischen tausendfältig widerlegt wurde, aber die doch in der Form, in der sie ausgesprochen wurde, eine bleibende Gültigkeit besitzt. Das Unheil jedenfalls, das aus ihrer Verleugnung erwächst, ist wie eine überdeutliche Bestätigung ihrer Richtigkeit und wie ein Zwang zum Umdenken.

Als im Jahre 1855 der Indianerhäuptling Seattle aufgefordert wurde, das Gebiet seines Stammes, der Duwamish, an den weißen Mann zu verkaufen, antwortete er dem Präsidenten Franklin Pierce in einer berühmt gewordenen Rede, die in ihrer analytischen Klarheit und Schärfe, in ihrer Wehmut und Ohnmacht, aber auch in ihrem Glauben an die Wahrheit des Göttlichen jenseits der unabwendbar scheinenden Katastrophe einzigartig dasteht. Es ist eine Rede, die der Naturfremdheit und dem egoistischen Naturhaß der Weißen ein letztes Mal die Majestät und Heiligkeit der Schöpfung sowie die Religiosität der »Wilden« gegenüberstellt. Seattle ahnte sehr wohl, daß die Weißen an Gott nicht wahrhaft glauben können, weil sie sich selbst, wie Gott, zum Mittelpunkt der Welt erklären und sogar ihre »Frömmigkeit« wesentlich dazu benutzen, um sich selbst vor allen anderen Völkern und Kulturen auszuzeichnen. Nur eines konnte Häuptling Seattle nicht bemerken: er meinte ganz richtig, um das Wesen des weißen Mannes begreifen zu können, müsse er vor allem die Träume, Hoffnungen und Visionen kennen, die der weiße Mann seinen Kindern an langen Winterabenden erzählte; hätte Seattle den weißen Mann näher gekannt, so hätte er mit ungläubigem Schaudern und Schrecken den wahren Grund all der Verwüstung des Menschen und der Natur erkennen müssen: es gab bei den Weißen keine Träume, Hoffnungen und Visionen mehr zu erzählen; statt dessen gab es Berechnungen, Planungen und Kalkulationen, die seelenlosen Heiligtümer eines unheiligen Intellekts. – Wir geben die Rede des Häuptling Seattle in einigen wesentlichen Teilen abschließend wieder, weil sie alles enthält, was zu sagen war.[29]

»Der große Häuptling in Washington sendet Nachricht, daß er unser Land zu kaufen wünscht . . . wir werden sein Angebot bedenken, denn wir wissen – wenn wir nicht verkaufen – kommt vielleicht der weiße Mann mit Gewehren und nimmt sich unser Land. Wie kann man den Himmel kaufen oder verkaufen – oder die Wärme der Erde? Diese Vorstellung ist uns fremd. Wenn wir die Frische der Luft und das Glitzern des Wassers nicht besitzen – wie könnt Ihr sie von uns kaufen? . . . Jeder Teil dieser Erde ist meinem Volk

[29] Seattle: Rede des Häuptlings Seattle, in: Ferment 8/9, 1979.

heilig, jede glitzernde Tannennadel, jeder sandige Strand, jeder Nebel in den dunklen Wäldern, jede Lichtung, jedes summende Insekt ist heilig, in den Gedanken und Erfahrungen meines Volkes. Der Saft, der in den Bäumen steigt, trägt die Erinnerung des roten Mannes. Die Toten der Weißen vergessen das Land ihrer Geburt, wenn sie fortgehen, um unter den Sternen zu wandeln. Unsere Toten vergessen diese wunderbare Erde nie, denn sie ist des roten Mannes Mutter. Wir sind ein Teil der Erde, und sie ist ein Teil von uns. Die duftenden Blumen sind unsere Schwestern, die Rehe, das Pferd, der große Adler – sind unsere Brüder. Die felsigen Höhen, die saftigen Wiesen, die Körperwärme des Ponys – und des Menschen – sie alle gehören zur gleichen Familie . . . Ich weiß nicht – unsere Art ist anders als die Eure. Glänzendes Wasser, das sich in Bächen und Flüssen bewegt, ist nicht nur Wasser – sondern das Blut unserer Vorfahren. Wenn wir Euch das Land verkaufen, müßt Ihr wissen, daß es heilig ist, und Eure Kinder lehren, . . . daß jede flüchtige Spiegelung im klaren Wasser der Seen von Ereignissen und Überlieferungen aus dem Leben meines Volkes erzählt. Das Murmeln des Wassers ist die Stimme meiner Vorväter. Die Flüsse sind unsere Brüder – sie stillen unseren Durst. Die Flüsse tragen unsere Kanus und nähren unsere Kinder. Wenn wir Euch unser Land verkaufen, so müßt Ihr Euch daran erinnern und Eure Kinder lehren: Die Flüsse sind unsere Brüder – und Eure –, und Ihr müßt von nun an den Flüssen Eure Güte geben, so wie jedem anderen Bruder auch . . . Wir wissen, daß der weiße Mann unsere Art nicht versteht. Ein Teil des Landes ist ihm gleich jedem anderen, denn er ist ein Fremder, der kommt in der Nacht und nimmt von der Erde, was immer er braucht. Die Erde ist sein Bruder nicht, sondern Feind, und wenn er sie erobert hat, schreitet er weiter . . . Er behandelt seine Mutter, die Erde, und seinen Bruder, den Himmel, wie Dinge zum Kaufen und Plündern, zum Verkaufen wie Schafe oder glänzende Perlen. Sein Hunger wird die Erde verschlingen und nichts zurücklassen als eine Wüste.

Ich weiß nicht – unsere Art ist anders als die Eure. Der Anblick Eurer Städte schmerzt die Augen des roten Mannes. Vielleicht, weil der rote Mann ein Wilder ist und nicht versteht. Es gibt keine Stille in den Städten der Weißen. Keinen Ort, um das Entfalten der Blätter im Frühling zu hören oder das Summen der Insekten. Aber vielleicht nur deshalb, weil ich ein Wilder bin und nicht verstehe. Das Geklapper scheint unsere Ohren nur zu beleidigen. Was gibt es schon im Leben, wenn man nicht den einsamen Schrei des Ziegenmelkervogels hören kann, oder das Gestreite der Frösche am Teich bei Nacht? Ich bin ein roter Mann und verstehe das nicht. Der Indianer mag das sanfte Geräusch des Windes, der über eine Teichfläche streicht – und den Geruch des Windes, gereinigt vom Mittagsregen oder schwer vom Duft der Kiefern. Die Luft ist kostbar für den roten Mann – denn alle Dinge teilen denselben Atem – das Tier, der Baum, der Mensch – sie alle teilen denselben Atem . . . Das Ansinnen, unser Land zu kaufen, werden wir bedenken, und wenn wir uns entschließen anzunehmen, so nur unter einer Bedingung. Der weiße Mann muß die Tiere des Landes behandeln wie seine Brüder. Ich bin ein Wilder und verstehe es nicht anders. Ich habe tausend verrottende Büffel gesehen, vom weißen Mann zurückgelassen – erschossen aus einem vorüberfahrenden Zug. Ich bin ein Wilder und kann nicht verstehen, wie das qualmende Eisenpferd wichtiger sein soll als der Büffel, den wir nur töten, um am Leben zu bleiben. Was ist der Mensch ohne die Tiere? Wären alle Tiere fort, so stürbe der Mensch an großer Einsamkeit des Geistes. Was immer den Tieren geschieht – geschieht bald auch den Menschen. Alle Dinge sind miteinander verbunden. Was die Erde befällt, befällt auch die Söhne der Erde . . . Lehrt Eure Kinder, was wir unsere Kinder lehren: Die Erde ist unsere Mutter . . . Wenn Menschen auf die Erde spucken, bespeien sie sich selbst! Denn das wissen wir, die Erde gehört nicht den Menschen, der Mensch gehört zur Erde – das wissen wir. Alles ist miteinander verbunden, wie das Blut, das eine Familie vereint . . . Der

Mensch schuf nicht das Gewebe des Lebens, er ist darin nur eine Faser. Was immer Ihr dem Gewebe antut, das tut Ihr Euch selber an . . . Könnt Ihr denn mit der Erde tun, was Ihr wollt – nur weil der rote Mann ein Stück Papier unterzeichnet – und es dem weißen Manne gibt? Wenn wir nicht die Frische der Luft und das Glitzern des Wassers besitzen – wie könnt Ihr sie von uns kaufen? Könnt Ihr die Büffel zurückkaufen, wenn der letzte getötet ist? . . . Aber wir sind Wilde. Der weiße Mann, vorübergehend im Besitz der Macht, glaubt, er sei schon Gott – dem die Erde gehört. Wie kann ein Mensch seine Mutter besitzen . . . Unsere Kinder sahen ihre Väter gedemütigt und besiegt . . . Es ist unwichtig, wo wir den Rest unserer Tage verbringen. Es sind nicht mehr viele. Noch wenige Stunden, ein paar Winter – und kein Kind der großen Stämme, die einst in diesem Land lebten oder jetzt in kleinen Gruppen durch die Wälder streifen, wird mehr übrig sein, um an den Gräbern eines Volkes zu trauern – das einst so stark und voller Hoffnung war wie das Eure. Aber warum soll ich trauern über den Untergang meines Volkes. Völker bestehen aus Menschen – nichts anderem. Menschen kommen und gehen wie die Wellen im Meer. Selbst der weiße Mann, dessen Gott mit ihm wandelt und redet, wie Freund zu Freund, kann der gemeinsamen Bestimmung nicht entgehen. Vielleicht sind wir doch – Brüder. Wir werden sehen. Eines wissen wir, was der weiße Mann vielleicht eines Tages erst entdeckt – unser Gott ist derselbe Gott. Ihr denkt vielleicht, daß Ihr ihn besitzt – so wie Ihr unser Land zu besitzen trachtet – aber das könnt Ihr nicht. Er ist der Gott der Menschen – gleichermaßen der Roten und der Weißen. Dieses Land ist ihm wertvoll – und die Erde verletzen heißt ihren Schöpfer verachten. Auch die Weißen werden vergehen, eher vielleicht als alle anderen Stämme. Fahret fort, Euer Bett zu verseuchen, und eines Nachts werdet Ihr im eigenen Abfall ersticken. Aber in Eurem Untergang werdet Ihr hell strahlen – angefeuert von der Stärke des Gottes, der Euch in dieses Land brachte – und Euch bestimmte, über dieses Land und den roten Mann zu herrschen. Diese Bestimmung ist uns ein Rätsel. Wenn die Büffel alle geschlachtet sind – die wilden Pferde gezähmt – die heimlichen Winkel des Waldes, schwer vom Geruch vieler Menschen – und der Anblick reifer Hügel geschändet von redenden Drähten – wo ist das Dickicht – fort, wo der Adler – fort, und was bedeutet es, Lebewohl zu sagen, dem schnellen Pony und der Jagd: Das Ende des Lebens – und den Beginn des Überlebens. Gott gab Euch Herrschaft über die Tiere, die Wälder und den roten Mann, aus einem besonderen Grund – doch dieser Grund ist uns ein Rätsel. Vielleicht könnten wir es verstehen, wenn wir wüßten, wovon der weiße Mann träumt – welche Hoffnungen er seinen Kindern an langen Winterabenden schildert – und welche Visionen er in ihre Vorstellungen brennt, so daß sie sich nach einem Morgen sehnen. Aber wir sind Wilde – die Träume des weißen Mannes sind uns verborgen. Und weil sie uns verborgen sind, werden wir unsere eigenen Wege gehen. Denn vor allem schätzen wir das Recht eines jeden Menschen, so zu leben, wie er selber es wünscht . . . Wenn der letzte rote Mann von dieser Erde gewichen ist und sein Gedächtnis nur noch der Schatten einer Wolke über der Prärie, wird immer noch der Geist meiner Väter in diesen Ufern und in diesen Wäldern lebendig sein. Denn sie liebten diese Erde, wie das Neugeborene den Herzschlag seiner Mutter. Wenn wir Euch unser Land verkaufen, liebt es, so wie wir es liebten, kümmert Euch, so wie wir uns kümmerten, behaltet die Erinnerung an das Land, so wie es ist, wenn Ihr es nehmt. Und mit all Eurer Stärke, Eurem Geist, Eurem Herzen erhaltet es für Eure Kinder und liebt es – so wie Gott uns alle liebt. Denn eines wissen wir – unser Gott ist derselbe Gott. Diese Erde ist ihm heilig. Selbst der weiße Mann kann der gemeinsamen Bestimmung nicht entgehen. Vielleicht sind wir doch – Brüder. Wir werden sehen.«

Verzeichnis der zitierten Literatur

(zitiert stets nach der letztgenannten Ausgabe; Zeitungshinweise sind nicht aufgeführt)

I. Ökologie, Ökonomie, Politik und Technik

U. Albrecht, D. Ernst, P. Lock, H. Wulf: Rüstung und Unterentwicklung. Iran, Indien, Griechenland, Türkei. Die verschärfte Militarisierung. Mit einem Vorw. v. O. Kreye; Hamburg (ra 4004) 1976.

J. M. Alfonso: La probeza en las grandes ciudades, Barcelona 1973; dt.: Das Elend der großen Städte. Ursachen und soziale Folgen urbaner Fehlentwicklung; übers. v. U. Becker; Hamburg (rororo sachbuch 7098) 1978.

K. Allgeier: Tierexperimente. Pro und Contra, München (Goldmann Sachbuch 11277) 1980.

H. Ant: Verschmutzte Meere, in: Bild der Wissenschaft, 1972, Heft 2, 117–125.

Arbeitsgruppe »Wiederaufarbeitung« (WAA) an der Universität Bremen: Atommüll oder: Abschied von einem teuren Traum, Hamburg (ra 4117) 1977.

H. P. Bahrdt: Die moderne Großstadt. Soziologische Überlegungen zum Städtebau, Hamburg (rde 127) 1961.

I. Ball: Megalopolis-Bewohner, in: E. Evans-Pritchard (Hrsg.): Bild der Völker, Bd. 4, Teil I: Nordamerika, Wiesbaden 1974, 94–109.

D. Bartels: Die heutigen Probleme der Land- und Forstwirtschaft in der Bundesrepublik Deutschland, Paderborn 1972.

H. Bibelriether: Schutzwald – wogegen oder wofür?, in: H. Stern (Hrsg.): Rettet den Wald, München 1979, 339–360.

H. Bibelriether: Erholung im Wald, in: H. Stern (Hrsg.): Rettet den Wald, München 1979, 361–367.

K. Blüchel: Der Untergang der Tiere. Ein alarmierender Report, Stuttgart 1976; Neudruck: Hamburg (rororo sachbuch 7237) 1979.

H. M. Brechtel: Wald und Wasser, in: Bild der Wissenschaft, 1971, Heft 11, 1150–1158.

M. Brzoska, P. Lock, H. Sellin: Rüstungsjahrbuch 1980–1981. Weltweite Militärausgaben, Rüstungsvergleich, Waffenhandel, eurostrategische Waffen, Atomwaffen, hrsg. v. Stockholm International Peace Research Institut (SIPRI), gek. Fassung; Hamburg (ra 4735) 1980.

W. Büdeler: Sonnenkraftwerke im Weltraum, in: Bild der Wissenschaft, 1977, Heft 10, 60–65.

P. Burschel: Der Wald in seiner Umwelt, in: H. Stern (Hrsg.): Rettet den Wald, München 1979, 94–126.

B. Commoner: The Poverty of Power, New York 1976; dt.: Energieeinsatz und Wirtschaftskrise. Die Grundlagen für den radikalen Wandel; übers. v. H. Gaethe, Hamburg (ra 4193) 1977.

E. Eppler: Wenig Zeit für die Dritte Welt, Stuttgart, Berlin, Köln, Mainz (Urban Tb. 822) [2]1971.

W. Erz-I. Günther: Straßen durchkreuzen die Wege des Wildes, in: Bild der Wissenschaft, 1978, Heft 4, 106–118.

P. Farb: Ecology, New York 1963; dt.: die Ökologie; übers. v. W. Bollkämper; bearb. v. J. Volbeding; Hamburg (rororo sachbuch 63) 1976.

H. Fechter: Die Seesterne, in: B. Grzimek (Hrsg.): Grzimeks Tierleben. Enzyklopädie des Tierreichs in 13 Bänden, Zürich 1970; Neudruck: München (dtv) 1980, Bd. 3: Weichtiere und Stachelhäuter, 361–390.

K. Fischbeck: Süßwasser aus dem Meer, in: Bild der Wissenschaft, 1971, Heft 6, 580–589.

H. Glubrecht: Das Wachstum der Weltbevölkerung und seine anthropologischen Konsequenzen, in: H. G. Gadamer-P. Vogler (Hrsg.): Neue Anthropologie, Bd. 3: Sozialanthropologie, Stuttgart (dtv wr 4071) 1972, 33–71.

K. Graßhoff – M. Erhardt: Wird das Meer durch Öl verseucht?, in: Bild der Wissenschaft, 1977, Heft 6, S. 52–62.

L. H. Grimme: Mikroorganismen als Nahrungsquelle, in: Bild der Wissenschaft, 1972, Heft 7, 736–744.

H. Gruhl: Ein Planet wird geplündert. Die Schreckensbilanz unserer Politik. Mit einem aktuellen Vorwort, Frankfurt 1975; Neudruck: Frankfurt (fischer alternativ 4006) 1978.

B. Grzimek: Wildes Tier – weißer Mann. Von Tieren in Europa, Nordamerika und in der Sowjetunion, München (Kindler) 1965; Neudruck: München (dtv 1177) 1976.

L. Hartmann, O. Klee, W. Kühn, A. Stein, G. Traum: Trinkwasser bald knapp und unbezahlbar; red. v. H. D. Heck, in: Bild der Wissenschaft, 1977, Heft 1, 40–53.

H. Hoffmann: Die Stadt aus Ausweg, in: H. G. Gadamer – P. Vogler (Hrsg.): Neue Anthropologie, Bd. 3: Sozialanthropologie, Stuttgart (dtv wr 4071) 1972, 314–381.

R. Jungk: Das Spektrum der großen Hungersnot, in: Bild der Wissenschaft, 1974, Heft 12, 60.

R. Kaiser (Hrsg. der dt. Ausg.): The Global 2000 Report to the President. Ed. by Council on Environmental Quality, Washington 1980; dt.: Global 2000. Der Bericht an den Präsidenten, hrsg. v. R. Kaiser, Frankfurt 1980.

U. Klugmann (Red.): Gorleben – wo der Salzstock wächst, in: Naturmagazin Draußen, Hamburg 1980, Heft 9, 58–67.

D. H. Knösel: Gefahr für die ›grüne Lunge‹, in: Bild der Wissenschaft, 1971, Heft 10, 1023–1031.

F. Krapp: Die Haftkiefer oder Kugelfischverwandten, in: B. Grzimek (Hrsg.): Grzimeks Tierleben. Enzyklopädie des Tierreichs in 13 Bänden, Zürich 1970; Neudruck: München (dtv) 1980, Bd. 5: Fische und Lurche, 2. Teil, 249–264.

W. Krebs: Riffe und ihre Geschichte, in: Bild der Wissenschaft, 1971, Heft 5, 464–471.

E. Mann-Borgese: Das Drama der Ozeane, in: Bild der Wissenschaft, 1977, Heft 7, 48–55.

L. Martin-Edingshaus: Vom Atom-Ei bis Brokdorf, in: Bild der Wissenschaft, 1977, Heft 4, 112–131.

D. Meadows: The Limits of Growth, New York 1972; dt.: Die Grenzen des Wachstums. Bericht des Club of Rome zur Lage der Menschheit; übers. v. H.-D. Heck; Stuttgart 1972.

H. Mensching: Die Wüste schreitet voran, in: Sahara. 10 000 Jahre zwischen Weide und Wüste. Handbuch zu einer Ausstellung des Rautenstrauch-Joest-Museums, Köln o.J., 410–434.

M. Mesarović-E. Pestel: Menschheit am Wendepunkt. 2. Bericht an den Club of Rome zur Weltlage; aus dem Amerik. übers. v. H.-D. Heck u. W. Stegemann; Stuttgart 1974.

G. Michelsen, F. Kalberlah (Hrsg.): Der Fischer Öko-Almanach. Daten, Fakten, Trends der Umweltdiskussion, Frankfurt (fischer alternativ 4037) 1980.

K. R. Mirow: Die Diktatur der Kartelle. Zum Beispiel Brasilien. Materialien zur Vermachtung des Weltmarktes, Hamburg (ra 4187) 1978.

K. Müller-I. Thörner: »Mit der Straße kommt der Tod« – Woher aber kommt die Straße? Ein Lehrbeispiel für Berichterstattung über ethnische Minderheiten, in: M. Münzel (Hrsg.): Die indianische Verweigerung. Lateinamerikas Ureinwohner zwischen Ausrottung und Selbstbestimmung, Hamburg (ra 4274) 1978, 46–71.

R. Plochmann: Mensch und Wald, in: H. Stern (Hrsg.): Rettet den Wald, München 1979, 157–198.

F. Pirchner: Tierzucht, in: H. G. Gadamer-P. Vogler (Hrsg.):

Neue Anthropologie, Bd. 3: Sozialanthropologie, Stuttgart (dtv wr 4071) 1972, 93–133.

H. O. Ruppe-D. Hayn: Kernmüll ins All, in: Bild der Wissenschaft, 1980, Heft 8, 64–74.

H. D. Scharring: Biologische Auswirkungen radioaktiver Strahlung, in: F. Demming, D.-M. Harmsen, K.-F. Saur (Hrsg.): Kernexplosionen und ihre Wirkungen; eingel. v. C. F. v. Weizsäcker, Frankfurt (Fischer Tb. 386) 1961.

F. Schott: Das Weltmeer als Wirtschaftsraum, Paderborn 1972.

W. Schröder: Die Tiere des Waldes – Glieder im Ökosystem, in: H. Stern (Hrsg.): Rettet den Wald, München 1979, 127–156.

L. da Silva: Die Favelas von Rio de Janeiro, in: E. Evans-Pritchard (Hrsg.): Bild der Völker, Bd. 5, Teil I: Südamerika östlich der Anden, Wiesbaden 1974, 122–128.

H. Stern: Ordnung gegen die Natur, in: H. Stern, G. Thielcke, F. Vester, R. Schreiber: Rettet die Vögel . . . wir brauchen sie, München-Berlin 1978, 32–39.

H. Stern: Lebensraum Dörfer, Hof und Garten, in: H. Stern, G. Thielcke, F. Vester, R. Schreiber: Rettet die Vögel . . . wir brauchen sie, Berlin-München 1978, 188–203.

H. Stern: Waldeslust gestern, heute, morgen, in: H. Stern (Hrsg.): Rettet den Wald, München 1979, 22–30.

Vereinigung deutscher Wissenschaftler: Welternährungskrise oder: Ist eine Hungerkatastrophe unausweichlich; Hamburg (ra 1147) 1968.

F. Vester: Das Überlebensprogramm, München 1972; erw. u. erg. Neudruck: Frankfurt (Fischer Tb. 6274) 1975.

E. Weigt: Entwicklungsland Indien, Paderborn 1972.

K. Winnacker: Schicksalsfrage Kernenergie. Stationen der deutschen Atompolitik. Radioaktivität und Sicherheit, Düsseldorf und Wien 1978; Neudruck: München (Goldmann Sachbuch 11268) 1980.

II. Kultur- und Geistesgeschichte

(Philosophie, Theologie, Ethnologie, Psychologie, Geschichte und Belletristik)

A. Alt: Der Gott der Väter (1929), in: Kleine Schriften zur Geschichte des Volkes Israel, 3 Bde.; München [3]1963, Bd. 1, 1–78.

G. Altner: Leidenschaft für das Ganze. Zwischen Weltflucht und Machbarkeitswahn, Stuttgart-Berlin 1980.

C. Amery: Das Ende der Vorsehung, Hamburg (rororo 6874) 1972.

J. Assmann: Ägyptische Hymnen und Gebete, Zürich-München 1975.

R. Benedict: Patterns of Culture, Boston 1934, dt.: Urformen der Kultur; übers. v. R. Salzner, Hamburg (rde 7) 1955.

J. Brinktrine: Die Lehre von der Schöpfung, Paderborn 1956.

B. Bruce-Briggs: Die Kultur von morgen, in: E. Evans-Pritchard (Hrsg.): Bild der Völker, Bd. 10, Teil II: Die Zukunft der Menschheit, Wiesbaden 1974, 188–199.

A. Camus: Le Mythe de Sisyphe, Paris 1942; dt.: Der Mythos von Sisyphos. Ein Versuch über das Absurde; übers. v. H. G. Brenner u. W. Rasch; Boppard 1950; Neudruck: Hamburg (rde 90) 1959.

A. Camus: La Peste. Chronique, Paris 1947; dt.: Die Pest; übers. v. G. Meister; Boppard 1949; Neudruck: Hamburg (rororo 15) 1950.

A. Camus: L' Homme révolté, Paris 1951; dt.: Der Mensch in der Revolte. Essays; übers. v. J. Streller; neubearb. v. G. Schlocker unter Mitarb. v. F. Bondy; Hamburg 1953.

A. Caso: Mixtec Writing and Calendar, in: Handbook of Middle American Indians, Vol. 3, Part 2, pp. 948–961; University of Texas Press, Austin 1965.

M. T. Cicero: Vom Wesen der Götter (De natura deorum) (44 v. Chr.); übers., eingel. u. erl. v. A. Kabza; München (GG Tb. 877) o. J.

M. Claudius: Sämtliche Werke, hrsg. v. H. Geiger, München (Vollmer) o. J.

Codex Borbonicus (Bibliothèque de l' Assemblée Nationale, Paris Y 120), Faksimile Druck: K. A. Nowotny-J. de Durand-Forrest: Codex Borbonicus, Graz 1974; Codices Selecti XLIV.

Codex Nuttall: British Museum London; Reprint: A. G. Miller: The Codex Nuttall. A picture manuscript from ancient Mexico, ed. by Zelia Nuttall, New York 1975 (Dover Publications).

J. J. Degenhardt: Anders leben, damit andere überleben. Mensch und Umwelt; Worte zur Zeit, Heft 7, Paderborn 1979.

J. Delumeau: Stirbt das Christentum?, Olten-Freiburg 1978.

R. Descartes: Discours de la méthode pour bien conduire sa raison et chercher la vérité dans les sciences (1637); dt.: Abhandlung über die Methode; übers. v. K. Fischer (1863); in: R. Descartes, ausgew. u. eingel. v. I. Frenzel; Frankfurt (Fischer Tb. 357) 1960, 47–91.

R. Descartes: Meditationes de prima Philosophia, in quibus Dei Existentia, et Animae humanae a corpore Distinctio, demonstrantur (1641); dt.: Die Meditationen; übers. v. A. Buchenau, Hamburg 1954; Philos. Bibl. Bd. 27.

H. Diels: Die Fragmente der Vorsokratiker; nach der v. W. Kranz hrsg. 8. Aufl.; eingel. v. G. Plamböck; Hamburg (rk 10) 1957.

F. M. Dostojewskij: Die Erniedrigten und Beleidigten (1861); übers. v. K. Nötzel; München (GG Tb. 936–937). o. J.

F. M. Dostojewski: Schuld und Sühne (1866); übers. v. W. Bergengruen; München (Droemer) o. J.

F. M. Dostojewskij: Der Idiot (1868); übers. v. K. Brauner; München (GG Tb. 361–362) 1958.

F. M. Dostojewski: Tagebuch eines Schriftstellers, 1873; 1876; 1877; 1881; übers. v. E. K. Rahsin; München 1963.

E. Drewermann: Gott der Natur – Gott der Offenbarung – Gegensätze? Zwischen Shiva und Christus, in: Theologie und Glaube, 1971, Heft 2, 320–335.

E. Drewermann: Strukturen des Bösen. Die jahwistische Urgeschichte in exegetischer, psychoanalytischer und philosophischer Sicht.

   1. Bd.: Die jahwistische Urgeschichte in exegetischer Sicht, Paderborn [1]1977; [2]1979, erw. durch ein Vorw.: Zur Ergänzungsbedürftigkeit der historisch-kritischen Exegese; [3]1981, erg. durch ein Nachw.: Von dem Geschenk des Lebens oder: das Welt- und Menschenbild der Paradieserzählung des Jahwisten (Gn 2, 4b–25), S. 356–413.

   2. Bd.: Die jahwistische Urgeschichte in psychoanalytischer Sicht, Paderborn [1]1977; [2]1980 erw. durch ein Vorw.: Tiefenpsychologie als anthropologische Wissenschaft; [3]1981: Neudruck der 2. Aufl.

   3. Bd.: Die jahwistische Urgeschichte in philosophischer Sicht, Paderborn [1]1978; [2]1980, erw. durch ein Vorw.: Das Ende des ethischen Optimismus.

E. Drewermann: Die Symbolik von Baum und Kreuz in religionsgeschichtlicher und tiefenpsychologischer Betrachtung, unter besonderer Berücksichtigung der mittelamerikanischen Bilderhandschriften, Schwerte 1979; Veröffentlichungen der Kath. Akad. Schwerte, Nr. 2; hrsg. v. G. Krems.

E. Drewermann – I. Neuhaus: Frau Holle (Reihe: Grimms Märchen tiefenpsychologisch gedeutet, Nr. 3), Olten-Freiburg 1982.

Dschuang Dsi: Das wahre Buch vom südlichen Blütenland; aus dem Chines. übers. v. R. Wilhelm (1912); Köln-Düsseldorf 1972.

M. E. Edey: Die Seefahrer; aus dem Engl. übers. v. P. Mortzfeld, Time-Life-International, Nederland 1974.

I. Eibl-Eibesfeldt: Der vorprogrammierte Mensch. Das Ererbte als bestimmender Faktor im menschlichen Verhalten, Wien-Zürich-München 1973.

M. Eliade: Le Mythe de l' Éternel Retour. Archétypes et Répétition; dt.: Kosmos und Geschichte. Der Mythos der ewigen Wiederkehr; übers. v. G. Spaltmann; Düsseldorf 1953; Neudruck: Hamburg (rde 260) 1966.

F. Engels: Dialektik der Natur (1873–1883; 1885–1886), in: K. Marx-F. Engels: Werke; hrsg. v. Institut für Marxismus-Leninismus beim ZK der SED; Bd. 20, Berlin O. 1962, 305–568.

A. de Saint-Exupéry: Terre des Hommes, Paris 1939; dt.: Wind, Sand und Sterne; übers. v. H. Becker, in: Gesammelte Schriften in drei Bänden, München (dtv 5959) 1978, Bd. 1, 175–340.

J. Feinberg: Die Rechte der Tiere und zukünftiger Generationen, in: D. Birnbacher (Hrsg.): Ökologie und Ethik, Stuttgart (reclam 9983) 1980, 140–179.

Minucius Felix: Dialog Octavius. Schrift vom Irrtum der heidnischen Religionen (ca. 200); aus dem Lateinischen übers. u. eingel. v. A. Müller; in: Frühchristliche Apologeten und Märtyrerakten Bd. 2, 123–204; Kempten-München 1913; BKV Bd. 14.

L. Feuerbach: Das Wesen des Glaubens im Sinne Luthers. Ein Beitrag zum »Wesen des Christentums« (1844), in: E. Thies (Hrsg.): Feuerbach, Werke in 6 Bänden, Bd. 4.: Kritiken und Abhandlungen III (1844–1866), Frankfurt 1975, 7–68.

J. G. Fichte: Grundlage des Naturrechts nach Prinzipien der Wissenschaftslehre, Jena-Leipzig 1796; Neudruck nach der 2. v. F. Medicus hrsg. Aufl. v. 1922: Hamburg 1960; Philos. Bibl. Bd. 256; eingel. u. mit Reg. vers. v. M. Zahn.

G. Flaubert: L' éducation sentimentale, [1]1843–1845; [2]1864–1869; dt.: Lehrjahre des Herzens; übers v. W. Widmer; München 1957.

A. France: Le manuscrit d' un médicin de village, in: Oeuvres complètes illustrés, 25 vol., 1925–1935; Bd. 5; dt.: Die Aufzeichnungen eines Landarztes, in: A. France: Erzählungen, übers. v. R. Maurer, Zürich 1975, 299–314.

J. G. Frazer: The Golden Bough; 3 Bde., London 1890; 10 Bde., London [3]1911–1935; abgek. Ausg. 1922; danach dt.: Der goldene Zweig. Das Geheimnis von Glauben und Sitten der Völker, Leipzig 1928; übers. v. H. v. Bauer.

S. Freud: Totem und Tabu (1912), in: Gesammelte Werke, Bd.9, Frankfurt[1] (London) 1944.

K. F. Geldner: Die zoroastrische Religion. Das Avesta, Tübingen 1926 (Religionsgeschichtliches Lesebuch, 1).

A. Gide: Les Nourritures terrestres; les nouvelles Nourritures, 1897; 1935; dt.: Uns nährt die Erde; übers v. H. Prinzhorn; in: A.

172

Gide: Romane und lyrische Prosa, hrsg. v. G. Schlientz, Stuttgart 1973, 7–113.

A. Gide: Journal 1889–1939, Paris 1948; dt.: Aus den Tagebüchern 1889–1939; übers. und ausgew. v. M. Schaefer-Rümelin, Stuttgart (Bücher der Neunzehn, Bd. 83) 1961.

M. R. Gilmore: Uses of plants by the Indians of the Missouri River Region. 33. Annual Report of the Bureau of American Ethnology 1911–1912, Washington 1919, 43–154.

M. R. Gilmore: The Ground Bean and its Uses. Indian Notes 2 (1925), 178–187.

H. v. Glasenapp: Die nichtchristlichen Religionen, Frankfurt (Fischer Lexikon 1) 1957.

R. A. Gould: Die Eingeborenen der Gibson-Wüste Australiens, in: E. Evans-Pritchard (Hrsg.): Bild der Völker, Bd. 1: Australien und Ozeanien, Wiesbaden 1974, 48–53.

J. Gray: Near Eastern Mythology, London 1969; dt.: Mythologie des Nahen Ostens; übers. v. J. Schlechta; Wiesbaden o. J.

Th. L. Heath: Aristarch of Samos, the ancient Copernicus, Oxford 1913.

G. W. F. Hegel: Phänomenologie des Geistes, Bamberg-Würzburg 1807; hrsg. v. J. Hoffmeister 1937; Philos. Bibl. Bd. 114, Hamburg [6]1952.

G. W. F. Hegel: Wissenschaft der Logik: 1. Bd.: Die objektive Logik, Nürnberg 1812; 2. Bd.: Die subjektive Logik oder Lehre vom Begriff, Nürnberg 1816; hrsg. v. G. Lasson, [2](erw.) 1934; Neudruck Hamburg 1963; Philos. Bibl. Bd. 56/57.

G. W. F. Hegel: Vorlesungen über die Philosophie der Religion (1821, 1824, 1827, 1831); eingef. v. Ph. Marheineke; hrsg. v. H. Glockner, in: Sämtliche Werke, in 20 Bänden, Bd. 15–16, Stuttgart-Bad Cannstatt [4]1965.

G. W. F. Hegel: Die Vernunft in der Geschichte (Vorlesungen von 1822, 1828, 1830 sowie Zusätze aus dem WS 1826/27); hrsg. v. J. Hoffmeister, [4]1955; Philos. Bibl. Bd. 124a; Hamburg 1962.

G. W. F. Hegel: Philosophie der Geschichte; Text nach der Ausg. v. F. Brunstäd; eingef. v. Th. Litt; Stuttgart (reclam 4881–85) 1961.

G. W. F. Hegel: Enzyklopädie der philosophischen Wissenschaften im Grundrisse, Heidelberg [3]1830; hrsg. v. F. Nicolin u. O. Pöggeler; Philos. Bibl. Bd. 33; Hamburg [6]1959.

M. Heidegger: Sein und Zeit (1926); Tübingen 1963.

Herodot: Historien (450 v. Chr.); Gesamtausgabe in 5 Bänden, übers. v. E. Richsteig; München (Goldmann Klassiker, 751, 767, 777, 787, 797) o. J.

R. B. Hill: Hanta Yo, New York 1979; dt.: Hanta Yo. Eine

Indianer-Saga; übers. ins Deutsche nach der amerik. Übers. aus der Dakotahsprache v. K. H. Hansen; Hamburg 1980.

W. Hirschberg (Hrsg.): Wörterbuch der Völkerkunde, Stuttgart (Kröners Tb. 205) 1965.

N. M. Holmer: Amerindian Structure Types. Observations on the System of Possessive and Personal Inflection in the American Indian Languages. Språkliga Bidrag, vol. 2, Nr. 6, Lund 1956.

E. Husserl: Cartesianische Meditationen und Pariser Vorträge, (deutscher Originaltext) 1952.

F. Jammes: Das Paradies der Tiere; aus dem Franz. übers. v. E. A. Reinhardt; Olten-Köln 1934; Neudruck in: F. Jammes: Der Hasenroman und Das Paradies der Tiere. Mit Zeichnungen von R. Seewald; West Berlin (Ullstein Tb. 204) 1958, 91–188.

F. Jammes: Gebete der Demut; übers. v. E. Stadler; Freiburg (Hyperion) o. J. Teilabdruck in: F. Jammes: Regung des Herzens. Eine Auswahl aus seinem Werk, zusammengestellt v. A. Kumpf; Leipzig 1965.

A. E. Jensen: Die getötete Gottheit. Weltbild einer frühen Kultur, Stuttgart-Berlin-Köln-Mainz (Urban Tb. 90) 1966.

C. G. Jung: Über die Psychologie des Unbewußten (1943), in: Werke, Bd. 7: Zwei Schriften über Analytische Psychologie, Olten-Freiburg 1964, 1–130.

C. G. Jung: Die Beziehungen zwischen dem Ich und dem Unbewußten (1928), in: Werke, Bd. 7: Zwei Schriften über Analytische Psychologie, Olten-Freiburg 1964, 131–264.

C. G. Jung: Theoretische Überlegungen zum Wesen des Psychischen (Der Geist der Psychologie, 1946), in: Werke, Bd. 8: Die Dynamik des Unbewußten, Olten-Freiburg 1967, 185–267.

C. G. Jung: Über den Archetypus unter besonderer Berücksichtigung des Animabegriffs (1936), in: Werke, Bd. 9, Teil 1: Die Archetypen und das kollektive Unbewußte, Olten-Freiburg 1976, 67–87.

C. G. Jung: Yoga und der Westen (engl. 1936), dt. in: Werke, Bd. 11: Zur Psychologie westlicher und östlicher Religion, Olten-Freiburg 1971, 571–580.

C. G. Jung: Zur Psychologie östlicher Meditation (1943), in: Werke, Bd. 11: Zur Psychologie westlicher und östlicher Religion, Olten-Freiburg 1971, 603–621.

C. G. Jung: Sigmund Freud als kulturhistorische Erscheinung (1932), in: Werke, Bd. 15: Über das Phänomen des Geistes in Kunst und Wissenschaft, Olten-Freiburg 1971, 43–51.

I. Kant: Kritik der reinen Vernunft, Riga 1781 (A); 1787 (B); hrsg. v. W. Weischedel: Werke in 12 Bänden, Frankfurt 1960–1964, Bd. 3–4.

I. Kant: Prolegomena zu einer jeden künftigen Metaphysik, die als Wissenschaft wird auftreten können, Riga 1783; hrsg. v. W. Weischedel: Werke in 12 Bänden, Frankfurt 1960–1964, Bd. 5, 109–264.

K. Kerényi: Arethusa. Über Menschengestalt und mythologische Idee (1941), in: Humanistische Seelenforschung, München-Wien 1966, 203–219.

S. Kierkegaard: Der Begriff Angst. Eine simple psychologisch-hinweisende Erörterung in Richtung des dogmatischen Problems der Erbsünde, von Vigilius Haufniensis; Kopenhagen 1844; übers. u. komm. v. L. Richter; Hamburg (rk 71) 1960.

L. Klages: Der Mensch und das Leben, Jena 1937.

P. Knauth: The Metalsmiths, New York 1973; dt.: Die Entdeckung des Metalls; übers v. J. Abel; bearb. v. J. Volbeding, Hamburg (rororo sachbuch 72) 1977.

K.-F. Koch: Die Jalé im Hochland Neuguineas, in: E. Evans-Pritchard (Hrsg.): Bild der Völker, Bd. 1: Australien und Melanesien, Wiesbaden 1974, 80–87.

W. Krickeberg: Altmexikanische Kulturen. Anhang: Die Kunst Altmexikos, Berlin 1975.

U. Krolzik: Umweltkrise – Folge des Christentums? Mit einem Vorw. v. G. Altner, Stuttgart-Berlin, 1979.

J. O. de Lamettrie: L' homme machine, Leiden 1748; dt.: Der Mensch als Maschine; hrsg. v. M. Brahn, Leipzig (Philos. Bibl.) 1919.

Laotse: Tao te king (ca. 550 v. Chr.); dt.: Tao te king. Das Buch des Alten vom Sinn und Leben; aus dem Chines. übers. v. R. Wilhelm (1910); Düsseldorf-Köln 1957.

C. Lévi-Strauss: Race et histoire, 1952; dt.: Rasse und Geschichte; übers. v. T. König; Frankfurt (st 62) 1972.

G. W. Leibniz: Die Theodizee (1710); übers. v. A. Buchenau, eingef. v. M. Stockhammer; Hamburg [2]1968; Philos. Bibl. Bd. 71.

H. Leisegang: Das Mysterium der Schlange. Ein Beitrag zur Erforschung des griechischen Mysterienkultes und seines Fortlebens in der christlichen Welt, in: O. Fröbe-Kapteyn (Hrsg.): Eranos-Jahrbuch 1939, Bd. 7: Vorträge über die Symbolik der Wiedergeburt in der religiösen Vorstellung der Zeiten und Völker, Zürich 1940, 151–250.

J. N. Leonard: The First Farmers, New York 1973; dt.: Die ersten Ackerbauern; übers. v. R. Hermstein; bearb. v. K. Lorenzen u. J. Volbeding, Hamburg (rororo sachbuch 71) 1977.

Liä Dsi: Das wahre Buch vom quellenden Urgrund. Die Lehren der

Philosophen Liä Yü Kou und Yang Dschou (ca. 350 v. Chr.);
übers. v. R. Wilhelm; Köln-Düsseldorf 1972.

J. London: Die Art des weißen Mannes. Erzählungen. Auswahl aus
den amerik. Originalausgaben: Love of life, Lost Face, The
Turtles of Tasman, The Night Born, On the Macaloa Mat; übers.
v. E. Magnus; München (dtv 1282) [1]1977.

A. Lorenzer: Die Wahrheit der psychoanalytischen Erkenntnis. Ein
historisch-materialistischer Entwurf; Frankfurt 1974; Neudruck:
Frankfurt (stw 173) 1976.

T. C. Mc Luhan: Touch the Earth, 1971; dt.: . . . wie der Hauch
eines Büffels im Winter. Indianische Selbstzeugnisse; übers. v. E.
Schnack; Hamburg 1979.

Th. Mann: Joseph und seine Brüder (1933–1943), Stockholm-Am-
sterdam 1948; Neudruck: Frankfurt-Hamburg (Fischer, Tb.
1183–1185) 1971.

F. Martini: Deutsche Literaturgeschichte von den Anfängen bis zur
Gegenwart, Stuttgart (Kröner, Tb. 196) [16] (erg.) 1972.

K. Marx: Die deutsche Ideologie. Kritik der neusten deutschen
Philosophie in ihren Repräsentanten Feuerbach, B. Bauer und
Stirner, und des deutschen Sozialismus in seinen verschiedenen
Propheten, 1845–1846; in: K. Marx-F. Engels: Werke; hrsg. v.
Institut für Marxismus-Leninismus beim ZK der SED; Bd. 3,
Berlin O. 1973, 9–530.

K. Marx: Thesen über Feuerbach (1888; veröff. v. F. Engels); Marx-
Engels-Werke; hrsg. v. Institut für Marxismus-Leninismus beim
ZK der SED; Bd. 3, Berlin 1973, 5–7; 533–535.

H. Miller: Nexus, Paris 1959; dt.: Nexus; übers. aus dem Amerikanischen v. K. Wagenseil; Hamburg 1961; Neudruck: Hamburg
(rororo 1242) 1970.

B. Möllhausen: Wanderungen durch die Prärien und Wüsten des
westlichen Nordamerika vom Mississippi nach den Küsten der
Südsee; eingef. v. A. v. Humboldt (1857); Neudruck: München
(Borowsky) o. J.

W. Müller: Die Religionen der Waldlandindianer Nordamerikas,
Berlin 1956.

W. Müller: Glauben und Denken der Sioux. Zur Gestalt archaischer
Weltbilder, Berlin 1970.

W. Müller: Geliebte Erde. Naturfrömmigkeit und Naturhaß im
indianischen und europäischen Nordamerika, Bonn 1972.

W. Müller: Indianische Welterfahrung, Stuttgart 1976.

I. Nicholson: Mexican and Central American Mythology, London
1967; dt.: Mexikanische Mythologie; übers. v. U. Buhle; Wiesbaden 1967.

F. Nietzsche: Die Geburt der Tragödie aus dem Geiste der Musik (1872); mit einem Nachw. v. H. Glockner; Stuttgart (reclam 7131–32) 1952.

F. Nietzsche: Also sprach Zarathustra. Ein Buch für alle und keinen (1883–1884: Teil I–III; 1885: Teil IV); München (GG Tb. 403) 1960.

F. Nietzsche: Der Wille zur Macht. Versuch einer Umwertung aller Werte (1887); ausgew. u. geordn. v. P. Gast u. E. Förster-Nietzsche; Stuttgart (Kröner Tb. 78) 1964; Nachw. v. A. Baeumler.

Origines: Gegen Celsus (ca. 248); aus dem Griechischen übers. u. eingel. v. P. Koetschau; in: Des Origines ausgew. Schriften, Bd. 2–3; Kempten-München 1926–1927; BKV Bd. 52–53.

F. Panzer (Hrsg.): Kinder- und Hausmärchen der Brüder Grimm. Vollständige Ausgabe in der Urfassung (1812); Neudruck: Wiesbaden (Vollmer-V.) o. J.

A. Parrot: Assur, München ²(durchges. u. erw.) 1972.

J. Passmore: Den Unrat beseitigen. Überlegungen zur ökologischen Mode, in: D. Birnbacher (Hrsg.): Ökologie und Ethik, Stuttgart (reclam 9983) 1980, 207–246.

C. Picard: Die Große Mutter von Kreta bis Eleusis, in: O. Fröbe-Kapteyn (Hrsg.): Eranos-Jahrbuch 1938; Bd. 6: Gestalt und Kult der »Großen Mutter«; Zürich 1939, 91–119.

Platon: Kratylos (ca. 390 v. Chr.), in: Sämtliche Werke, in der Übersetzung von F. Schleiermacher mit der Stephanusnumerierung, hrsg. v. W. F. Otto, E. Grassi, G. Plamböck; Bd. 2, Hamburg (rk 14) 1957, 123–181.

S. Radhakrishnan: A Hindu View of Life, London; dt.: Weltanschauung der Hindu; übers. v. R. Jockel; Baden-Baden 1961.

M. Raich: St. Augustinus und der mosaische Schöpfungsbericht, Frankfurt. zeitgem. Broschüren 1889.

R. M. Rilke: Werke in 3 Bänden, ausgew. u. hrsg. v. Insel-Verl., Frankfurt 1966.

M. Rock: Theologie der Natur und ihre anthropologisch-ethischen Konsequenzen, in: D. Birnbacher (Hrsg.): Ökologie und Ethik, Stuttgart (reclam 9983) 1980, 72–102.

K. Ross: Codex Mendoza. Aztekische Handschrift, Fribourg 1978.

Fray Bernardino de Sahagun (ca. 1550 n. Chr.): Historia general de las cosas de la Nueva España; daraus dt.: E. Seler: Einige Kapitel aus dem Geschichtswerk des Fray Bernadino de Sahagun, aus dem Aztekischen übers.; hrsg. v. C. Seler-Sachs; Stuttgart 1927.

J. P. Sartre: La nausée, Paris 1938; dt.: Der Ekel; übers. v. H.

Wallfisch; Stuttgart 1949; Neudruck: Hamburg (rororo 581) 1963.

F. W. J. Schelling: System des transzendentalen Idealismus (1800); hrsg. v. R. E. Schulz; eingel. v. W. Schulz; Hamburg 1957 (Philos. Bibl. 254).

R. Schneider: Verhüllter Tag. Bekenntnis eines Lebens. Köln 1959; Neudruck: Freiburg-Basel-Wien (Herder Tb. 42) 1961.

R. Schneider: Winter in Wien. Aus meinen Notizbüchern 1957–1958. Mit einer Grabrede von W. Bergengruen, Freiburg-Basel-Wien 1958.

A. Schopenhauer: Preisschrift über die Grundlage der Moral, *nicht* gekrönt von der Königlichen Dänischen Sozietät der Wissenschaften, Frankfurt 1841; in: A. Schopenhauer: Sämtliche Werke; 7 Bde.; nach der ersten v. J. Frauenstädt besorgten Gesamtausgabe bearb. u. hrsg. v. A. Hübscher, Bd. 4: Schriften zur Naturphilosophie und zur Ethik, Wiesbaden ³1972, 103–276.

A. Schopenhauer: Parerga und Paralipomena, Frankfurt 1850; in: A. Schopenhauer: Sämtliche Werke; 7 Bde.; nach der ersten v. J. Frauenstädt besorgten Gesamtausgabe bearb. u. hrsg. v. A. Hübscher, Bd. 5–6; Wiesbaden ²1946–1947.

L. Schultze-Jena: Alt-aztekische Gesänge, nach einer in der Biblioteca nacional von Mexico aufbewahrten Handschrift übers. u. erl. v. L. Schultze-Jena, nach seinem Tode hrsg. v. G. Kutscher, Stuttgart 1957; Quellenwerke zur alten Geschichte Amerikas, aufgezeichnet in den Sprachen der Eingeborenen, hrsg. v. der Ibero-Amerikan. Bibliothek, Berlin; Bd. 6.

Schwarzer Hirsch (Black Elk): Black Elk speaks, ed. by J. Neihardt, New York 1932; dt.: Ich rufe mein Volk. Leben, Visionen und Vermächtnis des letzten großen Sehers der Ogalalla-Sioux; übers. v. S. Lang; Olten-Freiburg 1965.

A. Schweitzer: Kultur und Ethik. Unter Einschluß von: Verfall und Wiederaufbau der Kultur, München 1960.

J. Schwermer: Was sagt die Psychologie zur Glaubenssituation des heutigen Menschen, in: Theologie und Glaube, 1979, Heft 2, 159–170.

Seattle, Rede des Häutlings Seattle in: The Washington Historical Quartery 22, Nr. 4, October 1931, Washington University State Historical Society, Seattle, Washington; dt. in: ferment 8/9, 1979: Schöpfung: Sakrament Natur – die Rede des großen Indianerhäuptlings Seattle im Jahre 1855; hrsg. v. P. H. Wallhof. Die getreuere Fassung überliefert W. Arrowsmith: Liberal Arts and Teacher Education, in: The American Poetry Review, Jan.–Febr. 1973, 23–26. Teilübersetzung bei E. Drewermann: Psychoanalyse und Moraltheologie, 3. Bd.: An den Grenzen des Lebens, Mainz 1984 (Einleitung).

L. Séjourné: Altamerikanische Kulturen; aus dem Franz. übers. v. M. u. C. Schneider, Frankfurt (Fischer Weltgeschichte 21) 1971.

E. Seler: Codex Fejérváry-Mayer. Eine altmexikanische Bilderhandschrift des Free Public Museums in Liverpool, erl. v. E. Seler, Berlin 1901.

A. Shaftesbury: Die Moralisten; übers. v. M. Frischeisen-Köhler, Leipzig 1909; Philos. Bibl. Bd. 111.

B. de Spinoza: Die Ethik nach geometrischer Methode dargestellt (1677); übers. u. komm. v. O. Baensch (^{2}1910); eingel. v. R. Schottlaender; Hamburg 1955; Philos. Bibl. Bd. 92.

H. J. Stammel: Die Indianer. Die Geschichte eines untergegangenen Volkes, Gütersloh 1977; Neudruck: München (Goldmann Sachbuch 11212) 1979.

H. J. Stammel: Indianer Lexikon, Gütersloh 1977; Neudruck:München (Goldmann Sachbuch 11216) 1979.

W. v. den Steinen u. M. Kirschstein (Übers.): Franz von Assisi: Die Werke, Hamburg (rk 34) 1958.

A. Stifter: Der Nachsommer. Eine Erzählung, 3 Bde., (1857); mit einem Nachwort v. E. Staiger, München (GG Tb. 1378–1380) o. J.

P. Teilhard de Chardin: Le phénomène humain, Paris 1947; dt.: Der Mensch im Kosmos; übers. v. O. Marbach; München ^{3}(verb.) 1959.

Tertullian: Das Zeugnis der Seele, in: Tertullians ausgew. Schriften; Bd. 1; übers. v. K. A. H. Kellner, Kempten-München 1912, 203–214; BKV Bd. 7.

J. E. S. Thompson: The Rise and Fall of Maya Civilization, Oklahoma 1954, dt.: Die Maya. Aufstieg und Niedergang einer Indianerkultur; übers. v. L. Voelker unter Mitarbeit v. G. Kutscher; eingel. v. G. Kutscher; Essen 1975.

L. Tolstoi: Anna Karenina (1877), übers. v. A. Scholz; München (GG Tb. 692–694) 1961.

E. Topitsch: Vom Ursprung und Ende der Metaphysik. Eine Studie zur Weltanschauungskritik, Wien 1958.

I. S. Turgenjew: Väter und Söhne (1862); übers. aus dem Russischen von M. v. der Ropp; in I. S. Turgenjew: Romane, Stuttgart (Parkland) 1974.

I. S. Turgenjew: Gedichte in Prosa (1877–1882), übers. v. E. v. Baer; in: Erzählungen 1857–1883. Gedichte in Prosa, München (Winkler) 1967, 867–934.

Voltaire: Candide, ou l'optimisme, traduit de l'allemand de Mr. le

docteur Ralph, 1759; dt.: Candide oder Der Optimismus; übers.
v. I. Lehmann; in: Voltaire: Sämtliche Romane und Erzählungen,
2 Bde., eingel. v. V. Klemperer; Frankfurt (insel tb. 209–210)
1976, 1. Bd., 283–390.

K. Vorländer: Geschichte der Philosophie. Mit Quellentexten, 5
Bände; gek. Ausgabe, Hamburg (rde 183; 193; 242; 261; 281)
1963–1967; bearb. v. E. Metzke u. H. Knittermeyer.

J. Weizenbaum: Computer Power and Human Reason. From Judg-
ment to Calculation, Cambridge (Mass.) 1976; dt.: Die Macht der
Computer und die Ohnmacht der Vernunft; übers. v. U. Rennert;
Frankfurt 1977.

T. H. White. The Book of Merlyn. The Unpublished Conclusion
for »The Once and Future King«; dt.: Das Buch Merlin. Das
bisher unveröffentlichte fünfte Buch von »Der König auf Came-
lot«; übers. v. J. Brender; nebst: F. Hetmann: Merlin. Porträt
eines Zauberers; ders.: Über T. H. White; Düsseldorf-Köln 1980.

W. Zimmer: Myths and Symbols in Indian Art and Civilization,
New York 1964; dt. Indische Mythen und Symbole; übers. v.
E. W. Eschmann; [1]1951; Neudruck: Düsseldorf-Köln 1972.

Nachtrag zu S. 165: Die hier abgedruckte, viel verbreitete Fassung
der Rede des Häuptlings Seattle ist in allen umweltbezogenen
Passagen eine freie Ausgestaltung des Textes, der am 29. Okt. 1877
von Dr. Henry Smith im »Seattle Star« veröffentlicht wurde. Die
Rede wurde 1856 vor Isaac Stevens, dem Gouverneur des Washington Territory gehalten, nicht vor dem Präsidenten F. Pierce, und sie
betont sehr stark den Zusammenhang mit den verstorbenen Ahnen.
Sie endet mit den Worten: »Auch die Toten haben Macht.«

Register

Eine der Seitenzahl zugefügte Hochzahl deutet die Nummer der Anmerkung an.

Autoren

Adler, A. 147
Albertus Magnus 78
Albrecht, U. 49[8]
Alfonso, J. M. 14[18], 15[20, 21], 49[5]
Alt, A. 71[33]
Altner, G. 75[53], 80[62]
Amery, C. 80[62], 125[36]
Ant, H. 28[61]
Aristarch 75[51]
Aristoteles 76
Assmann, J. 73[46]
Augustinus, A. 77[56], 91[91], 137

Bahrdt, H. P. 14[19]
Ball, I. 14[19]
Bartels, D. 30[69]
Benedict, R. 21[44]
Berkeley, G. 87[77]
Bernanos, G. 155
Bibelriether, H. 29[66, 67], 30[68]
Birnbacher, D. 108[127]
Blüchel, K. 34[82], 35[83, 84], 36[85, 87–89], 37[90–92], 38[94], 39[95, 96], 41[101, 102], 42[103], 44[106], 45[108]
Bosch, H. 131, 160
Brechtel, H. M. 29[66]
Briggs, B. B. 14[19]
Brinktrine, J. 77[56], 137[59]
Brockes, B. H. 77[57]
Bruno, G. 77
Brzoska, M. 49[8]
Buddha, Gautama 99
Büdeler, W. 56[29]
Burschel, P. 29[66]

Camus, A. 88[83–86], 89[87]
Caso, A. 125[35]
Celsus 76

Cicero, M. T. 68[21], 69[22, 23]
Claudel, P. 156
Claudius, M. 123[34]
Commoner, B. 16[24], 50[10], 53[19], 54[21, 22], 55[26, 27], 56[29, 30], 59[36]
Copway, G. 153[18]

Darwin, Ch. 77, 99, 128, 137
Degenhardt, J. J. 109
Delumeau, J. 140[66]
Descartes, R. 65[12], 86[72], 87[76], 90, 91[91], 136
Diels, H. 68[19], 69[23]
Dostojewski, F. M. 85[70], 86[71, 73], 143[2], 156
Drewermann, E. 71[34], 94[96], 103[118], 105[119–121], 106[122], 107[124], 113[5], 115[11], 116[14–16], 120[22], 126[39], 129[47], 131[50], 134[52], 138[62], 140[67]
Dschuang Dsi 133[51]

Edey, M. E. 69[27]
Ehrhardt, M. 26[55]
Eibl-Eibesfeldt, I. 137[58], 138[63]
Eliade, M. 119[20]
Empedokles 69[23]
Engels, F. 63[5]
Ernst, D. 49[8]
Eppler, E. 50[9], 59[34]
Eratosthenes 74[51]
Erz, W. 44[107], 59[55]
Exupéry, A. de Saint- 83[65], 84[66]

Farb, P. 20[36], 23[46], 24[48], 43[105]
Fechter, H. 40[100]
Feinberg, J. 98[105]
Feuerbach, L. 135[53]
Fichte, J. G. 96[99], 97[100–103], 98[104, 105], 99[106, 107]
Fischbeck, K. 60[41]
Flad-Schnorrenberg, B. 31[73]
Flaubert, G. 155[20]

France, A. 112[2]
Franziskus von Assisi 105, 108–109
Frazer, J. G. 70[30]
Freud, S. 137[57], 147

Galilei, G. 77
Geldner, K. F. 100[112]
Gide, A. 156[21, 22]
Gilmore, M. R. 118[17], 123[31]
Glasenapp, H. v. 71[39]
Glubrecht, H. 61[43]
Goethe, J. W. v. 89
Gould, R. A. 151[15]
Graßhoff, K. 26[55]
Gray, J. 74[49]
Grimme, L. H. 57[32]
Gruhl, H. 11[10], 18[29], 30[70], 31[72],
    33[76, 77], 48[3], 49[6], 61[42], 62[45]
Grzimek, B. 42[103]
Günther, I. 44[107], 59[35]

Hartmann, L. 58[33]
Hatzfeldt, H. 55[25]
Haubold, E. 146[5]
Hayn, D. 54[24]
Heath, Th. L. 75[51]
Heck, H. D. 58[33]
Hegel, G. W. F. 63[2-4, 6], 67[16], 69[24],
    72[37], 73[42], 126[39], 149[11]
Heidegger, M. 88[81]
Herodot 68[18]
Hill, R. B. 84[67]
Hirschberg, W. 21[44]
Hoffmann, H. 60[38-40]
Holmer, N. M. 122[27]
Husserl, E. 87[79]

Jammes, F. 156, 157[23], 158[24-27],
    159[28], 160
Jensen, A. E. 113[4, 5], 114[6, 7]
Jung, C. G. 138, 146[6], 147[7, 8], 148[10],
    152[16]
Jungk, R. 57[31]
Justin 134[52]

Kaiser, R. (Global 2000) 11[9], 13[16],
    30[70], 33[78]

Kalberlah, F. 110[133]
Kant, I. 65[10], 87[78]
Kerényi, K. 67[16]
Kierkegaard, S. 88[82]
Kirschstein, M. 108[128-131]
Klages, L. 87[74, 75]
Klee, O. 58[33]
Klugmann, U. 54[23]
Knauth, P. 69[26]
Knösel, D. H. 29[67]
Koch, K. F. 114[7]
Konfuzius 132
Kopernikus, N. 77
Kranz, W. 68[19], 69[23]
Krapp, F. 40[99]
Krause, K. P. 21[43]
Krebs, W. 40[98]
Krickeberg, W. 115[11]
Krolzik, U. 63[7], 69[24], 74[50], 80[61]
Kuhn, W. 58[33]

Lamettrie, J. O. 140[69]
Lampe, K. J. 33[78]
Laotse 111[1], 133
Leibniz, G. W. 78[59], 136
Leisegang, H. 119[21]
Lévy-Strauss, C. 9[1]
Leonard, J. N. 69[25]
Liä Dsi 94[97], 154[19]
Lock, P. 49[8]
London, J. 124
Lorenzer, A. 138[64]
Luhan, T. C. Mc 108[126], 119[18],
    140[70], 141[71]

Mann, Th. 67[13]
Mann-Borgese, E. 39[95], 57[32]
Martin-Edingshaus, L. 50[11]
Martini, F. 77
Marx, K. 63[1, 7], 64[8], 138[64]
Matzke, O. 11[10]
Mauriac, F. 155–156
Meadows, D. 9[2]
Meermann, H. 27[59]
Mensching, H. 33[78]

Mesarović, M. 9[4], 10[5-7], 11[9], 13[14, 15], 47[1, 2]

Michelsen, G. 110[133]

Miller, H. 141, 142[72]

Minucius Felix 76[55]

Mirow, K. R. 16[24], 32[74]

Möllhausen, B. 122[26]

Müller, K. 31[71, 72]

Müller, W. 40[97], 64[9], 68[17], 70[31], 107[125], 110[134], 114[8], 116[12, 14], 117, 118[17], 121[24, 25], 122[26-28], 123[30, 32], 140[68], 151[13-14], 153[17, 18]

Natorp, K. 12[13]

Neuhaus, I. 105[119]

Nicholson, I. 114[6]

Nietzsche, F. 127[40-42], 128[43-46], 136[56], 137, 147

Nowotny, K. A. 123[33]

Origines 76[54]

Parrot, A. 67[14]

Passmore, J. 108[127], 125[36]

Pestel, E. 9[4], 10[5-7], 11[9], 13[14, 15], 47[1, 2]

Picard, C. 70[29]

Pirchner, F. 20[37, 40]

Platon 104

Plochmann, R. 71[32]

Protagoras 68

Pythagoras 91[92]

Radhakrishnan, S. 113[3], 133

Raich, M. 137[60]

Rilke, R. M. 89[88]

Rock, M. 143[1]

Ross, K. 69[29], 115[11]

Ruppe, H. H. 54[24]

Sartre, J. P. 88[80]

Sahagun, Fray B. de 113[5]

Scharring, H. D. 54[20]

Schelling, F. W. J. 65[11]

Schikora, G. 32[73]

Schneider, R. 112[2]

Schopenhauer, A. 99[108], 100[111], 101[113-115], 102, 111, 112, 128, 136[54], 137, 147

Schott, F. 26[56], 38[93], 57[32]

Schröder, W. 34[79-81]

Schultze-Jena, L. 46

Schwarzer Hirsch (Black Elk) 40[97], 94[96], 108[131], 118, 119[18], 151[12], 152, 153[17]

Schweitzer, A. 102[116-117], 111, 112

Schwermer, J. 140[66]

Seattle 161-165

Sejourné, L. 120[23]

Seler, E. 113[5], 115[11]

Sellin, H. 49[8]

Shaftesbury, A. 89, 90[90]

da Silva, L. 48[4]

Spinoza, B. de 92[93-95], 93, 126[38]

Stammel, H. J. 40[97], 136[55]

Standing Bear 81, 107, 136, 140

Stein, A. 58[33]

Steinen, W. v. den 108[128-131]

Steinert, H. 32[75]

Stern, H. 18[27, 31], 30[69]

Stifter, A. 130[48]

Tatangi Mani 107

Teilhard de Chardin 78[60]

Tertullian 148

Thompson, J.E.S. 126[37]

Thörner, I. 31[71, 72]

Tolstoi, L. 89[89]

Topitsch, E. 115[9, 10]

Traum, G. 58[33]

Turgenjew, I. S. 85[68, 69]

Vester, F. 9[2, 3], 13[16], 14[17], 16[22, 23], 17[25, 26], 18[29, 39], 19[32-35], 20[38, 39], 21[41, 42], 23[45, 46], 24[49, 50], 25[52-54], 26[55, 57], 27[58, 59, 60], 28[63, 64], 29[65], 60[37]

Volk, H. 93

Voltaire (François Marie Arouet) 78[58]

Vorländer, K. 90[90]

Weigt, E. 49[7]

Weizenbaum, J. 139[65]

183

White, T. H. 7
Winnacker, K. 50[10], 51[12-14], 53[17, 18], 54[23]
de Witt, S. 55[25]
Wulff, H. 49[8]

Xenophanes 68[19]

Zimmer, H. 67[15]

Sachen und Sachverhalte

Abfall 22, 23, 24, 26
Abgase 28, 29
Absurdität des Daseins 89
Abwässer 17, 18, 23, 24, 25
Ackerbau, Anfänge des 69, 70, 71, 72
Ägypter 67, 71, 73, 74
Angst 104, 132, 139, 141
anima 147
Anthropozentrik
  christlich 71, 75, 76, 77, 78, 79, 80, 88, 89, 93, 94, 95, 96, 99, 100, 101, 109, 127, 128, 134, 135, 153
  jüdisch 71, 72, 73, 74, 93, 94, 95, 96, 99, 100, 101, 104, 109, 127
  philosophisch 62, 63, 64, 65, 68, 91–93, 96–99
Apologetik, frühchristliche 76
Araber 76
Arbeitslosigkeit 12, 13, 48
Archetypenlehre 138
Atheismus 88, 100, 134, 144, 145, 152, 154, 161
Auto 18, 23, 24, 60
Azteken 113[5], 114[6], 123, 125

Babylonier 67
Bärenkult 145
Baum in der Mitte des Gartens 104
Beseeltheit aller Dinge 158
Blumenkriege 114
Buddhismus 99, 101, 146

Chemikaliengesetz 110
Chinesen 70, 94, 95
Christentum 7, 22, 66, 71, 75, 76, 77, 82, 83, 84, 85, 92, 100, 101, 106, 110, 112, 113, 114, 116, 126, 127, 130, 132, 133, 134, 135, 136, 137, 138, 139, 140, 142, 143, 147, 148, 149
– und Naturwissenschaft 77, 79

Dakota-Indianer 107, 121, 122, 123, 140–141
DDT 19
Desertifikation 33
Deutscher Idealismus 105, 130
Duwamish-Indianer 160

Egozentrik 143
Ehrfurcht vor dem Leben 102, 111
Einheitsdenken 90, 95, 96, 101, 104, 105, 106, 108, 109, 111, 136, 137, 141, 153, 156, 158, 159, 160–165
Eisenherstellung 69
Energieversorgung 50
  Atomenergie 51
  – Gefahren der 53, 54
    Kernspaltung 50, 51
    Kernfusion 51, 52
      Laser 52
      Tokamak 52
  Kohle 50
  Öl 26, 27, 28, 58
  Sonnenenergie 55, 56
Entwicklungshilfe 48, 49
Entwicklungsländer 9, 11, 12, 33, 48, 49, 58, 59
Erbsündenlehre 106, 132
Evolution(slehre) 77, 78, 99, 136, 152
Existentialismus 87, 88

Fischfang 38, 39
Fortschritt(sglauben) 7, 75, 126, 130, 154

Geburtenregelung 10, 47, 48
Gefühle

184

– Erziehung der 155
– Unterdrückung der 134, 135, 139, 149
Geschichte 68, 125
  biblisch 124, 125, 126, 128, 131
  mythisch 124, 125, 127
Gesellschaft als Gottesersatz 135, 138
Gesetzgebung 58, 59
Gleichgewicht von Tod und Leben 112, 113, 114, 115, 117, 119
Gott 72, 73, 74, 135, 137, 143, 164, 165
– der Väter 71
Griechen 67, 68, 70, 74, 76, 124, 128
Große Mutter 70, 72, 145

Harmonie (s. Gleichgewicht, Melodie) 114, 115, 117
»Herrschaft« über die Natur 7, 79, 82, 83, 87
Hinduismus 99
Hunger 11, 12, 13

Inder 71, 95, 96
Indianer 70
  indianische Weltsicht 81–83, 84, 107, 108, 110, 117, 118, 119, 122, 123, 124, 125, 140, 141, 152, 153, 160–165
  indianische Geschichtsauffassung 125, 126
Industrialisierung 15, 48
Industrienationen 9, 48, 49
Initiationsfeier 113
Insektenbekämpfung 16, 17, 19
Islam 95, 112

Jagd 34, 35, 36, 37, 38, 40, 59, 98
  Abschlußzahlen 35, 36, 37
  Bison, Ausrottung des 40, 163, 164, 165
jahwistische Urgeschichte 103, 104, 105, 106, 129, 130, 131, 157, 160
Jainas 103

Kirche, katholische 10, 22, 110, 116, 143[2], 144, 148, 154, 160

Kolonialismus 148
Kontingenz 88
Kopfjagd 112, 113
Kreislauf 117, 118, 119, 120, 124, 126, 127, 129, 130
Kreuz als axis mundi 116
Kunst als Erzieherin 155 ff.
Kunstdünger 15, 16, 17, 19

Landwirtschaft 15, 56
Lebensphilosophie 87
Logos 67, 124
Luft 163 (s. Abgase)
Luftverschmutzung 18

Märchen
  Frau Holle 105
  Schneeweißchen und Rosenrot 116
Marxismus 63, 64, 81, 125[36], 126, 138
Massentierhaltung 17, 20, 110
Maya 125
mechanistisches Weltbild 136, 139
Meditation 146, 153
Meer 26, 27, 28
Melodie der Welt 120, 123, 124, 157, 159
Menschenopfer 112, 113, 114
Mitleid, universelles 101, 111, 112, 115, 156, 158, 159
Mitleidlosigkeit gegenüber der Kreatur 93
Mixteken 125
Moralismus 136, 139, 142, 143, 144
Mythos 67, 103, 115, 124–127, 134, 139, 151

Naturfremdheit 85–87, 107
neolithische Revolution 69
»Nützlinge und Schädlinge« 82, 83, 97

Ogalalla-Sioux 117, 118, 119, 152, 153
ökologisches Gleichgewicht
– Störung des 43
  B.: Kaninchen 43, 44

Orpheus 105
Ouroboros 119

Paradieserzählung 103, 129, 157
Pelz- und Lederwarenhandel 37, 38
Pessimismus, metaphysischer 111
Pflanzenschutzmittel 15, 16, 56
Priesterschrift 103
Protestantismus 88, 148, 149

Rationalismus 134, 137
Renaissance 76, 77, 79
Revolte, metaphysische 88
Römer 68, 69, 71
Rüstung 49

Säkularisation 7, 80, 149
Schatten (tiefenpsychologisch) 147
Schiffsbau 69
Schlangensymbol 119, 131
Scholastik 76
Schönheit der Natur 89, 127
Seelenlosigkeit 132, 142, 149
Shiva Nataraja 120
Skeptizismus, erkenntnis-theoreti-
  scher 87
Sozialismus 144, 146, 149
Soziokosmismus 115
Sprachwissenschaft
  Hochsprachen
    flektierend 121
  Naturidiome
    polysynthetisch 121
  Ergozentrik 122
  Pathozentrik 123, 126, 127
Städtebau 59, 60, 61
Stoney-Indianer 107
Straßenverkehr
– Wildverluste durch 44, 59

tabula-rasa-Theorie 138
Taoismus 95, 111, 132, 133
Tenochtitlan 115
Theodizee 78
Tiefenpsychologie 146, 147, 149,
  150, 152, 153, 154, 155

Tiere
  als Automaten 91
  als Partner eines Dialoges 104,
    105, 157
  als rechtlose Objekte 92, 96–99
  als Rohstoffe 93
Tierhandel 41, 42
Tieropfer 112, 114
Tierschutz
  nicht in der Bibel 100, 101
  in der Zoroaster-Religion 100
Tiertöterskrupulantismus 94[96]
Tierversuche 109, 110
Tilantongo 125
Tod 88, 129
Tragik 128
Traum 150, 151, 152, 161
Traumzeit 151, 154
Triebunterdrückung 132, 136, 137

Überbevölkerung 11, 12, 13, 14, 23,
  47, 48, 61, 147
Überschußproduktion 21
»Umwelt« 64, 65, 109, 142
Unbewußte, das
– Verdrängung des 65, 134, 135,
  137, 138, 139, 144

Vegetarismus 57, 91[91], 96
Verhaltensforschung 137, 138
Verstädterung 13, 14, 15, 48, 59, 69
Verstandeseinseitigkeit 7, 65, 134,
  135, 141, 147, 161
Vivisektion 109
Vorsehung, göttliche 75, 76, 77, 78

Wachstum, Grenzen des 9, 10
Wald 29–33, 34, 35, 59
  Bedeutung 29
  Dichtestruktur 34
– wirtschaft 30
– zerstörung 30, 31, 69
    Amazonas 31, 146
    Nepal 31, 32
Wasser 162

Xolotl 123

Zivilisation 9
  Zivilisationsparameter 9
Zivilisationskrankheiten 29

Bibelstellen

AT

Gen 1, 3	123
Gen 1, 28	72[38], 74[50], 103
Gen 2, 15	73[40], 103[118]
Gen 2, 19	104
Gen 2, 4b–25	129[47]
Gen 3, 8	130
Gen 3, 18	105[120]
Gen 3, 19	129
Gen 4, 17	105[121]
Gen 8, 21.22	129
Gen 9, 27	119[19]
Gen 28, 10–19	150
Dtn 7, 13	73[44]
Dtn 25, 4	100[110]
Jes 11, 1–9	106[123]
Jer 31, 12	73[44]
Hos 2, 10–15	72[36]
Hos 2, 10.24	73[44]
Hos 3, 20	106[123]
Ps 8, 4	73[43]
Ps 8, 7	72[38]
Ps 19, 2–5	123
Ps 19, 2–7	73[43]
Ps 29, 3–10	73[48]
Ps 50, 10–13	72[39]
Ps 59, 7.15	96[98]
Ps 81, 17 ·	73[45]
Ps 104	73
Ps 110, 1	74[50]
Ps 126, 4	74[47]
Ps 147, 14	73[45]
Spr 12, 10	100[109]
Hiob 5, 22	106[123]
Hiob 9, 7–10	73[43]
Hiob 36, 26–37, 13	74[48]
Hiob 38–39	73[41]
Hiob 40, 6–41, 26	73[41]
Dan 2	150

NT

Mt 1; 2	150
Mk 1, 13	106[123]
Röm 8, 19–22	75[53]
Phil 3, 20	116[13]
Kol 1, 16	75[52]

Nachwort zur 3. Auflage

Die erfreulich rasche 3. Auflage dieses Buches erlaubt und erfordert es, in einem kurzen Nachtrag auf einige Fragen einzugehen, die offenbar immer wieder einem größeren Leserkreis bei der Lektüre gekommen sind, sowie einige wichtige Fakten nachzutragen, die sich in den letzten zwei Jahren auf dem Gebiet der Ökologie ergeben haben.

1. Ist die Bibel »naturfeindlich«?

Vor allem die Mitschuld, die in den vorliegenden Untersuchungen dem Christentum, insbesondere dem biblischen Weltbild an der bestehenden ökologischen Krise gegeben wird, hat manche Leser erschrocken und einige Fachkollegen zum Widerspruch verlockt. Geltend gemacht wird, daß es doch auch »umweltfreundliche« Texte in der Bibel gebe, so z. B. die Psalmen, in denen die Sonne, die Vögel und die Bäume zum Lobpreis Gottes aufgefordert werden, wie Ps 148, oder in denen Gott wegen der Wohltaten an seinen Geschöpfen gepriesen wird, wie in Ps 147. Andere verweisen auf die eindrucksvollen Bilder der Naturpoesie im Hohen Lied der Liebe (z. B. Hld 2,11–14). Zitiert wird eine Stelle aus dem Propheten Habakuk (2,17), wo es heißt: »Der Frevel am Libanon (sc. die Abholzung der Wälder, d. V.) wird auf dir lasten, und die Vernichtung der Tiere wird dich erdrücken« (vgl. Jes 14,8), – ein scheinbar sehr ökologiebewußter Text. Oder man erinnert an den naturmythologischen Bezug, den manche Einrichtungen und Riten des israelitischen und christlichen Kultes besitzen: ist nicht der siebenarmige Leuchter ein Bild für die Sonne, den Mond und die Planeten?, der Davidstern nicht ein Symbol der Fruchtbarkeit, in dem das aufwärts gerichtete männliche und das abwärts gerichtete weibliche Dreieck einander durchdringen?, usw. Hingewiesen wird vor allem auf die positive Wertung, die in diesem Buche selbst der Paradieserzählung des Jahwisten zugemessen wird (s. o. S. 103–105), und zugleich wird an andere mythische Vorstellungen auch in der Bibel über die Wesensverwandtschaft von Mensch und Erde im Kulturland erinnert.[1]

Es ist wahr: kein Volk, das tausend Jahre lang in der Geschichte lebt, wird so roh und gefühllos, so egozentrisch und zugleich so selbstzerstörerisch sein können, daß ihm die Schönheit, mindestens die Nützlichkeit der es umgebenden Natur gänzlich verborgen bleiben könnte. Und doch läßt es sich nicht leugnen, daß die Religion des Alten Testamentes zum ersten Mal den Menschen radikal aus der Natur herausgelöst[2] und sich mit äußerster Schärfe gegen die mythische

---

[1] Vgl. M. Buber: Biblisches Zeugnis (1945), Werke in 3 Bden., Bd. 2, München–Heidelberg 1964, 1003; E. Drewermann: Strukturen des Bösen. Die jahwistische Urgeschichte in exegetischer, psychoanalytischer und philosophischer Sicht, 3 Bde., Paderborn ³(erw.) 1981, 1. Bd., 138.

[2] Gewiß gibt es Vorbilder für alles. So liest man in der ägyptischen Literatur in der Lehre für Merikare (erhalten aus der 18. Dyn., entstanden in der 2. Hälfte des 3. Jtsd.'s): »Wohl besorgt sind die Menschen, das Vieh Gottes. Er hat Himmel und Erde nach ihrem Wunsche gemacht; er hat den Dunst (?) nach Wasser gestillt; er hat die Luft gemacht, damit ihre Nasen leben. Sie sind seine Abbilder, die aus seinen Gliedern hervorgegangen sind. Er geht am Himmel auf nach ihrem Wunsche. Er hat die Pflanzen für sie gemacht, und die Tiere, Vögel und Fische, um sie zu ernähren.« A. Erman: Die Literatur der Ägypter. Gedichte, Erzählungen und Lehrbücher aus dem 3. und 2. Jahrtausend v. Chr., Leipzig 1923, 118–119. Das entspricht in etwa dem Gedanken der Gottebenbildlichkeit des Menschen in der Schöpfungsgeschichte der Priesterschrift (Gn 1,26) und dem Gedanken der Dienstbarkeit aller Schöpfungseinrichtungen für den Menschen. Es gibt in den »Klagen des beredten Bauern« aus dem Mittleren Reich sogar eine wenig beachtete Stelle, an welcher der verzweifelte Bauer den Obergütervorsteher Rensi mit den Worten anfleht: »Obergütervorsteher, mein Herr! du Größter der Großen, du Führer von dem, was nicht ist und von dem, was ist« (a.a.O., 161), – eine Formel, die an den Satz des Protagoras erinnert von dem Menschen als dem Maß aller Dinge, »der seienden, daß sie seien, und der Nichtseienden, daß sie nicht seien«. Aber die Ähnlichkeit solcher Gedankengänge darf den Wesensunterschied nicht vergessen ma-

Vergöttlichung der Welt gerichtet hat. Aus Angst vor der ständig drohenden Gefahr der mythischen Weltsicht ist die Natur für die Religion der Bibel kein autochthoner Ort der Gotteserfahrung, und ihr Ziel ist es nicht, den Menschen, wie die Religiosität der Mythen, in die umgebende Natur einzuordnen, sondern, im Gegensatz zur äußeren Natur, die menschliche Geschichte als die eigentliche Stätte göttlichen Wirkens zu deuten und transparent zu machen. Gott als der Herr der menschlichen Geschichte ist auch Herr über die Götzen, also auch Herr über Kräfte der Natur, – erst in der Konsequenz dieses absoluten Machtanspruchs Jahwes wird auch die Natur für die Bibel zum Gegenstand theologischer Reflexion. Der Grundansatz aber bleibt in Israel durch die Jahrhunderte derselbe: die Naturgeschichte ist nicht das umgreifende Terrain der Menschengeschichte, sondern umgekehrt: die Geschichte Gottes mit den Menschen bzw. die Geschichte Gottes mit einem einzigen Volk unter den Menschen ist der Horizont, innerhalb dessen die Naturgeschichte zum entgötterten Ort des Machtanspruchs Jahwes erklärt wird.

Von daher ist es durchaus kein Widerspruch, sondern eher eine zusätzliche Bestätigung unserer These von der vollkommenen Anthropozentrik der biblischen Weltsicht, wenn an einigen, im übrigen sehr wenigen Stellen auch die Kräfte der Natur zum Lobpreis Gottes aufgefordert werden. In solchen Texten zeigt sich keinesfalls, wie man gern glauben machen möchte, die ursprüngliche Einheit und Verwandtschaft von Mensch und Natur, – es zeigt sich allein der endgültige Triumph des Gottes Israels, dessen Eigentum alles ist, was auf Erden lebt. Nur so ist das erstaunliche Faktum verständlich, daß in einer so ausgeprägt juridischen Religion wie der

chen: die ägyptische Religion lebt mit der Natur als dem unendlich reichen und vielfältigen Spiegelbild des Göttlichen, – Meri-ka-Re selbst trägt einen Namen, der ihn als die »geliebte Seelenkraft des Sonnengottes« ausweist; die bilderlose Religion der Bibel aber ist ein einziger Protest *gegen* dieses ägyptische Einheitsdenken, und eben dies ist die eigentliche Geburtsstunde der israelitischen Anthropozentrik in ihrer Größe und in ihrer Gefahr.

alttestamentlichen im Verlauf von rund 1000 Jahren überlieferter Geschichte und in einem Wust von vielen hunderten von Gesetzen ein eigentlicher Naturschutz bis auf die erwähnten spärlichen Ausnahmen (s. o. S. 100) kein Anliegen ist. Die kultische Einteilung in reine und unreine Tiere, eine endlose Kette von Speisevorschriften und alle möglichen Bestimmungen gegen Sodomie – das ist der Kontext, innerhalb dessen ein Theologe die Namen der Tiere auf Hebräisch kennenlernt.

Unter diesen Umständen kommt es einer Verzweiflungsauskunft gleich, wenn Exegeten mit Stellen wie z. B. Hab 2,17 die Naturfreundlichkeit der Bibel unter Beweis stellen wollen, – das Unterfangen kann nur gelingen, wenn man nicht einmal den zitierten Satz selbst vollständig aufgreift; man würde dann sogleich sehen, daß es selbst einer solchen scheinbar »umweltfreundlichen« Stelle der Bibel einzig um den Menschen zu tun ist: »um der Blutschuld an den Menschen willen« ist die »Gewalt an der Erde« als ein Frevel zu betrachten; nicht der Tiere und der Pflanzen selbst wegen, sondern allein wegen der Folgen für den Menschen ist die Zerstörung der Natur ein gottwidriges Verbrechen für den Propheten. Eben diese Anthropozentrik der Naturbetrachtung aber ist eine der Hauptursachen der heutigen Naturzerstörung – der rechtlich unbegrenzten und faktisch sich ständig erweiternden Ausdehnung des Menschen auf Kosten der Natur. In *diesem* Sinne ist das Wort von Gn 1,28 (»Macht euch die Erde untertan und herrschet über die Fische im Meer und die Vögel des Himmels, über das Vieh und alle Tiere«) in der Tat das zusammenfassende Programm der Wirkungsgeschichte des biblischen Mittelpunktdenkens über die Stellung des Menschen im Kosmos.

Einzig gewisse mythische Restvorstellungen oder tradierte mythische Fragmente, die sich trotz allem im Alten Testament finden, atmen tatsächlich noch den alten Geist einer ursprünglichen Einheit von Mensch und Natur; aber ihre Botschaft ist entweder, wie an vielen Stellen der Psalmen, auf ein ästhetisches Stilmittel reduziert, oder sie sind theologisch im Alten Testament so gut wie schlafend geblieben.

Die Schöpfungsgeschichte der *Priesterschrift* z. B. kann noch in Gn 1,30 ausdrücklich die Tiere und die Vögel dem Menschen als Nahrung verbieten; erst nach der Sintflut, in Gn 9,1–3, ist die Rede von dem Schrecken, den die Menschen nunmehr über die Kreatur verbreiten werden, und ausdrücklich wird jetzt die friedliche Koexistenz von Mensch und Tier, der Vegetarismus der ursprünglichen Schöpfungsordnung, zurückgenommen; die Ahnung hat sich also auch in der Bibel erhalten, daß es eine urtümliche Schuld darstellt, Tiere zu töten und Blut zu vergießen; aber dieser »Tiertöterskrupulantismus«, der in vielen Stammeskulturen noch heute anzutreffen ist, hat im Alten Testament niemals eine ethische Konsequenz erlangt.

Das gleiche gilt von der *jahwistischen* Schöpfungsgeschichte, deren Größe gerade darin liegt, daß in ihr die menschheitlichen Motive der Urzeitmythen der Völker von der Einheit zwischen Mensch und Natur einmal ohne die übliche Mythenfurcht des Alten Testamentes aufgegriffen werden. Wie wenig gewohnt diese Anschauungen sind, zeigt sich am eindringlichsten in den Mißverständnissen, denen gerade diese Texte in der historisch-kritischen Exegese, dieser modernen Spätblüte des biblischen Historismus, ausgesetzt sind. Selbst eine so wunderbare Stelle wie Gn 2,20, die davon erzählt, wie der Mensch den Tieren als Gefährten seiner Sehnsucht nach Liebe »Namen« gibt, wird in der typischen Manier unseres Denkens einmütig in den Bibelkommentaren als magische Herrschaft des Menschen über die Natur gedeutet.[3] Von den Naturvölkern könnte man lernen, was dieses von der biblischen Religion nie wirklich akzeptierte Motiv des Zwiegesprächs zwischen Mensch und Tier bedeutet; man wüßte dann ein für allemal, daß nicht Aneignung und Herr-

[3] Vgl. dagegen: E. Drewermann: Strukturen des Bösen, 1. Bd., Nachwort zur 3. Aufl.: Von dem Geschenk des Lebens oder: das Welt- und Menschenbild der Paradieserzählung des Jahwisten (Gn 2,4b–25), 375–378.

schaft, sondern die zärtliche Suche nach der rechten Form der Wesensvernahme und Anrede das ursprüngliche Verhältnis des Menschen zur Natur bestimmen könnte. Israel hingegen hätte sich geweigert, auch nur die Liebeslyrik des Hohen Liedes in sein heiliges Buch aufzunehmen, wäre nicht durch die Schriftauslegung eines Philo von Alexandrien der Weg dazu freigemacht worden, selbst in der Poesie der Liebe zwischen Frau und Mann lediglich einen allegorischen Gesang auf die Beziehung des Menschen zu seinem Schöpfer zu erblicken. Die Naturfremdheit, ja Naturfeindschaft der Bibel gegenüber den Pflanzen und Tieren ringsum wie gegenüber dem »Animalischen« in der menschlichen Psyche war historisch wohl der offenbar unerläßliche Kaufpreis für die unverzichtbare, wesentliche und wahre Lehre von der absoluten Transzendenz Gottes und der einmaligen Bedeutung des geschichtlichen Handelns; aber es besteht wenig Grund, die anthropozentrische Einseitigkeit des biblischen Weltbildes auch in der Gegenwart noch beizubehalten oder zu verteidigen, wo man den Schaden in der Wirkungsgeschichte dieses Ansatzes ein für allemal klar erkennen kann.

2. Ist durch Christus wirklich »alles anders«?

»Aber durch Christus ist doch die ganze Welt erlöst und angenommen worden«, lautet ein Einwand, der in vielen Diskussionen an dieser Stelle oft gemacht wird. Man mag wohl zugeben, daß die Religion des Alten Testamentes in ihrer Naturfremdheit den Menschen einseitig in den Mittelpunkt der theologischen Betrachtung gerückt hat; aber aus Gründen der Pietät zeigt man sich tief betroffen, wenn auch das Christentum von diesem Vorwurf nicht ausgenommen werden soll, und man fühlt sich im Namen des Glaubens offenbar geradezu verpflichtet, die christliche Religion gegenüber solchen Verdächtigungen wie dem Vorwurf einer generellen Naturfeindschaft verteidigen zu müssen. Aber bei diesem Bemühen begeht man gleich zwei Denkfehler auf einmal.

Zum einen ist es aus theologischen Gründen nicht nur überflüssig, sondern schlechtweg falsch, die Wahrheit des Christentums so zu verstehen, als ob in der Botschaft des Neuen Testamentes alle kulturell denkbaren Fragen und Probleme für alle Zeiten und für alle Orte a priori geregelt und entschieden wären. Wer eine solche Absolutheit des Christentums behaupten würde, machte sich im Grunde einer Irrlehre schuldig, die man in der frühen Kirche als Doketismus (als »Scheinleiblehre«) bezeichnete, weil in ihr die Menschlichkeit Christi sowie die Menschlichkeit aller göttlichen Worte an uns und im Verlauf unserer Geschichte nicht wirklich ernst genommen wurde. Tatsächlich ist auch das Neue Testament unter kulturell sehr eng begrenzten Voraussetzungen entstanden; sein Weltbild ist von dem des Alten Testamentes nicht wesentlich verschieden; es war in naturwissenschaftlichem Sinne sogar bereits zu seiner Entstehungszeit von der Naturerkenntnis der Griechen seit Jahrhunderten widerlegt, und es führte bedauerlicherweise dazu, noch für weitere 1500 Jahre den jüdischen Anthropozentrismus gegen alle Vernunft festzuschreiben. Gerade als Theologe hat man daher allen Grund, zwischen der existentiellen Wahrheit des Glaubens und den naturphilosophischen und metaphysischen Interpretamenten einer Religion zu unterscheiden. Der Glaube an die absolute Wahrheit des Christentums kann und darf nicht darin bestehen, die relativen, kulturabhängigen Einseitigkeiten und Irrtümer aus der Entstehungszeit der Kirche für alle Zeiten zu verabsolutieren. Oder um es sehr pointiert zu sagen: die Wüstenreligion des Alten Testamentes, in Gestalt des Christentums zur Botschaft einer Weltkirche erhoben, müßte in der Tat die ganze Welt verwüsten. Man kann nur wünschen, daß das Christentum fähig wird, die kulturellen Bedingtheiten, in denen es sich bisher artikulieren mußte, abzustreifen und zu einer wahrhaft menschheitlichen und universellen Form des Denkens hinzufinden.

a) Vom anthropozentrischen Mitleid zum atheistischen Humanismus

Zum anderen hatte gerade das Christentum die Anthropozentrik des Alten Testamentes in gewisser Weise sogar noch radikalisiert, indem es dem israelitischen Vorsehungsgedanken, der im Alten Testament nur auf das gesamte auserwählte Volk bezogen war, auch auf das Schicksal des Einzelnen ausdehnte. Diese individuelle Verdichtung der jüdischen Anthropozentrik bedeutete eine unerhörte Steigerung aller nur möglichen Glückserwartungen, die der Einzelne an den Verlauf der Natur stellen zu dürfen glaubte. Das Schema von Schuld und Strafe, mit dem die Propheten des Alten Testamentes die Geschichte Israels in ihren Katastrophen und Triumphen zu deuten suchten (– vergeblich, wie das Buch Hiob zeigt!), wurde im Christentum auch auf das Schicksal des Einzelnen inmitten der Natur übertragen: Krankheit und Leid sollten die Folgen von Schuld und Sünde sein, – die Natur selber wurde als eine wohlgefügte und wohlgelenkte moralische Instanz in den Händen eines allgütigen und allgerechten Gottes betrachtet, der fähig und willens sei, den Naturverlauf in jedem Einzelfalle zum Wohl und Wehe des betreffenden Individuums zu lenken. Auch diese Idee hatte ihre relative Berechtigung und ihre absolute Wahrheit: – sie lehrte, das Los des Einzelnen als etwas schlechthin für Zeit und Ewigkeit Entscheidendes zu betrachten. Aber das entsprechende Naturbild, das man zur Stützung dieser Idee entwarf, basierte auf verhängnisvollen Irrtümern, deren Entdeckung in der Neuzeit das Christentum zur unfreiwilligen Ursache des modernen Atheismus werden ließ.

Die außerordentlich wichtige und großartige Fähigkeit zum Mitleiden an der Not der Kreatur führte unter den Voraussetzungen des christlichen Naturverständnisses immer wieder zum Nichtverstehen Gottes; zuerst zum Leiden an ihm, dann zum Protest gegen ihn, schließlich zu dem Versuch, die Weltgeschichte einer als inhuman empfundenen

Natur selber mit Hilfe von Medizin und Technik zu vermenschlichen.

G. Büchner's »Lenz« z. B. zeigt exemplarisch diesen Umschlag des Mitleids in ein atheistisches Argument: der Dichter Lenz, der bei dem gütigen Pastor Oberlin, historisch einem Freund Goethes, einem Genie der Menschlichkeit, im Steintal Zuflucht sucht und gleichwohl unrettbar, trotz allen Betens und Büßens, den Schreckensbildern seiner ausbrechenden Schizophrenie verfällt, versucht händeringend, ein sterbendes Mädchen mit den nämlichen Worten zu retten, wie Christus sie über die Tochter des Synagogenvorstehers Jairus sprach, ehe er voller Verzweiflung den beschwörenden Worten Oberlins »mit einem Ausdruck unendlichen Leidens« entgegnet: »Aber ich, wäre ich allmächtig, sehen Sie, wenn ich so wäre, ich könnte das Leiden nicht ertragen, ich würde retten, retten; ich will ja nichts als Ruhe, Ruhe, nur ein wenig Ruhe, um schlafen zu können.«[4] Oberlin hält diese Worte für »eine Profanation. Lenz schüttelte trostlos mit dem Kopfe.« Die Erwartung einer menschlichen, d. h. den mitleidigen Bedürfnissen des Einzelnen gemäßen Welt, die das Christentum jahrhundertelang gezüchtet hat, wird im 18. und 19. Jhdt. auf so grausame Weise enttäuscht, daß man schließlich im Namen der Menschlichkeit meinte, Gott selbst ablehnen zu müssen angesichts seiner moralisch offensichtlich unvollkommenen Schöpfung. Keinerlei christlicher Mystizismus, die Naturordnung sei durch eine vorzeitliche Tat Adams oder gar einen vorweltlichen Sturz im Reich der Engel pervertiert worden, vermochte an der simplen Feststellung etwas zu ändern: die Naturgesetze können und dürfen auf die Interessen des Einzelnen keine besondere Rücksicht nehmen.[5]

[4] G. Büchner: Lenz (1836), in: Gesammelte Werke München o. J. (GTb. 7510), 103.

[5] Vgl. ähnlich den furchtbaren Protest bei E. Wiechert: Das einfache Leben, Wien, München, Basel 1946, 285–286, wo der verbitterte bzw. weise gewordene Thomas von Orla dem General angesichts der Schrecken des Krieges entgegenhält: »Wenn ... Gott nicht antwortet, auf diese zwei

Diesen säkularen Umsturz von Gottesliebe in Menschen-
liebe, von Vorsehungsglaube in den praktischen Atheismus
eines tätigen Humanismus kann man sich nicht deutlich
genug vor Augen stellen, um die eigentliche Schuld des
Christentums an der heutigen Naturzerstörung zu begreifen.
In dem vorliegenden Buche wird ja nicht, wie manche Rezensenten leichtfertig, um sich die Auseinandersetzung zu erspa-
ren, vor der Hand herauslesen wollten, die in der Tat nicht
gerade sinnvolle Behauptung aufgestellt, das Christentum
habe aktiv und willentlich zur Zerstörung der Natur und zu
der Ausbeutungsgier der heutigen Konsumgesellschaft aufgefordert; die Schuld des Christentums an der ökologischen
Krise liegt im Gegenteil darin, daß es die Anthropozentrik
des Alten Testamentes so weit sublimiert und radikalisiert
hat, daß seine Moral des Mitleids und der Menschlichkeit am
Ende die Quellen der Frömmigkeit vergiften und den Menschen selbst in einer gottlosen und heimatlosen Welt ohne
Sinn und Halt zurücklassen mußte. Nachdem es die einfachsten Naturtatsachen wie Krankheit, Alter und Tod nicht als
natürliche Tatsachen hinzunehmen vermocht hat, schuf das
Christentum eine Mentalität, die nach dem »Tode« Gottes an
der Verzweiflung eines enttäuschten Mitleids die überkom-
mene anthropozentrische Moralität der alten Religion wohl
beibehielt, aber den Gottesglauben des Christentums als
Phantasterei ablehnte und seine Heilsweissagungen nun mit

Millionen (im Krieg Getöteten, d. V.) nicht und auf die Millionen auch
nicht, die man hinterher umgebracht hat, und auf die Kinder ebensowenig,
die verhungert und erschlagen an den Landstraßen liegen; wenn er nicht
nur nicht antwortet, sondern es so aussieht, als würde er nach zwanzig oder
zweihundert Millionen ebensowenig antworten, ein stummer Gott, eisig
vor Gleichgültigkeit, wie ein furchtbarer Lehrer vor hilflosen, weinenden
Kindern; dann, Herr General, könnte es sein, daß es hier und da einem
zuviel wird, vor der Steinwand zu knien und als Antwort das Echo zu
bekommen. Daß er sich fragt, was das denn für eine Liebe sei, die im
Opfern und im Schweigen bestehe. Die das Blut tropfen läßt, Tag und
Nacht, Ströme von Blut, und die Opfer stöhnen läßt, Tag und Nacht, alle
Lebensalter, Gute und Böse, Schuldige und Unschuldige. Und die schwei-
gend dabeisitzt, das Haupt in die Hände gestützt, und ansieht, was sie
gemacht hat, und findet, daß sie es sehr gut gemacht habe ...«

Gewalt auf Erden zu verankern suchte. Nachdem das Christentum es versäumt hatte, mit der Natur auf natürliche Weise so erfüllt zu leben, daß man in das Los von Alter, Krankheit und Tod sich widerspruchsfrei zu fügen vermöchte, war es nun wahrlich kein Wunder, daß man in der Konsequenz der christlichen Anthropozentrik und des christlichen Mitleids daranging, das Quantum an Leid, das die Natur der menschlichen Gattung auferlegt hat, von den Menschen fernzuhalten und nach Möglichkeit auf die Mitgeschöpfe zu verschieben. Keine noch so ungeheuerliche und massenhafte Tierquälerei ist uns Heutigen auch nur der geringsten Skrupel wert, wenn es gilt, ein Menschenleben zu »retten«. In jedem praktischen Einzelfall ist der Mensch das Maß aller Dinge, und zu spät begreifen wir, daß die eigene Unnatur uns selber auf diesem Planeten parasitär gemacht hat, obwohl sie in ihrer Konsequenz am Ende, nach der Zerstörung alles Nicht-Menschlichen, sich auch gegen den Menschen selber. wird richten müssen.

Inzwischen sind wir bereits dahin gelangt, daß wir, Kinder der Zivilisation des 20. Jh.'s, die Natur rein hygienisch nicht mehr ohne Schaden vertragen. Ein bundesrepublikanischer Bürger, der im Urlaub etwa ein Entwicklungsland wie Pakistan oder Bangladesh bereisen will, muß sich zunächst mit allen möglichen Impfungen gegen Pocken, Cholera, Typhus, Gelbfieber etc. versehen lassen, wenn er (neben der gesundheitspolizeilichen Quarantäne bei der Rückreise) nicht sein Leben riskieren will. Das Wasser des Indus oder des Ganges ist (noch) bedeutend sauberer als das Wasser der Elbe oder des Rheins, aber wir vertragen's nicht ohne Lebensgefahr. Nur mit Hilfe eines ganzen Apparates medizinischer Maßnahmen erhalten wir uns, von Zivilisationsoase zu Zivilisationsoase springend, den Raum an Sterilität, den wir zum Überleben brauchen. »Komfort macht Kulturmenschen, Kulturpflanzen und Kulturtiere zu krankhaften Schwächlingen«, sagte der Sioux-Häuptling Standing Bear (s. o. S. 82). Mittlerweile kann man sich fragen, ob wir nicht bereits

aufgrund unserer physischen Konstitution förmlich gezwungen sind, die Natur in ein Überlebenslaboratorium unserer
geschädigten Spezies umzuwandeln. Vermutlich haben wir
nicht nur moralisch und religiös, sondern auch bereits biologisch den Punkt schon überschritten, an dem wir noch auf
natürliche Weise mit der Natur zusammenleben könnten,
und die bittere Wahrheit nach knapp 200 Jahren medizinischer
Forschung wird lauten, daß wir bereits so künstlich geworden sind, daß wir es nur noch in einer keimfreien Kunstwelt
aushalten, physisch zu leben.

Träfe diese Annahme zu, so stünde es jedenfalls schon
lange nicht mehr in unserer Hand, zu dem geforderten
Gleichgewicht mit der umgebenden Natur zurückzukehren,
und bald schon würde unser Planet zur Bühne des beklem-
menden Schauspiels, wie die menschliche Spezies, nicht einmal aus Grausamkeit, sondern einfach aus purem Überlebenswillen, gegen den gesamten Rest der Welt als ihren
Todfeind ankämpfen muß, um sich – in geologischen Maßen
– noch für einen *kurzen* Augenblick am Dasein zu halten. Der
einzige Ausweg aus diesem Zukunftsalptraum läge darin, die
medizinische Überversorgung so rasch wie möglich aufzugeben und unter der Führung einer gütigen und weisen Religion
wieder so leben zu lernen, daß die Naturgegebenheiten des
Alterns und Sterbens ihre Schrecken verlören. Eben darin,
daß das Christentum dazu bisher weder willens noch fähig
war, liegt u. a. seine Hauptschuld an der bestehenden Misere.

b) Die christliche Mitleidlosigkeit gegenüber der Natur
Der Kampf gegen die Gnosis

Ein weiterer Punkt, der an sich offenkundig ist, aber nur zu
gern bestritten wird, ergibt sich aus der Mitleidlosigkeit der
christlichen Anthropozentrik gegenüber allen Mitgeschöpfen. Jahrhunderte bevor wir praktisch imstande waren, mit
Hilfe von Medizin und Technik das natürliche Maß an Leid,
das wir vernünftigerweise zu ertragen hätten, ohne jede

Rücksicht an die Tiere und die Pflanzen ringsum abzugeben, hatte das Christentum geistig bereits die Grundlagen zu jener Skrupellosigkeit geschaffen, die einzig nur den Menschen sieht und sehen läßt.

Man wendet ein, das Christentum sei nicht anthropozentrisch, sondern christozentrisch; es lehre nicht, daß der Mensch gegenüber den Mitgeschöpfen alle Rechte habe, sondern daß Christus das Haupt der Schöpfung sei, die Zusammenfassung von allem, »was in den Himmeln und was auf Erden ist.« (Eph 1,10) Eben deshalb gelte es, Christus in allem zu verherrlichen und zum Lobe seiner Herrlichkeit beizutragen, wie etwa der hl. Franziskus es getan habe.

Tatsächlich hat das Christentum in seiner Lehre vom inkarnierten Gottmenschen und präexistenten Menschensohn ein ganzes Konglomerat archetypischer Vorstellungen zur Deutung des Christusereignisses aus dem Erbe der mediterranen Religionen und Kulte übernommen und damit de facto die Mythenfeindlichkeit des Alten Testamentes aufgebrochen; andererseits aber mußte es sich gerade wegen der Ähnlichkeit seiner Lehren zu den Religionen des Dionysos oder Osiris in noch weit schärferem Maße von der »heidnischen« Mythologie mit historisierenden Argumenten abzugrenzen suchen, als es schon das Alte Testament im Kampf gegen die Fruchtbarkeitsreligionen getan hatte. So kam es zu dem Paradox, daß im Christentum zwar eine Fülle archetypischer, hochpoetischer, in der menschlichen Seele tiefverwurzelter Bilder enthalten ist, aber die theologische Interpretation dieser Glaubenssymbole im Erbe der griechischen Philosophie ausschließlich die rationalen Kräfte der menschlichen Vernunft mit ihren komplizierten und im philosophischen Sinne natürlich unbeweisbaren Spekulationen zufrieden zu stellen sucht.

Vor allem gegenüber der letzten großen Mythologie in der Geschichte des Abendlandes, gegenüber der stark von Ägypten und dem Iran her beeinflußten *Gnosis* suchte die frühe Kirche sich wie verzweifelt von jedem Verdacht zu befreien, daß auch ihre Glaubenssymbole gewisse Wurzeln in der menschlichen Psyche haben könnten. Auch der Kampf gegen die Gnosis war zweifellos unvermeidbar, und er besaß seine Wahrheit darin, hinter den widersprüchlichen Bildern der menschlichen Psyche eine absolute, transzendente Macht zu glauben, an die der Mensch gegen seine Angst Vertrauen und Halt setzen kann.[6] Aber die frühchristliche Apologetik suchte bei ihrem Bemühen um die Wahrung der alttestamentlichen Transzendenz des Göttlichen ihre eigene Symbolsprache von der menschlichen Psyche zu isolieren[7], und damit verlor sie nicht nur den psychischen Begründungszusammenhang ihrer eigenen Lehren aus den Augen, sie mußte es auch konsequent vermeiden, die archetypischen Bilder ihrer Glaubenssymbole nach Art der projektiven Bilder der mythischen Religionen in eine einheitliche Beziehung zu den Gegebenheiten der Natur zu setzen. Während die Gnosis das Erlösungsdrama der menschlichen Psyche ein letztes Mal in das kosmische Geschehen hineinverlegte, übernahm das Neue Testament zwar manche Bilder der gnostischen Vorstellungswelt, deutete sie aber systematisch, statt auf den Kosmos, auf die menschliche Geschichte hin. Wenn die Gnosis beispielsweise von dem »Leib« oder der »Fülle« des »Urmenschen« sprach, so bezog das frühe Christentum diesen »Leib« ausdrücklich auf die Kirche (Eph 1,23; Col 1,18 u. ä.). Wie im Alten Testament blieb die Geschichte, die Menschenwelt, der eigentliche Ort der Gotteserfahrung, – die Natur war nur die Bühne oder das mit in die menschliche Geschichte verwobene Instrument des göttlichen Heilswillens. Allein so ist es zu verstehen, wenn Christus als das »Haupt der Schöpfung« beschrieben wird.

M. a. W.: das Christentum vermochte zur Natur prinzi-

---

[6] Vgl. E. Drewermann: Strukturen des Bösen, 2. Bd.: Die jahwistische Urgeschichte in psychoanalytischer Sicht, 423–430; 3. Bd.: Die jahwistische Urgeschichte in philosophischer Sicht, 148–166.

[7] Vgl. E. Drewermann: Strukturen des Bösen, III 514–540; Exkurs: Die Mythenfeindlichkeit des Christentums, der Widerstreit der Konfessionen und die innere Zerrissenheit des Menschen.

piell in kein anderes Verhältnis zu kommen als die Religion Israels; wie diese die eigene Geschichtserfahrung als reinen Machtanspruch zur »Schöpfungstheologie« erweiterte, um den Universalanspruch Jahwes zu betonen, so dehnte die frühe Kirche im Kampf gegen die Gnosis ihre Erlösungsvorstellung gleichermaßen zu einem quasi kosmischen Drama aus, um den Universalanspruch der Erlösung in Christus herauszukehren; die menschliche Geschichte war und blieb der Erfahrungsraum, in den die Welt, die Natur, hineingezwängt wurden, und wann immer es eine mindestens symbolische Entsprechung zwischen den Bildern des Glaubens und den Wesenheiten der Natur hätte geben können, um den Menschen in ein harmonisches Verhältnis zur Natur zu setzen, so mußten diese Entsprechungen aus Angst vor einer »Remythisierung« des »heilsgeschichtlich« bezeugten Glaubens geleugnet werden.

Das Scheinargument von der Naturpoesie christlicher Riten und Legenden

Insofern verfängt es wenig, darauf hinzuweisen, daß es objektiv in Liturgie und Kult in der Tat eine Fülle christlicher Natursymbole gibt, – sie sind theologisch niemals auf die Natur, sondern stets auf die menschliche Geschichte hin ausgelegt worden. Das einzige, was man sagen kann, besteht in der möglichen *Hoffnung*, daß das Christentum um seiner selbst willen seine uralte Mythenphobie aufgibt und die kosmologischen und psychologischen Beziehungen seiner eigenen Glaubenslehren im Austausch mit den Naturreligionen und dabei vor allem mit der Religiosität Indiens, dieser größten noch lebenden mythischen Naturreligion, wiederentdecken und realisieren lernt.

Vor diesem Hintergrund erledigt sich auch das Alibiargument von der Gestalt des hl. Franziskus, – auch er ist im eigentlichen Sinne kein »Freund« der Tiere und der Pflanzen. Seine Naturpoesie ist in der abendländischen Geschichte ohnegleichen (s. o. S. 108–109), aber bei Lichte besehen ging es auch dem heiligen Franziskus nicht um die Tiere, – sie waren für ihn lediglich Symbole oder Adressaten der göttlichen Botschaft von Christus, und wenn es darauf ankam, zeigte auch er, wie die Begebenheit von Bruder Ginepro und dem gestohlenen Schwein beweist, keinerlei Sinn für das Leid eines Tieres.[8] Insgesamt ist es nicht zu viel behauptet, wenn man, wie in dem vorliegenden Buch (S. 90–110), generell dem Christentum vorhält, daß es die Kreaturen als rechtlose Geschöpfe ansieht. Gewiß, es hat auch im Christentum Bewegungen gegeben wie noch im 19. Jh. die Romantik; es gab so wunderbare Leute wie Novalis, Stifter, Eichendorff oder M. Claudius, für die im Geist der Religion die Natur wie Gottes aufgeschlagenes Buch zu lesen war; aber das Faktum und das eigentliche Problem der Geistesgeschichte des abendländischen Christentums liegt darin, daß philosophisch und theologisch alle diese Anregungen aufgrund der rationalistischen und anthropozentrischen Ausrichtung des offiziellen Welt- und Menschenbildes im Christentum vollkommen wirkungslos bleiben mußten. De facto gibt es im Neuen Testament nicht ein einziges Wort, daß oder wie man mit Tieren und Pflanzen gütig umgehen müsse oder könne, – einzig die jüdischen Speisegebote und die Frage nach dem »Genuß« von Götzenopferfleisch bilden das Problem der frühen Kirche im Umgang mit den Tieren. Wie man das Dasein der Tiere insgesamt auch im Neuen Testament zu beurteilen hat, sagt der relativ spät (ca. 150 n. Chr.) entstandene 2. Petrusbrief (2,12), wo die »unvernünftigen Tiere« als »Naturwesen« betrachtet werden, die allen Ernstes lediglich »zum Gefangenwerden und Umkommen geboren sind«. Es nutzt nichts, zur »Entschuldigung« einer solchen Stelle anzuführen, daß sich in ihr die Auffassung mancher römischer Philosophen widerspiegle (s. o. S. 68 f.) und im übrigen hier lediglich ein Konterfei von »tierisch« lebenden Menschen vor

---

[8] Vgl. E. Drewermann: Der Krieg und das Christentum. Von der Ohnmacht und Notwendigkeit des Religiösen, Regensburg 1982, 185–194.

Augen gestellt werden solle; es bleibt die Bilanz, daß dem Christentum seit den Tagen der Bibel der Schutz der Tiere vor dem Menschen kein Anliegen war noch ist und seine Ansicht vom Wert und Leben der Tiere ganz der genannten Stelle entspricht.

Man nehme zum Vergleich ein Beispiel.

In Luk 5,1–11 wird *das Wunder vom reichen Fischfang* erzählt, – eigentlich eine verkleidete Symbolerzählung von dem Wunder, wie ein Mensch dazu hinfindet, seine eigene Leere und Unwertigkeit zu entdecken und gerade dadurch zu einem Boten von der Macht Gottes im Herzen des Menschen zu werden; entscheidend aber in unserem Zusammenhang ist die Tatsache, daß der Fischfang selbst in der Bibel als etwas ganz Normales und Unproblematisches geschildert wird. Wie denn auch nicht?, wird man vielleicht erregt fragen. Nun, daß man das Töten von Tieren durchaus nicht als etwas Selbstverständliches sehen muß, zeigt z. B. die weise Religion des Pythagoras. In offenbarer Parallele zu dem Wunderbericht des Neuen Testamentes bei Lukas (und zu Joh 21,1–14) erzählen die späteren Biographen des Pythagoras, wie der Meister »bei Kroton am tarentinischen Meerbusen ans Land gestiegen« sei; dort »habe er auf dem Wege nach der Stadt Fischer angetroffen, die nichts gefangen. Er habe sie geheißen, ihr Netz von neuem zu ziehen, und habe ihnen vorausgesagt, welche Anzahl von Fischen darin sein würden. Die Fischer, in Verwunderung über diese Voraussagung, hätten ihm dagegen versprochen, wenn sie eintreffen würde, ihm zu tun, was er nur immer verlange. Es sei eingetroffen, und Pythagoras habe dann dies verlangt, daß sie sie wieder lebend ins Meer würfen; denn die Pythagoreer aßen kein Fleisch. Und als Wunder, daß dabei stattgefunden, wird noch dies erzählt, daß keiner der Fische, während sie außer dem Wasser waren, krepiert sei beim Zählen«. Diese Begebenheit, die Porphyrios (De vita Pythagorae, § 25) und Jamblichos (VIII § 36) berichten, ist hier absichtlich nach einem Zitat aus G. W. F. Hegels »Vorlesungen über die Geschichte der Philosophie« wiedergegeben,[9] um zugleich die zynische Ironie, den Hochmut und die barbarische Brutalität en detail zu bemerken, mit der dieser große Philosoph der Neuzeit, der das sterbende Christentum nach der Kritik der Aufklärungsphilosophie in den philosophischen Begriff aufzuheben beabsichtigte, sich nach echt christlichem Vorbild über die Tierliebe der Pythagoreer lustig macht.

Denn eben diese mitleidlose Witzelei ist es, worum es hier geht: vom Neuen Testament bis in die Neuzeit macht sich lächerlich, wer im christlichen Abendland sich des Leids der Tiere annimmt. Was also brauchen wir noch Zeugen, um die These zu erhärten, daß der Schutz der Kreatur vor dem Menschen bislang nicht nur keinen Teil der christlichen Frömmigkeit gebildet hat, sondern geradewegs als eine Zumutung, als eine Beleidigung der absoluten Würde des Menschen ausgelegt wurde.

Aber es gibt doch manche christliche außerbiblische *Legende*, wie die vom hl. Franziskus und dem Wolf von Gubbio (s. o. S. 108), wird man vielleicht noch einwenden, um trotz allem die vermeintliche Naturfreundlichkeit des Christentums unter Beweis zu stellen. So verzweifelt dieser Appell an die sonst kaum beachteten Heiligenlegenden auch sein mag, – dieses »Argument« wird mit der Beharrlichkeit einer Notlüge so häufig und starrsinnig vorgebracht, daß man wohl auch dazu Stellung nehmen muß; und dann ist dazu generell zu bemerken, daß es sich mit den tierfreundlichen Heiligenlegenden im Christentum so ähnlich verhält wie mit den mythischen Fragmenten im Alten Testament: sie sind heidnische Reste, die für die offizielle Theologie so gut wie gar keine Rolle spielen oder einfach ihrer vermeintlichen Belanglosigkeit wegen mehr spielerisch als Konzession ans Volk geduldet werden. Wann immer sie wirklich zu Formen gelebter Wahrheit aufsteigen, geht mit ihnen die übliche anthropozentri-

[9] G. W. F. Hegel: Vorlesungen über die Geschichte der Philosophie, hrsg. v. E. Moldenhauer und K. M. Michel, in: Werke in 20 Bänden, Bd. 18, Frankfurt 1975, 1. Bd., 226.

sche Umwandlung vor sich, hinter der die »naturfreundlichen« Anteile sogleich der Verdrängung anheimfallen und nur noch die humane Nutzanwendung übrig bleibt.

Die katholische Kirche z. B. hat sich immerhin die Pflege zahlreicher Volksbräuche und Vorstellungen alter Religiosität angelegen sein lassen, und dazu zählt der schöne Brauch des *Blasius-Segens*. Die meisten kirchentreuen Katholiken werden das Sakramentale kennen, mit dem am 4. Februar des Jahres (oder am Sonntag danach) der Priester zwischen zwei kreuzweise gehaltenen brennenden Kerzen die Bitte ausspricht, Gott möge auf die Fürbitte des hl. Bischofs Blasius den frommen Gläubigen vor Sünde und Halsleiden und jeglichem Unheil bewahren. Auch die begründende Legende dieses Segens ist allgemein bekannt, wonach der Bischof Blasius zur Zeit des Kaisers Diokletian einen Knaben, dem »eines Fisches Gräte in seiner Kehle stecken geblieben (war), daß er dem Tode nahe war«, durch Handauflegung heilte. So gut wie gar nicht bekannt ist indessen der wirklich tierfreundliche Hintergrund der legendären Wundertätigkeit des Heiligen, der in der christlichen Überlieferung so einzigartig dasteht, daß es sich lohnt, den entsprechenden Passus aus der »Legenda aurea« vollständig zu zitieren: »Da nun Sanct Blasius das Bistum (sc. Cappadocia, d. V.) empfangen hatte, da ward des Kaisers Diocletianus Verfolgung wider die Christen so groß, daß er in eine Höhle mußte fliehen. Daselbst führte er ein Einsiedlerleben. Die Vögel brachten ihm Speise in seine Höhle, und das Wild kam einmütiglich zu ihm, und gingen nicht von ihm, er legte denn seine Hand auf sie und gab ihnen seinen Segen. War der Tiere eines krank, so kam es alsbald zu ihm, und er erwarb ihm Gesundheit. Es geschah, daß der Herr des Landes seine Ritter aussandte zu jagen; die fuhren durch den Wald und fanden kein Tier. Zuletzt kamen sie von ungefähr vor die Höhle, darin Sanct Blasius wohnte:

[10] J. de Voragine: Die Legenda aurea (1263–1273), aus dem Latein. übersetzt. v. R. Benz, Heidelberg [8]1975, 195.

[11] a.a.O., 194–195.

da sahen sie alle Tiere in Scharen stehn, die sie im Walde hatten gesucht; doch mochten sie ihrer keines fangen. Da erschraken sie und kehrten wieder zu ihrem Herrn; und sagten ihm das Wunder, das ihnen begegnet war.«

Das wirkliche »Wunder« dieser Erzählung, so möchte man meinen, liegt darin, daß es trotz allem wirklich eine christliche Legende gibt, welche die Jagd auf Tiere als etwas Grausames und Gott Widerstreitendes betrachtet und einen Heiligen schildert, der die Tiere vor der Willkür ihrer jagenden Metzger schützt. Soweit dem Verfasser bekannt, ist dies die einzige Legende, die derart freundlich von den Tieren spricht; nur aufgrund der Güte des Heiligen gegenüber den Tieren versteht man im übrigen auch das Heilungswunder des Bischofs Blasius, – warum ihm selbst die toten Tiere den Gefallen tun, auch den Menschen keinen Schaden zuzufügen. Aber bezeichnenderweise ist auch von der Blasius-Legende einzig nur die Nutzanwendung für die menschliche Gesundheit im gläubigen Bewußtsein verbreitet und der andere, weit wichtigere Teil wie spurlos vergessen: daß der Mensch an Leib und Seele nur dann gesund werden kann, wenn er mit den Tieren in Einklang und in Freundschaft lebt.

Man mag es demnach drehen und wenden, wie man will – nicht einmal in den Legenden, nicht einmal im Traum, hat das Christentum ein Verhältnis zu den Tieren einzunehmen vermocht, das eine Art Weltbruderschaft und Pietät im Umgang mit den Kreaturen als Teil einer wahren Frömmigkeit begriffen hätte. Und so ist es geblieben bis heute.

Es gibt Rezensenten in kirchlich gebundenen Zeitschriften, die sich von amtswegen verpflichtet fühlen, selbst angesichts der in diesem Buche aufgeführten Fakten und Zahlen vor allem bzgl. des Problems der *Überbevölkerung* nach wie vor die Worte von Papst Johannes Paul II. von dem »übertriebenen Pessimismus« aller Warnungen vor einer beinahe schon unabwendbaren Katastrophe der Menschheit in der nahen Zukunft nachzusprechen. Nun mag es das Geheimnis der römischen Kurie sein und bleiben, wieso ausgerechnet auf den Philippinen und in Nigeria eine päpstliche Erklärung für angemessen gehalten wurde, wonach es ein Problem der Überbevölkerung gar nicht gebe und eine künstliche Geburtenregelung nach wie vor dem Willen des Schöpfergottes zuwider sei; man mag sogar der Meinung sein, die ungeheuerliche Zahl von 15 Millionen verhungernden Kindern jährlich sei durchaus noch nicht katastrophal genug, um daran ein Pessimist zu werden. Aber wenn die Kirche sich unter dem Gott sei Dank wachsenden Druck der öffentlichen Meinung neuerdings auch als eine Schützerin der »Umwelt« hinzustellen sucht, dann steht sie heute endgültig am Scheideweg. Beides geht nicht länger nebeneinander: der Erhalt einer in der Substanz gefährdeten Natur und der erschreckende Zuwachs der menschlichen Bevölkerung auf diesem Globus.[12] Zum ersten Mal in der Geschichte muß die Menschheit in ihrem Wachstum sich selber begrenzen, oder es wird kein Stück »Natur« mehr seine Eigenständigkeit bewahren.

3. Nachträge zu den erwähnten Fakten

a) Das Unwesen der Jagd

Es ist weder nötig noch sinnvoll, an dieser Stelle und in diesem Zusammenhang im einzelnen die Zahlen und Materialien nachzutragen, zu ergänzen oder dem aktuellen Stand anzupassen, die im ersten Teil dieses Buches aufgeführt wurden, – der Gesamteindruck ist nach wie vor gültig. Nachzutragen aber bleibt eine Antwort auf die stereotype und heuchlerische Art, mit der die Jägerverbände auf die Anschuldigung zu reagieren pflegen, sie trügen ein gerüttelt Maß an Mitschuld an der Ausrottung der Tiere (s. o. S. 34 ff.).

[12] »Der Mensch als Satan dieser Erde«, – auf diese Formel hat zu Recht H. Gruhl: Das irdische Gleichgewicht. Ökologie unseres Daseins, Düsseldorf 1982, 58–63 die ständige Expansion des Menschen gegen die Natur gebracht.

Es liegt uns völlig fern, die wirklich aufopferungsvollen und beeindruckenden Leistungen der Tierhege und -pflege in Abrede zu stellen, die man den vielverzweigten Tätigkeiten des Forstwesens verdankt; es sei auch nicht geleugnet, daß es aufgrund der zahlreichen Störungen des natürlichen Nahrungskreislaufes immer wieder künstlicher Eingriffe bedarf, um ein gewisses Gleichgewicht der Arten zu erhalten, – die Jäger als Nachfolger der von ihnen selber ausgerotteten Wölfe und Luchse. Aber man braucht nur die Zahlen der Jahresstrecke 1980/81 nachzutragen, um den Irrwitz der mühseligen Selbstrechtfertigungsversuche des Jagd-»sportes« (richtiger: der Freiluftschlächterei) bloßzulegen: gezählt wurden innerhalb der Jagdsaison 1980–81 an erlegten Tieren 4 598 149. »Spitzenreiter unter den Jagdopfern waren über 720 000 Hasen und mehr als 700 000 Kaninchen. 7912 Waldschnepfen, in der Roten Liste als ›stark gefährdet‹ geführt, wurden von Jägern getötet, ebenso 5535 Dachse, die in der Roten Liste als ›gefährdet‹ ausgewiesen sind.«[13] Dabei scheint es nicht so sehr das Motiv der Gewinngier zu sein, das zu solchen Taten anreizt, – weit stärker wirkt neben dem »Schutz« von Haustieren oder der Konkurrenz mit anderen Beutegreifern offenbar das steinzeitliche Gehabe der Männer, mit einer besonders seltenen, womöglich pelztragenden Jagdbeute vor den Frauen und vor ihresgleichen imponieren zu können.[14] Denn »rentabel« ist die Ausrottung dieser Tiere nicht. »›Ab Revier‹ bringt es ein Dachs auf 60 Mark, eine Waldschnepfe ist mit fünf Mark billiger als Fasan, Rebhuhn und Wildente, aber nur zwei Mark teurer als eine Ringeltaube. Iltis – in der Roten Liste als ›gefährdet‹ ausgewiesen – und Wiesel erzielen nur Stückpreise von 3,50 Mark.«[15] Was z. B. den Dachs angeht, so wurden in der Bundesrepublik (außer

[13] H. Nannen (Hrsg.): Geo Special, Nr. 5, 4/1982, 150.
[14] Zu der archaischen Psychologie der Jagd vgl. E. Drewermann: Der Krieg und das Christentum, Regensburg 1982, 19–22; 185–188.
[15] H. Nannen (Hrsg.): Geo Special, Nr. 5, 4/1982, 150.

Bayern) gleichwohl bis Anfang der sechziger Jahre noch 20 000–30 000 Tiere erlegt.[16] Waidmanns Heil!

Um sich noch einmal die Dramatik der Gesamtentwicklung zu verdeutlichen: »Auf dem Gebiet der Bundesrepublik sind nach der Wende der Zeitrechnung bis zum Jahr 1600 nur drei Wirbeltier-Arten ausgestorben: Wildpferd, Ur und Waldrapp. In den dann folgenden fast 400 Jahren waren es 28 Arten, also mehr als die neunfache Zahl, darunter Wolf, Bär, Nerz, Großtrappe, Fischadler, Mornellregenpfeifer und Stör.« Bezogen auf die letzten zwei Jahrzehnte sieht die Bilanz noch schlimmer aus: »Im Verlauf der natürlichen Evolution ... stirbt erst in einem Zeitraum von etwa 30 000 Jahren jener Anteil von Tierarten aus, der in unserer deutschen Fauna schon innerhalb der winzigen Zeitspanne von (heute, d. V.) zehn Jahren verlorengeht. Das Tempo des durch den Menschen bedingten Artenschwundes ist also 3000mal größer als im natürlichen Prozeß, der außerdem kein reines Aussterben ist, sondern ein Austauschprozeß, in dem wieder neue Arten entstehen. In den durch den Menschen bewirkten enormen Zeitverkürzungen beim Artenschwund ist es schon zeitlich unmöglich, daß für die ausfallenden Arten gleichzeitig neue entstehen. Es handelt sich also ausschließlich um eine Faunaverarmung, die auf den Menschen zurückgeht.«[17]

b) Das Waldsterben

Dabei ist der Tod der Wildtiere unmittelbar zu beobachten und zumeist als Ergebnis des Zusammenspiels relativ weniger Teilursachen verständlich zu machen. Um die Problematik indessen in ihrem vollen Ernst zu erfassen, muß man bedenken, daß die meisten Umweltschäden, ehe sie zutage treten, sich aus einem vielschichtigen und langfristigen Geflecht von Ursachen ergeben, deren Resultat schon deshalb nur schwer

[16] a.a.O., 148.
[17] a.a.O., 50.

210

zu korrigieren ist, weil der komplizierte Synergismus des Ursachengeflechtes in seiner Vielfalt kaum durchschaubar ist und die menschlichen Einflußmöglichkeiten nicht ausreichen, mit künstlichen Mitteln auch nur annähernd etwas Vergleichbares an die Stelle des einmal zerstörten ökologischen Gleichgewichtes zu rücken. Man macht sich den Kontrast selten genug wirklich klar: wir sind mit einem gewissen Recht stolz auf die Fähigkeit, Raketen auf dem Mars weich landen und Telekameras Bilder von den Monden des Jupiters zur Erde funken zu lassen; aber wir sind noch immer völlig außerstande, auch nur annähernd exakt zu beschreiben, was im Inneren eines relativ einfachen Einzellers vor sich geht, geschweige, daß wir etwas Lebendes konstruktiv herzustellen vermöchten. Gleichwohl trauen wir uns zu, jederzeit mit folgenschwersten Entscheidungen in ein Geflecht von unzähligen ineinander verschlungenen, sich wechselseitig bedingenden und uns selber nahezu unbekannten Regelkreisläufen einzugreifen, für deren Verständnis unser monokausales Denken, selbst beim besten Bemühen, sich immer wieder außerstande zeigt.

Das wohl wichtigste und bedrückendste Beispiel dafür ist zweifellos das sog. *Waldsterben.* Als dieses Buch entstand, war noch nicht ersichtlich, daß der Anstieg der Emission säurebildender Gase, der sich seit 1950 mehr als verdoppelt hat (s. o. S. 29), in relativ kurzer Zeit zu einer tödlichen Gefahr für das Leben der heimischen Wälder werden könnte. Seiner Bedeutung und Komplexität wegen verdient dieses noch immer rätselhafte Phänomen des Waldsterbens an dieser Stelle ausführlicher besprochen zu werden.

Unter dem »Waldsterben« versteht man die gleichzeitige, großräumige, rasche Erkrankung von vier Hauptholzarten: Tanne, Fichte, Kiefer und Rotbuche. Seit dem Beginn der 70er Jahre starben zunächst nur die ältesten Bäume der *Weißtanne* in weiten Teilen des nördlichen Verbreitungsgebietes, wobei das Schadbild durch eine von innen nach außen und von unten nach oben fortschreitende Entnadelung der

Krone sowie durch die »Storchennestbildung« geprägt war: die Seitentriebe wachsen weiter, während der vertikale Leittrieb im Wuchs gehemmt ist. Im Inneren des Stammes entsteht ein krankhaft vergrößerter Naßkern, eine braunrote, übelriechende Zone, die nach und nach in die wasserleitende Holzschicht unter der Rinde ausufert.[18] Der Naßkern entsteht im Wurzelbereich, schädigt die Wasserleitung nach oben und führt deshalb zur Austrocknung der Tannenkrone. Die unmittelbare Ursache für die Bildung des Naßkerns scheint im Feinwurzelbereich, in Schädigungen der Mykorrhiza-Symbiose, einer sehr wichtigen Lebensgemeinschaft zwischen Bodenpilzen und Baumwurzeln, zu bestehen. »Die Krankheit bedroht in Ostbayern die Existenz der Weißtanne schlechthin.«[19]

Ähnlich verhält es sich mit den anderen drei Baumarten.

Erst seit zwei Jahren ist das *Fichtensterben* bekannt, das im Erscheinungsbild dem Tannensterben gleicht. Seit längerem bekannt ist das *Kiefernsterben*, bei dem besonders die über 40 Jahre alten Bestände immer mehr verlichten. Neu hingegen ist das *Buchensterben*, das Rotbuchen jeglichen Alters befällt und innerhalb einer Vegetationsperiode zum Tode führt; es tritt seit 1981 in einigen Forstgebieten des Bayerischen Waldes sehr heftig auf, ist aber auch in der Oberpfalz und im oberbayerischen Flachland zu beobachten. In allen Fällen des Baumsterbens werden die Blattorgane geschädigt, das Wachstum gehemmt, der Wasserhaushalt gestört und ausnahmslos das Feinwurzelsystem durch Störung der Lebensgemeinschaft zwischen den Baumwurzeln und Pilzen geschädigt.

Als Ursache des Waldsterbens diskutierte man zunächst den extrem trockenen Spätsommer 1976; aber seitdem die Schäden an Altfichten, Buchen und Tannen immer mehr

---

[18] P. Schütt: Der Wald steht schwarz ... und leidet. Das Krankheitsbild – verschiedene Baumarten, gleiche Symptome, in: Bild der Wissenschaft, 12/1982, 87.

[19] a.a.O., 87.

zunehmen, darf eine klimatische Ursache wohl rundweg ausgeschlossen werden. Vielmehr spricht alles dafür, daß die Ursachen des Waldsterbens vorwiegend in der Luftverschmutzung zu suchen sind und daß dabei vor allem den Schwefeldioxid-Emissionen (SO_2) eine wesentliche Rolle zukommt. Dabei ist allerdings nicht, wie z. B. im Ruhrgebiet, an akute monokausale Wirkungen zu denken, sondern das Tückische liegt darin, daß es sich allem Anschein nach um *latente* SO_2-Schäden handelt. Man weiß, »daß sie die Nettophotosynthese bei Waldbäumen bis zu 40% reduzieren können und daß sie eine signifikante Erhöhung des Gehaltes an Peroxidase – einem Entgiftungs-Enzym – hervorrufen. – Sie führen weiterhin zu einer erhöhten Empfindlichkeit gegenüber Klimaextremen wie Dürre und Kälte. Die Anfälligkeit gegenüber Insekten und Pilzen erhöht sich ebenfalls, und es besteht der Verdacht, daß es darüberhinaus zu einer Verringerung der Holzdichte kommt.«[20] So scheint z. B. der als Schwächeparasit bekannte Pilz Rhizosphaera kalkhoffii, der in den geschädigten Hochlagenfichten des Bayerischen Waldes stärker auftritt, durch SO_2 gefördert zu werden. »Allein aus den mit SO_2-Begasungsversuchen erhaltenen Ergebnissen ließe sich ableiten, daß ein über Jahrzehnte hinweg latent geschädigter Wald so viel Vitalität und Widerstandskraft eingebüßt haben könnte, daß er zusätzlichen Belastungen nur noch beschränkt zu widerstehen vermag.«[21]

Gleichwohl wäre es falsch, allein das SO_2 für die Ursache zu halten. »Die uns umgebende Luft enthält ... mehr pflanzentoxische Stoffe als SO_2. Stickoxide, ungesättigte Kohlenwasserstoffe, Photooxidentien wie Ozon oder PAN (Perioxiacetylnitrat) sind zum Teil giftiger als SO_2 ... Daneben kommen ... zahlreiche Schwermetalle vor ... Wenn wir überdies bedenken, daß sich einige dieser Stoffe gegenseitig in ihren negativen Auswirkungen verstärken, dann wird klar, daß die räumlich und zeitlich stark variierende Zusammenset-

[20] a.a.O., 92.
[21] a.a.O., 92.

zung der Luft viel komplexer auf den Wald einwirken muß als SO_2 allein.«[22] Trifft das zu, so hat man es allem Anschein nach bei dem Waldsterben mit einer Spätfolge des Leichtsinns der 50er Jahre zu tun, in denen man der Luftverschmutzung in den industriellen Ballungszentren mit der Hochschornsteinpolitik Herr zu werden suchte: statt die Schadstoffe-Emissionen durch entsprechende Filter absolut zu verringern, verteilte man sie über größere Räume und erreichte damit die Scheinlösung einer relativen Verbesserung der Luft vor Ort. Die wirklichen Kosten dieses seinerzeit als billig und preisgünstig angesehenen Verfahrens übersteigen zur Zeit jedes Vorstellungsvermögen.

De facto sind derzeit in der Bundesrepublik etwa 560 000 ha Waldfläche sichtbar erkrankt, davon sind etwa 80% Tannen-, Fichten- oder Kiefernbestände. »Für 250 000 ha davon gilt die Kausalität zwischen Immissionseinfluß und Erkrankung als eindeutig nachgewiesen. Es sind dies die zumeist altbekannten, inzwischen größer gewordenen Schadflächen im Nah- und Regionalbereich von Industriegebieten oder einzelnen Großindustrieanlagen. Bei den restlichen 300 000 ha sind wir so vorsichtig, einen Immissionseinfluß vornehmlich durch SO_2 (dazu Photooxidentien, Stickoxide und Schwermetalle) als auslösende Erkrankungsfaktoren vorerst nur für wahrscheinlich zu halten.« »Waldbauliche Erfahrungen mit Immissionsschäden diesen Typs deuten auf fünf bis zehn Jahre Inkubationszeit der Wälder bis zum Krankheitsausbruch.«[23]

Im einzelnen muß man sich den vielfältigen Einfluß der Schadstoffe z. B. auf das Sterben der Tanne in schematischer Übersicht etwa so vorstellen: Schadstoffimmissionen, vor allem von SO_2, wirken entweder direkt oder über den »sauren Regen« auf die Nadeln ein und zerstören die Wachsschicht; die Widerstandskraft gegen Frost und Schädlinge nimmt ab,

[22] a.a.O., 92.
[23] K. F. Wentzel: Die Luftverschmutzung – Seit über 100 Jahren eine Gefahr für die Bäume, in: Bild der Wissenschaft, 12/1982, 105.

das Wachstum wird gestört; die Immissionen führen ferner zu einer Starre der Spaltöffnung, was die Verdunstung erhöht und einen akuten Wasser- und Nährstoffmangel mit sich bringt, der wiederum die Bildung der Nadeln stört; zudem bewirken die Immissionen Rindenschäden, sie verändern die Bodenorganismen, versauern den Boden und setzen toxische Metallionen frei, was zu Schäden im Feinwurzelbereich führt; desgleichen werden die Nährstoffe des Bodens ausgewaschen, und damit wird zusätzlich zu den Schädigungen im Feinwurzelbereich die Nährstoff- und Wasseraufnahme gestört; das wiederum führt zu dem erwähnten Symptom der Naßkernbildung mit dem entsprechenden Wasser- und Nährstoffmangel der Nadeln.[24]

Die zentrale Ursache des Waldsterbens dürfte indessen in der Versauerung des Bodens durch eine Erhöhung der Schadstoffimmissionen durch Luft und Niederschlag bestehen, und zwar muß diese Versauerung *langfristig* sein. Denn an sich ist die Bodenversauerung, also die Abnahme der pH-Werte[25], ein natürlicher Vorgang; die Organismen können das Eindringen der Kationsäuren verhindern, indem sie den pH-Wert in der Umgebung der Zellen hochhalten (um den Wert 5), – dann werden die Kationsäuren in schwerlösliche Verbindungen übergeführt, die sich z. B. in den Zellwänden der Wurzeln anreichern; oder sie bilden organische Moleküle, die mit den Kationsäuren stabile Verbindungen eingehen. Aber die Fähigkeit dazu hängt davon ab, geschädigte Teile des Wurzelsystems rasch erneuern zu können. »Man spricht von Toleranz und drückt damit aus, daß einer Vermeidungsstrategie Grenzen gesetzt sind. Diese Grenzen können z. B. darin liegen, daß die Fähigkeit, den pH-Wert an der Gewebeoberfläche hochzuregulieren, erschöpft ist.«[26] Langfristig

---

[24] B. Ulrich: Versauerung – Giftstoffe reichern sich an, in: Bild der Wissenschaft, 12/1982, 119.

[25] Mit pH-Wert ist ein logarithmisches Maß für die Konzentration der Wasserstoff-Ionen (Protonen) in einer Lösung gemeint. Je kleiner diese Zahl ist, desto höher die Konzentration. Vgl. B. Ulrich, a.a.O., 109.

[26] a.a.O., 110.

aber steuert das Ökosystem stets auf einen Zustand hin, »bei dem die Nettobildung einer starken Säure wie beispielsweise Salpetersäure ... gleich Null ist. Nur unter dieser Bedingung ist eine langwährende Stabilität möglich. Daher sind auch die Toleranzmechanismen der Baumarten auf zeitlich begrenzte Versauerungsschübe ausgerichtet.«[27] Und eben darin liegt das Problem aller langfristig sich ansammelnden Schadstoffe.

c) Neue technische Verfahren

In Zukunft wird daher alles darauf ankommen, angesichts des dramatischen Waldsterbens nicht so sehr lokale Verbesserungen anzustreben, als vielmehr eine generelle Verringerung der Schadstoffemission, vor allem von SO_2, auf möglichst breiter internationaler Grundlage zu erreichen. Dazu wird nicht allein der obligatorische Einbau wirksamer Filter zur Entschwefelung alter Kraftwerke gehören, sondern z. T. die Einführung neuer Techniken erforderlich sein. Dazu zählt das sog. *Wirbelschichtverfahren*, bei dem die Kohle bereits während der Verbrennung entschwefelt und eine große Energieausnutzung gewährleistet wird; zudem entsteht Gips als Nebenprodukt der Entschwefelung. Allerdings werden die Baukosten entsprechender Anlagen etwa 30% höher liegen als bei den bisherigen Verfahren.

Ganz allgemein wird man möglichst rasch von den fossilen Brennstoffen herunterkommen müssen, – eine harte Nuß für alle, die bisher den bedingungslosen Kampf gegen die *Kernkraft* für einen Hauptpunkt verantwortlicher Umweltschutzpolitik hielten. Sehr aussichtsreich sind in diesem Zusammenhang freilich auch die Möglichkeiten der *Sonnenenergie* in Gestalt einer neuen Technik, der *Photovoltaik*. Hier werden Siliziumzellen zur Elektrizitätsgewinnung aus Sonnenlicht so hergestellt, daß eine Antireflexionsschicht auf Silizium von minimaler Verunreinigung aufgetragen und Leiterbahnen

[27] a.a.O., 114.

aus Nickel eingebracht werden; der Kontrast zwischen der leitfähigen Oberfläche und der Unterfläche ergibt die Wirkung einer hochleistungsfähigen Batterie. Das Hauptproblem der Photovoltaik liegt heute noch in der Verbilligung bei der Herstellung und dem Schneiden der Siliziumblöcke, aber das Problem scheint lösbar. Betrug 1976 der Preis für 1 kw/h aus Photovoltaik noch ca. 15,– DM, so lag der Preis 1982 nur noch bei 2,5 DM. Neuere japanische Verfahren, Siliziumbänder fertig aus der Schmelze zu ziehen, statt Siliziumblöcke zu zersägen, haben die Kosten sehr verbilligt; künftige Verfahren der »Dünnschichttechnologie«, bei der die Schichten nicht mehr aus der Schmelze erstarren, sondern fertig auf Trägermaterial gegossen werden, dürften um 1990 die Photovoltaik wirklich rentabel machen. Als Vision: mit 100 km² Solarzellenfläche in der Sahara wäre man imstande, den Energiebedarf der Bundesrepublik vollständig aus Solarzellen zu decken.

d) Noch einmal: das Drama der tropischen Wälder

Viel Zeit zum Schutz der Wälder haben wir allerdings nicht mehr, wobei nicht nur die heimischen, sondern vor allem die *tropischen Wälder* dringend geschützt werden müßten. »Nach Erhebungen der ... FAO waren 1976 bereits 42 Prozent der feuchttropischen Wälder der Erde zerstört. In jeder Minute fallen 21,6 ha Urwald Axt- und Brandrodung zum Opfer. Das sind 114000 Quadratkilometer im Jahr, die dreifache Fläche der Schweiz! Und die Geschwindigkeit der Zerstörung nimmt zu. Wenn das so weitergeht, fallen in spätestens 85 Jahren die letzten Regenwaldbäume, und dann ist das artenreichste genetische Reservoir auf dem Landteil unseres Planeten endgültig zerstört.«[28] »Für dieses gigantische Vernichtungswerk sind vor allem die holzverarbeitenden Industrienationen verantwortlich. Japan verbraucht über

[28] WWF. Zeitschrift für Förderer und Freunde des World Wildlife Fund, 3/1982, 4.

50%, Europa 32% und die USA 15 Prozent aller Tropen-
holzexporte, die sich zur Zeit auf rund 66 Millionen Kubikmeter im Jahr belaufen. Für sich allein betrachtet, sagt diese
Zahl nicht viel aus, doch noch 1950 betrug der Weltexport
tropischer Harthölzer nur 4,2 Millionen Kubikmeter – ein
Anstieg um 1500 Prozent in rund 30 Jahren. Das ist aber
immer noch weniger als ein Zehntel des gesamten Nutzholz-
bedarfs der Welt, der täglich weiter wächst ... Japanische
Firmen sind es ..., die in Papua-Neuguinea seit Jahren riesige Flächen unerforschter Urwälder kahlschlagen und Monat
für Monat 20 000 Tonnen gehäckseltes Papierholz gewinnen,
ohne sich um die vorgeschriebene Wiederaufforstung zu
kümmern.«[29]

e) Das Beispiel des Walfangs

Um trotz aller düsteren Aussichten einen gewissen Lichtblick
in diesem Nachtrag nicht wegzulassen: in der Frage des Walfangs (s. o. S. 39) scheint sich seit dem 23. Juli 82 ein Erfolg
der Vernunft abzuzeichnen: »Nach einer dreijährigen Über-
gangszeit sei der kommerzielle Fang sämtlicher Wal-Arten
mit Beginn der Fangsaison 1985/86 vollständig einzustellen.«
Allerdings wurde dieser Beschluß damit erkauft, daß die
neuen Fangquoten für die Saison 1982/83 auf 12 577 Wale
festgesetzt wurden, das sind nur 1733 Tiere weniger als im
Vorjahr. »86,4 Prozent dieser Fangquote entfallen auf den
nur etwa 9 m langen Zwergwal, die einzige Art, deren Bestand nach dem Rückgang der Großwale bisher eher zu- als
abgenommen hat. Im Nordpazifik wurden erneut 400 der
seltenen Pottwale und im Südpazifik 165 Peruanische Bryde-
wale, von denen es nur noch etwa 1000 Exemplare geben soll,
zum Abschuß freigegeben.«[31] Zudem wird es die Frage sein,
inwieweit die Beschlüsse der Internationalen Walfangkom-

[29] a.a.O., S. 5.
[30] a.a.O., S. 11.
[31] a.a.O., S. 11.

mission (IWC) überhaupt eingehalten werden. Wenn man nicht einmal fähig ist, eine einzelne Tierart vor der mutwilligen Ausrottung zu schützen, wie will man dann auf den Schutz ganzer Biotope oder halber Kontinente hoffen?

4. Ein chinesischer Weiser sagte ...

Wir wollen diesen Nachtrag schließen mit einem Wort des chinesischen Weisen Mencius, der die Zerstörung der Natur nicht nur beklagte, sondern sie als Bild und Folge der Zerstörung des menschlichen Gefühls, des »Kinderherzens«, betrachtete. Er sprach: »Es war einmal eine Zeit, da standen schöne Wälder auf den Niu-Bergen. Darf man aber heute noch sagen, das Gebirge sei schön, wo eine große Stadt in seiner Nähe liegt und die Holzfäller die Bäume abgehauen haben? Tag und Nacht schenkten dem Gebirge ihre Ruhe, und Regen und Tau nährten es, und beständig entsprang neues Leben seinem Boden; dann aber begannen Rinder und Schafe dort zu weiden. Deshalb sieht das Niu-Gebirge so kahl aus, und wenn die Menschen es ansehen, denken sie, da habe nie Holz gestanden. Ist das etwa das echte Wesen eines Gebirges? Und hat denn nicht auch der Mensch ein Herz der Liebe und der Rechtschaffenheit? Wie aber soll das Wesen seine Schönheit behalten, wenn es Tag für Tag zerhackt wird, wie der Holzfäller die Bäume umschlägt mit seiner Axt? Gewiß, die Nächte und Tage tun weiter ihr heilendes Werk, und der Morgentau kommt mit seinem nährenden Hauch und will den Wald kraftvoll und gesund erhalten, aber die Morgenluft ist dünn und kommt nicht auf gegen das, was der Mensch tagsüber tut. Da immer weiter losgehackt wird auf den Menschengeist, bieten Ruhe und Erholung der Nacht keinen genügenden Ausgleich mehr, und wenn es erst einmal soweit ist, verfällt der Mensch durch eigne Schuld in einen Zustand, der nicht weit vom Tiere ist. Man sieht ihn an und sieht: er handelt wie ein Tier, und muß sich denken: in ihm war nie etwas Echtes und Eigenes. Und das sollte das echte Wesen des Menschen sein?«[32] – Einzig die Bemerkung von den Tieren trifft bei diesem bedenkenswerten Zitat des alten Weisen nicht zu. Wenn Menschen »bestialisch« sind, sind sie gerade nicht wie Tiere, sondern wie Wesen, die ihre Vernunft allein dazu benutzen, »um tierischer als jedes Tier zu sein«. Wie der Mensch dahin findet, seine eigene Natur wiederzufinden, um natürlich zu leben inmitten der ihn umgebenden Natur, um einzig diese im Grunde religiöse Frage einer tieferen Naturfrömmigkeit geht es, wenn wir nicht nur überleben, sondern menschlich leben wollen mit unseren Brüdern: den Tieren und den Pflanzen.

[32] Lin Yutang: The Importance of Living, 1936; dt.: Weisheit des lächelnden Lebens. Das Geheimnis erfüllten Daseins, übers. v. W. F. Süskind, Hamburg (rororo 5055), 114. Vgl. ders.: The Importance of Understanding, New York 1960; dt.: Glück des Verstehens. Weisheit und Lebenskunst der Chinesen, übers. v. L. u. W. Eder. Frankfurt–Berlin–Wien (Klett-Cotta im Ullstein Tb. 39015) 1981, 243–244, den Brief des Malers und Philosophen Tscheng Pantschiao (1693–1765), in dem dieser an seinen Bruder schreibt: »Welche Rechtfertigung gibt es dafür, daß wir ein Anrecht darauf haben sollen, die Instinkte der Tiere zu durchkreuzen, um uns selbst ein Vergnügen zu verschaffen? Wenn Kinder eine Libelle oder einen Krebs mit einem Haar oder einer Schnur festbinden, verschaffen sie sich für ein Weilchen einen Spaß, aber bald ist das kleine Wesen tot. Nun wird alles von der Natur geschaffen und erhalten. Selbst eine Ameise oder ein Insekt entsteht aus dem Zusammenspiel der Kräfte Yin und Yang und der fünf Elemente. Gott hat auch sie von Herzen lieb. Wir aber, die wir die Krone der Schöpfung sein sollen, befinden uns ganz und gar nicht im Einklang mit Gottes Herzen. Wohin sollen die Tiere denn ihre Zuflucht nehmen? Schlangen und Tausendfüßler, Tiger, Leoparden und Wölfe sind freilich gefährliche Tiere. Aber der Himmel hat ihnen Leben geschenkt, welch ein Recht haben wir also, es ihnen wieder zu nehmen? Wäre es ihre Bestimmung, von uns getötet zu werden, warum hätte der Himmel sie dann überhaupt erst erschaffen sollen? Wir können nichts anderes tun, als sie so weit wie möglich von uns fern zu halten, damit sie uns keinen Schaden zufügen. Warum begeht eine Spinne ein Unrecht, wenn sie ihr Netz spinnt? Ohne Erbarmen wird sie von manchen Menschen getötet, weil das Märchen umgeht, sie verwünsche den Mond oder zerfräße die Mauern, so daß sie in Staub zerfallen. Wo ist der Beweis für eine solche Behauptung, die wir zum Anlaß nehmen, die Tiere einfach zu töten? Ist das recht? Ist das wirklich recht? Da ich nicht zu Hause bin, achte Du auf meinen Sohn. Erziehe ihn zur Güte und gebiete seinen Grausamkeiten Einhalt.«

Anhang zur 6. Auflage

In den rund zehn Jahren, seit dieses Buch geschrieben wurde, hat die Welt sich sehr verändert, – indem sie sich auf schlimme Weise gleichgeblieben ist. Um zu zeigen, wie sehr das der Fall ist, bedarf eine neue Auflage dieses Buches eines Nachtrags, der die Bestandsaufnahme Ende der 70er Jahre im ersten Teil dieser Arbeit aktualisiert und zudem einige politische und philosophische Gedanken vorträgt, die den Rahmen vor allem der angegebenen theologischen Problemstellung ein Stück erweitern bzw. vertiefen helfen. In insgesamt acht Punkten läßt sich der heutige Stand der Umweltproblematik in groben Zügen verdeutlichen.

1. Das Bevölkerungswachstum

Mit welch einer Geschwindigkeit die Vermehrung der Menschheit nach wie vor voranschreitet, mag man an ein paar einfachen Vergleichszahlen erkennen: im Jahre 1811 lebten auf Erden noch etwa nur 1 Mrd. Menschen, und man brauchte über 100 Jahre bis 1927, um die Zahl zu verdoppeln: auf 2 Mrd. Menschen; im Jahre 1960, also ganze 35 Jahre später, lebten bereits 3 Mrd. Menschen auf Erden, dann genügten ganze 14 Jahre, um die Menschheit erneut um 1 Mrd. Menschen zu vermehren, und in 1987 zählte man bereits 5 Mrd. Menschen. Jede Minute werden heute 150 Menschen geboren, jeden Tag 220 000, jedes Jahr mehr als 80 Millionen; davon entfallen 90% des Zuwachses auf die Entwicklungsländer. Global steht zu erwarten, daß die Zahl der jährlichen Geburten in den Entwicklungsländern Anfang des kommenden Jahrhunderts von gegenwärtig 110 Millionen auf 125 Millionen steigen wird. Noch vor der Jahrtausendwende dürfte die Weltbevölkerung auf 6 Mrd. ansteigen, 2010 wird sie aller Voraussicht nach 7 Mrd. Menschen umfassen, und ganze 12 Jahre später, um 2022, wird sie die Rekordmarke von 8 Mrd. Menschen erreicht haben.[1] Insbesondere Afrika, der mit Abstand ärmste Erdteil, hält seit einigen Jahren den traurigen Rekord des schnellsten Bevölkerungswachstums der Welt. »Nach Rechnungen der UNO stieg die Einwohnerzahl auf diesem Kontinent in den 50er Jahren um lediglich 2,1% pro Jahr, in den 60er Jahren waren es 2,4%, in den 70er Jahren 2,8%. Heute hält Afrika mit 3% den Weltrekord im Kinderkriegen.«[2] Es ist damit zu rechnen, daß zwischen 2005 und 2010 die afrikanische Bevölkerung auf 1 Mrd. Menschen anwachsen wird.

Was solche Zahlen konkret bedeuten, mag das Beispiel Nigerias, des bevölkerungsreichsten afrikanischen Landes, zeigen. »Aus derzeit 103 Millionen Nigerianern werden – bei gleichbleibendem Bevölkerungswachstum – Ende des Jahrhunderts 159 Millionen geworden sein, was einer Zunahme um 54,3% entspricht ... Die weitere Fortschreibung der jährlichen Wachstumsrate von derzeit 3,4% in Nigeria ergibt rund 280 Millionen im Jahr 2015 und 500 Millionen 2030, also eine Verfünffachung in einem knappen halben Jahrhundert.« »Allein in Nigeria gäbe es dann so viele Menschen wie in ganz Afrika heute – doch zuvor wären die Lebensgrundlagen für diese halbe Milliarde Menschen längst zusammengebrochen.« »Eine nigerianische Frau hat durchschnittlich zwischen 6 und 7 Kinder. Im Jahre 1950 starben hier von 1000 Menschen 27, 1980 ›nur‹ noch 17. Die Lebenserwartung bei der Geburt stieg in diesem Zeitraum von 36 Jahren auf 50 Jahre. *Eine* Folge ist vorhersehbar: 1 087 000 Schulabgän-

---

[1] Mehr als fünf Milliarden Menschen auf der Erde. Vereinte Nationen warnen vor Katastrophen in Entwicklungsländern. FAZ, 19. 5. 1987. Vgl. bes. N. KEYFITZ: Probleme des Bevölkerungswachstums, in: Spektrum, 11/1989, 98–106.

[2] Bevölkerungswachstum unter Kontrolle halten, dpa, 13. 7. 1987.

ger werden im Jahr 2000 Qualifikationen für dann vorhandene 245 000 neue Arbeitsplätze vorweisen. Dabei sind in diese Schätzung die 60% der Grundschulabgänger gar nicht einbezogen, die nicht in eine Sekundarstufe der Schulbildung kommen.« »Regierung und Presse Nigerias bestreiten nicht, daß das Bevölkerungswachstum gebremst werden muß, daß aktuelle Bemühungen lange Zeit brauchen, bis sie greifen. Wenn es gelänge, um das Jahr 2005 die Kinderzahl pro Frau auf 3 zu vermindern, würde es statt 500 Millionen im Jahre 2030 in Nigeria ›nur‹ die Hälfte, 250 Millionen geben. So wird heute für eine Kinderzahl von nicht mehr als 4 geworben – langfristig sind 2-Kinder-Familien das Idealziel.«[3]

Das Hauptproblem, das in diesen Zahlen zum Ausdruck kommt, liegt in dem Absinken der Sterbeziffern, wie wir es seit dem Beginn der Industrialisierung seit einem Jahrhundert in den heutigen Industrienationen beobachten können; gerade in den Industrienationen hat sich die Geburten- und die Sterberate in etwa angeglichen: das Bevölkerungswachstum in Europa liegt derzeit bei 0,3%, in der BRD, in Dänemark und Ungarn sind die Zahlen sogar rückläufig; in den Entwicklungsländern hingegen ist das Absinken der Sterbeziffern, bedingt durch verbesserte medizinische, hygienische und ernährungsphysiologische Bedingungen, immer noch nicht durch ein entsprechendes Absinken der Geburtenziffern ausgeglichen worden. Uralte Denkgewohnheiten stehen dem entgegen.

Man muß sich vor Augen stellen, daß das menschliche Sexualverhalten ebenso wie die Fruchtbarkeit des Menschen sich in den Jahrhunderttausenden der völligen Auslieferung des Menschen an die Härte der natürlichen Lebensbedingungen geformt hat. So viele Kinder wie möglich zu gebären und zu erziehen erschien als die Hauptaufgabe der Frauen, und so viele Kinder wie möglich zu zeugen und zu ernähren als die

[3] Wieviel Menschen verkraftet die Erde. Die Politiker der Dritten Welt finden keine Rezepte, um die Bevölkerungsexplosion zu stoppen. Von ANSGAR SKRIVER, in: Die Zeit, 31. 7. 1987.

Hauptaufgabe der Männer; selbst den unterschiedlichen Körperbau von Mann und Frau scheint man auf die männliche Konkurrenz um die Gunst möglichst vieler Vertreterinnen des anderen Geschlechtes zurückführen zu müssen,[4] und der natürlichen Ordnung nach scheint dem menschlichen Sexualverhalten die Polygynie, d. h. die Verbindung eines Mannes mit mehreren Frauen zur Erzeugung möglichst vieler Kinder, weit näher zu liegen als die monogamen Regeln der jüdisch-christlichen Moral.[5] Wie kurz die Lebensspanne des Menschen ursprünglich bemessen war, zeigen die Funde in dem prähistorischen Çatal Hüyük vor über 8000 Jahren am Übergang von der Kulturstufe der Jäger und Sammler zu der seßhaften Lebensweise der frühen Viehzüchter und Bauern: Das Durchschnittsalter betrug damals ganze 27 Jahre;[6] m. a. W., es verblieb dem einzelnen gerade so viel Zeit, um vom 12.–13. Lebensjahr an Kinder in die Welt zu setzen, die beim Tod ihrer Eltern selbst wieder 12–13 Jahre alt sein würden. Kein Wunder, daß unter solchen Umständen die Sexualität und die Fruchtbarkeit als göttliche Kräfte bzw. als Gnadengeschenke göttlicher Mächte betrachtet wurden und daß z. B. im Hinduismus auch heute noch die Frauen auf dem Lingam (dem Phallus) des Gottes Shiva Opfer darbringen, um reichen Kindersegen zu erbitten. Und dennoch kommt es heute um des Überlebens der Menschheit und der Pflanzen und Tiere an unserer Seite willen entscheidend darauf an, selbst derart uralte, liebgewonnene und religiös verfestigte Gefühls- und Denkgewohnheiten in kürzester Zeit aufzugeben, indem das Sexualverhalten, das biologisch seit jeher auf das engste mit den Überlebensstrategien einer möglichst günstigen Fruchtbarkeitsrate verknüpft war, von den Fragen der Generation abgekoppelt werden muß. Es ist nicht möglich,

---

[4] V. SOMMER: Die Affen. Unsere wilde Verwandtschaft, Hamburg 1989, S. 123; 142 ff.

[5] A.a.O., 145.

[6] J. MELLAART: Çatal Hüyük. Stadt aus der Steinzeit, Bergisch Gladbach 1967, 265–273, S. 270.

mit technischen Mitteln die Sterblichkeitsrate der Säuglinge um ca. 50% gegenüber den »natürlichen« Bedingungen abzusenken sowie die Lebenserwartung der Menschen im Alter fast zu verdoppeln und gleichzeitig sich zu weigern, in gleichem Maßstab auch die Geburtenrate mit künstlichen Mitteln herunterzuschrauben.

Es ist dies der Punkt, an dem insbesondere die Moraltheologie der katholischen Kirche immer noch lieber der vermeintlichen Unfehlbarkeit ihrer eigenen tradierten Lehrmeinungen huldigt, als sich durch die eindringliche Sprache der Tatsachen belehren zu lassen. Sehr zu Recht schreibt *H. v. Ditfurth*: »Es muß auch einen Gutwilligen irritieren, wenn er Zeuge wird, wie der Papst die ›hohe Verantwortung der Entscheidung, wie viele Kinder sie haben wollen‹, ausdrücklich und immer wieder den Ehepaaren selbst zuspricht (so wieder Ende Januar 1985 vor mehreren hunderttausend Gläubigen in Caracas), die Träger dieser Verantwortung gleichzeitig aber auf ›natürliche‹ Methoden der Geburtenregelung festlegt. Denn was von deren ›Wirksamkeit‹ zu halten ist (erst recht unter den Bedingungen eines Entwicklungslandes), das pfeifen die Spatzen von den Dächern. Totale Ratlosigkeit löst es vollends aus, wenn derselbe Oberhirte neuerdings sogar dazu übergeht, auch die ›natürlichen‹ Methoden mehr oder weniger unverhüllt in den kirchlichen Bann einzubeziehen. – Am 5. September 1984 rief Papst Johannes Paul II. anläßlich einer Generalaudienz die Katholiken auf, die von der Kirche gebilligten ›natürlichen‹ Methoden nicht dazu auszunutzen, die Zahl ihrer Kinder zu reduzieren. Es sei ein Mißbrauch, wenn Eheleute diese Möglichkeit dazu benutzen sollten, die Zahl ihrer Kinder unterhalb der ›für ihre Familie moralisch richtigen (?) Geburtenrate‹ zu halten oder gar dazu, die Fortpflanzung ganz zu verhindern. Der in der Enzyklika ›Humanae vitae‹ enthaltene Verweis auf diese natürlichen Methoden dürfe nicht als Hinweis auf eine zulässige Möglichkeit zur Begrenzung oder gar Verhinderung von Nachwuchs mißverstanden werden, er versinnbildliche vielmehr gerade den Wunsch nach einer zahlreicheren Nachkommenschaft. Angesichts von Verlautbarungen wie dieser bleibt der rationalen Verständnisbereitschaft nur die totale Kapitulation. Man kann nur den einen Schluß ziehen, daß selbst die im Vatikan versammelte Auslese an menschlicher Intelligenz nicht genügt, um das alte Erbe der bisherigen Menschheitsgeschichte auf uns überkommener Vorurteile abzuschütteln. Der Verdacht ist zulässig, daß wir in der ganzen, rational nicht mehr zugänglichen Diskussion auch nur wieder einer, diesmal in die Verkleidung einer klerikalen Sprache gehüllten Variante des unbelehrbaren, möglicherweise sogar angeborenen Urteils begegnen, demzufolge jegliche Vermehrung einer menschlichen Population per se als ›gut‹ anzusehen ist und jegliche Abnahme, ohne Rücksicht auf die Umstände, unter denen sie erfolgt, als ›schlecht‹.«[7]

Zu diesen angeborenen Vorurteilen gehört es dabei ganz gewiß auch, eine Moral zu pflegen, die den Erhalt und die Durchsetzung des Egoismus der eigenen Gruppe zu einem heiligen Gut verklärt:[8] nicht das Wohl der Menschheit, wohl aber die Sorge um die drohende Verschiebung der Religionsstatistik zu Gunsten der Völker Asiens und der rasch sich vermehrenden Bevölkerung der Länder des Islam dürfte die derzeitige Haltung des Vatikans in der Bevölkerungsfrage vornehmlich mitbestimmen. Hinzu kommt freilich die althergebrachte biologische Verknüpfung von Sexualität und Fruchtbarkeit, die in der katholischen Morallehre theologisch zu einer metaphysischen Einrichtung des göttlichen Willens erklärt wird, dergestalt, daß jede Sexualbetätigung, die nicht zur Fortpflanzung geeignet ist, als »schwere Sünde« gebrandmarkt wird.[9] Geburtenregelung, wenn überhaupt, kann daher

[7] H. v. DITFURTH: So laßt uns denn ein Apfelbäumchen pflanzen. Es ist soweit (1985), München 1988, 277–278.
[8] Vgl. E. DREWERMANN: Der Krieg und das Christentum, Regensburg 1982, 60–64.
[9] Vgl. E. DREWERMANN: Kleriker. Psychogramm eines Ideals, Olten 1989, 530–563.

nur heißen: Sexualverzicht, und das bedeutet nichts anderes, als das außerordentlich dringende Problem der Überbevölkerung unter Rekurs auf den unumstößlichen Willen Gottes wie mit Absicht von genau dem falschen Ende her anzugehen.

Das menschliche Sexualverhalten übertrifft gewiß in Intensität und Quantum das Verhalten aller anderen Lebewesen um ein Vielfaches. Es ist nicht allein, daß mit Beginn der Pubertät im menschlichen Erleben sich eine Art sexueller Dauerappetenz einstellt, die von keinen besonderen Brunstzeiten eingegrenzt wird, es ist vor allem die Ausdehnung der menschlichen Zärtlichkeit selbst, die dem sexuellen Erleben einen Wert an sich zukommen läßt. Während die Weibchen vieler anderer Arten höherer Lebewesen schon infolge des zeitlich begrenzten Nahrungsangebotes nur zu bestimmten Zeiten des Jahres schwanger werden dürfen, wenn sie einigermaßen erfolgreich ihre Jungtiere großziehen wollen, konnte der Mensch schon vor mehr als 30 000 Jahren durch intelligentes Jagdverhalten und umsichtige Vorratswirtschaft jederzeit, wenn er wollte, Kinder zur Welt bringen und aufziehen, und besonders der Faktor der Domestikation, verbunden mit einer erheblichen Erleichterung von den »natürlichen« Belastungen im »Kampf ums Dasein«, scheint zu einer enormen Steigerung des sexuellen Interesses der Geschlechter aneinander geführt zu haben. Zwar läßt sich die These mancher Verhaltensforscher nicht erhärten, daß nur beim Menschen auch das weibliche Geschlecht zu sexuellen Orgasmen imstande sei;[10] ganz gewiß aber ist es nur uns Menschen vergönnt, viele Stunden lang zu jeder Tages- und Jahreszeit, ungestört von Beutegreifern, von Kälte und Regen, von der Ausgesetztheit des Lichtes u. a. m., der Liebe zu pflegen. All dies hat dazu geführt, daß die Sexualität des Menschen inzwischen viel breiter angelegt ist, als nur der Fortpflanzung zu dienen, und so stellt es einen moraltheologischen Anachronismus großen Stils dar, selbst unter den Bedingungen des

[10] Vgl. dagg. V. SOMMER: Die Affen, s. o. Anm. 4, S. 113–119; 147.

Industriezeitalters den Menschen mit religiösen Argumenten ein Verhalten als Pflicht aufzuerlegen, das in seiner Verknüpfung von Sexualität und Fruchtbarkeit allenfalls im Tierreich, unter den Bedingungen des biologischen Urzustandes, eine gewisse Plausibilität erlangen könnte. Ungeachtet der Verfahren, die schon bei den Tieren gebräuchlich sind, um ggf. die Zahl ihrer Nachkommen zu beschränken, bedürfen wir Menschen offensichtlich zur Geburtenkontrolle nicht der Rezepte einer moralisch oder religiös begründeten Sexualunterdrückung, wohl aber bestimmter Verfahren, die ebenso sicher und praktisch funktionieren wie die Maßnahmen, die auf medizinischem Wege zum Absenken der Sterberaten und zur Verlängerung der Altersspanne geführt haben. Zum ersten Mal in der Geschichte der Menschheit stehen wir vor der Forderung, die Sexualität von den biologisch vorgegebenen Zwecken der Reproduktion zu lösen und sie in wörtlichem Sinne zu kultivieren und zu humanisieren, indem wir lernen, sie ohne Angst zu genießen und im Austausch der Liebe so phantasiereich und poetisch kreativ zu pflegen, wie es der Verbindung von Menschen dienlich ist. Für Menschen, die im Durchschnitt auf eine Lebenserwartung von weit mehr als 70 Jahren zählen dürfen, kann der Sinn ihres Lebens nicht mehr primär in Aufgaben bestehen, die sie allenfalls 20–30 Jahre lang wirklich beschäftigen, wie der Zeugung und Aufzucht von Kindern und Kindeskindern.

Obwohl längst viel zu spät, gibt es immerhin einige wichtige Staaten der Welt, die begriffen haben, was die Stunde geschlagen hat. »China hat ein Beispiel gegeben: Die öffentliche Auseinandersetzung um die möglichen Folgen unveränderter Bevölkerungsentwicklung führte zu der Kalkulation, welche Landwirtschafts- und Wasser-Ressourcen künftig zur Verfügung stehen, wie sich die Sektoren Energie und Beschäftigung entwickeln werden. Daraus wurden Schlüsse für die Bevölkerungspolitik gezogen: Aus den gegenwärtig rd. 1 Mrd. Chinesen sollten bis zum Jahre 2000 nicht mehr als 1,2 Mrd. werden, um in zwei Jahrzehnten die Armut in China zu beseitigen. Deshalb wurde die Ein-Kind-Familienpolitik verordnet. – In erstaunlich kurzer Zeit hat China – wegen des hohen Anteils an der Weltbevölkerung – dazu beigetragen, das Wachstum der Weltbevölkerung wesentlich zu verlangsamen, so daß die jährliche Welt-Zuwachsrate von 2 auf 1,7% fallen konnte. Die Härten dieser staatlich durchgesetzten Ein-Kind-Familienpolitik mußten inzwischen realistisch auf einen Durchschnitt von 1,7 Kindern pro Familie im Jahr 2000 abgemildert werden.«[11] Ein Hauptproblem liegt darin, daß alle staatlichen Maßnahmen zur Geburtenkontrolle nur dann eine Chance haben, wenn sie die Menschenrechte beachten, und daß es infolge dessen zunächst einer langdauernden Aufklärung bedarf, bis auf dem Wege der Einsicht so etwas wie eine verantwortete Elternschaft möglich wird. »Während des indischen Notstandsregimes unter Indira Gandhi 1976/77 sind 7,6 Millionen Männer zwangssterilisiert worden. Der Schock darüber sitzt in einer von Männern beherrschten Gesellschaft so tief, daß alle Regierungen nach der Notstandszeit ihre Maßnahmen auf Frauen konzentriert haben. Dies geschah weniger in einer eigentlich notwendigen ›Bildungsrevolution‹, als vielmehr in technokratischen Kampagnen, die die entscheidende Rolle der Frau nicht wirklich stärken, sondern die ärmsten, am wenigsten aufgeklärten Frauen oft ohne ausreichende Information zur Sterilisierung oder zur Anwendung gesundheitsschädlicher Verhütungsmethoden treiben. Dafür gibt es dann auch noch Geldprämien für ärztliches Personal und beteiligte Sozialarbeiter. – Gegenwärtig nimmt die indische Regierung mit ihrem siebenten Fünf-Jahres-Plan einen neuen Anlauf: Sie proklamiert die Zwei-Kinder-Familie als Norm und will bereits um die Jahrhundertwende eine Stabilisierung der Bevölkerungsentwicklung erreichen. Nach aller bisherigen Erfahrung ist Skepsis angebracht. Man hat sich bis Ende dieses Jahrhunderts 31 Millionen Sterilisierungen, 21 Millionen Spiralen-Einset-

[11] S. o. Anm. 3.

zungen und die Anwendung konventioneller Verhütungsmittel bei 62 Millionen Frauen vorgenommen. In die Kampagne sollen 300 000 traditionelle Heilpraktiker einbezogen werden. Wissenschaftler sind beauftragt, uralte Methoden der Geburtenkontrolle zu erforschen und wiederzubeleben.«[12]

Neben solchen direkten Eingriffen hat vor allem der indirekte Druck über die Steuerpolitik ganz gute Ergebnisse erzielt: »Südkorea und Pakistan haben Abzüge bei der Einkommenssteuer auf zwei Kinder begrenzt. In Tansania, Sri Lanka und Nepal sind Steuervergünstigungen für Kinder völlig gestrichen worden. Die Philippinen haben Mutterschaftsvergünstigungen auf die ersten vier Geburten beschränkt, Ghana, Hongkong und Malaysia auf drei, Südkorea auf nur zwei. Tansania erlaubt bezahlten Mutterschaftsurlaub nur alle drei Jahre, um den Geburtenabstand zu erhöhen. – Doch Malaysia und Singapur marschieren in die Gegenrichtung: Aus 15 Millionen Malaysiern, von denen 43% unterhalb der Armutsgrenze leben, sollen 70 Millionen werden, damit es mehr Käufer für die Erzeugnisse von schlüsselfertig angelieferten Großanlagen der Stahl-, Zement- und Autowirtschaft gibt. Singapur verkündete eine ›Neue Bevölkerungspolitik‹ in diesem Jahr des Hasen (sc. 1987, d. Verfasser) nach dem vergangenen, für die Geburtenentwicklung negativen Jahr des Tigers. Dabei geht es nicht um Anreize für mehr Menschen allgemein, sondern für eine bestimmte Art von Menschen: den chinesischen Bevölkerungsteil, eine Mehrheit von derzeit 76,17%, die gegenüber der muslimisch-malaysischen Minderheit aufrechterhalten werden soll. Eine Veränderung von wenig mehr als einem halben Prozent in den vergangenen fünf Jahren zugunsten der malaysischen Singapurer verursachte bereits Nervosität.«[13]

Im Grunde kann man aus Überlegungen dieser Art nur ersehen, in welch hohem Maße es vielen Politikern ganz

[12] S. o. Anm. 3.
[13] S. o. Anm. 3.

einfach an einem »Bewußtsein über den Zusammenhang zwischen Bevölkerungswachstum, tragfähigen Ökosystemen und wirtschaftlichen Entwicklungen mangelt.«[14] Dabei wiegt auch die Hypothek der Reagan-Regierung schwer: 1984 gaben die USA die »Führung« in der bevölkerungspolitischen Diskussion und Aktion auf und strichen »ihre Beiträge an die bedeutendste private Organisation auf diesem Gebiet, den Internationalen Verband für geplante Elternschaft (International Planned Parenthood Federation, IPPF) sowie an den Bevölkerungsfonds der Vereinten Nationen (UNFPA). Neben ideologischen Motiven, die menschliche Fortpflanzung solle ähnlich wie der freie Markt nicht gestört werden, lautete die Begründung: Beide Organisationen seien – zumindest partiell – an Programmen beteiligt, die Abtreibung und Zwangsmaßnahmen nicht völlig ausschlössen, etwa in China.«[15] »Weltweit ist seit den 70er Jahren für Forschung über Reproduktionsmedizin, neue Verhütungsmittel und Familienplanungssicherheit real mehr als ⅓ weniger ausgegeben worden. An den Methoden der Familienplanung hat sich seit 25 Jahren nicht viel geändert ... Hinter der Frage, wie das zu starke Bevölkerungswachstum mit vernünftigen und humanen Methoden gebremst werden kann, steht das verdrängte Problem, warum in aller Welt, auch in den reichen Industrieländern, eigentlich die Frauen die Hauptlast der Familienplanung tragen müssen. Die medizinische Forschung könnte viel mehr an Methoden arbeiten, die auch den Männern einen gleichwertigen Beitrag abverlangt. Diese Einseitigkeit korreliert auf vertrackte Art mit einer weltweit zu beobachtenden Blindheit: Das Problem des Bevölkerungswachstums leugnet niemand, aber die wirklichen Verhütungsmittel – Aufklärung, Einsicht und Wohlstand – vermag kaum eine Regierung bereitzustellen, weil ihre Kräfte voll von der Aufgabe absorbiert

[14] S. o. Anm. 3.
[15] S. o. Anm. 3.

werden, die negativen Folgen wachsender Bevölkerung abzu-
wehren.«[16]

Im ganzen stellt sich das Problem, wieviele Menschen die
Erde eigentlich verträgt. Beim heutigen Stand der Technik und
einer Verteilung des westlichen Anspruchsniveaus an reale
Lebensqualität auf die Völker aller Regionen darf man schätzen, daß ohne Schaden für die Umwelt höchstens 2–3 Mrd.
Menschen auf dieser Erde leben können (s. o. S. 47). Alles aber
spricht dafür, daß wir frühestens bei 10 Mrd. Menschen die
derzeitige Bevölkerungsexplosion einem einigermaßen stabi-
len Gleichgewichtszustand werden zuführen können, und
selbst das nur, wenn wir noch sehr viel konsequenter, international wirksamer und kooperationsbereiter in dieser für die
Menschheit entscheidenden Frage vorgehen könnten. Selbst
bis hin zu diesem nach wie vor utopisch erscheinenden Ziel
wird die Natur Schäden erleiden, die in alle Zukunft nicht mehr
reversibel sind. Als deren schwerster erscheint derzeit

2. Das Abholzen der tropischen Regenwälder

Wie die ungelösten Probleme der Überbevölkerung unmittelbar zur Zerstörung der umgebenden Natur führen, zeigt sich
in erschreckender Form in der rapiden Vernichtung der
tropischen Regenwälder. Man muß sich vor Augen stellen,
daß es kein Gebiet der Erde gibt, das so dicht gefüllt ist mit
Leben, wie der tropische Regenwald. 80% aller Insektenarten
sind hier zu Hause, 90% aller Primaten haben hier ihre
Heimat, und man schätzt, daß insgesamt mehr als 30 Millionen verschiedene Tier- und Pflanzenarten hier leben,[1] die in
einem einzigartigen, Jahrmillionen währenden Experiment
der Evolution in einer unglaublichen Dichte und Vielfalt von
Wechselwirkungen und Austauschbeziehungen aufeinander

---

[16] S. o. Anm. 3.
[1] W. HUNCKE: Umwelt u. Wissenschaft, in: P. Scholl-Latour (Hrsg.): Knaurs
Weltspiegel 90, München 1989, 89–108, S. 90. Zu dem Gesamtproblem vgl.
J. H. REICHHOLF: Der unersetzbare Dschungel. Leben, Gefährdung und
Rettung des tropischen Regenwaldes, München, Wien, Zürich 1990.

eingestellt sind. In gewissem Sinne kann man in den tropischen Wäldern die Reste jener Welt erblicken, wie sie vor 50 Millionen Jahren im Eozän bestand, ja, man gewinnt Einblick in die Zeit vor über 100 Millionen Jahren, als in der Kreidezeit die Herrschaft der Nacktsamer durch die bedecktsamigen Blütenpflanzen abgelöst wurde, deren erste Formen den heutigen Magnolien ähnelten.[2] Es gibt Beispiele für Artenausrottung auch unter den Tieren jener Zeit. Als vor 100 bis 50 Millionen Jahren die beiden Superkontinente Laurasien im Norden und Gondwanaland im Süden zerbrachen, wurde mit der Abspaltung von Australien und Südamerika auch die Säugetierfauna jener Zeit, die Beuteltiere, isoliert; während in Australien die Beuteltiere jede ökologische Nische für sich zu nutzen verstanden, entwickelten sich im Norden in Anpassung an die veränderten Lebensbedingungen die plazentalen Säugetiere, und als bei einem neuerlichen Zueinanderdriften der Kontinente Südamerika sich mit der Landmasse von Nordamerika verband, drangen über die mittelamerikanische Landmasse die plazentalen Säugetiere nach Süden vor; sie trafen dort auf die schutzlosen Beuteltiere, über die sie sich derart gründlich hermachten, daß allein das Opossum zu überleben verstand.[3] Doch in der Natur verschwindet niemals etwas, ohne daß neue Formen von Leben an die Stelle des alten treten: in der Natur dauert es ca. 30 000 Jahre, bis eine neue Art entsteht; einzig dem Menschen ist es vorbehalten, in wenigen Jahrzehnten das biologische Erbe von Jahrmillionen ersatzlos für alle Zeiten zu vernichten.

Gegenwärtig rechnet man damit, daß pro Minute ca. 20 Hektar oder 30 Fußballfelder in den tropischen Regenwäldern durch Feuer und Rodung vernichtet werden;[4] in

[2] J. Reader: Aufstieg des Lebens. Die ersten 3,5 Milliarden Jahre (1986), Hamburg 1987, 129–132.
[3] A.a.O., 122. – Vgl. auch D. Attenborough: Lebensräume der Natur. Die faszinierende Welt der Tiere und Pflanzen (1984), Stuttgart 1989, S. 122–150.
[4] Pro Minute Verlust von 20 Hektar Wald. Rücksichtsloser Raubbau vernichtet tropische Regenwälder. dpa 24. 3. 1987.

anderthalb Stunden verschwindet eine Fläche von der Größe der Stadt Köln, in einem Jahr beim Tempo der derzeitigen Vernichtung eine Waldfläche von 11,4 Millionen Hektar, das entspricht in etwa der Größe Österreichs. »Dadurch werden pro Jahr 0,4 bis 1,6 Milliarden Tonnen Kohlendioxid freigesetzt, andere Schätzungen sprechen sogar von 1–2,5 Milliarden Tonnen.«[5] In vielen Ländern ist der Prozeß der Zerstörung bereits fast vollständig ans Ende gelangt: in Haiti ist der Regenwald gänzlich zerstört, in Elfenbeinküste fast gänzlich, in Nigeria bis zum Jahr 2000 gänzlich, in Thailand heute schon zu 45%, auf den Philippinen 55%, in Brasilien werden bis zum Jahr 2000 weitere 8% des Waldes gerodet sein, in Indonesien weitere 10%.[6] Und so geht das weiter. Bis 2050 werden wir es geschafft haben: es wird keinen tropischen Regenwald mehr geben.

Nehmen wir als Beispiel Indonesien.[7] Seit Jahrhunderten konzentriert sich die Bevölkerung ... auf Java, die ihr vorgelagerte Insel Madura und Bali. Java besitzt die fruchtbarste Erde der Welt und ist zugleich der dichtest besiedelte Landstrich des Planeten.« »Zwei Drittel der etwa 170 Millionen Indonesier bewohnen heute Java, Bali und Madura.« D. h., es »leben auf einem Quadratkilometer Javas sechshundert Menschen, in der Bundesrepublik sind es knapp 250.« Die Folge dieser chronischen Überbevölkerung ist der Massenexodus der Transmigrasi: Schon bis zum Zweiten Weltkrieg hatten etwa 200 000 Menschen Java verlassen, inzwischen sind es an die vier Millionen. Ihr Hauptziel ist Zentral-Kalimantan (Borneo) – jeden Monat folgen Tausende dem Versprechen der Regierung, ein Haus, Land und Saatgut für etwa zwei Jahre zu erhalten, wenn sie den Urwald besiedeln. »1980 hat der Staat in Kalimantan selbst gerodet, Holzhäuser und Ba-

[5] W. HUNCKE, s. o. Anm. 1, S. 90.
[6] A.a.O.
[7] R. WILLEMSEN: Der Dschungel brennt. Zum Beispiel Indonesien: Über die langsame Vernichtung des zweitgrößten Urwaldes der Erde, in: Die Zeit, 3. 6. 1988.

racken aufgestellt und ein Programm verkündet, demzufolge die Ankömmlinge nach drei Jahren auf eigenen Füßen stehen sollten. Die Hälfte des Gebietes, so hieß es, könne zumindest vorübergehend landwirtschaftlich genutzt werden. Heute gilt: alles, was die Siedler selbst gerodet haben, gehört ihnen, und wer beobachtet hat, wie viele Tage es braucht, um mit einer einfachen Steinaxt einen hundertjährigen Urwaldriesen zu fällen, der versteht die Dankbarkeit, mit der die Umsiedler in die Schneisen der Holzfirmen eindringen, um dort durch Brandrodung Land zu gewinnen. – Der Urwald Borneos brennt in jedem Augenblick an vielen Stellen ... Die Siedler brennen die Gebüsche gleich neben ihrer Hütte ebenso nieder wie hektargroße Parzellen zu Seiten ihrer Felder. Sie fühlen sich durch die hohe Luftfeuchtigkeit vor Funkenflug, durch den sumpfigen Boden vor einer Ausbreitung der Brände geschützt. Als 1983 die Regenzeit ungewöhnlich lange ausblieb, dörrten die Sümpfe aus und das Feuer zerstörte ein Stück Land von der Größe Taiwans. Dieser schlimmste Brand in der Geschichte aller verzeichneten Brände wurde erst 1984 durch die endlich einsetzenden Regenfälle gelöscht. Die indonesischen Zeitungen berichteten über die Katastrophe etwa ein Jahr nach Ausbruch des Feuers zum ersten Mal. Sie waren durch ausländische Agenturen auf den Fall aufmerksam gemacht worden. Heute hat die Regierung die Piloten mit der Beobachtung der Brände in Borneo beauftragt. Einzelne berichten, das Feuer von 1983/84 sei niemals wirklich gelöscht worden. – Der tropische Regenwald Borneos stirbt mit nur wenig geringerer Geschwindigkeit als der am Amazonas. Die ›Korindo‹, eine koreanisch-indonesische Abholzungsfirma, die in Kalimantan arbeitet, gilt als die größte des Kontinents. Sie mag sich darauf herausreden, hier werde ja nur selektiv gerodet, Bäume unter einer festgelegten Größe blieben erhalten, außerdem konzentriere man sich auf Hartholzbäume – im Urwald Zentralkalimantans stehen die alten und die Hartholzbäume dicht, und der Andrang der Umsiedler, die die Arbeit in der Regel beenden, ist enorm.«

»Die Siedler in Zentralkalimantan mögen es wissen, daß in ihrem Beisein und unter ihren Händen eine Waldart zerstört wird, die sich nie wieder erholen kann, aber sie können sich Skrupel am wenigsten leisten. Auf den mühevoll gerodeten Feldern ziehen sie die anspruchslosesten aller Pflanzen: Ananas und Trockenreis. Die Ananas wird häufig direkt in die Asche gesetzt, ihre Frucht bleibt klein, die Märkte sind überschwemmt, entsprechend gering ist der Ertrag. Mit mehr als einer Ernte im Jahr ist ohnedies nicht zu rechnen. Das Saatgut für den Reis stellt die Regierung. Bleibt die Regenzeit zu lange aus – und als eine Folge der Abholzungen sind die beiden Jahreszeiten unzuverlässig geworden –, wird das Saatgut verzehrt und man hofft auf die nächste Zuteilung. Wo in anderen Landesteilen, wie beispielsweise in Ostkalimantan, alte Reisfelder mit 60 bis 80 Obst- und Gemüsesorten bepflanzt werden können, bleiben den Bauern in Zentralkalimantan tatsächlich nur Ananas und Trockenreis. Nach zwei Ernten ist der Boden überdies erschöpft. Man läßt ihn brach liegen, denn nun gedeiht hier buchstäblich nichts mehr als das selbst zum Verfüttern unbrauchbare Alang-Alang-Gras, das den Boden mit einer so dichten Matte überzieht, daß für lange Zeit nichts hindurchdringt. Erst nach 15 bis 20 Jahren beginnen hier wieder Farne und Bäume zu wachsen, und nach etwa 110 Jahren ist eine Art Sekundärwald entstanden, der dem ursprünglichen tropischen Regenwald gleicht. – Die Bauern aber ziehen weiter, gewinnen neue Parzellen, schließen sich wieder zu Transmigrasi-Siedlungen zusammen.«

»Die Naturschutzorganisationen haben ... mit ihren Appellen an Regierungen und Exportfirmen weitgehend resigniert. Sie wenden sich an die Verbraucher und rufen zum Boykott von Tropenhölzern auf. Ob das aber hilft? Nach Japan sind die EG-Staaten die größten Holz-Importeure der Welt. Etwa ein Drittel aller deutschen Neubauten, dies hat der *Spiegel* kürzlich berichtet, werden mit asiatischem Meranti-Holz ausgestattet. Auf der anderen Seite ist von Regierungseingriffen wirklich wenig zu erwarten. Da die Diäten eines indonesischen Regierungsangestellten unter dem Lebensminimum liegen, findet man den, der die Abholzungskonzession vergibt, nicht selten unter den Teilhabern der bittstellenden Firma.«

Nicht sehr viel anders verhält es sich mit einem anderen Beispiel, mit Madagaskar. Die Insel wurde vor ca. 1500 Jahren von Indonesien aus besiedelt; heute bereits sind 470 000 km² des Landes in Grassteppen verwandelt, und nur noch 10% des ursprünglich geschlossenen Waldbestandes haben sich erhalten; doch auch hier gehen 300 000 ha jährlich durch Brandrodung verloren; man braucht das Land vermeintlich für die Herden der Zebu-Rinder und für die Plantagen der Sisalagaven: Sisalfasern werden neben Kaffee (43%) und Vanille (25%) auf dem Weltmarkt angeboten; obwohl die 10 Millionen starke Bevölkerung zu 85% in der Landwirtschaft tätig ist, muß ein Fünftel aller Nahrungsmittel eingeführt werden.[8]

Immerhin vermag man Abholzungen der tropischen Regenwälder, die durch die Not der einheimischen Bevölkerung bedingt sind, noch einigermaßen zu begreifen; eine neue Qualität indessen erreicht die Zerstörung dieser letzten Paradiese der Erde durch die systematische Ausbeutung der Wälder und der Böden durch ausländische Spekulanten und Profitsucher. Auch dafür ein Beispiel: »In Papua-Neuguinea, wo der Urwald noch weite Gebiete des Landes bedeckt, lebt mehr als die Hälfte der Bevölkerung vom Holzhandel. Ein einziger Baumriese bringt, zu edlem Furnier verarbeitet, auf dem Weltmarkt Zehntausende von Dollars. Teak-, Mahagoni- oder Palisanderbäume sind längst zu Seltenheiten geworden. Die Nachfrage in den drei wichtigsten Abnehmerländern Japan, USA und Bundesrepublik ist ungebrochen. Sind die großen Stämme erst gefällt, bleibt im günstigsten Fall

---

[8] W. RANK: Madagaskar: Zerstörung einer einzigartigen Vegetation, in: Spektrum der Wissenschaft, 9/1989; P. SCHOLL-LATOUR: s. o., Anm. 1, 266–267. Vgl. M. HERZOG – K. WOTHE: Urwaldgeister auf Madagaskar. Expedition ins Reich der Lemuren, ZDF 10. 12. 1989.

ein ›Sekundärwald‹, schon ungleich ärmer als der unberührte Dschungel. Seinen Ursprungszustand könnte er erst nach Jahrhunderten wieder erreichen, selbst wenn ihn kein Mensch mehr antasten würde.« Doch genau das ist nicht der Fall. »Außer den Baumriesen wird auch noch das Unterholz des Waldes genutzt, manchmal an Ort und Stelle zu Sägemehl zerkleinert und zu Spanplatten gepreßt. Meist aber brennen die Landarbeiter die Vegetation großflächig nieder – zurück bleibt ausgelaugter Boden, der für ein paar Jahre als Viehweide dienen kann ... Das Fleisch der Tiere wird aus der Dritten Welt in die Industrieländer exportiert, wo es größtenteils als Hackfleisch in den Fast-food-Läden landet. Der Gewinn aus diesem Geschäft bleibt selten im Lande, denn die Eigentümer der größten Weideflächen sind multinationale Konzerne oder Großgrundbesitzer, die ihre Farmen aus der Ferne kontrollieren.«[9] Es ist aber schwer erkennbar, was man mehr beklagen soll: die Ignoranz und Dummheit, mit der wir, mitten in einem an landwirtschaftlichen Erzeugnissen absolut überfüllten EG-Markt, unwiederbringliche Lebensräume in Mittel- und Südamerika roden lassen, nur damit z. B. McDonald's Weideflächen für Rinderfarmen erhält, aus denen sich zu Billigpreisen das Schlachtfleisch für die Hamburger und Cheeseburger gewinnen läßt,[10] oder die unbelehrbare Blind-

---

[9] J. ALBRECHT: Kahlschlag im Paradies, in: Zeit Magazin, 25. 11. 1988, S. 30–46, S. 32; 35.

[10] Vgl. CH. GREFE – P. HELLER – M. HERBST – S. PATER: Das Brot des Siegers – Die Hamburger Konzerne, Lamur-Verlag. Vgl. auch »Bürger gegen Burger. Das Hackfleisch-Imperium stoppen, in: Publik-Forum, 9. 9. 1988, 17–24: »Von 1800 bis heute ist der jährliche Fleischkonsum in Deutschland von 23 auf 89 Kilogramm pro Kopf gestiegen. Ein Ende dieser Entwicklung ist nicht in Sicht. Die Frikadellenmultis heizen den Verbrauch gnadenlos weiter an – obwohl wir bereits heute zuviel Fleisch essen. Die Entwicklung hat auch die Tierhaltung grundlegend verändert. Die Zeiten der Idylle von glücklichen Kühen sind längst vorbei. Die bundesdeutschen Bauern haben längst auf Intensivmast umgestellt. Das Mastvieh, zu Hunderten nebeneinandergepfercht, wird in abgedunkelten Betonstallungen hochgezüchtet. Mit Kraftfutter aus Mais und Sojaschrot. Mit viel Chemie. Mit Antibiotika, Psychopharmaka, Eiweißen, Mineralsalzen und oft auch mit Hormonen. Die Rinder müssen jeden Tag 1,2 Kilo

heit gegenüber den *Fehl*schlägen, die selbst am Ort bereits alsbald den *Kahl*schlägen der tropischen Wälder zu folgen pflegen.

In Brasilien war es *Henry Ford*, der Anfang der 20er Jahre sich vom Bundesstaat Para ca. 1 Mio. Hektar Waldgebiet entlang des Tupajos kostenlos übereignen ließ, unter der Bedingung, 50 Jahre lang steuer- und abgabenfrei Kautschuk gewinnen zu dürfen, wofern er nach 12 Jahren den erwarteten Profit mit Staat und Regierung zu teilen bereit sei. »1932 lebten bereits 4000 Menschen in ›Fordland‹, die meisten von

zunehmen, bevor sie in den Schlachthof transportiert werden. Weidefütterung ist im Zeitalter der Agroindustrie zu einem unrentablen Luxus geworden, würde zu lange dauern. Außerdem verlangen die Fleischverwerter, seitdem der Bedarf nach preiswerterem (und fetterem Fleisch) wie Hamburgern und Steaks gestiegen ist, nach Mastrindfleisch.« – »Noch 1950 waren 72 Prozent der Fläche des mittelamerikanischen Landes Costa Rica mit tropischem Regenwald bewachsen. Heute sind es nur 26 Prozent. Man hat die Fläche gerodet um Vieh zu züchten. Die Regierung des hochverschuldeten Landes setzt auf Export. Jedes Jahr werden 90 000 Tonnen Rindfleisch - ›das blutige Gold‹ ist nach Bananen und Kaffee das drittwichtigste Exportgut – ausgeführt. Zu den Empfängern gehören auch Fastfoodunternehmen in den USA, darunter die Firma Burger King. Nach massiven Protesten von Verbrauchern und Boykott-Aktionen in den USA hat das Unternehmen, das weltweit 5200 Schnellimbiß-Restaurants unterhält, reagiert und den Import von Fleisch aus Costa Rica und anderen Regenwaldgebieten im Jahr 1987 eingestellt. Anders McDonald's. Der Branchenführer bestreitet rundweg, überhaupt Fleisch aus der Dritten Welt zu beziehen. Unternehmenskritiker halten dies für nicht glaubhaft. Recherchen haben ergeben, daß das Fleisch hinter den Grenzen der USA anonymisiert wird. ›Hat es einmal in den Häfen Floridas oder Kaliforniens den Stempel der US-Landwirtschaftsbehörde erhalten, gilt es als einheimisches Fleisch – seine Vergangenheit ist vergessen‹, berichtet ein Beamter der US-Kontrollbehörde. Weiteres Problem: Das Fastfood-Fieber treibt die Futterimporte in die Höhe. Allein nach Bayern werden jedes Jahr 300 000 Tonnen Soja importiert, die Hälfte davon aus Brasilien. Mastbullen fressen ein Kilogramm Sojaschrot pro Tag, Milchkühe sogar zwei bis drei Kilo, bevor sie etwa bei Lutz und Otto für McDonald's durch den Wolf gedreht werden. Der Anbau von Futtermitteln verstärkt in den Entwicklungsländern den Trend zur Monokultur. Mittlerweile hat sich in Brasilien die Anbaufläche von Soja auf 18 Prozent des gesamten Ackerlandes ausgeweitet. Die Folge: Landvertreibung der Kleinbauern und ein geradezu wahnwitzig großer Pestizideinsatz. In den großen Städten der südlichen ›Soja-Staaten‹ Brasiliens wachsen die Elendsviertel.«

ihnen Arbeiter auf einer gerodeten, knapp 3000 Hektar großen Gummipflanzung. – Was der mächtige, aber ökologisch völlig uninteressierte Henry Ford in seinem Eroberungsdrang übersehen hatte, war das simple Faktum, daß gerodeter Urwald praktisch unfruchtbaren Boden hinterläßt. So üppig die Vegetation auch scheinen mag – ein tropischer Dschungel wächst beinahe immer auf einer kargen Humusschicht von wenigen Zentimetern. Selbst die Wurzeln der mächtigen Urwaldriesen greifen nicht tief in den Boden; ihre Feinwurzeln reichen sogar nur wenige Zentimeter weit. Sie würden dort unten auch nicht viel an Nährstoffen finden; organisches Material, das zu Boden fällt und in den Wäldern gemäßigter Breiten langsam verrottet, wird in der immerwährenden Treibhausatmosphäre des Regenwaldes auf der Stelle zersetzt. Blattschneideameisen machen sich darüber her, Termiten, Nematoden, Käfer und Würmer. Unzählige Pilze strecken ihr dünnes Wurzelgeflecht in den Abfall und setzen die darin enthaltenen Mineralien frei. Diese Symbiose am Fuß der Bäume sorgt dafür, daß alle Nährstoffe etwa fünfmal schneller zirkulieren und in den Kreislauf der Vegetation aufgenommen werden als beispielsweise in einem Nadelwald in Mitteleuropa. – Bei diesem Prozeß bleiben keine Reserven im Boden zurück. Spurenelemente und Humusstoffe sind Mangelware. Urwaldboden ähnelt, so paradox es klingt, keineswegs einem fruchtbaren Komposthaufen, sondern ist in Wirklichkeit trostlose Wüste. Nichts bleibt nach dem Abholzen zurück als eine Handvoll Ton, rot gefärbt durch seinen Anteil an Eisenoxid. Selbst die wenigen fruchtbaren Flächen, etwa an den Ufern der großen Urwaldflüsse, sind nach dem Kahlschlag der Erosion preisgegeben. Wird der oberirdische Bewuchs einmal abgehauen, schwemmen wolkenbruchartige Regenfälle den dünnen Humus in kürzester Zeit fort. Die Tropensonne verbackt die nackte Kruste zu einer steinharten, sterilen Masse.«[11] »Die Ureinwohner des Regenwaldes ken-

---

[11] J. ALBRECHT: s. o. Anm. 9, S. 42.

nen diese fatalen Folgen und sorgen vor. Ihre kleinen Felder bewirtschaften sie höchstens zwei oder drei Jahre lang und ziehen dann weiter, ehe die Nahrung erschöpft ist. ›Shifting cultivation‹ nennen Experten diese Form des Wanderhackbaus, und solange die gerodeten Flächen klein genug sind, kann der Wald diese Lücken rasch wieder schließen. – Henry Ford mußte seine Lektion teuer bezahlen. Nach kurzer Zeit schwemmte der Regen seine Gummiplantagen in den Fluß und hinterließ bloß Fels. Seine jungen Kautschukpflanzen wurden vom Mehltau befallen und gingen ein; Holz war weit und breit nicht mehr zu finden, und so zog das Unternehmen flußabwärts. In Belterra hoffte die ›Ford Industrial Company of Brazil‹ auf mehr Glück. Fast 300 000 Hektar wurden mit drei Millionen malaysischen Setzlingen bepflanzt, von denen man hoffte, daß sie gegen den Pilzbefall resistent seien. Das waren sie jedoch nur zum Teil; im übrigen liefen Henry Ford die Arbeiter in Scharen weg ... Henry Ford II. mußte das Fordland-Belterra-Unternehmen 1945 an die brasilianische Regierung verkaufen. 9 Millionen Dollar hatte sein Vater hineingesteckt – und nicht ein einziges Gramm Kautschuk geerntet.«[12]

Doch statt aus dem Ford-Desaster zu lernen, entwarf die brasilianische Regierung Mitte der 60er Jahre, als gälte es, dem Ruf eines »schlafenden Riesen« gerecht zu werden, ein eigenes Programm zur »Erschließung« des Amazonasgebietes; der Bau der *Transamazonica* begann, Viehzuchtfarmen entstanden und Bodenschätze sollten abgebaut werden. Diesmal war es der amerikanische Multimillionär *Daniel Ludwig*, der am Jari-Fluß 1,2 Millionen Hektar Regenwald erwarb, eine Fläche von der Größe Belgiens, die er niederbrennen und mit Weichhölzern aufforsten ließ, um eine Papierfabrikation zu eröffnen. »Eine schwimmende Fabrik ließ er im fernen Japan bauen und um Kap Hoorn herum quer durch den Atlantischen Ozean den Amazonas hinaufschleppen. Er ließ

[12] A.a.O., 42; 46.

Flughäfen anlegen, 4000 km Straßen und achtzig Kilometer Eisenbahnnetz bauen, Bulldozer den Wald niederlegen und einhunderttausend Hektar mit einer eigens aus Ostindien importierten schnellwachsenden Baumart namens *Gmelina arborea* bepflanzen. Doch die Bulldozer walzten den Boden so platt, daß die Schößlinge schlecht anwuchsen. Eukalyptusbäume und Kiefern wuchsen zu langsam. Ludwigs schwimmende High-Tech-Papierfabrik stand am Ende fast still, weil der Holznachschub ins Stocken geriet. Das Unternehmen kostete die stolze Summe von einer Milliarde Dollar und brachte dem Amerikaner einen denkbar schlechten Ruf ein; am Ende mußte er froh sein, seinen amazonischen Traum 1982 für 280 Millionen Dollar an ein Konsortium von 27 brasilianischen Firmen verkaufen zu können. Am Jari ist es inzwischen sehr still geworden.«[13] Doch was hat man an Einsicht aus all dem gezogen?

Will man einen Überblick über die Zerstörung der tropischen Regenwälder gewinnen, so läßt sich das Ausmaß der Verwüstung in der folgenden Aufstellung des Regenwaldbestandes wiedergeben (pro Bezugsjahr in 1000 km^2)[14]:

	Mittel- und Südamerika	Afrika	Asien
1950	4580	1903	2003
1980	4402	1313	1765
2000	3500	955	1394
2050	1845	270	724

Der Schaden, der aus dieser unaufhaltsam scheinenden Zerstörungsmanie erwächst, sei an dem *Aussterben der Primaten* erläutert, die in Indien zwar als heilig gelten, anderenorts aber immer noch als Nahrungskonkurrenten gejagt, als Fleischlieferanten getötet oder als Handelsware für zoologische Gärten eingefangen werden. »In Teilen Asiens und Afrikas werden Affen, meist Paviane, Meerkatzen und Maka-

[13] A.a.O., 46.
[14] A.a.O., S. 38.

ken, als Ernteschädlinge verfolgt. In Sierra Leone wurden zwischen 1942 und 1962 nach offizieller Statistik 245 513 Primaten als arge Feinde der Bauern umgebracht. Noch in den letzten beiden Jahrzehnten des 19. Jahrhunderts wurden ganze zweieinhalb Millionen der afrikanischen Guerezas geschossen, um mit ihrem hübschen schwarzweißen Fell feine weiße Damen zu zieren. Als niedliche Knuddel- und Haustiere gelten in Südamerika Wollaffen, in Thailand Gibbons, in Indonesien Orangs. Stets werden Muttertiere geschossen, um der Babys habhaft zu werden. Die wegen ihres virtuos aufgestellten Kopfhaares auch Lisztaffen genannten Tamarine und – mit Ausweitung der AIDS-Forschung – auch Schimpansen werden gehandelt und geschmuggelt, da sie Medizinern als wichtige Versuchsobjekte gelten. – Das äquatorumspannende Siedlungsgebiet der verschiedensten Primaten ist mithin bereits irreparabel zerrissen. Von den ungefähr 190 Spezies stehen schon 67 (35 %) auf der Roten Liste der International Union for the Conservation of Nature (IUCN). Jede dritte Art ist also bereits gefährdet oder selten. Der Bestand von 26 Arten (14 %) ist stark bedroht. Das heißt: Jede siebente Primatenart könnte bis zum Jahr 2000 ausgerottet sein.«[15] »Die internationale Naturschutzorganisation World Wildlife Found (WWF) und die Expertengruppe für Primaten der IUCN haben angesichts der weltweiten Krise Schwerpunkte für den Artenschutz gesetzt. Dazu zählen auch die Berggorillas der Virunga-Vulkane. 1960 wurde der Bestand auf 400 bis 500 Tiere geschätzt. Einer recht genauen Zählung zufolge waren es 1981 noch 242, eingepfercht in ein Schutzgebiet von 120 Quadratkilometern, dessen Hänge von Siedlern zerstükkelt werden und dessen oberes Ende die für Gorillas unbewohnbare öde Gipfelregion um die Vulkane ist. Wilderer schießen Gorillas und legen Drahtschlingen für Antilopen, in denen sich die Menschenaffen verstümmeln … Nach 19 Jah-

[15] V. SOMMER: Die Affen. Unsere wilde Verwandtschaft, Hamburg 1989, S. 53.

ren, in der Weihnachtsnacht des Jahres 1985, bezahlte Dian Fossey den heroischen Kampf für das Überleben ihrer Schützlinge mit dem eigenen Leben. Sie wurde in ihrer Hütte erschlagen, vermutlich von Wilderern oder korrupten Wildhütern.«[16] »Wir tun uns gewöhnlich leicht, Wilderer zu verurteilen und den Raubbau an der Natur jenseits unseres Horizonts zu verdammen. Doch vergessen wir nicht: Mit jedem ›Hamburger‹ stopfen wir uns gleichsam ein Stück Regenwald in den Rachen, das zu Rinderweide verwandelt wurde; mit jedem Schnitzel sorgen wir dafür, daß tropischer Wald zu Sojabohnenplantagen wird und unsere Schweine sich an Kraftfutter mästen können. Musterländle wie Schweden, Finnland, Japan schonen ihre Holzreserven und kaufen Einschlagkonzessionen in Südindien, Uganda und Borneo. Und es stärkt unsere Wirtschaftskraft, wenn die Volkswagen AG in Brasilien für Zweigwerke Wald roden ließ. Die letzten ›Käfer‹ erhielten ihre Blechpanzer im Lebensraum der letzten Murikis, der phantastischen Spinnenaffen – die größte und zugleich am meisten bedrohte südamerikanische Primatenart.«[17]

In all dem sieht es so aus, als wenn in unseren Tagen eine grundlegende Entscheidung von uns verlangt würde, der wir nicht länger ausweichen können. Ein für allemal ist es nicht mehr möglich, das biblisch-christliche Weltbild beizubehalten, wonach dem Menschen als der Krone der Schöpfung jegliches Recht gegenüber der Kreatur zukommt.[18] Insbeson-

---

[16] A.a.O., 53–54.
[17] A.a.O., 54–55. Vgl. auch D. Fossey: Gorillas im Nebel. Mein Leben mit den sanften Riesen (1983), München 1989, 269–303 (Dezimierung durch Wilderer). F. Mowat: Das Ende der Fährte. Die Geschichte der Dian Fossey und der Berggorillas in Afrika (1987), Zürich 1988, 396–414, zu den Problemen von Wilderei und Tourismus. J. Hess: Familie 5. Berggorillas in den Virunga-Wäldern, Berlin 1989, 175–184: Bestand, Gefährdung und Schutz.
[18] Vgl. Papst Johannes Paul II.: Friede mit Gott dem Schöpfer – Friede mit der ganzen Schöpfung, in: Kirchliches Amtsblatt für die Erzdiözese Paderborn, 28. 12. 1989, S. 147–151. So auch der Paderborner Erzbischof J. J. Degenhardt: Fastenhirtenbrief 1990: Gott, der Schöpfer, in: Kirchliches Amtsblatt, 26. 1. 1990, 2–4, S. 4: »Unsere Sorge um die Schöpfung ist

dere die katholische Kirche muß sich heute fragen lassen, wie ernst es ihr mit den Beteuerungen eines »verantwortlichen ökologischen Ethos« wirklich ist. Wenn wenigstens ein Restteil dessen, was die Natur in Jahrmillionen an Leben hervorgebracht hat, an unserer Seite weiter existieren soll, so müßte die menschliche Spezies als erstes sich selber zahlenmäßig begrenzen um der Erhaltung der Vielfalt anderer Lebensformen willen, doch gerade einen solchen Gedanken lehnt die katholische Moraltheologie kategorisch ab. Entsprechend dem christlichen Weltbild sind allein wir Menschen zur Unsterblichkeit berufen, und vor dem Parameter der Ewigkeit versinkt das Daseinsrecht jedes nur endlichen Lebewesens in das absolute Nichts; angesichts der Aussicht ewiger Glückseligkeit kann es prinzipiell gar nicht genug Menschen auf dieser Welt geben, denn sie alle haben potentiell teil an der Herrlichkeit des Himmels,[19] – das unsägliche Leid der Tiere mag dem gegenüber bedauerlich sein, es sind die göttlich geoffenbarten Heilshoffnungen des Christentums selbst, die in der Wahl zwischen einem Menschen oder einer beliebigen Menge von Tieren jeden Einsatz zugunsten des Menschen rechtfertigen. Es ist nicht allein der immer wieder zitierte fatale Satz aus Gen 1,28: »Seid fruchtbar und mehret euch ... und macht euch die Erde untertan«, es ist die gesamte Perspektive einer ausschließlich auf den Menschen bezogenen Heils- und Hoffnungsgewißheit, die jeden Ansatz christlicher Ethik anthropozentrisch auf den Menschen zurückbiegt. Nur wenn sich zeigt, daß der Mensch selber Schaden leidet,

nicht allein dadurch motiviert, den Menschen Lebensräume zu erhalten oder zu schaffen. Sie erwächst aus der Verantwortung, die uns von Gott für die gesamte Schöpfung übertragen ist.« Solche (an sich richtigen) Worte sind nichts als schön geredet, solange die katholische Kirche nicht den Mut hat, ihre bevölkerungspolitisch absurde Sexualmoral zu revidieren und ihr eigenes anthropozentrisches Weltbild aufzugeben. S. o. S. 67–84.

[19] Vgl. dazu E. DREWERMANN: Ich steige hinab in die Barke der Sonne. Meditationen zu Tod und Auferstehung, Olten, 1989, 228–247. Nachgedruckt in: DERS.: Über die Unsterblichkeit der Tiere, Olten 1990, Vorw. v. LUISE RINSER.

wird der Raubbau an den tropischen Regenwäldern als »unverantwortlich« gegenüber dem göttlichen Schöpfungswillen gelten. Fast muß man sagen: zum Glück (!) läßt sich in aller Form zeigen, daß wir mit der Vernichtung der letzten großen Areale der Schöpfung uns selbst schwere Schäden zufügen werden; doch selbst diese Eindrücke werden wohl erst wirken, wenn es zu spät ist. Am Ende wird man lernen, mit den Schäden zu leben, und vermutlich wird man in 150 Jahren die Regenwälder in den Tropen so wenig vermissen wie die Urwälder im heutigen Europa, deren letzter Rest einzig im Osten Polens noch zu besichtigen ist. Ja, es lautet heute schon ein »Argument« der brasilianischen Regierung, es zeuge von einem »ökokolonialistischen Denken«, die Zerstörung der tropischen Regenwälder als ein Verbrechen zu brandmarken; man habe kein Recht, Brasilien an dem Bau großer Stauseen und Kraftwerke im Amazonasgebiet mit der Stromerzeugung für Millionen von Menschen zu hindern, nachdem man selber, nur langsamer, im Verlauf von Jahrhunderten, ganz Europa »urbar« gemacht habe. Ein schreckliches Versagen der Religion der Bibel liegt darin, daß sie uns wohl die Größe des Menschen, nicht aber auch nur entfernt in gleichem Maße die Größe der Lebewesen an unserer Seite zu zeigen vermocht hat. Was wir dringend benötigten, wäre eine Religion, die, entsprechend gewissen Ansätzen der indischen Frömmigkeitshaltung, die Natur als einen Heiligtumsraum von Manifestationen des Göttlichen fühlbar machen könnte, in den unbefugt oder gar zerstörerisch einzudringen wie durch ein selbstverständliches Tabu unter Verbot gestellt wäre. Es müßten die tropischen Regenwälder (und ebenso die Serengeti, die Arktis und Antarktis, die Schelfmeere, die Hochgebirge u. v. a. m.) für ebenso sakrosankt und unantastbar gelten wie beispielsweise der Petersdom oder die Kathedrale von Notre Dame in Paris.

In der Zwischenzeit freilich, ehe dieses für christliches Denken scheinbar immer noch blasphemische Ziel erreicht ist, werden wir uns damit begnügen müssen, die Schäden aufzuzeigen, die der Mensch sich selbst mit der Zerstörung der tropischen Regenwälder zufügt.

Der eine Schaden liegt in der Verminderung der Artenvielfalt selbst. In den letzten 10 000 Jahren, vom Beginn der neolithischen Revolution bis heute, haben die Menschen etwa 7000 Pflanzenarten als Nahrung verwertet. »Doch heute nutzen wir vorwiegend lediglich etwa 20 in ihren verschiedenen Zuchtformen; es sind größtenteils Pflanzen – wie Weizen, Roggen, Hirse und Reis –, an die der jungsteinzeitliche Mensch in der Frühphase des Ackerbaus zufällig geraten ist. Wenigstens 75 000 weitere Pflanzen haben jedoch genießbare Teile, und nachweislich übertreffen zumindest manche von ihnen unsere Nutzpflanzen an Wert.«[20] Statt die Zukunft der Landwirtschaft auf die Überdüngung der Böden, die Züchtung von Hybridformen und auf die Hervorbringung genveränderter Tier- und Pflanzenarten zu setzen, sollte man sich daran erinnern, daß in den tropischen Regenwäldern ein noch völlig unentdecktes Reservoir an Pflanzenarten schlummert, die dem Menschen als Nahrungs- und Heilmittel einst von größtem Nutzen sein könnten. Doch alles spricht dafür, daß wir diese Schätze der Natur niemals mehr kennenlernen werden. Denn am empörendsten in all den Debatten über die Zerstörung der tropischen Regenwälder ist das zynische Gerede von der »Wiederaufforstung der Wälder« bzw. von der »Selbstregeneration der Natur«. »Es wäre naiv anzunehmen, die Menschheit müsse nur so lange warten, bis sich die große Leere nach einer Massenvernichtung von selbst durch Artenneubildung wieder füllt. Wenn wir uns am großen kreidezeitlichen Artensterben orientieren (der jüngsten derartigen Episode), so würde es 5 bis 10 Millionen Jahre dauern, bis die Artenvielfalt abermals ein Niveau wie noch vor kurzem erreicht hätte. – Wir vernichten, vor allem indem wir für so viele Arten den Lebensraum zerstören, mit der Formenviel-

---

[20] E. O. WILSON: Bedrohung des Artenreichtums, in: Spektrum der Wissenschaft, 11/1989, 88–95, S. 93.

falt gleichzeitig die Reserven der Natur für eine genetische Regeneration ... Wir töten die Fähigkeit, neues Leben hervorzubringen, ab.«[21]

Hinzuzufügen ist, daß unmittelbar mit den Regenwäldern unweigerlich auch die ca. 200 000 dort lebenden Indios in ihrer geistigen und physischen Existenz bedroht sind.[22] Der Kontakt mit den weißen Siedlern führt regelmäßig zu einer wachsenden Abhängigkeit und zu fortschreitendem Identitätsverlust, begleitet von den üblichen Problemen: Alkoholismus, Prostitution und Asozialität. Um die begehrten Tauschwaren der Weißen: Metallbeile, Gewehre, Haushaltswaren oder Plastikkrimskrams auf dem Markt erstehen zu können, sind die Indios gezwungen, selber den Urwald zu roden und eine Art primitiver Plantagenwirtschaft zu betreiben. Bei

---

[21] A.a.O., 93.
[22] Vgl. Abenteuer Forschung. Kampf ums Überleben – Indianer konfrontiert mit der Zivilisation der Weißen. Von J. BUBLATH, ZDF 21. 11. 1989. Geschildert werden die *Calena-Indianer* und die *Yanomamö-Indianer*. – Von der wirtschaftlichen Seite vgl. N. PIPER – F. VORHOLZ: »Das große Geld ist zerstörerisch«. Zeit-Gespräch mit dem brasilianischen Umweltschützer *José Lutzenberger*, Die Zeit, 10. Nov. 1989, S. 43–44: »Das schlimmste sind heute die großen Viehfarmen. Sie werden alle vom brasilianischen Staat subventioniert, und ohne diese Subvention würde niemand auf die Idee kommen, Hunderte Hektar im Regenwald für Viehweiden zu roden. Die Farmen sind ökonomisch völlig sinnlos, die Produktivität ist skandalös niedrig. – *Zeit:* Gelten die Subventionen auch für die industriellen Großprojekte?‹– *Lutzenberger:* Auch die sind subventioniert. Der große Damm am Tucurni hat uns 6,5 Milliarden Dollar zusätzliche Auslandsverschuldung gekostet. Es wurden 2000 Quadratkilometer intakter Urwald überflutet und dabei zwei Indianerstämme ausgerottet. Die Gummisammler vertrieb man einfach, indem man Gummibäume und Paranußbäume mit Herbiziden zerstörte. Und was geschieht jetzt mit dem Strom? Der wird an drei große multinationale Aluminiumhütten geliefert, und zwar zu dreißig Prozent der Gestehungskosten. – *Zeit:* Wenn das alles Unsinn ist, warum fördert die Regierung diese Entwicklung? – *Lutzenberger:* Das gehört zur Ideologie der modernen Industriegesellschaft. Damals, vor zwanzig Jahren, als diese Politik anfing, war für die Regierenden der Regenwald eben der rückständigste Ort der Welt. Da mußte Entwicklung rein. – *Zeit:* Hat die brasilianische Regierung nicht recht? Brasilien hat eine stark wachsende Bevölkerung und braucht daher Entwicklung. – *Lutzenberger:* Aber dazu braucht doch niemand ins Amazonas-Gebiet zu gehen. Wir haben doch so viel Land.«

manchen ohnedies kriegerischen Stämmen führen die Waffen des weißen Mannes zu verheerenden Massakern, und so geht die Rodung der Natur in direkter Folge einher mit der Ausrottung der Naturvölker.

Ein weiteres den Menschen selbst betreffendes Problem ergibt sich aus der Zerstörung der tropischen Regenwälder mittelbar und tritt uns entgegen als

3. Die Veränderung des Klimas und der Atmosphäre

Selten genug macht man sich klar, wie stark alles Leben auf dieser Erde von den Bedingungen abhängig ist, die es sich selbst geschaffen hat. Als das Leben vor ca. 3,5 Milliarden Jahren entstand, enthielt die Atmosphäre keinerlei Sauerstoff, sondern ein Gemisch aus Methan (CH_4), Ammoniak (NH_3), Wasserdampf (H_2O), Kohlendioxid (CO_2), Spuren von Edelgasen und allmählich entweichendem Wasserstoff (H_2). Es müssen damals die Temperaturen bei ca. 40 Grad im Jahresdurchschnitt betragen haben; der Grund: der Treibhauseffekt des Kohlendioxids der Atmosphäre.[1] Kohlendioxid nämlich läßt zwar die Sonnenstrahlung zur Erde durch, hält aber die langwellige Infrarotstrahlung der Erdoberfläche zurück. Wie stark dieser Effekt sein kann, zeigt das Beispiel der Venus: die große Hitze auf diesem Planeten (ca. 400 Grad) stammt nicht, wie man gemeint hat, ausschließlich von seiner großen Nähe zur Sonne, sondern geht eher aus diesem Umstand hervor: wäre die Sonnenentfernung der Erde auch nur um 3% geringer, so hätte die Kondensation des Wasserdampfs nicht stattgefunden und der Treibhauseffekt wäre geblieben; auf der Erde herrschten dann noch heute Verhältnisse wie auf der Venus.[2] So aber wurde mit der Wasserdampfkondensation

---

[1] L. MANDL: Die Entstehung des Lebens, in: *J. Pfleiderer:* Ursprung und Zukunft des Weltalls. Pflanzen – Tiere – Menschen, Innsbruck 1983, 49–64, S. 53–55.

[2] Vgl. B. BROWN – L. MORGAN: Wunderbarer Planet, Köln 1989, 99.

und der Entstehung der ersten Ozeane auch CO_2 langsam in dem Karbonatgestein der obersten Erdschicht gebunden; erster Sauerstoff entstand durch die Spaltung von Wassermolekülen durch kurzwellige Sonnenstrahlen – ein Vorgang, der heute durch die Ozonschicht der Atmosphäre verhindert wird. Gerade das Eindringen der UV-Strahlung der Sonne in die Uratmosphäre der Erde führte jedoch zu abiotischen Synthesen der Grundbausteine des Lebens: aus NH_3 und CH_4 entstehen unter elektrischen Ladungen $H-C\equiv N$ und $H-C\equiv C-H$, aus denen die Aminosäuren H_2N-CH_2-COOH) und Purine hervorgehen sowie die Urform der Pyrimidine ($H_2C=CH_2$) und die ersten Bestandteile des Zuckers (H_3C-CH_3), sowie der Lipide u. a.[3] All diese Stoffe lösten sich in Meeren und Seen und fügten sich in der »Ursuppe« der Meere zu Proteinen und Nukleinsäuren zusammen, aus deren Zusammenschluß sich die ersten Urformen des Lebens (die »Eobionten«) bildeten. Von diesem Zeitpunkt an, für den die chemische Evolution ca. 1 Mrd. Jahre benötigte, begann das Leben, sich seine eigene Atmosphäre zu schaffen. »Die ersten Eobionten waren heterotroph«, d. h. sie ernährten sich aus den organischen Bestandteilen der »Ursuppe«. Die Anfänge einer autotrophen Lebensweise, d. h. die Formen erster Photosynthese, basierten nicht auf der Umwandlung (Assimilation) von Wasserstoff (H_2O), sondern Schwefelwasserstoff (H_2S), da dies energetisch günstiger ist. Noch heute spalten die purpurfarbenen Schwefelbakterien Schwefelwasserstoff mit Hilfe der Lichtenergie in Schwefel und Wasserstoff; letzterer wird an Kohlendioxid angelagert, wodurch es zum Aufbau des molekularen Grundgerüstes aller Kohlenhydrate (sc. nach der Summenformel $C_6H_{12}O_6$, d. V.) kommt.«[4] Je mehr die Nährstoffe in der Ursuppe aufgebraucht wurden, desto mehr mußten die

---

[3] Vgl. I. Dowald – U. Fulda – I. Hanns – R. Hausmann – M. Neumann: Telekolleg II Biologie, München 1986, 4–11, S. 9; L. Mandl: s. o. Anm. 1, S. 55–58.

[4] L. Mandl, S. 59.

autotrophen Lebensformen begünstigt werden, und da Wasserstoff bei weitem häufiger ist als Schwefelwasserstoff, ergab sich ein erheblicher Selektionsvorteil »für diejenigen Organismen, die mit Hilfe von Blattgrün (Chlorophyll) die Wasserspaltung für die Photosynthese nutzbar machen konnten.«[5] Chemisch betrachtet ist diese Art der Photosynthese die genaue Umkehrung des Verbrennens von Nahrung beim Atmen, indem bei der Photosynthese unter Energiezufuhr (von seiten des Sonnenlichtes) aus den energiearmen Molekülen Kohlendioxid und Wasser energiereiche Makromoleküle (Traubenzucker) aufgebaut und Sauerstoffmoleküle freigesetzt werden, während beim Verbrennen der Nahrung Zuckermoleküle durch Aufnahme von Sauerstoff (Atmung) aus der Atmosphäre unter Abgabe von Energie Kohlendioxid und Wasser ausgeschieden werden; in einer Formel geschrieben, entsteht die Reaktionsgleichung:

$$C_6H_{12}O_6 + 6\,O_2 \xrightleftharpoons[\text{Energiezufuhr}]{\text{Energieabgabe}} 6\,CO_2 + 6\,H_2O.^{[6]}$$

Aufgrund der Photosynthese der ersten »Pflanzen« (der chlorophyllhaltigen Prokaryonten) vor ca. zweieinhalb Milliarden Jahren nahm die Sauerstoffkonzentration der Atmosphäre ständig zu, und so konnten nur diejenigen Lebensformen sich weiterentwickeln, die ihre Energie aus Verbrennungsvorgängen gewannen; die Oxydation trat an die Stelle der weit weniger effektiven Gärung, aus den Prokaryonten bildeten sich Zellen mit gefalteter Membran und speziellen Organellen. Seither hängt alles Leben auf diesem Planeten davon ab, daß es genügend Pflanzen gibt, die für den nötigen Nachschub von Sauerstoff sorgen; ja, man darf annehmen, daß es bereits vor 800 Millionen Jahren zu dem Aufbau jener Atmosphäre gekommen ist, die uns noch heute als lebenswichtige Schutzhülle umgibt und deren Sauerstoffgehalt sich auf gerade den Gleichgewichts-

[5] A.a.O., 59–60.
[6] Vgl. I. DOWALD u. a.: s. o. Anm. 3, 34–41.

zustand eingependelt hat, in dem das tierische und das pflanzliche Leben auf diesem Planeten sich selber aus- und einatmet.[7]

Zugleich mit dem Aufbau einer sauerstoffreichen Atmosphäre kam es zu der Ausbildung der Ozonschicht in der Stratosphäre (also in der Schicht der Atmosphäre, die über den unteren 10 bis 15 km der sogenannten Troposphäre liegt). Ozon entsteht, wenn Sauerstoffmoleküle (O_2) durch ultraviolette Sonnenstrahlung gespalten werden und sich die so entstehenden Sauerstoffatome mit anderen Sauerstoffatomen verbinden:

$$O_2 \xrightarrow{\text{UV}} O + O; \; O + O_2 \to O_3.$$

Die Ausbildung der stratosphärischen Ozonschicht schirmte im weiteren Gang der Evolution das Leben von der energiereichen UV-Strahlung der Sonne ab, so daß es möglich wurde, daß das Leben im Oberen Devon das Wasser verlassen und das Land erobern konnte; selbst durch den Einfluß der UV-Strahlung entstanden, schuf das Leben sich durch die Ozonschicht die entscheidende Voraussetzung seiner Höherentwicklung, und es ist im Verlauf von Hunderten von Jahrmillionen an den »richtigen« Ozongehalt der Stratosphäre ebenso exakt angepaßt wie an die »richtige« Konzentration von Sauerstoff in der Atmosphäre.[8]

Ja, auch für die Absenkung der Temperatur auf ein möglichst günstiges Maß sorgte das Leben selbst durch ein Absenken des CO_2-Gehaltes in der Atmosphäre. »Photosynthetisierende Organismen wie die Stromatolithen (sc. fossile Korallen, d. V.) haben sich ... nicht nur in der Produktion von Sauerstoff erschöpft. Indem sie dem Seewasser Kalziumkarbonat entzogen und als Gestein hinterließen, begannen sie die Konzentration des atmosphärischen CO_2 zu reduzieren. Zur Zeit des Wachstums der Stromatolithen ... vor ungefähr

---

[7] Vgl. L. Mandl: s.o. Anm. 1, S. 62. Vgl. auch J. Reader: Aufstieg des Lebens. Die ersten 3,5 Milliarden Jahre (1986), Hamburg 1987, 29–41.

[8] Vgl. T. E. Graedel – J. P. Crutzen: Veränderungen der Atmosphäre, in: Spektrum der Wissenschaft, 11/1989, 58–68, S. 61.

2,5 Milliarden Jahren kam Kohlendioxid, verglichen mit unserer heutigen Atmosphäre, viel häufiger als Sauerstoff vor. Heute beträgt die Konzentration in der Atmosphäre etwa 0,03 Prozent, und sogar ein kleines Ansteigen ist ein großes Alarmzeichen. Die kohlendioxidreiche Atmosphäre, die half, die junge Erde zu erwärmen, bevor die Sonne ihre heutige Wärme entwickelte, würde jetzt unseren Planeten zum Kochen bringen.«[9]

Genau dieser Gefahr aber scheinen wir derzeit wie mutwillig durch eine erhöhte Emission von CO_2 und CH_4 entgegenzugehen, vergleicht man die heutige Situation mit dem Zustand der Atmosphäre vor dem Eingreifen des Menschen. »Der historische Verlauf der Kohlendioxid- und Methangaskonzentrationen in der Atmosphäre läßt sich anhand von Luftblasen rekonstruieren, die in den Eisschilden der Antarktis und Grönlands eingeschlossen sind ... Demnach haben sich die Konzentrationen von Kohlendioxid und Methan in der Atmosphäre seit dem Ende der letzten Eiszeit vor rd. 10 000 Jahren bis vor ungefähr 300 Jahren ziemlich konstant bei 260 Millionsteln bzw. 700 Milliardsteln gehalten. Vor etwa 300 Jahren begannen die Methanwerte jedoch zu steigen, und seit rd. 100 Jahren gehen die Konzentrationen beider Gase rasant in die Höhe, so daß wir heute bei 350 Millionsteln bzw. 1700 Milliardsteln liegen. Aus direkten weltweiten Messungen ... während des letzten Jahrzehnts geht hervor, daß das atmosphärische Methan dabei schneller zunimmt als das Kohlendioxid, und zwar um 0,7 bis 1 Prozent pro Jahr. – Der Konzentrationsanstieg der beiden Gase in diesem Jahrhundert geht großenteils auf das Konto anthropogener Emissionen. Hauptursache der Kohlendioxidemissionen sind die Verfeuerungen fossiler Brennstoffe und die tropische Waldrodung; beim Methan sind die Emissionsquellen vielfältiger und umfassen vor allem Reisanbau, Rinderzucht, Biomasseverbrennung in tropischen Wäldern und Sa-

[9] B. Brown – L. Morgan: s. o. Anm. 2, S. 97; 100.

vannen, mikrobiologische Fäulnisprozesse in städtischen Mülldeponien und das Entweichen von Gas bei der Gewinnung und Verteilung von Kohle, Öl und Erdgas. Wenn die Weltbevölkerung im nächsten Jahrhundert weiter anwächst – und mit ihr die Nachfrage an Energie, Reis- und Fleischprodukten –, wird sich die Belastung der Atmosphäre mit Methan möglicherweise noch einmal verdoppeln. Dann können Methan und andere Spurengase ebensoviel zum Treibhauseffekt beitragen wie Kohlendioxid.«[10]

Näherhin sind heute das CO_2 zu 50%, Methan zu 19%, Ozon zu 8%, Fluorchlorkohlenwasserstoffe zu 17% an dem »Treibhauseffekt« beteiligt.[11] Die Situation wird sich einstweilen eher verschärfen als entspannen. »Fest steht, daß die Weltbevölkerung, die jährlich um 90 Millionen wächst, mehr Energie verbrauchen wird, weil – logischerweise – Entwicklungs- und Schwellenländer darauf drängen, es uns gleichzutun und die Industrialisierung und damit materiellen Wohlstand nachholen wollen. Wer wollte – allen Ernstes – Schwellenländer wie Indien daran hindern, ihre Industrialisierung voranzutreiben, und auf die Chinesen einwirken, ihre gigantischen Kohlevorkommen nicht zu nutzen ... Noch decken fossile Brennstoffe 90% unseres Energiebedarfs.«[12] Das Ergebnis: »Der Anteil von Kohlendioxid (CO_2) ... ist seit 1800 um ein Viertel gestiegen und wächst Ende der 80er Jahre um 0,5% jährlich. Methan (CH_4) ... hat sich seit 1800 mehr als verdoppelt und steigt Ende der 80er um rd. 1% jährlich. Lachgas (N_2O) wird von mit Stickstoff überdüngten Feldern abgegeben; seine Konzentration erhöht sich um 0,25% pro Jahr. Der Gehalt von FCKW (Fluorchlorkohlenwasserstoffe), die u. a. als Kühlmittel verwendet werden, steigt wegen ihrer Langlebigkeit (60–100 Jahre) jährlich um etwa

[10] T. E. GRAEDEL – J. P. CRUTZEN: s. o. Anm. 8, S. 64.
[11] W. HUNCKE: Umwelt und Wissenschaft, in: P. Scholl-Latour (Hrsg.): Knaurs Weltspiegel 90, S. 92.
[12] A. a. O., 93.

5% in der Atmosphäre an.«[13] »Ausgehend von einer Verdoppelung des gegenwärtigen CO_2-Gehalts in der Atmosphäre wird sich die Lufthülle der Erde bis Mitte des nächsten Jahrhunderts um 1,5–4,5 °C erwärmen ... In den letzten 100 Jahren stiegen die durchschnittlichen Lufttemperaturen insgesamt um 0,7 °C und der Meeresspiegel um 10–20 cm. Katastrophen wie die jahrelangen Dürren in Südostafrika und Überschwemmungen in Südostasien gelten als Signale für eine beginnende Klimaveränderung ... Auch bei geringerer Erwärmung um 2 °C rechnen Wissenschaftler in gemäßigten reiten mit mehr Regen, weil mehr Wasser verdunstet. Die Niederschlags- und Vegetationszonen verlagern sich nordwärts, was eine Ausweitung der Wüsten nach sich zieht. Der Anstieg des Meeresspiegels durch schmelzende Schneegebiete und kleinere Gletscher bedeutet für Länder mit einer langen Küste (z. B. Indonesien) hohe Landverluste, von denen Europa in geringerem Maße betroffen sein wird.«[14] Mit anderen Worten: sollte die bisherige Entwicklung weiter voranschreiten, so dürfte bei rapidem Anstieg der Bevölkerungszahlen die Fläche der bewohnbaren Erde durch Ausbreitung von Wüstenzonen[15] und Überschwemmungen ebenso rapide absinken, und beide Entwicklungen gemeinsam werden den Prozeß von zunehmender Industrialisierung mit weiterer Umweltzerstörung noch einmal forcieren.[16]

Rechnet man heute die absoluten Zahlen zusammen, so ergibt sich an von Menschen verursachten Gesamtemissionen in Millionentonnen, unterteilt in Nord- und Südhemnisphäre pro Jahr, verglichen mit der mittleren Konzentration vor 100 Jahren und heute (angegeben in milliardstel Volumenanteilen) das folgende Bild:

[13] Vgl. B. HARENBERG (Hrsg.): Aktuell 90. Das Lexikon der Gegenwart, Dortmund 1989, S. 168.
[14] A. a. O.
[15] Vgl. E. ECKHARDT: Die Wüste siegt, in: Stern, 27. 3. 1980, S. 39–62.
[16] T. E. GRAEDEL – J. P. CRUTZEN: s. o. Anm. 8, S. 63.

	Emission Mio to/J.	Konzentration vor 100 Jahren	Konzentration heute
Kohlen-monoxid CO	700/2000	Nordhalbkugel? Süden 40–80	N: 100–200 S: 40–80
Kohlendioxid CO_2	5500/–5500	290 000	350 000
Methan CH_4	300–400/500	900	1700
Stickoxide NO_x-Gase	20–30/30–50	0,001 bis?	0,001 bis 50
Distickstoff-monoxid N_2O	6/25	285	310
Schwefeldioxid SO_2	100–300/ 150–200	0,03 bis ?	0,03 bis 50
FCKW	–1/1	0	ungefähr 3 (Chloratome)

In 40 Jahren werden die Zahlen vermutlich noch wesentlich höher liegen, wenn die anthropogenen Emissionen nicht drastisch beschränkt werden. Man erwartet Konzentrationen für CO_2: 400 000 bis 550 000; CH_4: 2200–2500; NO_x-Gase: 0,001–50; N_2O: 330–350; SO_2: 0,03–50; FCKW: 2,4–6 (Chloratome).[17]

»Allgemein läßt sich feststellen: Je stärker sich die Wirtschaft in den Ländern der Dritten Welt entwickelt, desto mehr CO_2 wird in die Atmosphäre abgegeben. Wissenschaftler halten eine Verdoppelung des CO_2-Gehalts in naher Zukunft sogar für wahrscheinlicher als ein gebremstes Ansteigen.«[18] »Ein Anstieg der Temperaturen auf der Erde von mind. ein oder zwei Grad Celsius bis zur Mitte des nächsten Jahrhunderts scheint unausweichlich, da die Konzentration von Kohlendioxid ... wahrscheinlich um 60% größer sein

[17] A.a.O.
[18] A. RAMIREZ: Die Erde hat Fieber. Der »Treibhaus-Effekt« könnte zur schlimmsten Bedrohung der Menschheit werden, in: Die Zeit, 15. 7. 1988, Dossier, S. 9–11, S. 10.

wird als heute und doppelt so hoch wie vor der industriellen Revolution.«[19]

Dabei ist, wie stets in der Natur, zusätzlich noch mit einer Reihe von Rückkoppelungswirkungen zu rechnen: das Kalziumkarbonat des Kalksteins z. B. ist in reinem Wasser fast unlöslich: »aber wenn das Wasser etwas Kohlendioxid enthält, kann es wieder mehr Kalziumkarbonat aus dem Gestein abziehen. Regenwasser enthält genug Kohlendioxid, um diesen Prozeß auszulösen ... Was aber würde geschehen, wenn das gesamte Kohlendioxid, das heute in dem Kalkstein der Erde gebunden ist, plötzlich frei würde? Das Resultat wäre eine Katastrophe.«[20] Doch genau diese Katastrophe betreiben wir, indem wir in Jahrzehnten Gleichgewichtszustände der Natur zerstören, zu deren Aufbau sie Jahrmillionen gebraucht hat. Der Treibhauseffekt könnte uns weitere Überraschungen bescheren: »einen verstärkenden Rückkoppelungseffekt in der Zunahme der Treibhausgaskonzentration durch beschleunigte Zersetzung organischer Substanzen im Erdreich, dramatische regionale Klimaänderungen durch Umlenkung von Meeresströmungen oder den Ausbruch neuer Seuchen oder Pflanzenkrankheiten durch die Störung der Ökosysteme.«[21] M. a. W.: wir befinden uns mitten in einer Sackgasse, auf deren Ende wir mit immer größerer Geschwindigkeit zusteuern.

Als die 12 wichtigsten Auswirkungen des Treibhauseffektes lassen sich, regional verteilt, hochgerechnet für das Jahr 2050 die folgenden Erwartungen aussprechen:[22] »*Westeuropa:* Überflutungsgefahren für die niederländische und norddeutsche Küste. Das übrige Westeuropa kann dem schlimmsten Übel entgehen, vorausgesetzt, daß der warme Golfstrom durch den Treibhauseffekt nicht beeinflußt wird.«

[19] A.a.O., S. 10.
[20] B. BROWN – L. MORGAN: s. o. Anm. 2, S. 106; 110.
[21] ST. H. SCHNEIDER: Veränderungen des Klimas, in: Spektrum der Wissenschaft, 11/1989, 70–79, S. 79.
[22] A. RAMIREZ: s. o. Anm. 18, S. 11.

»*Neufundland und Neuschottland:* Eisberge wachsen und gefährden die Schiffahrt.« »*Grönland:* Die schmelzende Eisdecke läßt den Meeresspiegel um 20 bis 40 cm steigen und führt zur Überflutung verschiedener Küstenregionen.« »*Sowjetunion:* Die jährliche Anbauzeit verlängert sich um 40 Tage, häufige Dürreperioden erfordern indessen neue, teure Bewässerungsprojekte.« »*Der Polarkreis:* Die Häfen Sibiriens, Alaskas, der Beringsee und des kanadischen Archipels werden die meiste Zeit des Jahres eisfrei sein. Die kommerzielle Schiffahrt nimmt zu, während amerikanische und sowjetische Atom-U-Boote ihr Versteck unter dem Eis verlieren.« »*China:* Karges Ackerland in Zentral-China wird durch höhere Niederschläge ertragreicher.« »*Indien und Bangladesch:* Die beiden Länder werden zunehmend von Taifunen und Überschwemmungen heimgesucht.« »*Äquatorial-Afrika:* Die tropische Regenzone verlagert sich nordwärts und bringt Feuchtigkeit in ausgedörrte Länder wie den Tschad, Sudan und Äthiopien.« »*Antarktis:* Kalte Regenschauer und Schnee lassen die Eisschicht wachsen und kompensieren einen Teil des Wasserspiegels, der durch den Treibhauseffekt gestiegen ist.« »*Kanada:* Ein Nachlassen der Niederschläge führt in der Kornkammer Ontario zu Ernteeinbußen.« »*Der Mittlere Westen der USA:* Das Ackerland wird durch heißere, trockenere Sommer zusehens geschädigt.« »*Colorado:* Durch den sinkenden Wasserstand des Flusses wird die Landwirtschaft, der Wasserhaushalt und die Energieversorgung von Kalifornien und acht anderen Staaten der USA zusammenbrechen.« – All diese Veränderungen, träten sie ein, gingen natürlich mit erheblichen *politischen Veränderungen* und Destabilisierungen einher, deren Belastungen wiederum, entsprechend den bisherigen Verhaltensweisen des Menschen, voll an die Umwelt weitergegeben würden. All diese Analysen wirken mittlerweile so makaber, wie wenn man einem Suizidgefährdeten, um ihn zu warnen, erklären würde, wie stark der Strick ist, an dem er sich aufzuhängen beabsichtigt: der Strick ist absolut geeignet!

Neben dem »Treibhauseffekt« ist das Wort »*Ozonloch*« zu einem weiteren Menetekel geworden. Gemeint damit ist ein Loch in jenem Ozon-Schirm, der, wie wir sahen, die Erde in 15–50 km umgibt und die UV-Strahlung der Sonne abbremst. »Britische Antarktis-Forscher trauten jahrelang ihren Meßergebnissen nicht: Jeden Oktober, dem Frühlingsmonat am Südpol, öffnet sich ein riesiges Loch in der schützenden Ozonschicht ... Inzwischen besteht kein Zweifel mehr: Der Ozon-Schirm bröckelt. Das Loch über dem Südpol hat inzwischen die Größe der USA erreicht. Zwar schließt es sich nach wenigen Wochen wieder, doch ist der weltweite Ozonschwund alarmierend. Wissenschaftler befürchten neben einer Zunahme von Hautkrebs auch drastische Klimaveränderungen.« »Seit den 60er Jahren (sc. bis Mitte der 80er Jahre, d. Verfasser) ... hat der Ozongehalt in der oberen Luftschicht um 10 bis 15 Prozent abgenommen.«[23]

Als Hauptfeind des Ozons (O_3) gelten die Fluor-Chlor-Kohlenwasserstoffe (FCKW), wie sie zur Herstellung von Schaumstoffen, als Reinigungsmittel in der Elektronikbranche, als Kühlmittel in Klimaanlagen und vor allem als Treibgas in Spraydosen gebräuchlich sind. »Obwohl sie in den USA seit 1978 als Treibgas für Spraydosen verboten sind, entweichen immer noch 700 000 Tonnen solcher Fluor-Chlor-Chemikalien in die Atmosphäre.«[24] Dort werden durch die UV-Strahlung Chloratome abgespalten, die ihrerseits »eine zentrale Rolle bei einem der wirksamsten katalytischen Zyklen zur Zerstörung von Ozon in der Stratosphäre« spielen. Dieser Prozeß »beginnt mit der Spaltung eines Ozonmoleküls durch ein Chloratom unter Bildung von Chlormonoxid (ClO) und molekularem Sauerstoff:

$$Cl + O_3 \rightarrow ClO + O_2.$$

Das Chlormonoxid reagiert anschließend mit einem Sauerstoffatom, das durch Photodissoziation eines anderen Ozon-

[23] E. Schlüter: Der schützende Ozon-Schirm bröckelt, Westfalenblatt, 17. 7. 1986.
[24] A.a.O.

moleküls entstanden ist. Dabei wird das Chlor freigesetzt, so daß es einen neuen Zyklus starten kann:

$$ClO + O \rightarrow Cl + O_2.\text{«}^{25}$$

Als mögliche Folgen einer solchen »Chlorkatastrophe« in der Stratosphäre drohen nicht nur ein Anwachsen von Hautkrebs, eine Abnahme des Luftsauerstoffs verbunden mit entsprechenden klimatischen Veränderungen, sondern auch eine erhebliche Schädigung vieler Meeresalgen. Diese winzigen Organismen liefern über ihren Stoffwechsel etwa ein Drittel des Atemsauerstoffs, und sie waren beim Aufbau der heutigen Atmosphäre, wie wir gesehen haben, maßgebend beteiligt. In gewissem Sinne sind wir mithin gerade dabei, in ein paar Jahrzehnten das Rad der Schöpfung zurückzudrehen, wissend, daß es uns unter sich begraben wird, wenn wir so weitermachen.

Freilich bleibt hinzuzufügen, daß der Zusammenhang zwischen einem Anstieg der FCKW und dem Ozonabbau über der Antarktis noch keineswegs wirklich geklärt ist. Immer noch ist die Meinung nicht gänzlich widerlegt, daß das Ozonloch auch natürlichen Ursprungs sein könnte und wir lediglich seit 1970 sein periodisches Schwanken beobachten. Auf eine Schwierigkeit hat soeben *Marcel Ackermann* hingewiesen:[26] »Bisher ging man davon aus, daß der Salzsäuregehalt (HCl) in der Stratosphäre in den letzten Jahren infolge des Eintrages durch FCKW deutlich gestiegen sei, nämlich um etwa fünf bis acht Prozent jährlich. Inzwischen hat aber eine Überprüfung aller verfügbaren Messungen für HCl in der Stratosphäre ergeben, daß der Wert von 1975 bis 1985 nahezu konstant geblieben ist! – Im gleichen Zeitraum hat sich

---

[25] T. E. Graedel – J. P. Crutzen: s. o. Anm. 8, S. 61.

[26] Vgl. H. Schuh: Große Löcher im Ozon-Puzzle. Neues Rätsel: Haben die FCKW keinen Anstieg an zerstörerischem Chlor gebracht?, in: Die Zeit, 1. 12. 1989, S. 96. Bes. der Vulkanologe H. Tazieff: La terre va-t-elle cesser de tourner?, Editions Seghers, 1989 vertritt die These vom natürlichen Pulsieren des Ozon-Lochs. Vgl. auch H. Schuh: Geschrumpftes Ozon-Loch. Messungen belegen einen stark reduzierten Ozon-Abbau am Südpol, in: Die Zeit, 4. 11. 1988, S. 96.

dagegen der Gehalt an FCKW in der Stratosphäre drastisch erhöht, und zwar 2,5fach. Das verblüffende ist, daß es einen deutlichen Anstieg von Fluor (als HF) in der Stratosphäre gegeben hat. Dies läßt sich mit dem FCKW-Anstieg gut erklären – aber für das Ozon ist das Fluor harmlos. Just das gefährliche Chlor hingegen scheint vom FCKW-Anstieg entkoppelt zu sein. Für die gängige Erklärung des Ozonlochs ist dies eine harte Nuß. Gibt es also bisher noch unbekannte Senken (und Quellen) für Chlor in der Stratosphäre? Wenn sich die Aussagen ... bestätigen, dann wäre eine gravierende Korrektur der gängigen Ozontheorie fällig.« Zu den Paradoxien unserer Situation gehört es, daß wir zwar auf eine Welt voller Gefahren blicken, aber selbst beim besten Willen nicht wissen, wodurch und in welchem Umfang wir selbst die Gefahren verursacht haben oder nicht. »Im Mai 1989 einigten sich die Minister aus 79 Staaten in Helsinki, daß eine sofortige Einschränkung des FCKW-Verbrauchs und ein weltweites Totalverbot vor der Jahrtausendwende vonnöten sei. Einen Pferdefuß jedoch haben die Beschlüsse: Die Entwicklungs- und Schwellenländer wie China und Indien fühlen sich benachteiligt. Sie streben – im Zuge ihrer Industrialisierung – im Gegenteil an, den Verbrauch dieser gefährlichen Spurengase zu vervielfachen. Finanzielle und technische Hilfe – auf dem Wege des Technologietransfers – soll in Zukunft den Entwicklungsländern einen Verzicht ermöglichen. Daß eine Wende durchzusetzen ist, zeigen Schweden und Norwegen: Sie werden bis 1995 auf alle FCKW's verzichten.«[27]

Während um das »Ozonloch« noch gerätselt und gestritten wird, hat eine andere Wirkung der vom Menschen verursachten Schadstoffemissionen eine inzwischen dramatische Form angenommen, die bekannt ist als das *Waldsterben*.

[27] W. Huncke: s. o. Anm. 11, S. 94.

4. Waldsterben, Luftverschmutzung und Autos

Speziell den Deutschen wird ein besonders intensives Verhältnis zum Wald nachgesagt, – historisch betrachtet verständlicherweise, denn während der Waldbestand des Mittelmeerraums schon im ersten Jahrtausend vor Christus für die Eisenverhüttung und für den Schiffsbau der Phönizier, Achäer, Punier und Römer so weitgehend zerstört wurde, daß das Land noch heute verkarstet daliegt, blieb Mitteleuropa noch bis ins hohe Mittelalter hinein von einem urwaldartigen Grüngürtel durchzogen, dessen dichter Bestand erst im 19. Jh. mit Beginn der Industrialisierung und der wachsenden Verstädterung in bedrohlichem Maße zusammenschrumpfte;[1] damals wäre der Wald gewiß dem Energiebedarf der Industrialisierung geopfert worden, hätte nicht die Kohle das Holz als Brennstoff verdrängt. Für unser Gefühl sind 200 Jahre eine kürzere Zeit als für unseren Intellekt, und so fühlen wir uns immer noch mit einer Natur verbunden, wie sie um etwa 1800 bestand, während wir gleichzeitig auf eine Weise agieren, daß es gegen Ende des 20. Jh's zwischen Wattenmeer und Hochalpen durchaus nichts mehr gibt, was nicht von Menschenhand gestaltet und gewissermaßen nur noch von Menschengnaden am Leben gehalten würde. Der Wald, von dem wir in Mitteleuropa sprechen, ist in der Tat inzwischen nichts weiter mehr als ein Teil der Forstwirtschaft und der Freizeitindustrie, und so läßt sich, anders als in den tropischen Regenwäldern, das »wirtschaftliche« Konzept eines »ökologischen« Gleichmaßes von Abholzung und Wiederaufforstung einigermaßen verständlich machen; es gibt bis auf einige behördlich geschützte Naturwaldzellen nicht mehr viel an natürlichen Kreisläufen, was wir noch stören oder zerstören könnten. Dabei sollte gerade die relative Überschaubarkeit und der hohe Grad der Bekanntheit uns gegen-

---

[1] Vgl. H. STERN: Waldeslust – gestern, heute, morgen, in: H. Stern (Hrsg.): Rettet den Wald, München 1979, 22–30.

über den Bäumen und Wäldern unserer Landschaft, wenn schon nicht mit religiöser Weisheit, so doch mit reflektiertem Respekt erfüllen. Jeder Baum in Mitteleuropa erzählt seine eigene Geschichte, die auf eine merkwürdige Weise mit der Kulturgeschichte des Menschen einhergeht. Man braucht freilich die Augen der Worpsweder Maler, um z. B. die Birken so zu lieben und zu schätzen, wie *Otto Modersohn* sie gemalt hat,[2] – gebeugt vom Wind wie der Rücken der Menschen, die in ihren Schatten am Rande des »Teufelsmoors«, vor den Toren der freien Hansestadt Bremen wie durch eine Welt getrennt, lebten.

Die Geschichte der Wälder Nord- und Mitteleuropas sich zu verdeutlichen unterstreicht vor allem die Tatsache, daß die Natur, wenn man ihr nur genügend Zeit und Entfaltungsspielraum beläßt, selbst Klimaveränderungen größten Ausmaßes dazu benutzen kann, neue Lebensformen an die Stelle vergangener Fauna- und Floraarten zu setzen.[3] Es scheint, daß insbesondere die Birke in der Zeit einer kurzfristigen Erwärmung im 13. Jahrtausend v. u. Z. (in der Zeit der »Böllingschwankung«) als erster der Bäume sich in die eiszeitliche Tundra vorgewagt hat, um, nach der Älteren Dryaszeit mit ihrem subarktisch kalten Klima, in der Alleröd-schwankung um 10 000 die ersten Birken-Kiefern-Wälder zu bilden, in denen Elche und Ure ihre Heimat fanden. Als im 9. Jahrtausend in der Jüngeren Dryaszeit dann noch einmal ein subarktischer Kälterückschlag einsetzte, versteppten die Wälder erneut zu einer Waldtundrenlandschaft, in der die eiszeitliche Kultur der Ahrensburger Stufe sich ausbildete. Dann aber, als um etwa 8000 v. u. Z. das wärmere präboreale Klima Einzug hielt, drang die Kiefer vor, und es entstanden neue

---

[2] Vgl. O. MODERSOHN: Mondnacht im Moor, in: Otto-Modersohn-Museum Fischerhude (1943).
[3] Zur Geschichte der Wälder vgl. P. BURSCHEL: Der Wald als Gesellschaft von Bäumen, in: H. Stern: s. o. Anm. 1, S. 74–93. A. RUST: Vor 20 000 Jahren. Rentierjäger der Eiszeit, Neumünster 1978, S. 203 (Tabelle); DERS.: Rentierjänger der Eiszeit, Neumünster 1954, 31–39.

Birken-Kiefern-Wälder. Jeder dieser anspruchslosen Bäume, die wir heute sehen, berichtet von jener Zeit, da die ersten Wälder entstanden und sich damit zugleich die Lebensweise der Menschen in den nächsten 4000 Jahren des »Mesolithikums« entscheidend änderte, indem aus den nomadisierenden Jägern der Eiszeit, die den wandernden Rentierherden nachzogen, standortgebundene Sammler wurden, die von den Ufern der Flüsse und Seen aus den Elchen, Rothirschen, Wildschweinen, Luchsen, Dachsen und Hasen in den Sümpfen und Wäldern nachstellten. Zwischen 7000–5500, in dem trocken-warmen »borealen« Klima, wurde die Hasel zusammen mit der Linde, der Ulme, der Eiche und der Erle heimisch, und ihre Früchte waren so beliebt, daß man noch heute große Haufen von »Nußmüll« aus dieser Zeit finden kann. Zwischen 5500–3000 wandelte sich das warm-trockene Klima in das feuchtmilde »Atlantikum«, und der Meeresspiegel stieg bis auf den Stand der heutigen Nordsee; Hochmoore und Auenwälder entstanden, die Erle breitete sich aus und setzte sich an den Seeufern und Niederungen in Busch- und Erlenbruchwäldern fest; Eichenmischwälder bildeten sich, begleitet von Eschen und Linden. In der Kulturgeschichte Europas war dies eine entscheidende Phase, denn eben in dieser Zeit wurden Wald und Hain zur Hauptnahrungsquelle des Menschen, der mit der Jagd auf das Standwild (Ur, Wisent, Wildpferd, Elch, Hirsch, Reh, Biber u. a.) selber seßhaft zu werden lernte. Vom 3. Jahrtausend an wandelte sich das Klima noch einmal zu dem trocken-milden »Subboreal«; das Neolithikum mit Ackerbau, Viehzucht, Keramik und den »Hünengräbern« entstand; die Ulme ging damals zurück, die Eiche wurde zu dem beherrschenden Baum jener Zeit; und als dann um 1800 v. u. Z. im Spät-Neolithikum das Klima wieder feuchter wurde, gewann die Buche eine beherrschende Stellung. Vor etwa 2000 Jahren, um Christi Geburt, durchzogen dichte Urwälder aus Buchen und Fichten den Nord- und Mitteleuropäischen Raum und gingen nach einer leichten Klimaerwärmung in einen Eichen-Hainbuchen-Wald über.

Schritt für Schritt ist die Geschichte unserer Wälder, wie man sieht, mit dem Werdegang unserer eigenen Kultur verbunden. Nicht umsonst schildern die europäischen Märchen immer wieder die Wälder als den Erlebnishintergrund und Erneuerungsraum aller möglichen seelischen Vorgänge, wie sie im Mesolithikum wohl auch in religiöser Darstellung rituell begangen wurden: die Wälder waren der Ort geheimnisvoller Mächte und Tierverwandlungen, ungeahnter Schätze und Zaubermittel, in den Wäldern suchten die Fliehenden Schutz und kehrten aus ihnen verwandelt zurück.[4] Selbst als die neolithischen Bauern mit ihren Streitäxten und mit Hilfe von Feuer die Wälder zu roden begannen, um Anbau- und Weideflächen zu gewinnen, versorgte doch der Wald noch über Jahrtausende hin den Menschen mit Bau- und Brennholz, mit Früchten und Beeren, mit schmackhaftem Wild und mit humusreichen Böden. M. a. W.: ein Leben ohne den Wald war in Mittel- und Nordeuropa schlechthin nicht vorstellbar. Jedenfalls bis zum Beginn des 19. Jh's. Erst seitdem behandeln wir den Wald bzw. die noch verbliebenen Waldareale wie hinderliche Landstriche, die unserem wachsenden Raumbedarf in Form von Städtegründungen, Straßenbauten und Werkseinrichtungen allzu sperrig im Wege stehen. Es scheint hauptsächlich das *Klimaproblem* zu sein, das uns noch daran erinnert, daß wir die Wälder als Sauerstofflieferanten benötigen, so wie es umgekehrt das Problem der industriellen Luftverschmutzung ist, das sich zur Hauptgefahr für die europäischen Waldbestände entwickelt hat.

Wie dramatisch sich die Lage sogar gegenüber den Zahlen vor etwa 10 Jahren (s. o. S. 28–29) verschlimmert hat, läßt sich aus der Waldschadenserhebung 1988 des Bundesforstministeriums ersehen. Danach sind 52,4% (1987: 52,3%) der 7,38 Mio ha großen Waldfläche vom Waldsterben betroffen.

---

[4] Vgl. H. SCHWABEDISSEN: Vom Jäger zum Bauern der Steinzeit. Archäologisches Landesmuseum der Christian-Albrechts-Universität, Heft 10, Neumünster 1961, S. 7–8; 16–17; 32–35. K. W. STRUVE: Die Kultur der Bronzezeit in Schleswig-Holstein, Neumünster 1957, 22–27; 33–34.

»15,1% entfallen auf die Schadstufen mittelstark, stark geschädigt, abgestorben. Obwohl sich der Zustand der Tanne deutlich gebessert hat, ist sie auch 1988 die am stärksten vom Waldsterben betroffene Baumart. Regeneriert haben sich Fichte und Buche; zugenommen hat das Waldsterben der Eiche und Kiefer. Regional besonders betroffen sind die Höhenlagen der Mittelgebirge und der Alpen mit 85% kranken Bäumen. Im Harz haben die Schäden um 20%-Punkte auf 59% zugenommen.«[5] Der wirtschaftliche Schaden des Waldsterbens wird in der BRD auf jährlich 5,5 bis 8,8 Mrd. DM geschätzt.[6]

Die Schadensbilanz 1988[7] sah im einzelnen folgendermaßen aus: 37,3% der Waldfläche (2,7 Mio ha) weisen schwache Schäden auf: Schadstufe 1; 13,8% (1,02 Mio ha) mittelstarke Schäden: Schadstufe 2; 1,3% der Gesamtfläche (knapp 100 000 ha) starke Schäden und abgestorbene Bäume (Schadstufen 3 und 4); rd. 3,5 Mio ha Wald (47,6%) sind laut offizieller Bewertung ohne Schadensmerkmale. Mit 58,8% war Baden Württemberg der Spitzenreiter der Waldschäden, gefolgt von Bayern mit 57,4% (minus 4,4% gegenüber dem Vorjahr), Hessen 55,3% (minus 2,7%), Saarland 51,6% (minus 2,7%), Rheinland-Pfalz 50,0% (+ 4,1%), Schleswig-Holstein 48,4% (minus 1,6%), Niedersachsen 42,6% (+ 9,8%) und Nordrhein-Westfalen 39,3% (minus 6,3%). Bezogen auf die einzelnen Baumarten sah die Bilanz *für 1988* so aus: Fichte 48,8% (minus 0,1%), Kiefer 53,4% (plus 3,8%), Tanne 73,0% (minus 6,0%), Buche 63,4% (minus 2,3%) und Eiche 69,6% (plus 5,1%).

Als seien diese Zahlen nicht längst alarmierend genug, hat das Waldsterben nach dem trockenen Sommer 1989 insgesamt noch um 0,6% zugenommen, so daß gegenwärtig am

[5] B. Harenberg (Hrsg.): Aktuell 90, Dortmund 1989, 314.
[6] A.a.O., 314–315.
[7] Vgl. Hannoversche Allgemeine Zeitung, 3. 11. 1988, 1: Waldschäden haben im Harz besonders zugenommen. Kiechle: Baumbestand in einem bedrohlichen Zustand.

Ende des Jahres 1989 56% der Wälder für geschädigt gelten müssen. Besonders betroffen sind die Laubbäume, indem inzwischen fast 70% aller Eichen und mehr als 60% der Buchen geschädigt sind. Als Hauptursachen muß die Dauerbelastung der Böden gelten, auf welche die Laubbäume besonders empfindlich reagieren. Im siebten Jahr der bundesweiten Erfassung des Zustands der Wälder übertreffen *die Zahlen für 1989* sogar noch das bisher schlechteste Ergebnis von 1986 (mit 53,7% der Waldschäden). Während der Krankheitszustand von Fichte, Tanne und Kiefer ein unverändert hohes Niveau aufweist, ist der Anteil der geschädigten Buchen von 63,4% auf 65,7% und der der Eichen auf 69,9% gestiegen. Besonders bei älterem Laubwaldbestand ist die Lage absolut trostlos: bis zu 90% aller mehr als 60 Jahre alten Buchen und Eichen zeigen Schadenssymptome. *Für die einzelnen Länder* weist *die Statistik für 1989* die folgenden Entwicklungen auf:[8]

Schleswig-Holstein: Mehr als zwei Drittel des älteren Waldes zeigen Schäden. Bei der Eiche ein »dramatischer Anstieg« der stärkeren Schäden (Stufen 2 bis 4) von 15 auf 25 Prozent.

Niedersachsen: Starker Anstieg der Schäden bei Buche von 67,5 auf 77,8 Prozent; bei Eichen von 71,6 auf 73,6 Prozent. »Katastrophaler Zustand« im älteren Laubwald. Harz: »flächenhaft absterbende Wälder«.

Nordrhein-Westfalen: Zunahme der Schadfläche bei Laubbäumen um 3,2 auf 48,8 Prozent.

Hessen: 80 Prozent aller Bäume über 60 Jahre sind krank. Ein Drittel aller älteren Buchen und Eichen sind bereits deutlich geschädigt.

Rheinland-Pfalz: Zunahme der Schäden bei Buchen um 1,5 Prozent auf 63,3 Prozent und bei der Eiche um 1,3 Prozent auf 62,7 Prozent. Insgesamt sind in den älteren Bestän-

---

[8] Vgl. K. J. SCHWELM: Die alten Laubwälder sterben am schnellsten. Waldschadensbericht: Nur an Saar und Alster Positives, in: Die Welt, 4. 1. 1989. Vgl. bes. Allgemeine Forstzeitschrift für Waldwirtschaft und Umweltvorsorge, 9. Dez. 1989, Nr. 49, S. 1295–1307.

den 78 Prozent aller Fichten, 79,1 Prozent aller Buchen und 77,3 Prozent aller Eichen krank.

Baden Württemberg: Verschlechterung um 0,7 auf 59,9 Prozent – das schlechteste Ergebnis eines Flächenlandes. 82,5 Prozent der Eichen zeigen Schäden. Im Schwarzwald flächenhaft absterbende Bestände.

Bayern: Verschlechterung um zwei Prozent auf 59,4 Prozent. Bisher unbekannte Symptome führen bei der Eiche seit 1988 im südbayerischen Raum und im Spessart zum Absterben zahlreicher Bäume. Katastrophale Zunahme des Absterbens ganzer Waldbestände in Höhenlagen.

Saarland: Überraschende und unerklärliche Abnahme des Waldsterbens um 7,9 Prozent.

Bremen: Die Fichte ist mit 87,9 Prozent am stärksten gefährdet. Bei Buche und Eiche haben die Schäden um 4,2 bzw. 5,9 Prozent zugenommen.

Hamburg: Leichte Verbesserung bei allen Baumarten.

Berlin: Durch hohen Schadstoffeinzug aus der DDR liegt Berlin mit 68 Prozent an der »Spitze«.

Daß trotz aller politischen Absichtserklärungen und Lippenbekenntnisse das Problem des Waldsterbens sich im vergangenen Jahrzehnt eher verschlimmert als verbessert hat, kann die folgende Übersichtsstatistik zeigen; danach gelten von den Waldflächen in der BRD als geschädigt: in 1984: 50%; 1985: 52%; 1986: 54%; 1987: 52%; 1988: 52%; 1989: 53%. 16% des Waldes der BRD gilt Ende 1989 für unheilbar.[9]

Dabei ist die Lage der Bundesrepublik sogar noch relativ günstig verglichen mit den Zuständen anderer Länder. 1988 beliefen sich die geschädigten Waldflächen in Europa, angegeben in Prozenten, auf diese Werte: Schweden 39%; Schweiz 43%; DDR 44%; Polen, Dänemark und Holland 49%; Griechenland und England 64%, CSSR 71%; das

---

[9] Neue Westfälische 10.11. 1989: Aktion gegen Waldsterben. Index Funk 3923. Eigener Bericht.

beste Ergebnis wurde aus Portugal mit 96,5% gesundem Wald gemeldet.[10]

Die Gründe für die unterschiedliche Verteilung des Waldsterbens sind hauptsächlich in zwei Faktoren zu sehen, die beide entscheidend an der Luftverschmutzung beteiligt sind: zum einen in der überhöhten *Schadstoffemission veralteter industrieller Produktionsanlagen* sowie zum anderen in dem *Ausstoß von Stickoxiden* aus den Motoren von LKW und PKW.

Was die Fehler und Übereilungen in der Industrialisierung angeht, so liefert das schlimmste Beispiel derzeit wohl die russische Bezirkshauptstadt Krasnojarsk in Zentralsibirien:[11] »Die dortigen Braunkohlekraftwerke – die größten der Welt – drohen die Region zu einem toten Gebiet zu machen ... Wenn die noch zusätzlich geplanten Projekte des riesigen Energiekomplexes ›Kansk-Atschinsk‹ (Katek) realisiert würden, würden ›die Stauseen im Winter nicht mehr einfrieren und sich im Sommer auf bis zu 40 Grad erwärmen, die Flüsse Tschulym und Urjup würden umkippen‹.« »›Katek‹ ist eines der gewaltigen Bauvorhaben in Sibirien, das zur Breschnew-Zeit als Jahrhundertprojekt gepriesen wurde. Zu dem Komplex gehört unter anderem das Wärmekraftwerk ›Nasarowskaja‹ südlich von Atschinsk und 100 Kilometer weiter das weltgrößte, auch mit Braunkohle beheizte, Wärmekraftwerk ›Beresowskaja‹, in dem gerade die erste Turbine in Gang gesetzt wurde. Daneben sind noch acht derartig gigantische Werke geplant. In der Region liegt das größte Braunkohle-Tageabbaugebiet der Welt, in dem in einem 1000 Kilometer breiten Gürtel 600 Millionen Tonnen Braunkohle lagern sollen. Bei der Projektierung war bereits vor unabsehbaren

---

[10] AP, in: Neue Westfälische 13. 2. 1989: Nach Buche und Fichte stirbt in Europa auch die Eiche.
[11] Zitiert nach dpa, in: Neue Westfälische 13. 2. 1988: Eine bläulich-orange-farbene Smog-Schicht deckt die Stadt zu. In Zentralsibirien vollzieht sich Umweltkatastrophe allergrößten Ausmaßes – Übereilte Industrialisierung.

ökologischen Folgen gewarnt worden. Im Februar 1986 wurde das Ausbauprogramm, das sogar zwölf Wärmekraftwerke vorsah, reduziert. Experten von 30 Forschungseinrichtungen seien zu dem Schluß gekommen, daß in dem riesigen Gebiet maximal nur zwei bis drei Kraftwerke stehen dürften, und das nur, wenn die Umweltvorschriften genau eingehalten würden, was aber nicht der Fall sei. Nach Angaben des Gesundheitsministeriums ist jeder Arbeitsfähige durch die Umweltbelastung im Durchschnitt zehn Tage im Jahr krank. Allergien, Lungen- und Herzkrankheiten nähmen zu. Es gebe ein Drittel mehr Krebs als vor zehn Jahren.«
»Die ›Bürger der Stadt schlagen Alarm. Aus den Schloten qualmt es ständig und keineswegs harmlos.‹ Man finde in der Umgebung der Stadt kaum mehr die sonst für Sibirien typische Moosflechte, gute Pilze, gesunde Kiefern und Tannen. ›Viele Tiere haben Leberzirrhose.‹ In der ›einst sehr sauberen Stadt Atschinsk‹ sei heute ›die Konzentration von Asche in der Atmosphäre‹ wohl eine der höchsten im Lande: ›Straßen, Häuser, Bäume, Gras – alles ist von Asche zugedeckt. Man kann sie auch schmecken – sie knirscht auf den Zähnen.‹ Das dortige ›Ton-Erde-Kombinat überschüttet die Stadt damit wie ein Vulkan. Und das seit knapp 30 Jahren.‹ Viele Apfelbäume wüchsen nur noch unter Zellophan. Die unter dem Druck der Öffentlichkeit ergriffenen Maßnahmen seien ungenügend. Noch immer regne pro Jahr in Atschinsk auf jeden Einwohner ›zehn Kilogramm Asche‹ nieder, hieß es. Im Gebiet von Krasnojarsk hätten ›von 16 000 Quellen der Luftverschmutzung nur 9000 Staub- und Abgasfilter‹, die zudem nicht ausreichten. In Krasnojarsk betrage ›der Reinigungsgrad der Abgase nur 18 Prozent‹. Häufig werde die zulässige Schadstoffkonzentration bis zu 50fach überschritten, etwa bei Benzopyren, ›einem höchst tückischen krebserregenden Stoff‹, bis zu 25mal werde der Grenzwert bei Chlorwasserstoff und Schwefelkohlenstoff übertroffen. Doch nicht nur die Luft, auch das Wasser ist durch die Folgen des raschen Ausbaus vergiftet. Eine Schweinemastanlage in Atschinsk, so

die Zeitung, verpeste den Fluß Tschulym ›so stark wie sonst eine Stadt mit einer halben Million Einwohner‹. Der größte Fluß der Region, der Jenissei, der Zentralsibirien von Süden nach Norden auf einer Länge von über 4000 Kilometer durchfließt, müsse in dieser Region 200 Millionen Kubikmeter ungeklärter Abwässer im Jahr aufnehmen, hinzu käme eine ›Riesenmenge von Schadstoffen aus der Luft‹. Insgesamt gelangten jährlich 130 000 Tonnen verschiedene Schadstoffe in den Fluß, darunter auch Benzopyren.«

Ein weiteres Beispiel bietet derzeit *Polen*, wo Hunderte von Hektar landwirtschaftlicher Nutzfläche in unmittelbarer Nähe von Gruben und Hütten als vergiftet gelten. »Die einsame Spitze dabei hat das niederschlesische Kupferrevier Liegnitz–Glogau–Lüben erzielt, wo 10 000 Hektar landwirtschaftliche Nutzfläche heute ›tote Erde‹ sind, weitere 250 000 Hektar unmittelbar bedroht sind, die durch die Emissionen der Kupferhütte beeinträchtigt sind. ›Gegenwärtig beträgt die jährliche Emission von bedrohlichen Stauben 510 000 Tonnen, die von Gasen 500 000 Tonnen, von Industrieniederschlägen 24 000 Tonnen. In Glogau wird eine zehnfache Überschreitung des zulässigen Bleigehalts der Luft registriert, in Liegnitz eine fünffache.‹« »Inzwischen werden in der Region Liegnitz–Glogau–Lüben ganze Dörfer umgesiedelt. Doch die Aktion zögere sich hinaus, weil man den Betroffenen neue Wohnungen, Häuser und Bauernhöfe anbieten muß, die eben nicht da seien. ›Und so kommt es vor, daß im niederschlesischen Kupferrevier die Landwirte weiterhin die vergiftete Erde bestellen und viele Menschen die vergifteten Lebensmittel essen müssen.‹«[12]

Gemessen an diesen Verhältnissen, mögen wir uns mit unseren in den letzten Jahren verbesserten gesetzlichen Auflagen für die Obergrenze von Schadstoffemissionen im Bereich der Industrieproduktion geradezu vorbildlich wähnen.

[12] J. G. GÖRLICH: Ökologische Bombe trifft Polens Landwirtschaft, in: Westfalenblatt, 25. 10. 1986.

Doch übersieht man leicht, ein wie großes Problem auch bei uns gerade im Zusammenhang mit dem Waldsterben die Luftverschmutzung darstellt. 1,71 Mio to Stickoxide gingen in 1989 in der BRD allein auf das Konto der Autos, der Gesamtausstoß an Stickoxiden wird für 1989 auf 3,16 Mio to geschätzt. Zwar wurde 1988 vom Deutschen Bundestag der vierte Immissionschutzbericht verabschiedet, der für den Zeitraum von 1982 bis 1986 eine Verringerung der Luftverschmutzung ausweist, gleichwohl stieg der Stickoxidausstoß (NO_x) aufgrund des zunehmenden Straßenverkehrs von 2800 kt 1982 auf 3000 kt im Jahre 1986 an und dürfte in 1995 2000 kt erreichen. Vergleicht man die Daten zwischen 1966 und 1986, so ergibt sich folgendes Bild:[13]

Luftverschmutzung in der BRD 1966–1995

Schadstoffe	Schadstoffausstoß pro Jahr (1000 t)						
	1966	1970	1974	1978	1982	1986	1995
Schwefel-dioxid	3 400	3 700	3 600	3 400	2 900	2 200	1 000
Stickoxide	1 900	2 300	2 600	2 800	2 800	3 000	2 000
Kohlen-monoxid	12 300	14 000	13 700	12 900	10 100	8 900	4 300
Staub	1 800	1 300	950	700	600	550	500
Flüchtige, organische Verbindungen	2 200	2 600	2 600	2 500	2 400	2 400	1 500

Hinzufügen muß man bei dem Ausstoß von *Kohlenmonoxid* in der BRD zwischen 1966–1986[14] vor allem den Anteil *Verkehr*.

[13] B. Harenberg: f s. o. Anm. 5, S. 193; 195.
[14] A.a.O., S. 6.

Jahr	Verkehr (1000 t)	Gesamt (1000 t)
1966	6 350	12 300
1970	8 400	14 000
1974	9 150	13 700
1978	9 400	12 900
1982	7 050	10 100
1986	6 300	8 900
1995	2 100	4 300

Aus diesen Zahlen ersieht man zweierlei: daß entschiedene Maßnahmen, würden sie rechtzeitig und energisch genug ergriffen, durchaus etwas bewirken würden, daß sie alle aber zur Zeit buchstäblich überrollt werden von der Deutschen liebstem Kind: *dem Auto*; zudem zeigt sich, daß die Ökokrise ein internationales, ja, globales Problem darstellt und daß die Rettung der deutschen Wälder wesentlich mit davon abhängt, daß vor allem die CSSR – mit westlicher Hilfe – einen Technologiestandard erreicht, der den Ostwind nicht in einen Zustrom von Giftgas für die bayerischen Wälder verwandelt; Gott sei Dank verspricht die Öffnung des Ostblocks 1989 zum ersten Mal die Möglichkeit eines gemeinsamen Konzeptes wirtschaftlicher und ökologischer Zusammenarbeit großen Stils. Ansätze dazu bestehen seit längerem.

Andererseits können die politischen Umwälzungen, zumindest einstweilen, aber auch bereits schon Erreichtes wieder umkehren. Mit Beginn des Jahres 1990 z. B. verbietet Ungarn die Einfuhr des in der DDR gebauten PKW *Trabant*. »Das Importverbot wurde mit dem hohen Schadstoffausstoß des Zweitakters begründet. Die Emission von Kohlenwasserstoffen ist bei Zweitaktmotoren etwa zehnmal so hoch wie bei Autos mit Viertaktmotoren. Der in Eisenach hergestellte Trabant war Mitte 1989 eines der preisgünstigsten Autos der Warschauer-Pakt-Staaten.«[15] Als nach der Öffnung der Mauer am 9. November 1989 Millionen von DDR-Bürgern in den Westen drängten, avancierte der »Trabi« aus politischen

[15] A.a.O., S. 39; 43.

Gründen sogar erst einmal zu dem »Auto des Jahres« – die ökologischen Gesichtspunkte traten verständlicherweise in den Hintergrund.

Aber die Zeit drängt. »... einmal den Tod aller Eichen, Fichten, Buchen oder Kiefern unterstellt, die fast ein Drittel der Bundesrepublik bedecken – breiten sich dann im norddeutschen Tiefland matschige Sauerwiesen aus? Überziehen Steppen die Höhen von Harz und Schwarzwald? Werden die Alpen zu einer Gebirgswüste? Vielleicht, sagen manche Forscher: Nur noch struppiges Gras wird gedeihen, dazwischen werden ein paar Zwergwacholder stehen, ein paar verkrüppelte Kiefern oder gestauchte Buchenbüsche.«[16]

Damit es nicht dahin kommt, haben die Mitgliedsstaaten der ECE (Economic Comission für Europe) den Ausstoß von SO_2 von 1985 bis 1989 um 30% gesenkt; der Ausstoß der Stickoxide (NO_x) soll durch zwei Abkommen von 1988 gedrosselt werden, in denen die ECE-Staaten sich verpflichten, bis 1994 ihre nationalen NO_x-Emissionen auf dem Stand von 1987 einzufrieren; Österreich, Belgien, die BRD, Frankreich, Italien, Liechtenstein, die Niederlande, Schweden, Norwegen, Finnland und die Schweiz reduzieren darüber hinaus ihren jährlichen NO_x-Ausstoß bis 1998 um 30%, verglichen mit den Werten von 1980 bis 1985.[17] Doch ob das gelingt und ob das genügt, scheint fragwürdig.

Die größten Sorgen bereitet das Waldsterben natürlich den Alpenländern: Bayern, der Schweiz, Österreich und Oberitalien.[18] Der Katastrophensommer des Jahres 1987 steht dafür als Menetekel für die drohenden Geröll- und Schneelawinen, die bei mangelndem Schutz die Wälder, die Dörfer und Straßen der Alpenregion heimsuchen können. Was sich im

---

[16] P. MAYER: Das Ende des Transportsystems. Wenn die Bäume schreien könnten, in: Stern, 2. Nov. 1989, S. 30–60, S. 60.

[17] B. HARENBERG: s. o. Anm. 5, S. 195.

[18] Das Folgende zitiert nach E. BRUNNER: Der grüne Tod. Katastrophensommer 1987: Die Natur rächt den Raubbau in den Alpen, in: Die Zeit, 21. 8. 1987, Dossier, S. 9–10.

Juli 1987 in Italien ereignete, kann sich prinzipiell überall wiederholen. Damals »zerbarst die vom Dauerregen aufgeschwemmte Flanke des Pizzo Coppetto. Mit unheimlichem Röhren stürzten über zehn Millionen Kubikmeter Schlamm und Geröll – eine drei Kilometer breite Wunde im Hang hinterlassend – hinunter auf Wiesen und Siedlungen des Valtellina-Tals in den italienischen Alpen, begruben das Dörfchen Aquilone, töteten Menschen und Tiere. – Die Suche nach den 27 Vermißten gaben die Rettungsmannschaften bald wieder auf. Sie hatten alle Hände voll damit zu tun, der nächsten Bedrohung zu begegnen: Der gewaltige Bergrutsch staut den Fluß Adda zu einem gefährlichen See; talabwärts, Richtung Mailand, leben rd. 50 000 Menschen, die evakuiert werden müssen, sollte sich die akute Überschwemmungsgefahr nicht bannen lassen.« Die Katastrophe im Veltlin-Tal bestätigte eine Befürchtung, die der Deutsche Alpenverein bereits 1985 geäußert hatte: »›Die Hälfte aller Ortschaften des bayerischen Alpenraumes ist unmittelbar bedroht‹, heißt es da. Bei ›fortschreitendem Waldverlust‹ sei zu erwarten, daß 370 Kilometer Ortsverbindungsstraßen von ›Steinschlag, Lawinen und Überschwemmungen unpassierbar gemacht würden‹.« In der Tat besteht kein Zweifel mehr, daß die Natur den Raubbau in den Alpen zu rächen beginnt.

Der Mechanismus selbst ist von leicht durchschaubarer Einfachheit: als erstes verlieren infolge der Luftverschmutzung die kranken Bäume ihre Blätter oder Nadeln, »dann gelangt immer mehr Sonnenlicht an den Waldboden. Die dort wachsenden Moose, ideale Wasserspeicher, werden von Gräsern verdrängt. Saugfähiger Humus wird abgebaut, der Boden wird hart und wasserundurchlässig. – Die Folgen: Regenwasser verdunstet und versickert nicht, sondern fließt ab. Schnee bleibt nicht liegen, sondern gerät auf dem glitschigen Gras ins Rutschen. Und da in einem gelichteten Wald nur noch ein Bruchteil des Niederschlags in den Kronen der Bäume bleibt, muß der Boden mit viel mehr Wasser fertig werden. In gelichteten steilen Wäldern stürzt das Wasser in

Wildbächen talwärts. In flacheren und schlimmer noch in abgestorbenen und abgeholzten Wäldern staut es sich im Erdreich: ein Bergrutsch droht. Und zu bändigen haben die bayerischen Alpen viel Wasser: Im Allgäu fallen 2000 bis 3000 Millimeter Niederschlag im Jahr (zum Vergleich: in München rd. 900 Millimeter).« Der Niederschlag regnet zudem die Stickoxide ab, die in der Bundesrepublik zu 55%, im Alpenraum aber zu 80% aus den Autos kommen: an Spitzentagen passieren z. B. mehr als 50 000 Autos, LKW und Busse die Brenner-Strecke. »Was auf dem Spiel steht, ist klar: Von den rd. 250 000 Hektar Bergwald in den bayerischen Alpen sind gut zwei Drittel Schutzwald, davon 96 000 Hektar Lawinenschutzwald. Wie eine existenzsichernde Funktion für Hunderte Ortschaften und ganze Täler erhalten werden kann« – das ist die Frage. »Auf 5000 bis 10 000 Hektar Lawinenschutzwald ›muß innerhalb der nächsten 20 Jahre mit dem totalen Ausfall des Lawinenschutzes gerechnet werden‹.« »Schon 300 Bäume je Hektar Bergwald verhindern, daß Lawinen abgehen. Dieselbe Fläche mit technischen Maßnahmen abzusichern, kostet je nach Höhenlage 100 000 bis eine Million Mark. Bemißt man also den Wert eines Baumes an seiner Schutzfunktion, kommt man schnell auf ›einige tausend Mark‹.«

Aber so rechnen wir nicht. Im Gegenteil. Zusätzlich zu der Belastung des Alpenraumes durch die Autoabgase kommt die »Erschließung« des Gebietes für den Massentourismus: »Zwischen Grenoble und Schladming sind über 12 000 Schlepplifte und Seilbahnen installiert, durchschneiden an die 40 000 Skiabfahrten Berghänge und Wälder. Sommers wie winters werden Millionen Menschen in Landschaften gebracht, die diesem Ansturm nicht gewachsen sind.« Ferien für die Natur – sie sind kein Teil menschlicher Planungen.

Was *das Auto* angeht, so scheinen wir überhaupt erst jetzt so recht zum letzten Gefecht gegen die Natur angetreten zu sein, und es spricht alles dafür, daß der Endsieg unser sein wird. Die Zahlen sprechen für sich selber. 1987 produzierte die Autoindustrie in der BRD 4,634 Millionen Fahrzeuge, neu zugelassen wurden 3,2 Mio Autos, davon 2,92 Mio PKW, der Umsatz betrug 166 Mrd. DM; es gelang der Branche, diesen Stand unverdrossen zu halten: das Jahr 1988 bescherte uns 2,808 Mio neuer Fahrzeuge (− 4%) und einen Produktionsausstoß von 4,625 Mio Wagen; der Umsatz stieg auf 172 Mrd. DM.[19] Rund 744 000 Arbeitnehmer waren 1988 im Kfz-Gewerbe tätig, insgesamt 4 Mio Beschäftigte waren von der Automobilindustrie abhängig.[20] Wenn irgend sich die von Politikern so gern beschworene Einheit von Ökonomie und Ökologie als Schönfärberei bzw. als pure Zwecklüge erweist, so ist es hier mit Händen zu greifen. Gegen den Druck der Autoindustrie vermag bis heute kein Argument noch Anliegen von Naturschutz und Erhalt von Biotopen anzukommen; im Gegenteil; alles deutet darauf hin, daß der Boom des Autos nicht nur ungebrochen ist, sondern sich noch ausweitet. Trotz sinkender Bevölkerungszahlen wird sich die Zahl der PKW in der BRD vermutlich von derzeit 27,9 Mio Autos in 1987 auf ca. 32 Mio Autos im Jahr 2000 erhöhen. Und das ist nur die zu vermutende Entwicklung in der BRD. Die Produktionsziffern im internationalen Vergleich ergeben für *Japan* 1987: 12,249 Mio, 1988: 12,700 Mio; *USA* 1987: 10,905; 1988: 11,187; *Frankreich* 1987: 3,493; 1988: 3,670; *Italien* 1987: 1,912; 1988: 2,111 Mio Autos.[21] »Täglich rollten im Jahre 1987 nicht weniger als 126 000 Autos von den Fließbändern der Autokonzerne in Amerika, Europa und Fernost und nahezu 400 Millionen Autos verstopfen inzwischen Straßen und Parkflächen.«[22] Allein über die Straßen der USA rollen

[19] B. HARENBERG: s. o. Anm. 5, S. 39.

[20] A.a.O., 43.

[21] A.a.O., 44.

[22] CH. ULLMANN: Der Verkehr wird an sich selbst ersticken. Im nächsten Jahrtausend wird es das Auto sicher noch geben – aber in welcher Form und Funktion, in: Süddeutsche Zeitung, 23. 7. 1988. – Inzwischen liegen auch die Zahlen für 1989 vor: es war ein Rekordjahr für das Automobil! 4,85 Mio Personenwagen und Nutzkraftwagen liefen allein in der BRD

135 Millionen Autos, das sind ca. 35% des Autobestandes der Welt.

Wie wenig all diese Zahlen sich mit ökologischer Vernunft vereinbaren lassen, zeigen einige Vergleiche zwischen Bus und Bahn. Unterstellt sogar den günstigsten Fall: die Ausstattung von Bus oder PKW mit Drei-Weg-Katalysator, dann beträgt *die Stickoxid-Emission*, wenn man den Normal-PKW = 100% setzt:[23] für einen 3 WKat 15%, für die Bahn 4%, für den Bus 9%; die Luftverschmutzung beträgt beim 3 WKat-PKW 15%, bei der Bahn 3%, beim Bus 9%; die CO_2-Emission beträgt beim 3 WKat-PKW 100%, bei der Bahn 30%, beim Bus 29%. Der *Flächenbedarf* beträgt beim Bus nur 10%, bei der Bahn nur 6% des zu 100% angenommenen Flächenbedarfs des PKW. M. a. W.: bei gleicher Verkehrsleistung belastet ein PKW die Luft rd. 33mal stärker als die Bahn. »Selbst ein Auto mit Drei-Wege-Katalysator trägt noch fünfmal so stark zur Luftverschmutzung bei wie die Bahn.« »Wie stark das eigene Auto die Luft verpestet, ist kaum einem Fahrer bewußt. Ein Mittelklassewagen ohne Katalysator setzt pro Kilometer durchschnittlich 2,2 Gramm Stickoxide und neun Gramm Kohlenmonoxid frei. Das klingt harmlos. Doch mit diesen Gasen werden pro Kilometer Fahrstrecke 27 000 Kubikmeter saubere Luft verseucht; die Verschmutzung geht bis an den Grenzwert, der nach der technischen Anleitung Luft zulässig ist. Ein Auto mit Drei-Wege-Katalysator verschmutzt bei jedem Kilometer Fahrt immerhin noch 4000 Kubikmeter.«[24] Gleichwohl verringert ein Drei-Wege-Katalysator den Ausstoß von Stickoxid um beachtliche 85%; in den USA und in Japan wurde diese Technologie daher schon vor über einem Jahrzehnt zur Pflicht. In Europa aber »wehrte sich die Autoindustrie bis

vom Band, 4,9% mehr als 1988; der Umsatz erhöhte sich sogar um 11% auf 192 Mrd. DM. Vgl. dpa Neue Westfälische 6. 2. 1990.

[23] Auto: Umweltproblem Nummer 1, in: Der Spiegel, 11. Sept. 1989, S. 24–32, S. 27, UPI-Bericht.

[24] A.a.O., S. 26.

jetzt dagegen. Nun soll der Kat zwar kommen, europaweit von 1993 an, in der Bundesrepublik von Oktober 1991 an. Doch bis die Stickoxidbelastung dadurch merklich verringert wird, vergeht fast ein Jahrzehnt.«[25] Zudem ist an dem CO_2-Ausstoß von 700 Mio t jährlich in der BRD der Autoverkehr allein mit ca. einem Fünftel beteiligt; dieser Betrag wird auch mit dem Katalysator nicht verringert werden; vielmehr wird bei der zu erwartenden Ausdehnung des Straßenverkehrs bis 1998 der CO_2-Ausstoß noch um weitere 23–28% zunehmen.[26]

Alles spräche dafür, den Verkehr endlich von der Straße auf die Bahn zu verlagern. Doch weit gefehlt. In den vergangenen drei Jahrzehnten wurden 500 Mrd. DM für den Straßenbau ausgegeben, doch die Zahl der Autos überstieg sie bei weitem. »Während die Schienenstränge seit 1950 um 17% auf 30 576 Kilometer gekappt wurden, bauten die Regierenden das Straßennetz um 40 Prozent auf 493 600 Kilometer aus. Sie ließen eine Fläche von der doppelten Größe des Saarlandes für Straßen und Parkplätze zubetonieren.«[27] Und so wie in der BRD auch in anderen Spitzenländern des industriellen Fortschritts. Allein in den *Vereinigten Staaten* sind »mehr als 60 000 Quadratmeilen zubetoniert«, das sind »zwei Prozent der gesamten Landfläche und 10 Prozent der landwirtschaftlich nutzbaren.« In amerikanischen Städten dient »die Hälfte des Gemeindegebiets allein dem Auto . . ., und in Los Angeles . . . gar zwei Drittel.«[28] Gleichwohl bleibt das Auto diejenige Technologie, welche die höchste Zahl von Menschenleben kostet: jede Stunde werden auf den Straßen der BRD durchschnittlich 50 Menschen verletzt, jede Stunde einer getötet.[29] Weltweit starben 1985 mehr als 200 000 Menschen durch Autounfälle und Millionen weitere erlitten mehr oder weni-

[25] A.a.O.
[26] A.a.O., 27.
[27] A.a.O., 26.
[28] Ch. Ullmann: s. o. Anm. 22.
[29] Der Spiegel, 11. Sept. 1989, S. 25.

ger schwere Verletzungen. Die Todesraten pro gefahrener Meile liegen dabei in manchen Entwicklungsländern noch um 20mal höher als in den meisten Industriestaaten.[30] Man muß nur mit dem Bus durch die Türkei oder mit dem Taxi durch Pakistan reisen, um zu erleben, welche Blüten der jugendliche Machtrausch treiben kann, am Steuer eines Autos zu sitzen.

Doch statt die hochverschuldete Bundesbahn zu dem Hauptverkehrsträger auszubauen, gestaltete sich die Verkehrsentwicklung in der BRD für den Personenverkehr in den letzten 30 Jahren so, daß an Personenkilometer pro Jahr, in Milliarden gerechnet, um 1960 noch ca. 120 Mrd. km verfahren wurden, 1965 etwa 250, 1970 ca. 350, 1975 ca. 400, 1980 ca. 420, 1985 ca. 480 und 1988 über 520 Mrd. km. »Auf deutschen Straßen wurden 1968 gerade 13 Millionen Tonnen Benzin und Diesel verfahren, 1978 schon 23 Millionen und 1986 über 36 Millionen Tonnen.« In all der Zeit blieb der Personenverkehr der Bahn relativ unverändert bei ca. 35 Mrd. km stehen. Im Güterfernverkehr sieht das Bild sogar noch viel schlechter aus, indem die Anteile der Eisenbahn zwischen 1960 bis 1988 von 44,2 auf 26,2% sanken und in der Binnenschiffahrt von 36,6 auf 22,1%, während der LKW-Verkehr von 19,7% in 1960 auf stolze 45,9% in 1988 zunahm.[31] Eine traurigere Bilanz, wie man ökologisch das Notwendige jahrzehntelang sehen, aber ökonomisch das Gegenteil tun kann, ist schwer zu erstellen.

Das heißt, »ökonomisch« bedeutet hier so viel wie bewußtes Verschweigen der realen Kosten des Industrieunternehmens Autoverkehr. W. Wolf[32] hat einmal aufgelistet, auf welche Summen die wirklichen Kosten des Straßenverkehrs sich belaufen würden, enthielten sie die tatsächlich anfallenden Ausgaben für Straßenwesen, Verkehrspolizei, Verwaltung und Defizit bei 6% Zinsen; in den Jahren zwischen 1965 bis 1984 ergäbe sich ein Schuldenberg von 76 Mrd. DM; die Bahn

[30] CH. ULLMANN: s. o. Anm. 22.
[31] Der Spiegel, 11. Sept. 1989, S. 26. UPI-Bericht.
[32] W. WOLF: Eisenbahn und Autowahn, Hamburg 1989.

bringt es für diesen Zeitraum »nur« auf 42 Mrd.[33] Und selbst diese Kalkulation fällt noch zu schmeichelhaft für das Auto aus; die Schäden, die der Autoverkehr der Umwelt zufügt, wird derzeit auf 50–78 Mrd. DM pro Jahr geschätzt. »Das bedeutet: Jeder Bundesbürger subventioniert die Firma Autoverkehr mit rd. 1500,– Mark im Jahr. Keine Bundesregierung hat sich bislang solche Zahlen zu eigen gemacht, keine hat bislang eine einigermaßen zutreffende volkswirtschaftliche Buchhaltung über das Großunternehmen Straßenverkehr aufgestellt.«[34] Unter diesen Umständen läßt sich nicht erwarten, daß es eine andere Einschränkung des Autobooms gibt als die der natürlichen Selbstbegrenzung, indem der Autoverkehr an sich selbst ersticken wird. Schon heute hat der ausufernde PKW-Verkehr sich selbst allmorgendlich und allabendlich die »Urbane Thrombose«, den Stau, beschert. In London ist »die Durchschnittsgeschwindigkeit bereits auf nur noch acht Meilen pro Stunde (13 km/h) gesunken, in Tokio auf noch weniger. Und selbst im südlichen Kalifornien (mit dem … wohl dichtesten Straßennetz der Welt)« ist die Durchschnittsgeschwindigkeit nicht höher als 33 Meilen pro Stunde (53 km/h). Und wenn die Entwicklung wie bisher »weitergeht«, dann dürfte sie auf 15 Meilen pro Stunde (24 km/h) im Jahre 2000 sinken. »Es wird geschätzt, daß im Jahre 1984 allein in den USA drei Milliarden Gallonen Benzin (12 Milliarden Liter) in Staus durch die Auspuffe der Autos geblasen wurden.«[35] Ist es da ein Trost, daß die heute neu zugelassenen Autos in den USA nur die Hälfte des Treibstoffs verbrauchen als noch Anfang der 70er Jahre? *Michael Renner*, ein Mitarbeiter des Worldwatch Institute in Washington, meint in seiner Studie »*Rethinking the Role of the Automobile*« (1988), das Auto sei vor allem dafür verantwortlich, »daß 40–70 Millionen Amerikaner in Städten lebten, die nicht den nationalen Reinheitsstandard der Atemluft erreichten.

[33] Der Spiegel, 11. Sept. 1989, S. 27.
[34] A.a.O.
[35] CH. ULLMANN: s. o. Anm. 22.

Und Wissenschaftler der Universität von Kalifornien schätzten die Zahl der Toten durch Benzin- oder Dieselabgase auf 30 000 jährlich allein in den Vereinigten Staaten. Die häufigsten Todesursachen seien dabei Lungen- und Herz-Kreislaufkrankheiten.«[36] Erst wenn das Autofahren durch entsprechende Gesetze dem einzelnen Fahrzeugbenutzer so teuer zu stehen kommt, wie es alles in allem wirklich ist, wird der Alptraum, den das Auto unter ökologischem Aspekt längst schon darstellt, sich beenden lassen.

Doch selbst die Verschrottung eines Autos ist nicht risiko- und kostenlos. »Die Abfälle, die in den 34 westdeutschen Autoverschrottungsanlagen entstehen, sind mit hochgiftigen Stoffen verseucht, die beispielsweise im Getriebeöl enthalten sind und das Grundwasser gefährden.«[37] Die rd. 2 Mio Autowracks ergeben im Shredder zusammengepreßt, bei einem Gewicht von 500 000 t hintereinandergestellt eine Schlange von Frankfurt bis Johannesburg. »Allmählich erst erschließt sich Politikern und Umweltschützern, daß jedes Auto, genaugenommen, ein Stück Sondermüll auf Rädern ist. Zu gut einem Drittel bestehen Kraftfahrzeuge aus Umweltgiften oder anderen schwer zu entsorgenden Materialien. Ein Auto enthält nicht nur ... bis zu 30 Kunststoffarten, sondern auch gefährliche Batteriesäuren, Bremsflüssigkeiten und Getriebeöl, Schmierfette, Metallic-Lacke und Elektronikteile.« »In Berlin haben Untersuchungen ergeben, daß Autoabfälle bis zu 90 Teile pro Million (ppm) die krebserzeugenden Polychlorierten Biphenyle (PCB) enthielten.« »Seit in Berlin Shredder-Müll als Sonderabfall behandelt wird, sind die Verschrottungskosten pro Fahrzeug von 40 auf 200 Mark gestiegen.«[38]

[36] A.a.O.
[37] Sondermüll auf Rädern. Schadstoffe aus jährlich zwei Millionen Autowracks belasten die westdeutsche Umwelt, in: Der Spiegel, 11. Sept. 1989, S. 30.
[38] A.a.O. – Vgl. auch F. VORHOLZ: Freie Fahrt für Luftverpester. Lastkraftwagen werden zu den größten Umweltsündern im Straßenverkehr, in: Die Zeit, 10. 11. 1989, S. 41–42, der meint, es sei »längst unstrittig, daß die etwa 1,4 Millionen Lastwagen auf dem besten Wege sind, die etwa 30 Millionen

Vermutlich ist der Autoverkehr in Anbetracht seiner wirklichen Kosten in der gegenwärtigen Form längst unbezahlbar geworden. Doch die Autohersteller lassen uns immer noch glauben, ihre Preisgestaltung sei ein überzeugender Beweis für die Wettbewerbsfähigkeit deutscher Industrieprodukte. Die Wahrheit jedoch ist, daß wir seit mindestens drei Jahr-

PKW in der Umweltzerstörung zu übertrumpfen. Von den 410 Milliarden Kilometer, die jährlich auf deutschen Straßen gefahren werden, absolvieren sie zwar noch nicht einmal neun Prozent. Aber der Schaden, den sie dabei anrichten, ist überproportional. Etwa zwanzig Prozent aller im Straßenverkehr getöteten Menschen kommen bei Unfällen mit LKW-Beteiligung ums Leben. In acht Prozent der Fälle sind Lastwagen die Hauptverursacher des Unfalls. Häufigste Unfallursache ist die zu hohe Geschwindigkeit des Trucks. – Die Lastwagen fahren immer schneller. Nach Messungen der Bundesanstalt für Straßenwesen liegt die mittlere LKW-Geschwindigkeit auf Autobahnen bei über 87 Stundenkilometern; Spitzengeschwindigkeiten von 120 Stundenkilometern sind keine Seltenheit. Erlaubt sind zwar nur 80, aber die Motoren werden immer stärker. – Lastwagen sind die größten Lärmerzeuger. Nach Messungen des Umweltbundesamtes (UBA) verursacht ein LKW-Anteil von nur zehn Prozent am Gesamtverkehr den gleichen Lärmpegel wie die restlichen PKW. In Städten mit über einhunderttausend Einwohnern fühlen sich 73% vom Verkehrslärm gestört. – Ebenfalls nach UBA-Angaben emittieren Lastwagen jährlich 30 000 Tonnen hochgiftiger Dieselpartikel, mehr als die Hälfte aller von Kraftfahrzeugen herausgeschleuderten Rußteilchen. – Von den 1,5 Millionen Tonnen Stickoxiden, mit denen die Kraftfahrzeuge die Luft verpesten, stammen fast dreißig Prozent aus den armdicken Auspuffrohren der Lastwagen. Pro gefahrenen Kilometer emittieren sie sechzehnmal mehr der gesundheitsschädlichen und für das Waldsterben mitverantwortlichen Gase als die Eisenbahn. – Im innerstädtischen Bereich sind die Lastwagen noch größere Luftverpester: Dort emittieren sie 40% der Stickoxide und 75% der Rußpartikel. – Bei der Last mit den Lastern ist noch keine Erleichterung in Sicht. Dank Katalysatorbeschluß der EG wird die Luftverschmutzung durch Personenwagen langsam abnehmen. Doch der Brummi-Beitrag zur Luftverschmutzung wird weiter wachsen, selbst wenn in Zukunft strenge Abgasgrenzwerte vorgeschrieben werden sollten. Schon in zehn Jahren, hat das UBA ausgerechnet, werden die Lastwagen die Luft stärker verpesten als alle PKW zusammen. – Der Grund für diesen traurigen Rekord: Die Fahrleistungen der lauten Stinker werden drastisch ansteigen. Im europäischen Binnenmarkt werden mehr Güter über längere Stecken transportiert werden. Und die Liberalisierung des Güterverkehrsmarktes wird die Preise dafür nach Expertenschätzung um bis zu dreißig Prozent fallen lassen. Die umweltfreundliche Bahn erwartet dadurch Verluste von bis zu 800 Millionen Mark.«

zehnten auf Kosten einer international vereinbarten Unwahrheit leben.

Mit dem Auto als Sondermüll berühren wir zudem bereits ein neues Problemgebiet, das sich zusammenfassen läßt als

5. Abfälle aus Haushalt, Industrie und Landwirtschaft sowie die Verunreinigung der Gewässer und Meere. – Massentierhaltung und Tierversuche

Bezüglich der Problematik der *Müllbeseitigung* genügen die bloßen Statistiken, um zu zeigen, wie sehr die Lage sich verschärft hat. In der BRD fallen z. Z. jährlich 32 Mio t Abfälle in Privathaushalten und Gewerbe an, darunter 5,4 Mio t Giftmüll. Pro Haushalt in der BRD fallen heute ca. 370 kg Müll im Jahr an. Da bis zur Jahrtausendwende die Kapazität der bundesdeutschen Deponien erschöpft sein wird, ist bis zum Jahr 2000 der Bau von 10 neuen Müllverbrennungsanlagen geplant (derzeit existieren bereits 48 Anlagen), deren Standorte in der Bevölkerung freilich aus Furcht vor neuen Luftverschmutzungen ebenso umstritten sind wie die Errichtung neuer Mülldeponien in Sorge um das Grundwasser und um die Qualität der Böden.[1] Jährlich müssen für die Abfallbeseitigung 10–12 Mrd. DM ausgegeben werden, dabei 50% für Hausmüll, der sich wie folgt zusammensetzt: 29,9% Küchenabfälle; 16,0% Papier und Pappe; 16% Kleinteile; 10,1% Feinmüll (Asche); 9,2% Glas; 5,4% Kunststoffe; 3,2% Metalle; 2,8% Windeln; 2,0% Textilien; 2,0% Mineralien; 3% Sonstiges; 0,4% Problemabfälle.[2] Wie man sieht, könnte bei einer konsequenten Vorsortierung des Hausmülls das meiste als Rohstoff einem entsprechenden Recycling zugeführt werden – die Bürger wären dazu wohl bereit,

[1] B. HARENBERG (Hrsg.): Aktuell 90, Dortmund 1989, S. 5–6.
[2] A.a.O., S. 6 – Quelle: Umweltbundesamt, aktuellste Zahlen von 1985.

genießt doch das Anliegen des Umweltschutzes inzwischen in den Augen der Bevölkerung eine hohe Wertschätzung; leider aber öffnet sich die Schere zwischen den Entsorgungsanlagen und der Mengenentwicklung des Abfalls immer weiter.

Würde man die 32 Mio t Müll in der BRD in die üblichen 240 l Mülltonnen packen und sie der Reihe nach aufstellen, so ergäbe sich eine Kette, die dreimal um die Erde reichte. Hinzu kommt noch die vierfache Menge an Bauschutt und Bodenaushub und die dreifache Menge an Produktionsabfällen.[3]

Insbesondere mit dem *Giftmüll* wissen wir buchstäblich nicht mehr, wohin. Jährlich werden etwa 2 Mio t Giftmüll auf Deponien gelagert, 0,6 Mio t werden verbrannt und 1,3 Mio t werden auf See »entsorgt«, wie es so schön heißt.[4] Im einzelnen gehen in der *Zusammensetzung des Giftmülls* u. a. 43% auf das Konto der chemischen Industrie, 24% der Energie- und Wasserversorgung, 9,4% der Zellstoff- und Papiererzeugung, 3,5% erzeugt der Bergbau, 3,3% die eisenschaffende Industrie, 1,9% gehen zu Lasten der Autoindustrie.[5] Selbst wenn sich der Plan realisieren sollte, in den etwa 10 neuen Verbrennungsanlagen die verbrannte Giftmüllmenge bis 1994 um 600 000 t zu erhöhen (sie also gegenüber 1988 zu verdoppeln), so würde das Problem damit zu einem großen Teil wohl nur vom Boden in die Luft verlagert.[6] Immer beliebter wird deshalb der Giftmüllexport bzw. der Abfalltourismus in die Länder der Dritten Welt, ein Verfahren, so weitsichtig wie die Hochschornsteinpolitik der 50er Jahre (s. o. S. 214). Allein 1987–88 wurden aus den westlichen Staaten schätzungsweise 6 Mio t Giftmüll ausgeführt, um die gesetzlichen Auflagen für die Behandlung von Sondermüll »kostengünstig« zu umgehen. Der größte Teil des amtlich

---

[3] G. ALEXANDER: Mehr Giftmüll durch mehr Umweltschutz, in: Neue Westfälische, 5. 12. 1988.
[4] B. HARENBERG: s. o. Anm. 1, S. 136.
[5] A.a.O., Quelle: Statistisches Bundesamt 1989.
[6] A.a.O.

registrierten Giftmülls aus der BRD wird derzeit in die DDR »exportiert« (1985: 0,7 Mio t).[7] Auch hier bedürfte es dringend eines Preissystems, das ein Produkt auf dem internationalen Markt zu den Kosten beziffert, die seine »Entsorgung« miteinschließen, oder es wird eine Versöhnung zwischen Ökonomie und Ökologie nicht geben.

Verschärft hat sich auch die Lage der *Landwirtschaft* und mit ihr die Belastung von Böden und Grundwasser. Es ist wahr: die Intensivnutzung der Böden in der Landwirtschaft hat in gewissem Sinne den wachsenden Raumbedarf des Menschen in Grenzen gehalten: trotz der Verdoppelung der Weltbevölkerung von 2,5 Mrd. in 1950 auf über 5 Mrd. in 1985 ist die Nahrungsmittelversorgung auf einer gleichbleibenden Fläche von 13,6 Mio Quadratkilometern heute besser als vor vierzig Jahren; m. a. W.: die Intensivnutzung der Böden in der Landwirtschaft hat es verhindert, daß mit der Verdoppelung der Weltbevölkerung zugleich auch die Anbaufläche auf ca. 27 Mio Quadratkilometer verdoppelt werden mußte.[8] Andererseits geht der vermehrte Einsatz von Maschinen, Pflanzenschutz- und Düngemittel durchaus nicht auf eine besondere Fürsorge um die Nahrungsengpässe der Dritten Welt zurück, sondern in den EG-Ländern auf den Konkurrenzdruck des Marktes in Richtung ständig sinkender Preise infolge von Überproduktion mit dem bekannten Ergebnis einer ständig *wachsenden* Überproduktion. Obwohl die Belastung von Böden und Gewässern durch Pestizide längst bekannt ist, wurden 1987 in der BRD 118 078 t Pestizide hergestellt; 1988 waren es 129 533 t, davon wurden 32 500 t ins Ausland verkauft.[9] Die WHO stellte im Herbst 1988 fest, daß die Verwendung von jährlich rd. 500 000 t Pestizide in Länder der Dritten Welt die Gesundheit von ca. 2 Mrd. Menschen beeinträchtige. »Die Folgen des unge-

---

[7] A.a.O., 137.

[8] Vgl. F. Führ: Grenzwerte von Wirkstoffen im Grundwasser, in: FAZ, 16. 12. 1988, S. 8.

[9] B. Harenberg (Hrsg.): s. o. Anm. 1, S. 228.

schützten Umgangs mit Pestiziden könnten akute Vergiftungen, Krebs oder Sterilität sein.«[10]

Im einzelnen ergibt sich zwischen 1984 bis 1988 für die *Pflanzenschutzmittelproduktion* in der BRD die folgende Tabelle,[11] angegeben in to:

	Herbizide	Insektizide	Fungizide	Andere
1984	57 000	45 000	38 000	25 000
1985	60 000	40 000	35 000	24 000
1986	45 000	32 000	35 000	31 000
1987	39 000	26 000	28 000	20 000
1988	45 000	22 000	35 000	20 000

Während seit 1988 in der BRD die Anwendung von Pflanzenschutzmitteln gewissen Einschränkungen unterliegt und seit dem 1. 10. 1989 neue Grenzwerte für die Trinkwasserverunreinigung mit Pestiziden in Geltung sind, stellt sich weltweit um so mehr die Frage, ob die »Intensivnutzung« der Böden für immer mehr Menschen nicht über kurz oder lang sich als eine globale Sackgasse erweisen wird. Ja, es scheint, als seien überhaupt erst durch die Bekämpfung mit Pestiziden manche Insektenarten wie Baumwollschädlinge und Kartoffelkäfer zu einem schwerwiegenden Problem für die Farmer und Bauern geworden. Das »Resultat der Aktivitäten der Weltgesundheitsorganisation WHO in den fünfziger Jahren, den Überträger der Malaria, die Anophelesmücke mit Pestiziden auszurotten«, ist heute »eine Mückenart, die praktisch gegen sämtliche chemische Mittel immun ist.« Bereits 30 »Schädlings«arten, so wird geschätzt, widerstehen allen chemischen Vernichtungsmitteln.[12]

Offenbar immer wieder zu spät erinnert man sich, daß die Natur keiner Art erlaubt, sich uferlos zum Schaden aller

[10] A.a.O.
[11] A.a.O.
[12] Wissenschaftler schlagen Alarm: Insekten zunehmend resistent. Bereits 30 Schädlingsarten widerstehen allen chemischen Vernichtungsmitteln. dpa / upi, in: Westfalenblatt 21. 2. 1987.

anderen auszubreiten, sondern daß sie eine jede durch bestimmte natürliche »Bekämpfungsmittel« in einem erträglichen Umfang kurzhält. Und wäre es wirklich wünschenswert, z. B. die Anophelesmücke auszurotten? Wie es aussieht, bildet sie heute den letzten wirksamen Schutz gegen das Vordringen der Rinderherden, die auf der Flucht vor dem Wachsen der Wüste im Süden der Sahel-Zone in die tropischen Grüngürtel Zentralafrikas vordringen.

Insbesondere erweist sich *die Übertragung* von Methoden *industrieller Produktionsverfahren auf die Landwirtschaft* als ein Denken, das mit Pflanzen und Tieren so umgeht wie mit bloßem »Material«. Die Überdüngung der Böden führt zu einer erheblichen Belastung der Gewässer mit Nitraten (NO_3), die im menschlichen Körper in Nitrite (NO_2) umgesetzt werden können und sich mit Aminen zu krebserregenden Nitrosaminen verbinden. Zudem ist *die Massentierhaltung* trotz aller ökologischen Warnungen und tierschützerischen Strafanzeigen weiter ungehemmt auf dem Vormarsch. Heute werden in der Bundesrepublik 63% aller Rinder (einschließlich Kälber) in Großbeständen von über 100 Tieren gehalten, über 66% der Mastschweine, 83% der Legehennen werden in Beständen von über 1000 Tieren gehalten, bei den Masthühnern beträgt die Zahl sogar 99%.[13] Wir haben uns angewöhnt, Tiere als reine Produzenten von Schlachtfleisch, Milch und Eiern zu halten, die einfach parat stehen, wenn wir vor Ostern Eier, zu St. Martin Gänse, zu Weihnachten Puten, zum Oktoberfest Hähnchen zu Hunderttausenden und Millionen auf den Tag genau »benötigen«, und wir reagieren dann wieder höchst empfindlich, wenn manche Tierhalter, wie 1988 in Nordrhein-Westfalen, dabei ertappt werden, wie sie Arzneimittel als Wachstumspräparate bei der Aufzucht von Rindern einsetzen. Es ist, als wenn wir unser Mitgefühl mit den Leiden der Tiere erst dann entdecken würden, wenn es unsere eigene Gesundheit bedroht; ansonsten schließen

---

[13] Neue Westfälische, 17. 8. 1988, nach Index Funk 3186.

wir einfach die Augen gegenüber den Bedingungen, denen wir unsere Steaks, Schnitzel und Brathähnchen verdanken. Die Schwierigkeit liegt offenbar darin, daß wir nur die sauber verpackten »Produkte« des »Schlachtviehmarktes« zu sehen bekommen; niemand – außer manchen recht mutigen Fernsehsendungen und Illustriertenartikeln – nimmt uns bei der Hand und zeigt uns die massenweise Quälerei in den Massenzuchtanstalten, und unser Gefühl reagiert erst auf das, was unsere Sinne berührt und unser Vorstellungsvermögen aktiviert. Zudem tragen wir immer noch die Grundüberzeugung der christlichen Theologie in unseren Köpfen, es sei unser gutes Recht, mit den Tieren zu machen, was wir für zweckdienlich zugunsten des Menschen erklären. Ein ungeheueres Ausmaß an gerichtlicher Heuchelei attestiert den Praktiken der Massentierhaltung sogar die gesetzlich vorgeschriebene Artgerechtheit.[14] An diesen Zuständen wird sich wohl erst etwas ändern, wenn wir ernsthaft unsere Nahrungsgewohnheiten überprüfen und den *Vegetarismus* als eine Art morali-

---

[14] Vgl. »Schlag ins Gesicht aller Tierschützer. Legehennen-Urteil löst einen Sturm der Entrüstung aus.« dpa, Westfalenblatt 21. 2. 1987: »Der alte Streit zwischen Tierschützern, Biologen und Geflügelzüchtern über die Hühnerhaltung in Legebatterien ist durch das jüngste Urteil des Bundesgerichtshofs in Karlsruhe neu entfacht worden. Die Feststellung des Gerichts, Hühnerhaltung in Legebatterien sei keine Tierquälerei, hat beim Deutschen Tierschutzbund (Bonn) einen Sturm der Entrüstung ausgelöst. ›Das Urteil des Gerichts‹, so sagte Bundesgeschäftsführer Wolfgang Apel vom Tierschutzbund, ›sanktioniert Tierquälerei und kann nur als Schlag ins Gesicht aller Tierschützer bezeichnet werden.‹ Er warf den Richtern vor, ihre Sorgfaltspflicht verletzt zu haben. Sie hätten sich über umfangreiche Gutachten von Verhaltensforschern hinweggesetzt, ›die die Hühnerhaltung in Legebatterien klar als Tierquälerei ausweisen‹. Er kündigte ein Verfahren vor dem EG-Gerichtshof an, ›falls sich herausstellen sollte, daß der Gerichtsentscheid sich nicht auf den konkreten Einzelfall bezieht, sondern pauschalisiert‹. ›Maßlos enttäuscht‹ von der Entscheidung des Bundesgerichtshofs zeigte sich auch die Stuttgarter Verhaltensforscherin Glarita Martin. Nach ihrer Ansicht sind Hühner in Legebatterien in ihrer angeborenen Verhaltensweise stark eingeschränkt. Die natürliche Weise der Nahrungsbeschaffung, die Gefiederpflege, das Sandbaden, die Eiablage im Nest – kurz die gesamte körperliche Bewegungsfreiheit – werde in dem engen Käfig behindert.«

scher Pflicht gegenüber den Tieren, gegenüber der Natur und gegenüber den Menschen wiederentdecken.

Wie jedenfalls die Wirklichkeit der Massentierhaltung aussieht, mag man sich an dem Beispiel eines neugeborenen Kälbchens verdeutlichen. Acht Tage nach seiner Geburt – mit einem Gewicht von 40 kg – wird das Tier von seiner Mutter getrennt und in die agrarindustrielle Mastanstalt transportiert, wo es mit Medikamenten aller Art vollgepumpt wird. »Dann wird das Tier an einen Magermilchtrunk gewöhnt. Dies führt in vielen Fällen zum Durchfall. Folge: die Tiere trocknen aus. Um sie am Leben zu erhalten, kommen sie an einen Tropf. In einem abgedunkelten Stall, eingezwängt in eine kleine Holzbox, werden die Tiere nun größer und brauchen mehr Futter. Nun wird aber nicht die Futtermenge erhöht, sondern die Konzentration der Nährstoffe darin. So wird das Futter bald eine Art Pudding, mit dem der Durst nicht mehr gestillt werden kann. Dennoch gibt es kein Wasser, damit die Tiere immer heißhungrig auf den Pudding sind. Schließlich muß das Kalb jeden Tag mehr als ein Kilogramm zunehmen. Damit es nicht wieder zum Durchfall kommt, wird der Pudding auf 38 Grad erwärmt. Das wiederum führt dazu, daß die Tiere beim Essen schwitzen. Juckreiz tritt auf, beim Kratzen mit der Zunge werden Haare ausgerissen, die in den Pansen wandern und dort vor sich hinfaulen und Giftstoffe entwickeln, bis das Tier geschlachtet wird.« Damit das Kalbfleisch später die schönweiße Farbe erhält, »wird peinlich darauf geachtet, daß nur sehr wenig Eisen im Pudding ist. Dadurch werden die Tiere blutarm. Sie bekommen schwere Atembeschwerden und Kreislaufstörungen.«[15] Nach diesem Vorbild müssen »heute jährlich allein in der Bundesrepublik rd. 250 Millionen Tiere dahinvegetieren: Hühner in Käfigen, denen in ständigem Dämmerlicht auf schräg abfallenden Drahtböden, gerade die Fläche einer Schreibmaschinenseite,

---

[15] M. SEGBERS: Kurzes Leben in der Mastfabrik, in: Neue Westfälische, 17. 8. 1988.

als Lebensraum zur Verfügung steht. Kälber, eingekerkert in vier enge Bretter, die diesen Sarg nur einmal in ihrem qualvollen Leben verlassen – auf ihrem letzten Gang zum Metzger. Ferkel in Drahtkäfigen, Schweine in lebenslanger Anbindehaltung, ohne ein Streu auf Betonböden, einzige Bewegungsmöglichkeit – aufstehen – hinlegen. Kühe, ein Leben lang an einer Kette von 40 cm Länge angebunden.«[16]

Hinzu kommt die unsägliche Grausamkeit der *Tierversuche*. Man schätzt, daß jährlich ca. 300 Millionen Tiere aller nur erdenklichen Arten »weltweit jedes Jahr ihr Leben für ebenso sinnlose wie grausame Experimente« lassen müssen. »In sogenannten Schiebekäfigen werden Affen zum Teil über Jahre gefangengehalten. Die Rückwand des Käfigs wird so weit vorgeschoben, bis der Affe – zwischen Gitterstäbe und Wand eingepreßt – völlig bewegungsunfähig ist. So können den Versuchstieren trotz ihrer panischen Angst immer wieder Injektionen verabreicht werden.« »An Ratten werden künstliche Tumore erzeugt, die oft sogar größer sind als die Tiere selbst.«[17] Man züchtet Versuchstiere mit angeborenen Kör-

---

[16] G. GRÄFIN ZU SOHNS-WILDENFELS: Der Verbraucher hat das Wort, in: Animal 2000, Tierversuchsgegner Bayern e. V., 8 München 21, Hauzenbergerstr. 18, Tel. 089-52 71 61. Vgl. N. HABLÜTZEL: Keimfrei wie auf der Intensivstation. Moderne Schweinemast, in: K. FRANKE (Hrsg.): Mehr Recht für Tiere, Hamburg 1985, 82–106; DERS.: Panik, und kein Schwein weiß, warum. Der Hamburger Schlachthof, in: a.a.O., 107–118. Vgl. bes. N. KLEINSCHMIDT – W.-M. EIMLER: Wer hat das Schwein zur Sau gemacht. Mafia-Methoden in der deutschen Landwirtschaft, München (Knaur 3723) 1984, bes. S. 135–150; 161–163 (zur Massentierhaltung der Hühner und den rechtlichen Verdrehungen des Tierschutzgesetzes). A.a.O., S. 16 ergab die amtliche Statistik schon im Jahre 1979 allein für den Landkreis Vechta 15 378 003 Hühner, 651 809 Schweine und 88 508 Rinder, wobei noch ein Drittel der Tiere hinzugezählt werden müssen, die »schwarz« gezüchtet werden.

[17] M. BRÜGGEMANN: Das neue Tierschutzgesetz – Ein großer Bluff? Neue Westfälische, 2. 3. 1988; vgl. K. FRANKE: Die Zeit zum Widerstand ist gekommen. Tierversuche, in: K. Franke (Hrsg.): Mehr Recht für Tiere, s. o. Anm. 16, S. 205–222; B. SCHREP: Nummer 17 starb nach Splittertreffen. Tierversuche bei der Bundeswehr, in: a.a.O., S. 223–232. Vgl. auch L. PAI: Die Rächer der Tiere. Für das Lebensrecht der gequälten Kreatur greifen radikale Tierschützer zur Gewalt, in: Die Zeit, 11. 11. 1988,

perschäden, man durchtrennt Versuchshunden die Stimm-
bänder, um ihre Schreie nicht mehr hören zu müssen. Man
enthauptet in Universitäten Tiere zu reinen Demonstrations-
zwecken, öffnet ihnen den Brustkorb und entnimmt ihnen
das Blut bis zum Herzstillstand. Im Dienste der Psychiatrie
werden bei Affen, Katzen und Wüstenmäusen grausame
Gehirnoperationen durchgeführt, um dann das Fehlverhalten
dieser armen Geschöpfe zu beobachten. Seit 1987 liegt in der
Bundesrepublik ein neues Tierschutzgesetz vor, das angeblich das Leiden und Sterben der Versuchstiere verringern soll;
doch es genügt, einen Versuch als »wissenschaftlich begründet« zu deklarieren, dann ist diese Begründung selbst bereits
die Legitimation, den Tieren, egal zur Befriedigung welch
einer Art von Neugier, Ehrgeiz oder Geldgier auch immer,
jede nur erdenkliche Qual aufzuerlegen.[18]

Man muß die Scheußlichkeit der Tierversuche, von denen
viele immer wieder durchgeführt werden, obwohl ihre Ergebnisse längst publiziert vorliegen, sich nur recht im Detail
verdeutlichen. *Lisa-Maria Schütt* hat 1988 eine Broschüre
herausgegeben, die beim Verband der Tierversuchsgegner
Nordrhein Westfalen e.V., Kempener Straße 205, in:
5060 Bergisch-Gladbach erhältlich ist und in der sie 100 der
»gängigen« Experimente aufführt:

● Zur Erforschung bestimmter Erregergruppen, etwa der
Schlafkrankheit, wurden vier Ponys künstlich infiziert und,

S. 17–20. Vgl. auch R. HAMM: Im Zweifel für die Natur ... Die Zeit,
27.11. 1989, S. 64.

[18] Im Juni 1988 beschloß die Bundesregierung, daß Tiere künftig nicht mehr
als Sachen, sondern als Mitgeschöpfe gelten. »Eine Einordnung als Lebewesen, wie sie Ende 1988 auch in Österreich vorgenommen wurde, betont
die Verpflichtung des Menschen zur Fürsorge dem Tier gegenüber.«
B. HARENBERG: s. o. Anm. 1, S. 288–290. Aber wie rechtlos die Tiere
praktisch sind, zeigt sich allein schon daran, daß die Zahlen über Tierversuche in der BRD zwischen 7 Mio und 15 Mio jährlich schwanken – Tiere
sind buchstäblich immer noch reine Spekulationsobjekte. Vgl. auch G. M.
TEUTSCH (Hrsg.): Tierschutz. Texte zur Ethik der Beziehung zwischen
Mensch und Tier. Evangelische Zentralstelle für Weltanschauungsfragen,
VII 1988, Nr. 27 (Tel. 0711-227081).

unter dauernder Blutentnahme, beobachtet. Die Tiere starben nach 35, 37 und 55 Tagen. Ein Pony mußte am 56. Tag wegen seines fortgeschrittenen Erschöpfungszustandes getötet werden.

● Um Verschiebungen des Calcium- und Magnesiumhaushaltes unter Streßbedingungen untersuchen zu können, setzten Wissenschaftler an der FU Berlin Ratten und Meerschweinchen andauerndem Lärm aus und entnahmen fortlaufend Blutproben. Zur Untersuchung von Herzgeweben bei Abschluß des Experimentes wurden Ratten wie Meerschweinchen getötet.

● Zur Darstellung der Funktion bestimmter Nervenverbindungen – zuständig für die Bewegung von Hand und Arm – durchtrennten Forscher in München bei narkotisierten Affen das hintere Ende des Hirnbalkens, durchspülten das Gehirn mit Formaldehyd und sezierten das zentrale Nervensystem. Überlebenszeit der Tiere vom Anfang bis zum Ende des Experimentes: 40 Stunden.

● Ein Versuch aus Göttingen: Betäubten Katzen wurden beidseitig bestimmte Nervenstränge durchschnitten und der Schädel geöffnet. Die künstlich beatmeten Tiere bekamen Atropingaben in die Augen geträufelt; außerdem wurden ihnen künstliche Pupillen und harte Kontaktlinsen eingesetzt. Im Verlaufe anschließender Messungen versuchten die Experimentatoren herauszufinden, in welchem Maße starke Lichtreize auf das Katzenhirn wirken.

● Lübeck: 36 Ratten sahen sich in einem geschlossenen Glaskäfig extrem verunreinigter Atemluft ausgesetzt. Ziel war die Erforschung akuter Leberschäden als Folge von eingeatmeten Kohlenwasserstoffen, wobei den Versuchstieren aus der abgeschnittenen Schwanzspitze regelmäßig Blut entnommen wurde. Mindestens zwölf der Ratten verendeten binnen 24 Stunden.

● Köln: Neurologen führten bei Wüstenmäusen durch das Abklemmen der Kopfarterien künstlich einen Schlaganfall herbei und untersuchten die auftretenden Reaktionen: halbseitige Lähmungen, Anfälle und andere Folgen der Mangeldurchblutung. Nach zwei Stunden wurden die Mäusegehirne mit Hilfe von flüssigem Stickstoff eingefroren und auf bestimmte Enzyme untersucht.

Wem Argumente des einfachen Mitleids gegenüber dem Leid der Tiere nicht ausreichend scheinen, um unsere Versorgungs-, Sicherheits- und Nahrungs-Bedürfnisse und Gewohnheiten zu ändern, der wird vielleicht alarmiert werden, wenn er hört, wie die Massentierhaltung und die (dadurch bedingte) Überdüngung der Felder dazu beiträgt, die Gewässer und Meere zu verunreinigen. »In Gebieten intensiver Tierhaltung gelangt ein Teil des Ammoniaks aus dem Dung in die Atmosphäre. Der Rest wird durch Mikroorganismen im Boden in wasserlösliche Nitrate überführt. Wegen der hohen Mobilität der Nitrate – sie binden sich nicht an Bodenpartikel – gehören sie zu den Substanzen, die das Grundwasser am stärksten verschmutzen.«[19] Über die Luft wie über den Zustrom der Flüsse gelangen die Schadstoffe ins Meer und können ganze Meeresgebiete in tote Kloaken verwandeln. Beispiele dafür gibt es genug.

1989 erlebte der Nordteil der *Adria*, der biologisch für tot gelten muß, eine solche Überschwemmung mit Grünalgen infolge überhöhter Nitratzuleitungen, daß auch die sonst reiche Devisenquelle Tourismus versiegte.[20] Seit langem ist

[19] J. W. Maurits la Rivière: Bedrohung des Wasserhaushalts, in: Spektrum der Wissenschaft, 11/1989, 80–87, S. 82.
[20] Die nördliche Adria ist ein »totes Meer«. dpa, Rhein-Main-Presse, 12. 12. 1989: »Die nördliche Adria ist zwischen Jugoslawien und Italien in weiten Teilen ein ›totes Meer‹. Das berichtete gestern die Zagreber Zeitung ›Vjesnik‹ unter Berufung auf das ›Zentrum für Meeresforschung‹ in der nordjugoslawischen Adriastadt Rovinj. Das Forschungsschiff ›Vila Velebit‹ dieses Zentrums habe zwölf Seemeilen vor der jugoslawischen Küste in einer fünfzehn Meter tiefen Wasserschicht am Meeresboden das völlige Fehlen von Sauerstoff festgestellt. Auf einer Fläche von ›einigen tausend Quadratkilometern‹ sei jegliches Leben abgestorben. – Die Wissenschaftler haben das vorübergehende Absinken des Sauerstoffgehaltes im Wasser auf null als ›Naturkatastrophe‹ bezeichnet. Klar ist seit langem, daß an der drastischen Verschmutzung der Adria die anliegenden Städte und vor allem der Fluß Po die Hauptschuld tragen. Noch nicht erforscht ist, ob die

die Ostsee vor allem infolge der Abwässer der dänischen Landwirtschaft so gefährdet, daß die Interessen der Bauern und der
Fischer sich fast alternativ gegenüberstehen. Die Einleitung
von jährlich 1 Mio t Schadstoff und 70 000 t Phosphor aus
Düngemitteln sowie die Abwässer der Papierindustrie sorgen
dafür, »daß sich der Boden des Baltischen Meeres mit seinen
sieben Anrainerstaaten immer mehr zu einer maritimen Steppe
verwandelt. Nach Erhebungen skandinavischer Meereswis-
senschaftler ist hierdurch, durch die Einleitung zusätzlicher
industrieller Gifte wie etwa Chlor und durch schlecht gefil-
terte kommunale Abwässer, bereits mehr als ein Viertel der
420 000 Quadratkilometer großen Ostseefläche bei einer mittleren Tiefe von 55 m am Boden biologisch tot. Stickstoff und
Phosphor lassen in der Ostsee massenweise Algen und Plankton wuchern, die den Sauerstoff ›auffressen‹. Immer häufigere
Meldungen über Fischsterben sind die sichtbaren Folgen dieses Teufelskreises.«[21] Wie üblich, werden von regierungsamtli-
chen Umweltschützern die großen Leistungen der Ostseestaa-
ten hervorgehoben, die, in wohltuendem Gegensatz allerdings
zu den Anrainerstaaten der Nordsee, sich schon vor 1988 auf
ein Verklappungsverbot für chemische Stoffe geeinigt und
zudem die Einleitung von DDT und PCB (Polychlorierten
Biphenylen) unter Verbot gestellt haben – PCB gilt als Hauptursache für das Aussterben der Ostseerobben. Doch all das
ändert nichts daran, daß nach wie vor jährlich 1,7 Mio t
sauerstoffverbrauchende Substanzen in die Ostsee gelangen
und das Tempo des Meeressterbens in den letzten Jahren
erheblich zugenommen hat. Es ist nicht zuviel gesagt, wenn
man behauptet, die Ostsee stehe dicht am Rande des ökologi-

Algenteppiche aus dem letzten Sommer beim Absinken auf den Meeresboden alles Leben erstickt haben. Weiter bemühen sich die Wissenschaftler um Erklärungen, warum die Meereszirkulation in diesem Jahr nicht
wie gewöhnlich frisches Wasser aus der mittleren Adria in den Norden
gebracht hat.«
[21] TH. BORCHERT: Langsam erstickt die Ostsee. Schon mehr als ein Viertel
des Meeresbodens gilt als biologisch tot, in: Neue Westfälische, 16.2.
1988.

schen Zusammenbruchs. Seit langem biologisch tot ist der Öresund zwischen Dänemark und Schweden, und so wie hier kann es bald der gesamten Ostsee ergehen.[22]

Und *die Nordsee*? Sie ist in dem kurzen Zeitraum von nur 100 Jahren zur Müllkippe aller Anrainerstaaten geworden. In Zahlen aus dem Jahre 1987 ausgedrückt, ergibt sich ein verheerendes Bild, indem alle 8 Anlieger dazu beitragen, die 0,58 Mio km² große Wasserfläche mit einer mittleren Tiefe von 94 Metern sozusagen auf jede nur mögliche Weise zu verunreinigen: mit Abwässern, Klärschlamm, Industrieabfällen, Öl, Baggergut und Fäkalien. An der Spitze liegen Nährstoffe mit 1,5 Mio t Stickstoffverbindungen und etwa 100 000 t Phosphaten pro Jahr. Hinzu kommen nach Schätzungen für 1987 bis zu 11 000 t Blei, 28 000 t Zink, 4000 t Chrom, 3000 t Kupfer, 1450 t Nickel, 135 t Cadmium, 50 t Quecksilber und bis zu 150 000 t Öl aus Bohrplattformen, Bohrschlamm und illegalen Schiffseinleitungen; hinzu kommen auch die Schädlingsbekämpfungsmittel, die Kühlmittel, die Weichmacher für Kunststoffe mit den halogenierten Kohlenwasserstoffen; hinzu kommen nicht zuletzt die Müllberge, die auf hoher See über Bord gekippt werden: jährlich sage und schreibe 90 Mio Müllteile mit einem Gewicht von 9000 t Abfall, an dem viele Vögel und Fische elend zugrundegehen.[23] Das Ergebnis ist danach. Noch vor 20 Jahren war die Nordsee voller Leben: 9 Mio t Fische, ein Küstenfischer holte auf einer 50-Stunden-Tour 2000 Kilo Krabben an Bord. Heute ist sogar der Hering selten geworden, Makrelen quälen sich mit Geschwüren, ein dicker Algenteppich entzieht dem Wasser den nötigen Sauerstoff, über 500 Bohrinseln fördern Öl und verpesten das Meer. Ein Krabbenfischer *heute* fängt nur noch 300 Kilo. Im Jahre 1988 rechnete man pro Tag (!) mit 274 t Phosphor, 22 t Blei, einer halben Tonne Cadmium und 174 Kilo Quecksilber, die in 24 Stunden in die Nordsee fließen, das alles nebst

---

[22] A.a.O.
[23] C.-W. Busse: Nordsee: Vorsorge ist der einzig richtige Weg, in: Westfalenblatt, 27. 11. 1987.

4110 t Stickstoff aus Düngemitteln. 30% davon stammten aus den Kläranlagen von Industrie und Kommunen, 30% aus privaten Haushalten und 40% aus der Landwirtschaft; Dünnsäure und Klärschlamm wurden täglich zu 18 200 t ins Meer geschüttet – aus Chemieschiffen flossen täglich allein 5205 t Dünnsäure in die Nordsee, und die Firma Kronos Titan beantragte sogar, jährlich noch zusätzlich 40 000 t ins Meer zu kippen. 20 000 t Dünnsäure wurden bis zum 31. 12. 1989 pro Jahr allein von dieser Firma in der Nordsee verklappt – erst von diesem Tag an wurde der Betrieb in Nordenham stillgelegt. »Dünnsäure« – das ist zu 20% Schwefelsäure, die »verdünnt« ist mit Insektengiften, Salzen und Schwermetallen; die Chemikalien werden ihre Wirkung bis ins nächste Jahrtausend tun.[24]

Paradoxerweise steht in der Verschmutzung der Nordsee gerade das Land an der Spitze aller Anrainer, das eigentlich als Inselland das beste Verhältnis zum Meer haben sollte: *Großbritannien.* Als Beispiel: »Großbritannien kippte 1985 etwa fünf Millionen Tonnen Kloakenrückstände in die Nordsee – verglichen mit weniger als drei Millionen Tonnen im Jahr 1981.«[25] Der Grund: ohne die Verklappung von Klärschwamm könne die 8-Millionen-Stadt London mit dem Klärschlamm nicht zu Rande kommen: jeden Tag fallen allein hier Klärrückstände an, die 2500 Lastzüge füllen würden. »Zur *Giftmüllverklappung* sagt man nein, weil davon keine Arbeitsplätze bedroht sind. Wenn es aber um die zwei Millionen Zechenabfälle geht, die pro Jahr in Nordostengland in die See gekippt werden, genügt die Drohung mit den gefährdeten Arbeitsplätzen im Bergbau, um jeden Protest zum Schweigen zu bringen.«[26] »Der größte Teil der Schadstoffe wird der

[24] D. KLEIN – R. SCHRIEFER: Ist die Nordsee noch zu retten, in: Bild am Sonntag, 5. 6. 1988, S. 5–7.
[25] R. KIRBACH – U. STOCK: Gift ahoi – Nordsee tot. Auch die zweite Nordseekonferenz wird das Sterben des Meeres nicht aufhalten, in: Die Zeit, 20. 11. 1987, Dossier, S. 13–16, S. 13.
[26] A.a.O.

Nordsee über die Flüsse zugeführt, Schwermetalle auch durch die Luft.«[27] Der Eintrag von Zink z. B. gelangte in 1987 mit 7360 t durch die Flüsse in die Nordsee, zu 4900 bis 11 000 t über die Atmosphäre, nur 1170 t wurden direkt ins Meer geleitet. Der am stärksten belastete Strom ist die Elbe; sie ist mit Sauerstoff verbrauchenden Stoffen rd. drei- bis viermal so belastet wie der Rhein. »Bei Ammonium aus landwirtschaftlichem Kunstdünger und kommunalen Abwässern, bei dessen Abbau durch Algen viel Sauerstoff aufgezehrt wird, ist die Belastung der Elbe fünf- bis zehnmal so hoch wie die des Rheins.« »Der meiste Dreck kommt aus dem Osten. Wenn die Elbe bei Schnackenburg die Grenze passiert, ist sie schon eine Kloake. So führt sie Jahr für Jahr etwa 24 Tonnen Quecksilber heran; in der Bundesrepublik werden ihr nur 0,12 t zugeführt. 120 Tonnen Blei bringt die Elbe jedes Jahr über die Grenze, in der Bundesrepublik kommen lediglich neun Tonnen hinzu. Auf 1900 Tonnen Ost-Zink entfallen 70 Tonnen West-Zink.«[28]

Schlimm an diesen Zuständen ist vor allem die Tatsache, daß die Abwässer, die über die Flüsse in die Nordsee gelangen, direkt ins Wattenmeer und damit in den lebendigsten und sensibelsten Teil des Meeres gelangen. »Obwohl das Watt nur ein Siebzigstel der Nordseefläche hat, sind hier 4000 der insgesamt 7000 Nordsee-Tierarten beheimatet.«[29]

Wie verlogen Naturschutz politisch verwaltet werden kann, zeigt dabei gerade das Beispiel des Wattenmeeres. Im Oktober 1985 wurde feierlich der »Nationalpark Wattenmeer« vor der schleswig-holsteinischen Küste errichtet; doch kaum geschehen, errichtete alsbald das Firmenkonsortium »Texaco/Wintershall« mitten in dem Naturpark eine Bohrinsel, drei Kilometer just vor der Vogelschutz-Insel Trischen; seit Oktober 1987 fördert die Insel Öl, das per Schiff nach Brunsbüttel verfrachtet wird. Nota bene: 1985 gelang-

[27] A.a.O., S. 14.
[28] A.a.O.
[29] A.a.O.

ten ca. 29 000 t Öl allein von Bohrinseln aus ins Meer, der Gesamt-Eintrag an Öl wird zwischen 71 000 und 150 000 t geschätzt.[30]

Darüber hinaus herrscht nach wie vor der Leichtsinn. Die Rede war soeben von dem Abfall, der Jahr für Jahr über Bord geworfen wird. Was aus ihm wird, zeigt das Exempel: »Auf 60 Meter Strand von Helgoland sammelten Biologen ein Jahr lang ... 8473 Teile, Gewicht: 1,3 Tonnen. Plastikverpackungen, Kartons, Dosen, Flaschen, Gummistiefel, Holz ... Die Folgen sind verheerend: Vögel verfangen sich in den Sechserverpackungen, Fische gehen in gekappten, freitreibenden ›Geisternetzen‹ zugrunde. Auf dem Boden der Deutschen Bucht verändert sich das Artengleichgewicht.«[31] In welchem Umfang das der Fall ist, zeigen Vergleichszahlen. Noch 1928 zählte man in den Küstengewässern der Nordsee über 20 fangbare Fischarten. »Lachs, Stör, Auster, Rochen oder Schellfisch gibt es heute nicht mehr. Denn die Küstengewässer sind auch für viele andere Wirtschaftszweige von großem Interesse ... hier wird Sand und Kies abgebaut, Erdöl und Erdgas gefördert und Kühlwasser für Industriebetriebe entnommen. Hier gibt es Massentourismus, hier werden Pipelines verlegt, hier wird auch Land gewonnen. – Die Verklappung der Dünnsäure nur zwölf Seemeilen nordwestlich von Helgoland hat zu einem deutlichen Anstieg der Schwermetallkonzentration sowohl im Wasser wie im Meeresboden als auch in den Fischen geführt ... Besonders problematisch sind die Schwermetalle Cadmium, Quecksilber und Blei. Cadmium lagert sich vor allem in Muscheln ab. Muscheln aus der Wester Schelde (Niederlande) dürfen daher schon seit den fünfziger Jahren nicht mehr kommerziell gefischt werden. Die Schwermetalle stehen in Verdacht, Fischkrankheiten auszulösen, Chlorkohlenwasserstoffe können die Fortpflanzungsfähigkeit von Fischen beeinträchtigen. Um bis zu fünf

[30] A.a.O., S. 15.
[31] A.a.O.

Prozent ist bei einigen Fischarten die Brut zurückgegangen, etwa bei Wittlingen oder Flundern ... 38% der Flunder-Embryonen vor der schleswig-holsteinischen Küste (sind) mißgebildet ... Vor der Rheinmündung beträgt ›die mittlere Mißbildungsrate von Fischembryonen‹ schon 50 Prozent ... Sollte diese Entwicklung nicht rasch gestoppt werden, sind ganze Fischpopulationen vom Aussterben bedroht.«[32] Man kann nur hoffen, daß irgendwann zumindest das ökonomische, wenn schon nicht das ökologische Interesse eine Änderung dieser Zustände herbeiführt: Betrug die Fangquote des Deutschen Fischereiverbandes im Jahre 1984 noch 134 000 t, so sank sie 1987 auf 92 000 t, zwischen 1977 bis 1987 ging die Zahl der deutschen Kutter von ca. 1000 auf 650 zurück.[33]

All das müßte durchaus nicht so sein. Vergleicht man die Schwermetallgehalte des *Rheins* zwischen 1972 und 1986, so ergibt sich eine durchaus optimistisch stimmende Bilanz:

Schwermetalle des Rheins in to:[34]

Jahr	Blei	Kupfer	Zinn	Chrom	Cadmium	Quecksilber	Nickel	Arsen
1972	–	720	2900	1680	52	–	–	–
1977	580	310	1640	710	44	8	118	47
1981	310	190	1430	340	20	3	131	41
1986	127	74	1081	176	3	1	34	18

Unzweifelhaft ist der Rhein heute erheblich »sauberer« als noch vor 10 Jahren. Andererseits gibt es immer noch zu viele »Löcher« in der Gesetzgebung wie in der Überwachung, und scheinbar bedarf es immer wieder erst massiver Katastrophen, um auf Risiken hinzuweisen, die so lange für harmlos gelten, als noch nichts »passiert« ist. Als in der Nacht zum 1. Nov. 1986 in dem Schweizer Chemiekonzern Sandoz in Basel ein Großbrand in einer Lagerhalle ausbrach, gelangten schätzungsweise 15 000 Kubikmeter mit Chemikalien ver-

[32] A.a.O., S. 16.
[33] A.a.O.
[34] B. HARENBERG: s. o. Anm. 1, S. 318; Quelle: Bundesumweltministerium.

seuchtes Löschwasser in den Fluß; es ergab sich, daß nicht nur die Lagerung der Chemikalien unzureichend gesichert war, hernach gelangte noch einmal eine zweite Giftwelle infolge eines defekten Sperrschiebers in den Rhein.[35] Gleichzeitig entdeckte man, daß bereits am 31. Oktober das Schweizer Chemieunternehmen Ciba-Geigy 400 Liter des Pflanzenschutzmittels Atrazin über eine Kläranlage in den Rhein eingeleitet hatte; ja, es stand zu befürchten, daß andere Firmen unter Ausnutzung des Brandes eigene Giftstoffe eingeleitet hatten.[36] Chronische Umgehung längst bestehender Gesetze, eine beeindruckende Skrupellosigkeit in Fragen des Naturschutzes sowie eine Informationspolitik der ständigen Vertuschungen schienen zu den selbstverständlichen Usancen der Chemiebranche zu gehören. Wie das Bundesumweltministerium im Februar 1987 erklärte, wurde durch das Unglück in Basel der Aalbestand von der Einleitungsstelle bis zur Loreley auf einer Strecke von 401 Kilometer total vernichtet, ebenso in den Flußläufen des Altrheins. »Allein in Lothringen sind etwa 200 Kilometer linksrheinische Nebenflüsse und Kanäle von den Chemiegiften betroffen.«[37] Es wird gewiß mehrere Jahre dauern, bis der Rhein den Zustand vor der Katastrophe wiederhergestellt haben wird.

Zu beachten ist vor allem, daß die Belastung der Nordsee durch die gefährliche Gruppe der chlorierten Kohlenwasserstoffe (zu denen z. B. die Pestizide gehören) in der Zeit zwischen 1976 und 1986 nicht zurückgegangen ist. Was vor allem in den Niederlanden Besorgnis erregt, ist die jahrzehntelange Schadstoffablagerung im Rhein-Maas-Mündungsgebiet. »In den vergangenen 30 Jahren haben sich etwa 10 Mil-

---

[35] Vgl.: Wallmann: ein Minister wird vorgeführt. Die Rhein-Katastrophe bringt Helmut Kohls Beschwichtigungsminister in Schwierigkeiten, in: Der Spiegel, 1. Dez. 1986, 24–31.

[36] Giftstoffe eingeleitet. Rhein-Schädigung hat offenbar weitere Ursachen. Reuter. Westfalenblatt 12. 11. 1986.

[37] Das biologische Potential zur Gesundung ist vorhanden. Der Rhein: »Krank, aber noch nicht tot.« dpa. Westfalenblatt, 18. 2. 1987.

lionen Kubikmeter Giftschlamm im Mündungsdelta des Rheins abgesetzt.«[38]

Insgesamt gilt zu beachten, daß die Konzentration von Kapital und Arbeit in der heutigen Industrieproduktion eine Größenordnung erreicht hat, die selbst kleine Fehler menschlichen Versagens in Schadensfälle von unübersehbarem Ausmaß verwandeln kann. Immer noch scheint es der Ölindustrie preisgünstig zu sein, Hunderttausende von Tonnen Öl auf abenteuerliche Weise Tankern und Kapitänen der sogenannten »Billigflaggenländer« anzuvertrauen. Wie es nach den Gesetzen der Wahrscheinlichkeit irgendwann und immer wieder kommen muß, demonstriert die Katastrophe des Supertankers *Exxon Valdez* am 24. März 1989 vor der Küste Alaskas. Rund 40 Mio Liter Rohöl strömten damals in den Prinz-William-Sund, bildeten in zwei Wochen einen 7000 Quadratkilometer großen Ölteppich und verschmutzten 1300 km Küste. Am dritten Tag nach der Havarie arbeitete in Alaska ein einziger Ölskimmer, ein Spezialschiff, um das Öl bei ruhiger See abzupumpen. Anfang April hatte Exxon ganze 100 000 Liter Öl abgepumpt. Die Ölpest war nicht durch Barrieren an der Ausbreitung gehindert worden, weil Exxon den Tanker nicht durch eine befürchtete Explosion verlieren wollte.[39] Ein einzigartiges noch erhaltenes Naturparadies wurde auf einen Schlag vernichtet, und die Weltöffentlichkeit mußte erleben, wie grotesk selbst in den Spitzenländern des technischen Fortschritts das Mißverhältnis ausfällt zwischen dem, was wir faktisch tun, und dem, was wir faktisch verhindern können, wenn wir es erst einmal aufgrund einer grenzenlos erscheinenden Gigantomanie angerichtet haben. Am Ende stellte sich heraus, daß der Kapitän an

---

[38] A.a.O.
[39] B. HARENBERG: s. o. Anm. 1, S. 217–218; M. SCHWELIEN: Big Oil reinigt sein Gewissen. Trotz etlicher Ölkatastrophen: Keiner legt die Supertanker an die Kette, in: Die Zeit, 2. 2. 1990, Dossier, S. 13–14: »Zum Einbruch des Winters hatte die Regierung von Alaska eine Statistik des Todes präsentiert: 34 434 Seevögel, 9994 Seeotter, 147 Weißkopfadler, mindestens 9, vielleicht sogar 16 Wale.«

Bord der Exxon Valdez zum Zeitpunkt der Havarie betrunken im Bett lag und an Land nicht einmal einen PKW hätte führen dürfen.[40]

Aber wir planen immer weiter. Vor 20 Jahren wurde im zentralasiatischen Teil der Sowjetunion ein Bewässerungsprojekt begonnen, durch das eine Wüstenregion in Kasachstan und Usbekistan fruchtbar gemacht werden sollte. Durch die Wasserableitung aus den Flüssen Amurdaja und Syrdaya wurde aber der Wasserspiegel des Aral-Sees um 12 Meter gesenkt, das Seeufer wurde dadurch um mehr als 100 Kilometer zurückverlagert, Fischerei und Schiffahrt im Aral-See kamen zum Erliegen, da das Wasser zu salzig und der See zu flach geworden war. Durch die Zerstörung des ökologischen Gleichgewichtes der gesamten Region kommt es seither zu gewaltigen Sandstürmen an den südlichen und östlichen Seeufern. Millionen Tonnen Sand und Salze werden über Hunderte von Kilometern verweht. Auch die neu bewässerten Gebiete wurden von der Umweltzerstörung betroffen. Durch das verwehte Salz wurde die Ernte vergiftet, Wasser mit giftigen Bestandteilen gelangte ins Trinkwasser, die Gesundheit der Bevölkerung scheint gefährdet, jedenfalls traten zwischen 1984 bis 1988 mehrfach Epidemien auf.[41]

Aus Beispielen wie diesen geht vor allem hervor, daß in der Art, wie wir planen und denken, etwas nicht stimmt, wenn wir es in großem Maßstab auf die Natur übertragen. Immer wieder glauben wir, in den Parametern eines monokausalen Denkens die Natur nach bestimmten Interessen und Ge-

---

[40] *Joe Hazelwood*, der Kapitän der *Exxon Valdez*, wies bei der Blutprobe noch rund 10 Stunden nach der Kollision einen Alkoholwert von 0,5 Promille auf. »Theoretisch ist es daher möglich, daß sich Hazelwood kurz vor Mitternacht mit einer Blutalkoholzentration von 2,2 Promille zurückgezogen hatte.« A.a.O., S.13. 1990 wurde er aber vom Alkoholvorwurf freigesprochen und zu mehrmonatigen Säuberungsarbeiten an der Küste verurteilt. Der Prozeß gegen *Exxon* ist noch nicht eröffnet.

[41] Der Aral-See ist um ein Drittel kleiner geworden. Ökologisches Gleichgewicht durch Bewässerungsprojekt zerstört. Reuter. Westfalenblatt 5.1. 1988.

sichtspunkten verändern zu können, und wir verfügen heute, 200 Jahre nach dem Beginn der Industrialisierung, über beachtliche Möglichkeiten, unsere Optionen auch zu realisieren. Gleichwohl verfügen wir an keiner Stelle der Welt auch nur annähernd über ein Wissen, das es uns erlauben würde, die außerordentlich komplexe Vielfalt der Lebenskreisläufe in einem jeweiligen Biotop zu überblicken und damit die Folgen unseres Tuns verantwortlich abzuschätzen, ja, es spricht vieles dafür, daß unser Denken aufgrund der evolutiven Bedingungen seiner Entstehung prinzipiell außerstande ist, vernetzte Strukturen sich vorstellen zu können;[42] wir haben, im Bilde gesprochen, nach dem Vorbild unserer Primatenvorfahren lediglich gelernt, in Gedanken von Ast zu Ast zu springen; wir *übersehen* buchstäblich all die Zusammenhänge, die wir ohne Schaden glauben zerstören zu können, eben weil wir sie als Zusammenhänge nicht wahrnehmen. Dazu gehört unsere Art, Entwicklungshilfe zu betreiben, Straßen durch den Urwald zu bauen, Öltransporter durch Naturschutzgebiete zu schicken, Flüsse zu begradigen oder den anfallenden Müll der Großstädte zu »entsorgen«. Am Ende sind wir erstaunt oder erschrocken, daß ganze Biotope zusammenbrechen, nur weil wir ein einziges Rad im Getriebe der Natur herausgebrochen haben. Dieses Rad war vermutlich so unscheinbar wie ein bestimmtes Enzym im biologischen Haushalt unseres Körpers; aber ein Zuviel oder Zuwenig kann vielleicht tödlich wirken, und wir wissen zumeist nicht einmal um dieses Vielleicht. Was wir brauchten, wäre dringend ein Moratorium unserer Aktivitäten bzw. eine historische Pause zum Nachdenken. Aber bis wir lernen, die Natur vor uns in Ruhe zu lassen, um selber Ruhe zu finden, wird sich wohl noch vieles ereignen, was sich überschreiben läßt als

---

[42] Vgl. H. v. DITFURTH: So laßt uns denn ein Apfelbäumchen pflanzen. Es ist soweit (1985), München 1988, 312–325: Angeborene Barrieren.

6. Der Tod der Tiere

Ein kleines Beispiel kann lehren, wie bereits geringfügig scheinende Veränderungen der Natur manchen Tierarten zum Verhängnis werden können. Sowjetische Biologen entdeckten vor Jahren in der sibirischen Barabasteppe einen Stamm von Wildgänsen, die in jedem Herbst zwei Wochen zu früh in ihr dreieinhalbtausend Kilometer weiter im Süden gelegenes Winterquartier aufbrechen, zu einer Zeit, in der die Jungtiere ihre Mauser noch nicht abgeschlossen haben. »Da sie noch nicht fliegen können, setzen sie sich zu Fuß in Marsch. Und so wälzt sich in jedem Herbst eine Armee von einigen Zehntausend Gänsen zielstrebig nach Süden durch die Steppe ... Erschöpfung und Raubtiere dezimieren die Kolonne, bis endlich, zwei Wochen später und nur etwa 160 Kilometer weiter südlich, die Federn groß genug sind.« Die Ursache für dieses selbstmörderische Verhalten scheint ein zivilisatorischer Eingriff in die Landschaft zu sein, »möglicherweise ein großes Flußregulierungsprojekt«, »das die Gänse vor einigen Dutzend Jahren aus ihrem angestammten Quartier vertrieben zu haben scheint. Erst einige hundert Kilometer weiter südlich fanden sie eine neue, ihnen zusagende Heimat. Diese Ortsveränderung hatte jedoch eine fatale Konsequenz ... Dort unten, weiter südlich, stimmt das den Zugtrieb auslösende Signal (sc. die Menge der täglich ausgestrahlten Sonnenhelligkeit, d. Verfasser) nicht mehr. Die kritische Tageslänge wird im neuen Quartier ganz offensichtlich zu früh erreicht.«[1] Nicht erst die Vernichtung der Lebensgrundlage einer Tierart durch physische oder chemische Veränderungen also, bereits die Ortsveränderung um ein paar Breitengrade kann für eine Spezies tödlich sein. Die Verhaltenspsychologie der Tiere hat sich im Verlauf großer Zeiträume zumeist an ein ganz bestimmtes ökologisches Gefüge

---

[1] H. v. DITFURTH: Der Geist fiel nicht vom Himmel. Die Evolution unseres Bewußtseins (1976), München 1980 (dtv 1587), S. 195.

angepaßt; wenn wir, buchstäblich über Nacht, Tiere aus ihrer angestammten Heimat vertreiben, erweist sich der Glaube, sie würden schon irgendwo bleiben, offensichtlich als ein tödlicher Leichtsinn. Wer aber denkt schon an eine bestimmte Gänseart, wenn er einen Fluß umleitet? Und wer, selbst wenn er daran denken würde, hätte schon eine Ahnung von den Problemen, die sich für bestimmte Tierarten allein schon aus einer bloßen Ortsveränderung ergeben?

Und immer wieder lernen wir zu spät. Soeben, pünktlich mit Beginn des Jahres 1990, meldet der Deutsche Tierschutzbund, daß in der Nordsee allein im vergangenen Jahr mindestens 10 000 Seevögel getötet worden seien, und zwar, weil illegal der chemische Grundstoff Nonylphenol vor allem im Bereich der deutschen und holländischen Küste ins Meer geleitet worden sei; es scheint erwiesen, daß dieser hochgiftige Stoff, der u. a. für die Herstellung von Reinigungsmitteln verwandt wird, in den Vögeln tödliche Erkrankungen hervorgerufen hat.[2]

Andere Eingriffe in ökologische Systeme werden bewußt geplant und nehmen jede Art von Umweltschädigung in Kauf. Als Beispiel: Im Oktober 1987 wurde nördlich von Manaus im brasilianischen Amazonas-Gebiet der Balbina-Stausee geflutet. Es handelte sich um ein Jahrhundertprojekt: allein die Staumauer ist 21 Kilometer lang und fast 30 Meter hoch und staut einen kleinen Nebenfluß des Amazonas auf einer Fläche von ca. 3000 km², größer als das Saarland und mehr als die hundertfache Fläche der Edertalsperre; die Stromleistung aber ist mit 250 Megawatt nicht größer als die der Edertalsperre – der aufgestaute Uatuama ist ein kleines Flüßchen mit nur geringem Gefälle. »Der Regenwald des Staugebietes ist nicht abgeholzt worden, so daß die aus dem flachen Wasser ragen-

<hr>

[2] Neues Umweltgift in der Nordsee bedroht Seevögel, in: Welt am Sonntag, 7. 1. 1990. – Erholt haben sich inzwischen offenbar die *Seehunde*, von denen 1988 etwa 18 000 Tiere an einer Virus-Seuche starben; 1989 wurden im Wattenmeer 670 Seehundkinder geboren. Westf. Rundschau 14. 12. 1989.

den Urwaldriesen von unten her verfaulen . . .: ein flächendek-
kender Schlag der Zivilisation gegen die Wildnis.« Dabei
ließen sich eine Reihe von Wirkungen auch damals bereits
voraussehen: die Versauerung des Sees ließ die Turbinen
angreifen, die faulenden Pflanzen und Tiere mußten das
Wasser in eine brackige Brühe verwandeln, der stark schwan-
kende Wasserstand mußte die Uferzone verschlammen; 380
Indios vom Stamm der Waimiri-Atroari, die die Massaker und
Epidemien der Vergangenheit überlebt haben, wurden durch
Malaria und Bilharziose sowie durch das Absterben der Fische
bedroht. Gleichwohl: Die Weltbank hat das katastrophale
Projekt mit deutscher Stimme erst ermöglicht. Und weiter:
Schon ist man dabei, einen Stausee im Gebiet der Xingu-
Indianer zu errichten, mögen die Indios dagegen protestieren,
wie sie wollen. Ziel der brasilianischen Politik ist es, den
menschenleeren Norden zu besiedeln und durch Ausbeutung
der reichen Bodenschätze ein Gegengewicht zum dominie-
renden Süden zu schaffen.[3] Doch wer soll den Preis bezahlen?

Man kann die wirkliche Bedeutung dessen, was seit etwa 25
Jahren mit immer rascherer Geschwindigkeit auf diesem
Globus sich abspielt, erst begreifen, wenn man es sich an der
irreversiblen *Zerstörung der Artenvielfalt* klarmacht. Gerade
in den tropischen Regenwäldern verdichtet sich das Leben in
einer Artenvielfalt wie nirgendwo sonst. Auf einem einzigen
Baum, der zu den Hülsenfrüchtlern gehört, wurden in Peru
allein 43 Ameisenarten aus 26 Gattungen gesammelt. »Dies
entspricht dem gesamten Ameisen-Artenspektrum der Briti-
schen Inseln.« Auf zehn je einen Hektar großen Probeflächen
in Kalimantan zählte man gut 700 Baumarten – »mehr gibt es
in ganz Nordamerika nicht«.[4] Ein solches Nebeneinander
und Ineinander der verschiedensten Lebensansprüche von

[3] F. MECHSNER: Sintflut gegen Indios. Riesenstaudamm im Regenwald, in:
Die Zeit, 7. 8. 1987, S. 47.
[4] E. O. WILSON: Bedrohung des Artenreichtums, in: Spektrum der Wissenschaft, 11/1989, 88–95, S. 90.

Pflanzen und Tieren ist nur möglich, weil das relativ labile Artengefüge in langen evolutionären Zeiträumen sich auf einen Gleichgewichtszustand einpendeln konnte, und die Voraussetzung dafür ist eine lange Zeit der Stabilität der Lebensbedingungen; umgekehrt können bereits relativ kleine Veränderungen in der unbelebten Umwelt das Artengefüge zusammenbrechen lassen.

Betrachten wir vor allem die Zerstörung der tropischen Regenwälder unter dem Aspekt des Artenschwundes, so müssen wir bedenken, daß es offenbar eine Beziehung zwischen der Artenvielfalt und der Fläche des Lebensraumes gibt; es ist m. a. W. nicht allein die unmittelbare Ausrottung einer einzelnen Art sowie deren Auswirkungen auf das Gesamtsystem zu beachten, es gilt in Rechnung zu stellen, daß allein schon das Schrumpfen der tropischen Regenwälder unmittelbar die Vielfalt der Lebensformen einschränkt. »In Archipelsystemen wie den Westindischen Inseln und Polynesien nimmt die Anzahl der Arten überschlägig gerechnet mit der Inselgröße zu, und zwar etwa proportional der dritten bis fünften, oft der vierten Wurzel der Fläche ... Das gleiche gilt für inselartig ausgegrenzte Lebensräume, etwa Waldgebiete, die rings von Grasland umschlossen sind. Die Faustregel gilt, daß bei zehnfacher Fläche doppelt so viele Arten dort leben. Die Gegenrechnung ist, daß sich die Artenzahl halbiert, wenn ein solches Habitat auf 10 Prozent zurückgestutzt wird.«[5] »Für den globalen Artenschutz macht diese Theorie eine entscheidende Vorhersage: Wird ein Biotop – beispielsweise ein Regenwaldgebiet – um eine bestimmte Fläche verkleinert, wird die Artenzahl dort abnehmen, bis sich ein neues Gleichgewichtsniveau einpendelt. So sind die artenreichen Wälder entlang der brasilianischen Atlantikküste bis auf weniger als 1 Prozent der ursprünglichen Fläche abgeholzt worden; selbst im unwahrscheinlichsten Falle, daß in Zukunft keine weiteren Bäume mehr gefällt werden, dürfte das ursprüngli-

[5] A.a.O., S. 91.

che Artenspektrum dieser Wälder auf ein Viertel schrumpfen.«[6] Vorsichtige Schätzungen besagen, »daß in globalem Rahmen allein in den Regenwäldern durch die Rodung (derzeit jährlich 1 Prozent des Gesamtbestandes) im Jahr 0,2 bis 0,3 Prozent der dortigen Arten aussterben. Nimmt man – sehr zurückhaltend – zwei Millionen auf den Regenwald angewiesene Arten an, wären es global immerhin 4000 bis 6000, die so dahinschwinden. Diese Größenordnung liegt zehntausendfach über der natürlichen Aussterberate vor Erscheinen des Menschen.«[7] Näherhin haben *J. M. Diamond* und *J. W. Terborgh* die Zahl lebender Vogelarten auf mehreren Inseln des Kontinentalschelfs, die vor 10000 Jahren noch zum Festland gehört haben, mit der Anzahl der Arten auf dem gegenüberliegenden Festland verglichen und sind dabei zu einem bedenkenswerten Modell gelangt, das sich auch anderenorts empirisch bestätigt: »Ist ein Gebiet zwischen einem und zwanzig Quadratkilometer groß (wie für Reservate und Naturparks in den Tropen und anderswo durchaus üblich), verschwinden mindestens 20 Prozent der Vogelarten innerhalb von 50 Jahren. Einige fehlen schon bald; andere siechen noch eine Zeitlang dahin, aber der Bestand ist auf Dauer nicht überlebensfähig. Wo das Habitat sich stark zersplittert, gehen noch mehr Arten verloren.«[8]

Und wahrscheinlich sind selbst diese Schätzungen noch viel zu niedrig angesetzt, denn sie unterstellen, daß die Arten mehr oder minder gleichmäßig in einem bestimmten Biotop verteilt sind; das aber ist in aller Regel nicht der Fall; – viele Arten kommen nur in sehr begrenzten Arealen vor, und wird gerade dieser Teil, etwa ein See, eine Waldregion, ein Berghang zerstört, dann ist diese Art unwiederbringlich verloren. »So gingen gleichzeitig mit dem Kahlschlag eines Bergkamms

---

[6] A.a.O.
[7] A.a.O., s. 91–92.
[8] A.a.O.

in Peru 90 Pflanzenarten, die man nur dort kannte, auf Dauer zugrunde.«[9]

Die Ökologen bemühen sich inzwischen, die am meisten bedrohten Lebensräume zu erfassen und nach Möglichkeit zu schützen, doch geht der Raubbau ständig weiter. Unmittelbar bedroht sind heute allein 10 Regenwaldgebiete: das Chocó im westlichen Kolumbien, die Hochländer im westlichen Amazonien, die brasilianische Atlantikküste, Madagaskar, der östliche Himalaya, die Philippinen, Malaysia, Nordwest-Borneo, das australische Queensland und Neukaledonien. »Entsprechend haben ... Biologen Wälder gemäßigter Breiten, Heidegebiete, Korallenriffe, natürliche Entwässerungssysteme und alte Seen klassifiziert.«[10] – Wir sprachen soeben von der Verunreinigung des Baikalsees, der mit 31 500 km² ein Fünftel des irdischen Süßwassers enthält; es ist nachzutragen, daß viele nur dort lebende Krebse und wirbellose Tiere in ihrer Existenz gefährdet sind, wenn die industrielle Verschmutzung weiter anhält.[11]

Neben dem Artenschwund, der durch strukturelle Veränderungen der Umwelt herbeigeführt wird, steht *die Ausrottung einzelner Arten* oft nur aus blindwütigem Geldinteresse. Im November 1989 wies der 16. Zivilsenat des Oberlandesgerichtes Frankfurt erneut eine Beschwerde des Verbandes der Rauchwaren- und Pelzwirtschaft zurück, der gegen eine Behauptung der Aktionsgemeinschaft Artenschutz hatte klagen wollen; die Feststellung der Artenschützer besagt, daß etwa 90 Prozent aller importierten Pelzfelle und Krokodilhäute illegal in die BRD gelangen, daß dadurch etwa 95% der Fleckkatzenbestände in Südamerika ausgerottet werden und bundesdeutsche Fellhändler mit als Anstifter für den illegalen Fell- und Häutehandel verantwortlich sind. Insbesondere hatte der geschäftsführende Direktor der bolivianischen Tierschutzorganisation »Prodena«, *Andres Szwagrzak*, die Vor-

---

[9] A.a.O.
[10] A.a.O.
[11] A.a.O.

würfe der Artenschützer vor Gericht bestätigt.[12] Die ganze Scheinheiligkeit im Umgang mit den Importen von Tierfellen und -häuten aus Südamerika zeigt sich an dem Gebaren des derzeitigen Artenschutzbeauftragten *G. Emonds*, der im Prinzip allein entscheidet, was bundesweit eingeführt werden darf und was nicht; er verweist stets darauf, daß die BRD seit 1986 keine Felle mehr direkt aus Bolivien bezieht und daß die Regierung nichts dagegen unternehmen könne, wenn die Waren auf einem Umweg, z. B. über Frankreich, angeliefert werden; daß es sich um »Waren« handelt, die überhaupt nicht »angeliefert« werden dürften, weil der Export bereits in Bolivien verboten ist, verdient im Bundesumweltministerium offenbar keine Aufmerksamkeit; ja, man fühlt sich dort an die französischen Dokumente »gebunden« – ein Non-plus-ultra diplomatisch kaschierter Verlogenheit. Inzwischen bekommt Bolivien freilich die Folgen der Ausrottung der Fleckkatzen zu spüren: naturgemäß vermehrten sich die Ratten, und diese haben einen Virus freigesetzt, an dem 500–900 Menschen bereits gestorben sind.[13]

Wir stark die BRD in den Import von Fellen und Häuten verwickelt ist, zeigt eine Berechnung der Umweltstiftung

---

[12] K. J. SCHRÖDER: Artenschützer siegten vor Gericht auf der ganzen Linie. Etwa 90 Prozent aller Pelze illegal eingeführt, in: Stuttgarter Nachrichten, 17. 11. 1989. Vgl. CH. PECK: »Da wurde das Letzte rausgeholt.« Der verbotene Handel mit geschützten Tierarten, in: K. Franke (Hrsg.): Mehr Recht für Tiere, Hamburg 1985, S. 153–164: Das Ausmaß des bundesdeutschen Tierkonsums zeigt die WA (Washingtoner Artenschutzabkommen)-Statistik *allein für 1983*: eingeführt wurden in die BRD: 47 076 lebende Vögel und 50 459 Reptilien, allein 1415 Königspythons; 221 276 Felle, darunter allein 95 868 vom argentinischen Graufuchs, sowie 40 415 Felle vom Rotfuchs; 32 696 kg Elefantenstoßzähne (d. h. mindestens 2700 Tiere!), ferner 580 388 einzelne Elfenbeinschnitzereien, gleich 1757 kg; 158 206 ganze Reptilhäute und weitere 100 606,85 laufende Meter, dazu noch 165 190 Fertigprodukte wie Krokohandtaschen, – Gürtel, – Armbänder und – Brieftaschen. (A.a.O., S. 161) Die Tropen sind zum Warenhaus geworden: ein Ara-Kakadu aus Indonesien oder Neu-Ginea kostet heute 30 000,– DM, ein südamerikanischer Papagei bis zu 14 000,– DM. (A.a.O., 160)

[13] K. J. SCHRÖDER: Pelzwirtschaft in der Defensive, in: s. o. Anm. 12.

WWF; danach sind zwischen 1978 (also 5 Jahre nach dem Washingtoner Artenschutzabkommen!) und 1986 über eine Million Felle von gefleckten Katzen in die BRD gelangt. »Hinzu kamen zwischen 1980 und 1986 rund 340 Kilometer laufende Haut von Riesenschlangen, 500 000 Häute von Krokodilen und Alligatoren sowie rund 250 000 fertige Krokolederprodukte – die seit 1984 nicht mehr in der bundesdeutschen Statistik aufgeführten Importe aus EG-Ländern und die illegalen Einfuhren gar nicht mitgerechnet.« Man nimmt an, daß Tierhändler allein in Bolivien 50 Mio Dollar pro Jahr umsetzen. Im Länderdreieck Brasilien – Bolivien – Paraguay werden jährlich in der Trockenzeit 1,2 Mio Alligatoren abgeschlachtet – für 1–3 Dollar das Stück.[14]

Völlig unbeachtet bleibt bei all diesen Zahlen das unausdenkbare Leid der Tiere. Was passiert, wenn einem jungen Ozelot die Mutter weggenommen wird? Was geschieht bei der Fallen- und Hobby-Jägerei? Allein die Fangmethoden, die Benutzung der Beinschlagfalle z. B., können ein Tier über viele Tage hin unter unsäglichen Qualen verbluten, verhungern und verdursten lassen. In Kanada beispielsweise, einem Hauptland der Pelz-»Gewinnung«, gibt es nur in zweien der 10 Provinzen ein Gesetz, das wenigstens vorschreibt, die grausamen Fallen in angemessener Zeit regelmäßig aufzusuchen, also nicht erst nach einer Woche am nächsten Sonn- und Feiertag.

Doch wenden wir uns unmittelbar den deutschen Verhältnissen zu. Von den 300 in der BRD lebenden *Vogelarten* sind 130 bereits gefährdet. Mit dem Auerhahn, Steinadler und Wiedehopf stehen allein 30 Arten direkt vor dem Aussterben. Die Gründe: zahlreiche Feuchtgebiete wurden trockengelegt – offensichtlich haben wir in der BRD keine riesige Überproduktion in der Agrarindustrie abzubauen, sondern wir benötigen scheinbar immer noch neue Weide- und Anbauflächen;

---

[14] P. HEILINGBRUNNER – M. WENDLER: Jagd auf die Haut, in: Zeitmagazin, 3. 11. 1989, S. 20–28, S. 23; 25–26.

sodann das Übliche: Überdüngung der bewirtschafteten Felder, der Einsatz von Pestiziden, die Verschmutzung der Gewässer und nicht zuletzt: die Freileitungen der Elektrizitätswerke, die wie regelrechte Vogelfallen den Himmel überziehen.[15]

Anfang 1987 setzte im deutschen und niederländischen *Wattenmeer* ein »rätselhaftes« Vogelsterben ein, dem 10 000 Tiere zum Opfer fielen. Die Untersuchung der Vögel ergab regelmäßig hohe Werte des Umweltgiftes PCB, das über die Nahrung in den Organismus der Tiere gelangt war und sich im Fett angelagert hatte. In der natürlichen Hungerperiode des Winters, als die geschwächten Vögel die Fettreserven mobilisierten, wurde das Gift freigesetzt und entfaltete seine tödliche Wirkung.[16] Was ist das für eine Welt, in welcher Lebewesen so vergiftet sind, daß eine Temperaturschwankung von ein paar Grad für ein paar Tage sie zu Tausenden hinwegrafft?

Wegen der Naturschäden in Feld und Flur nimmt europaweit die Zahl vieler *Singvogelarten* rapide ab. Schon 1986 warnten Wissenschaftler der Vogelwarte Radolfzell, man könne dem weiteren Schicksal der europäischen Kleinvogelbestände nur mit größter Sorge entgegensehen. Von 37 untersuchten Arten gingen in 10 Jahren 26 (= 70%) zurück, teilweise in besorgniserregendem Ausmaße. Nur elf Vogelarten hatten in diesem Zeitraum eine gleichbleibende oder positive Entwicklung. »Auf dem absterbenden Ast sitzen Vogelarten, die Feuchtgebiete, Wald- und Heckenlandschaften bevorzugen. Dazu zählen fast alle Rohrsänger, Dorngrasmücke, Braun- und Blaukehlchen, Neuntöter, Gartenrotschwanz, Zaunkönig, Stieglitz und Wendehals. Aufgrund regionaler

---

[15] Steinadler und Auerhahn kaum noch zu retten, in: Westfalenblatt, 30. 1. 1987. Vgl. auch H. STERN: Ordnung gegen die Natur, in: H. Stern – G. Thielcke – F. Vester – R. Schreiber: Rettet die Vögel ... wir brauchen sie, München–Berlin 1978, S. 31–35. – 56% der Fläche der BRD wird heute von der Landwirtschaft genutzt, 29% ist Wald, nur 2,8% Ödland, 1,8% Gewässer, nur 0,7% unkultiviertes Moor. A.a.O., S. 35.
[16] Vögel sterben durch Gift, dpa, 29. 1. 1987.

Erkenntnisse landeten einige von ihnen auf der ›Roten Liste der gefährdeten oder vom Aussterben bedrohten Arten‹. Anwärter sind Grauschnäpper, Gelbspötter, Klappergrasmücke.« Positiv ist die Entwicklung dagegen bei Nachtigall, Blaumeise, Hausrotschwanz, Mönchs- und Gartengrasmücke, Heckenbraunelle, Rotkehlchen, Singdrossel und Waldlaubsänger.[17]

Vom Aussterben bedroht ist seit langem *der Storch*.[18] Gerade noch 600 Paare brüten auf dem Gebiet der BRD – 1934 waren es in diesem Raum 4407 Paare und 1965 immerhin noch fast 2000. An solchen Zahlen wird schlaglichtartig deutlich, in welch einem Umfang es uns in den letzten 25 Jahren gelungen ist, die Natur »aufzuräumen«; und es wird so weitergehen. 85% der westdeutschen Störche sind auf die Flußmarschen Niedersachsens und Schleswig-Holstein zurückgedrängt. In Baden-Württemberg, aber auch in der Schweiz und im Elsaß wäre das Vorkommen längst erloschen, würde nicht regelmäßig Nachwuchs in Gefangenschaft ausgebrütet und in die freie Wildbahn entlassen. Der Grund für den Niedergang des Storches ist wieder in der Landwirtschaft zu suchen: »Trockenlegung von Feuchtgebieten, Umbruch vormals feuchter Wiesen, hochtechnisierte Landwirtschaft allgemein, der Pestizideinsatz insbesondere, fortschreitende Zerstörung der reich gegliederten Kulturlandschaft, Verbauung der offenen Landschaft, Zerstückelung von Freiflächen

---

[17] Der Frühling wird stummer. Forscher der Vogelwarte Radolfzell schlagen Alarm, dpa, Westfalenblatt 7. 11. 1986. – In der DDR, wird inzwischen gemeldet, sind 296 Tierarten vom Aussterben bedroht; vor 20 Jahren waren es noch 203 Arten. »Seitdem hat sich auch die Zahl *bedrohter* Tierarten von 347 auf 619 erhöht.« dpa, Neue Westfälische, 7. 2. 1990. – Für die BRD vgl.: Bedrohte Tiere. Geo Special, 4/1982. Danach stehen 351 Arten auf der Roten Liste der vom Aussterben bedrohten Tiere; – vgl. bes. a.a.O.: P. O. EBEL: Sterben nach dem Grünen Plan, S. 80–106. Vgl. auch C. LÜNEBURG: Keine Rettung für gefährdete Arten. Die vom Aussterben bedrohten Tiere, in: K. Franke (Hrsg.): Mehr Recht für Tiere, Hamburg 1985, S. 193–204.

[18] Vgl. H. STERN: Lebensraum Dörfer, Hof und Garten, in: s. o. Anm. 15, S. 188–189; 194–197.

zwischen Ortschaften, Verdrahtung der Landschaft. Vielerorts fehlen zudem geeignete Hausdächer zum Nestbau, die Störche ziehen zunehmend auf gefährliche Stromleitungsmasten um.« Mit einem Wort: »Der Zusammenbruch der Weißstorch-Population innerhalb eines Jahrhunderts ist das Spiegelbild unserer Umweltsünden.« Dabei ist gerade der Weißstorch wie kaum eine andere Vogelart eine Lebensgemeinschaft mit dem Menschen eingegangen, so daß er auf von Menschen geschaffene Kulturlandschaften angewiesen ist. »Erst mit der Urbarmachung des Landes drang die Art nach Deutschland an die Nordwestgrenze ihres Verbreitungsgebietes vor. Die größte Dichte fällt in den Beginn des 19. Jahrhunderts, als landwirtschaftliche Flächen schon eine große Ausdehnung hatten und wechselfeuchte Wiesen in natürlichen Überschwemmungsgesbieten lagen. Die damalige Grünlanddüngung durch sogenannte Flutwiesen ließ eine reichhaltige Fauna und Flora in weitgehend intakten Feuchtbiotopen gedeihen.« Das einzige verbliebene Storchenparadies ist immer noch Polen mit ca. 34 000 Storchenpaaren,[19] aber auch das wird sich bald ändern lassen, wenn Polen erst einmal die Vorzüge der EG-Agrarmarktverordnung kennenlernen wird.

Schon vor 10 Jahren wurde, um ein letztes Beispiel vom Aussterben der Vögel zu geben, *das Birkhuhn*[20] zum Vogel des Jahres 1980 ernannt – ein schlechtes Omen, denn solche Ehrungen vertragen Vögel offenbar nicht allzu gut, – gerade zur Zeit, im Jahre 1990, ist der Pirol zum Vogel des Jahres geworden. Die blanken Zahlen reden eine grausame Sprache: »Im Jahr 1963 wurden im Landkreis Gifhorn mehr als 830 Rauhfußhühner gezählt; 1979 aber wurden nurmehr 79 festgestellt; und bei der ersten Zählung dieses Jahres (sc. 1980, d. Verfasser) sah man keine 50 mehr. Ganz Niedersachsen, das um die Jahrhundertwende mit 3500 Quadratkilometern

---

[19] Westeuropas Störche sterben langsam aus, dpa, Westfalenblatt, 2. 1. 1987.
[20] H. STERN: Lebensraum Moor und Heide, in: s. o. Anm. 15, S. 128–129; 133–135.

Moorfläche das hochmoorreichste Land Mitteleuropas war, beherbergte im Jahre 1964 noch rund 8000 dieser Vögel. Heutzutage, da die Hochmoorfläche noch 2500 Quadratkilometer ausmacht, von denen nur dreizehn Prozent als intakte Moore gelten, sind es keine 400 Wildhühner mehr. In sechzehn Jahren sank der Bestand kontinuierlich um rund 95 Prozent. In den anderen Bundesländern mit Birkwildvorkommen sieht es ebenso traurig aus. In Schleswig-Holstein wurden im Jahre 1969 etwa 1800 Birkhühner ermittelt; zehn Jahre später spricht die Statistik von ›winzigen Restbeständen‹, die es nicht mehr in 71, sondern nur noch in 26 Jagdrevieren gibt. Im Bayerischen Wald, wo Anfang der sechziger Jahre noch 1400 Birkhähne balzten, lassen sich in diesem Frühjahr (sc. des Jahres 1980, d. Verfasser) keine 100 mehr bei ihrer eindrucksvollen Brautwerbung beobachten. In den Alpen, wo es noch die einzig nennenswerten Vorkommen gibt, geht es mit den Beständen ebenso abwärts wie in der Rhön. In Baden-Württemberg, Rheinland-Pfalz, Nordrhein-Westfalen und Hessen (dort existiert allenfalls noch ein minimaler Bestand im bayerischen Grenzbereich der Rhön) ist das Birkhuhn ausgestorben. Fachleute sind der Meinung, daß z. Z. in der Bundesrepublik Deutschland keine 2000 dieser Vögel mehr in freier Wildbahn leben. Vor etwa zwanzig Jahren dürften es noch mehr als 20 000 gewesen sein.« »Übereinstimmung herrscht darin, daß die Zerstörung der Lebensräume als eine der Hauptursachen angesehen werden muß. Vor allem im Flachland und im mittleren Bergland waren Heidegebiete, sumpfige Niederungen, Torfmoore und Brachland (stets mit einzelnen Bäumen oder Baumgruppen und mit Sträuchern bewachsen) Biotope für die Vögel. Im Gebirge ist es die ›Kampfwaldzone‹, die Krummholzregion, in der sich das Birkwild vorwiegend aufhält. (Die größere Verwandtschaft, das ebenfalls in seinem Bestand gefährdete Auerhuhn, bewohnt dagegen den Hochwald.) – Durch die Entwässerung und Abtorfung der letzten großen Hochmoore und die Aufforstung von Heide- und Brachflächen wurden besonders in den vergangenen dreißig Jahren viele Birkwildbiotope zerstört. Die Grundwasserabsenkungen in niedersächsischen und schleswig-holsteinischen Moorgebieten stellen sich in jüngster Zeit nicht nur für Fauna und Flora als verhängnisvoll heraus, sie erweisen sich auch mehr und mehr als schädlich für die Landwirtschaft, der sie ursprünglich dienen sollten: Klagen über Trockenschäden nehmen zu, und die ersten – nicht selten mit einem Millionenaufwand geschaffenen – Grabensysteme werden bereits wieder zugeschüttet. Mit der Hilfe von Wasserstau hoffen denn auch gerade in Norddeutschland die Vogelschützer, einige Gebiete für das Birkhuhn wieder akzeptabel zu machen. Allerdings bedarf es dazu neben der Regulierung des Wasserhaushaltes (für die eine Abstimmung mit Grundeigentümern, Anliegern, Wasser- und Bodenverbänden, Land-, Forstwirtschafts-, und Naturschutzbehörden nötig ist) noch anderer landschaftsgestaltender Maßnahmen.« »Für das Ausbleiben von Nachkommen in den wenigen Birkwildrevieren von heute hat *Dr. Ekkehard Wipper* (Institut für Wildtierforschung Hannover) ... eine ... Erklärung. Da der Moorboden besonders säurehaltig ist, können sich darin Krankheitserreger nicht lange halten. Birkhühner aber sind anfällig gegen einige Viruskrankheiten, vor allem wegen ihrer ungewöhnlich langen Blinddärme. Wird nun bei einer Entwässerung oder Abtorfung das Erdreich eher alkalisch, dann halten sich die Keime darin länger. Hinzu kommt, daß bei höherem Grasbewuchs die ebenfalls keimtötende Sonneneinstrahlung nicht mehr so wirkungsvoll ist. Erste Opfer von Krankheiten sind immer die Jungtiere, bei denen das Immunsystem noch nicht genügend stark ist. Erschwerend kommt nach der Ansicht des Veterinärmediziners Wipper (der sich seit Jahren mit den Krankheiten, der Ernährung und der Aufzucht von Birkhühnern beschäftigt) hinzu, daß die seit ein paar Jahrzehnten stark zunehmende Massengeflügelhaltung Krankheiten wie die Putenseuche, Salmonellose oder Pseudotuberkulose weit verbreitet hat. Das Hausgeflügel ist gegen viele solcher

Krankheiten weitgehend immun, und auch die – immer wieder von neuem ausgesetzten – Fasane werden damit fertig, weil sie anders gebaut sind als die Birkhühner. Deren Verdauungstrakt macht sie zwar zu guten Futterverwertern, die auch im Winter eine längere Zeit ohne Nahrung auskommen, er sorgt aber für eine erhöhte Anfälligkeit. Vögel wie Tauben, Sperlinge und Fasane, Säugetiere wie Mäuse und Ratten verbreiten Bakterien und Viren: in die feuchten Heide- und Moorflächen kommen die Überträger nicht, wohl aber in ausgetrocknete Flächen. Mäuse zum Beispiel richten sich mit Vorliebe in Torfböden ein. – Und diese für das Birkwild verhängnisvolle Kettenreaktion geht noch weiter: Mäuse locken Fuchs und Wiesel, Bussard, Habicht und Weihe an. Sie alle, ausgenommen der Mäusebussard, verschmähen Birkhühner, die es ihnen leichtmachen, durchaus nicht. Die Frage, wie weit besonders Greifvögel einen Einfluß auf die Bestände des Birkwildes haben, ist zwischen Vogelschützern und Jägern strittig. Man weiß, daß der Habicht Wildhühner schlägt. Doch während vor allem jene Jäger, denen der ganzjährige Schutz der Greifvögel ein Dorn im Auge ist, dem Habicht ein Gutteil der Birkwildmisere anlasten möchten, berufen sich Biologen und Vogelschutzfachleute auf die Erkenntnis, daß eine Tierart eine andere noch nie ausgerottet habe.«[21]

Schlimmer noch als den Vögeln ergeht es den *Amphibien*, eben den Lebewesen, die sich aus jenem Zustand herausentwickelt haben, da das Leben vor etwa 345 Millionen Jahren im Oberen Devon an Land gegangen ist. Die Bestandsaufnahme bei Fröschen, Kröten und Molchen in ganz Bayern hat zu einem besorgniserregenden Ergebnis geführt. Von den 18 in Bayern vorkommenden Amphibienarten sind nur noch drei, der Gras- und Wasserfrosch und die Erdkröte regelmäßig an Gewässern zu beobachten. Stark gefährdet in ihrem Bestand sind der Moor- und Springfrosch, die Wechsel-,

---

[21] C. A. v. TREUENFELS: Bald die letzten Birkhähne? Erschreckende Zahlen. Die veränderte Landschaft. Rettungsversuche, FAZ, 3. 5. 1980.

Knoblauch-, Kreuz- und Geburtshelferkröte und der Kammolch, teilte das Bayerische Landesamt für Umweltschutz in München mit. Das Amt hat seit 1980 eine Amphibienkartierung durchgeführt.[22]

Was für die Amphibien gilt, trifft in gleicher Weise natürlich auch auf *die Fische* zu. »In den Gewässern Nordrhein-Westfalens hat ein dramatisches Fischsterben begonnen. 18 der 45 in NRW bekannten Fischarten sind vom Aussterben bedroht.« Lachs, Stör und Maifisch sind schon vollkommen verschwunden, zum Leidwesen von 63 000 Sportanglern allein im Landesverband Westfalen-Lippe.[23] Es scheint nicht möglich, Tiere einfach in Ruhe zu lassen; wir müssen sie töten, und wenn wir sie leben lassen, dann offenbar nur, um sie *waidgerecht* töten zu können.

Besonders blamabel für jene Spezies, die sich als Homo sapiens sapiens bezeichnet, ist und bleibt nach wie vor die mutwillige *Ausrottung der Wale*, die als Symbol und Symptom menschlichen Ungeistes gelten muß. Da setzen die Amerikaner in 1988 Himmel und Hölle in Bewegung, um in einer riesigen TV-Schau zu zeigen, wie sie zwei Walen, die im Polarmeer vom Packeis eingeschlossen sind, einen Weg ins Freie bahnen, während die Weltöffentlichkeit zur gleichen Zeit außerstande ist, den Japanern bei ihrer unsinnigen Jagd auf die letzten Wale in den antarktischen Gewässern das Handwerk zu legen. Fischereiminister *Takashi Sato* jedenfalls zeigt sich Jahr für Jahr unbeeindruckt von dem weltweiten Protest der Tierschützer, die zu Recht darauf hinweisen, daß die Reproduktionsfähigkeit der Wale so langsam ist, daß frühestens nach einer absoluten Schonzeit von 50 oder 100 Jahren der Bestand der Wale als gesichert angenommen werden dürfte. Man ist in Japan zynisch genug zu erklären, die

---

[22] Amphibien gefährdet. Von 18 Arten noch 3 an Gewässern zu beobachten, in: Münchner Merkur, 6. 11. 1980; vgl. R. L. Schreiber (Hrsg.): Rettet die Wildtiere, München 1977, S. 89–90; 212–213 (Laubfrosch und Erdkröte).

[23] 18 Fischarten bedroht. Messe für Jagd- und Sportfischer in Dortmund eröffnet, in: Westfalenblatt, 11. 2. 1987.

alljährlich geplante Abschlachtung von 300 Zwergwalen sei als »Forschungswalfang« zu betrachten, der eben dem Zweck diene, wissenschaftliche Erkenntnisse just über die Reproduktionsgeschwindigkeit der Wale zu gewinnen. So am 23. 12. 1987.[24] Wieso auch sollte man internationale Abkommen einhalten, wo es um die Ehre Japans als einer traditions- und ruhmreichen Walfangnation geht? Im Gegenteil. Die japanischen Restaurants, die sich auf Walgerichte spezialisiert haben, erfreuen sich z. Z. eines über die Maßen guten Zuspruchs: »Gäste sind nicht nur die Feinschmecker, die seit je für das Fleisch der großen Meeressäuger schwärmen, sondern auch viele andere, die mit dem Verzehr einer solchen Mahlzeit ihren Protest gegen den internationalen Druck auf die Walfangnation Japan manifestieren wollen. – In der Hafenstadt Taiji in Westjapan, die sich als Wiege der japanischen Walfangtradition versteht, betreibt die Stadtverwaltung das Restaurant Hakugei. Noch vor wenigen Jahren mußten die Steuerzahler Jahresverluste von gut sechs Millionen Yen (75 000 Mark) decken, weil die private Konkurrenz die Gäste mehr anzog. Seit aber der Manager Ryoichi Kawakami die Speisekarte ganz auf Walspezialitäten abgestellt hat, ist es ungeheuer aufwärts gegangen: 1986 kamen 4400 Gäste, in den ersten sechs Monaten des letzten Jahres bereits mehr als 6000. Der Jahresgewinn wurde auf zwölf Millionen Yen (150 000 Mark) geschätzt. – Kawakami sieht für die Zukunft trotzdem schwarz: ›Im letzten Jahr ist der Mindestpreis für ein Kilogramm Walfleisch auf das Zehnfache gestiegen, auf 5000 Yen (62 Mark)‹, klagt er, ›und für Finnwal und andere Spitzenqualitäten muß manchmal zehnmal soviel bezahlt werden.‹ Wo solche Spezialitäten zu kaufen sind, sagt er nicht. Es könnte sich allenfalls um eingeschmuggelte Fänge handeln,

---

[24] Walfangflotte will unbedingt auslaufen. Greenpeace kündigt gerichtliche Schritte gegen Japaner an – Wettlauf mit der Zeit, dpa, in: Westfalenblatt, 23. 12. 1987. Noch 1989 töteten die Japaner 700 Grindwale und 50 000 Kleinwale. NDR III: In Sachen Natur, 25. 2. 90. Gegenüber den 250 000 Blauwalen in der Antarktis im Jahre 1900 existieren heute nur noch 500.

die nach den Feststellungen der Polizei in den letzten Monaten mehrfach auf Umwegen aus Taiwan ins Land kamen. Das Inselland ist nicht Mitglied der Internationalen Walfangkommission, die die Jagd auf Wale verboten hat.«[25]

Es hilft nicht, eine solche Haltung mit nostalgischen Erinnerungen an die Zeit nach dem Zweiten Weltkrieg begründen zu wollen, als 47% des japanischen Proteins in der Volksnahrung aus Walfleisch stammte; das bittere Faktum besteht, daß immer noch der Gruppenegoismus einzelner Staaten Teile der Natur, die allen Menschen »gehört« (d. h. eben *nicht* gehört!), je nach Belieben verwüsten und zerstören kann und daß es keine Möglichkeit gibt, Formen nationaler Umweltkriminalität wirksam zu bekämpfen.

Zudem haben die japanischen Fischer auch noch andere Formen der Piraterie parat. Am 13. 1. 1990 z. B. meldete *dpa*, daß das neue Greenpeace-Schiff »Rainbow-Warrior« in der Tasmanischen See zwischen Neuseeland und Australien auf eine Flotte japanischer Treibnetzfischer stieß, deren Crew begonnen hatte, über 5 km lange Nylonnetze nach Walen und Delphinen abzusuchen. Der Trawler *Fuji Maru 63* war gerade dabei, ungehindert Netze mit einer Gesamtlänge von rd. 40 km einzurollen. Das Treibnetzfischen müßte längst international geächtet werden, denn es ermöglicht unkontrollierten Raubbau an zahllosen Arten. Im Nordpazifik operieren jedes Jahr über 1000 Treibnetzschiffe; in den vergangenen Jahren haben zahlreiche japanische, koreanische und taiwanische Trawler begonnen, auch im Südpazifik und in der Tasmanischen See ihre Driftnetze auszulegen. Die Netze aller Flotten zusammen-

---

[25] H. Räther: Japaner scheren sich nicht um Proteste von Tierschützern. Jetzt erst recht: Walrestaurants können über mangelnden Umsatz nicht klagen, in: Neue Westfälische, 3. 12. 1988. – Zum Folgenden vgl. auch: Greenpeace sucht Treibnetze ab. dpa, Neue Westfälische, 13. 1. 1990. Man muß davon ausgehen, daß in der tasmanischen See in der zweimonatigen Fangsaison mindestens 5000 Delphine umkommen. In den feinmaschigen Treibnetzen verfangen sich fast alle Fische und Meeressäugetiere. rtr. Neue Westfälische, 20. 1. 1990.

genommen könnten den halben Erdball umspannen. Entsprechend leer werden die Meere bald sein, wenn es so weitergeht.

Doch a propos *Jagd und Waidmannsheil*! Haben wir wirklich in der Bundesrepublik Grund, uns über die Japaner u. a. zu beschweren? In der BRD allein gibt es sage und schreibe rd. eine viertel Million Jäger, darunter zehntausend Jägerinnen, jede(r) fünfte von ihnen verfügt über ein eigenes Revier; die übrigen müssen ihre Hilfe anbieten, um endlich auch zum Schuß zu kommen. Die Strecke im Wald und auf dem Feld zählt jährlich rd. 4 Mio Tiere![26] Es klingt wie der blanke Hohn, wenn wir hören, wie der Deutsche Jagdschutzverband der BRD in 1987 für seine 230 000 Mitglieder an die Landesregierungen appellierte, »ihnen im Kampf gegen die Abschaffung der Jagd zu helfen« und Bund und Länder dazu aufrief, »die Jagd als Kulturgut zu erhalten und zu schützen«.[27] Dieses »Kulturgut« besteht seit eh und je darin, lebende Tiere demjenigen zum Abschuß freizugeben, der das meiste Geld dafür bezahlt. Man muß nur die künstliche »Fachsprache« anhören, in welcher die Jäger ihre makabren Tätigkeiten bezeichnen, und man wird jene Mischung aus Arroganz und Gefühlsverdrängung bemerken, die bereits in der Begriffswahl für die Psychologie des »Kulturgutes« Jagd von alters her kennzeichnend ist. Da werden Tiere nicht getötet und geschlachtet, sondern »erlegt« bzw. »der Natur entnommen«, da fließt kein Blut, sondern »Schweiß«, das erlegte Tier wird nicht ausgenommen, sondern »aufgebrochen«, man lauert den Tieren nicht auf, »man sitzt auf Schwarzwild an«, man sucht den Hirsch nicht zum Abschuß aus, sondern »gibt ihn frei« bzw. man ist dabei, »auf Rotwild zu waidwerken« oder man »bejagt den Hirsch auf den Äsungsflächen« – eine Kaskade von Euphemismen sorgt für das gute, für das *waidgerechte* Gewissen dieser vornehm tuenden und nicht selten sozial

---

[26] C. BIENFAIT: Zum Abschuß freigegeben. ZDF, 6. 12. 1988.
[27] Jäger fürchten um das Waidwerk, dpa, in: Westfalenblatt, 4. 5. 1987.

gesehen wirklich vornehmen Marodeure. Der revierlose Jäger freilich wird gewöhnlich mit dem Rehbock der Klasse III b vorliebnehmen müssen – mehr als die bloße Trophäenjagd ist ihm nicht vergönnt, d. h., er darf noch beim »Verblasen« der »Strecke« zum Gruppenbild dieser archaischen Männerbündelei mit oder ohne Dame posieren. Ein guter Kronenhirsch hingegen wird nicht unter ein paar Tausendern zu haben sein. Für jedes Jagdrevier muß ein eigener Abschußplan angefertigt werden, ganz so, als sei es in das Belieben des Menschen gestellt, das Todesurteil über die Tiere frei nach Gusto exekutieren zu lassen. Mancherorts gehört die alljährliche Treibjagd immer noch zur Dorftradition und bildet dann das gesellschaftliche Dorfereignis nach der Ernte; daneben existiert in pompöser Ehrwürdigkeit immer noch die Staatsjagd, die einen Landesherrn wie den Ministerpräsidenten von Niedersachsen, *Dr. Ernst Albrecht*, in den Herbstmonaten im Saupark bei Springe im Kreis illustrer Jagdgäste zeigt,[28] bemüht, für sein Volk beispielgebend möglichst viele »Früchte des Waldes« zu »ernten«. Es handelt sich um eine durch und durch feudale Tradition, die schon aus Gründen der Demokratie endlich abgeschafft werden sollte; freilich müßten die hochmögenden Herren zugleich daran gehindert werden, ersatzweise in Polen, in Alaska, am Polarkreis oder in den Steppen Afrikas ihr zweifelhaftes Glück zu versuchen.

Eins allerdings stimmt: die Natur ist heute derart geschädigt, daß sie sich selber nicht mehr regulieren kann. Im schweizerischen Kanton Genf z. B. wurde Mitte der 70er Jahre per Volksentscheid die Jagd abgeschafft; die Folge aber

---

[28] S. o. Anm. 26 – Vgl. bes. K. FRANKE: Waidwerk im Zwielicht. Die deutschen Jäger im Visier, in: K. Franke (Hrsg.): Mehr Recht für Tiere, Hamburg 1985, S. 120–134. Laut Handbuch des Deutschen Jagdschutzverbandes beträgt die jährliche Gesamtstrecke in der BRD immer noch 4–5 Mio Wildtiere, »darunter 40 000 Stück Rot- und Damwild, 660 000 Rehe, 40 000 Wildschweine, 800 000 Hasen, 180 000 Füchse und an die zwei Millionen Fasanen, Wildenten, Ringeltauben, Elstern und Krähen – ein beträchtliches Massaker, bei dem insgesamt 14 000 Tonnen Wildbret im Verkaufswert von 180 Mio DM anfallen.«

war eine unkontrollierte Vermehrung der Tiere; die Gendarmerie mußte schließlich die Funktion der Jäger übernehmen.[29] Tatsächlich läßt sich nicht leugnen, daß unter den gegenwärtigen Bedingungen den Jägern oder, besser, *den Förstern* vor allem im Rahmen der Hege und Pflege von Tier und Wald eine unerläßliche Aufgabe zufällt, indem nur sie verhindern können, daß aus dem Wald eine bloße Holzfabrik oder ein Schlachthaus wird. Indem staatlicherseits die Jagdpachtpreise immer weiter hochgetrieben werden, liegt vor allem »ökonomisch« denkenden Pächtern an einer möglichst hohen Zahl von jagdbarem Rotwild, ungeachtet der Millionenverluste durch Schälschäden und der Gefährdung der jungen Forstpflanzen durch Verbiß, und sogleich beginnt der Streit um die unsinnige Alternative Wild oder Wald; in Wahrheit sollte es darum gehen, durch die Vermehrung standortgerechter Laub- und Mischwälder den überhandnehmenden Nadelwald zurückzudrängen und vor allem, wie es inzwischen geschieht, Schneisen und Kahlflächen mit ausreichendem Lichteinfall zum Anpflanzen derjenigen Kräuter und Wildkräuter zu nutzen, die von dem Einsatz der Herbizide in der Landwirtschaft an den Rand gedrängt werden. »Wenn Senf, Ölrettich, Hirse, Buchweizen und Waldstaudenroggen alljährlich zur Samenreife gelangen, profitieren davon nicht nur das Reh und der Hase, sondern auch die einheimische Vogelwelt.«[30] Neben den Wildäckern kann die Anlage von Feldgehölzen, Gebüschen und Hecken inmitten einer monotonen Kulturlandschaft wichtige Rückzugsräume

[29] S. o. Anm. 26. Vgl. auch R. Hennig: Was ist »waidgerechtes Jagen«?, in: Die Pirsch. Magazin für Jagd, Wild, Natur, 22. 12. 1989, S. 33–35, der zu Recht die »Erhaltung bzw. Wiederherstellung naturgemäßer Bestandsstrukturen, ökologisch richtige Einpassung der Wildbestände in die übergeordneten Systeme des Waldes bzw. der ganzen Landschaft« als das Ziel und die Aufgabe der Jagd bezeichnet.

[30] G. Westerhoff: Kompromiß zum Schutz des Waldes. Forst ist weder Rummelplatz noch Holzfabrik. Mit der Zerstörung der Natur verliert auch der Mensch seine Existenzgrundlage, in: Westfalenblatt. Dokumentation zu Ökologie und Ökonomie, Teil 3; 1987.

und ökologische Ausgleichszonen für zahlreiche gefährdete Pflanzen und Tiere bieten. »Spinnen, Wespen, Schmetterlinge, Nattern, Igel und viele Vogelarten haben hier ihr Domizil.«[31]

Dann bleibt als der tüchtigste aller Jäger uns immer noch das Auto erhalten. Allein im Jahre 1986 hatten die Versicherungen fast 142 000 Wild-Verkehrsunfälle zu regulieren, wobei die Behördenstatistiker erst bei Sachschäden ab 3000,– DM zu zählen beginnen. »Seit 1967, dem Jahr, in dem die Versicherungen Unfälle mit jagdbarem ›Haarwild‹ auch in Teilkaskoverträge aufgenommen haben, registrierte das Assekuranzgewerbe 1,3 Millionen Schadensfälle und einen kaum unterbrochenen Anstieg – in 20 Jahren auf das Siebenfache. ›Die Schadenshöhe kletterte im ... Jahr (1986) auf über 260 Millionen Mark und steigt weiter. – Auf der Strecke bleiben dabei nicht nur zerbeulte Autos, sondern jährlich mittlerweile auch 3000 Stück Rotwild, 80 000 Rehe und 120 000 Hasen. Immer mehr Autofahrer beherzigen offenbar eine – im Prinzip richtige – Empfehlung des ADAC: ›Draufhalten und durch‹.« Hinzufügen muß man eine Dunkelziffer: »etwa ein Drittel der rd. tausend tödlichen Aufprallunfälle an Bäumen, die sich jährlich ohne erkennbare Ursachen, meist nachts und ohne Alkoholeinflüsse ereignen, könnte – so die Annahme – auf unheimliche Begegnungen mit dem Wild zurückzuführen sein.«[32]

Aus diesen Zahlen sollte die dringende Forderung hervorgehen, die Seitenstreifen der Straßen so zu sichern, daß die Tiere durch Zäune oder mit Hilfe von Wildwarnreflektoren zu den tödlichen Fahrbahnen keinen Zugang erhalten. Es ist nicht die Schuld der Rehe, daß sie mit Vorliebe »die am Straßenrand vorherrschenden Gräser und Weichholzsträucher« aufsuchen[33] und im Winter gern das Tausalz aufschlecken; es ist nicht die Schuld der Igel, daß sie den nachts noch

---

[31] A.a.O.
[32] Drauf und durch, in: Der Spiegel, Nr. 13/1988, S. 66; 69.
[33] A.a.O., S. 66.

warmen Asphalt aufsuchen, weil sie dort bevorzugt Insekten antreffen. Speziell *die Existenz des Igels* ist mittlerweile wesentlich durch das Auto bedroht: »Mehr als eine Million Stacheltiere kommen in der Bundesrepublik jährlich durch den Straßenverkehr um.« Daneben trägt das verbotene, aber immer noch weit verbreitete Abflämmen von Stoppelfeldern und Hecken sowie der Einsatz von »Schädlings«-Bekämpfungsmitteln zu dem Aussterben des Igels bei. Sein Hauptfeind aber ist heute der Straßenverkehr. Die kleinen Tiere legen pro Nacht bis zu zweieinhalb Kilometer auf der Futtersuche zurück; es ist eine einfache Frage der Statistik geworden, wann ein Igel bei dem immer dichter werdenden Verkehrsnetz auf eine Fahrbahn gerät und wann er bei dem immer dichter werdenden Verkehr überrollt werden wird.[34] Zudem wäre dringend zu überlegen, wie die Strömungsverhältnisse an Autos sich so konstruieren ließen, daß sie innerhalb der auf Landstraßen erlaubten Geschwindigkeiten nicht wie riesige Insektenklatschen durch die Landschaft rasen; man darf sicher sein, daß die myriadenfache Vernichtung von Klein- und Kleinstlebewesen durch die Frontscheiben der Autos nicht ohne Folgen für das Artengefüge sein wird, doch es scheint bis heute nicht der Mühe wert, Folgen zu vermeiden, die wir noch nicht kennen.

Selbst Tiere, die vormals für unausrottbar gelten durften, sind heute bedroht wie *der Hase,* mit dessen Populationen es steil bergab geht. »Die Abschußstatistiken scheinen es zu belegen: Allein in Hessen wurden 1961 noch mehr als 160 000 Hasen geschossen, 1986 waren es noch nicht einmal 30 000.«[35] Der Rückgang dürfte gewiß nicht auf ein einsichtsvolleres Verhalten der Jäger zurückzuführen sein, es kamen ihnen offenbar ganz einfach nicht mehr Tiere vor die Flinte. In

[34] Igel sterben auf den Straßen, dpa, in: Westfalenblatt, 6. 4. 1987. Vgl. R. L. Schreiber (Hrsg.): Rettet die Wildtiere, s. o. Anm. 22, S. 198–200.
[35] L. Reidt: Rätselhaftes Hasensterben. Am umstrittenen Doppel-Null-Raps scheint sich Meister Lampe – anders als die Rehe – nicht totzufressen, in: Die Zeit, 7. Okt. 1988.

Wahrheit dürfte – wieder mal – die Flurbereinigung die Hauptschuld an dem Hasensterben haben. Die Felder der Agronomen heute sind so stark vergrößert, daß die Grünlandflächen, die dem Hasen als Äsungsweiden dienen, immer kleiner geworden sind, die früher schilfbestandenen Gräben sind heute weitgehend durch Betonrohre ersetzt worden. Zudem ist der Hase ein »generalistischer Pflanzenfresser«; es ist für ihn lebensnotwendig, permanent die Pflanzenarten wechseln zu können, wobei er Gewächse wie Schafsgarbe, Wegerich, Distel und Löwenzahn bevorzugt. Diese Pflanzen kommen mit einem Minimum an Phosphat und Stickstoff aus und wachsen deshalb gerade an Standorten, die nicht gedüngt werden (und an denen sie nicht als »Unkräuter« mit Herbiziden ausgerottet werden). Die Überdüngung der Felder, die Monokulturen und der Einsatz von Unkrautvernichtungsmitteln entziehen mithin dem Hasen die Existenzgrundlage.[36]

Hinzu kommt noch eine weitere Einsicht. Als man 1986 auffallend viele Hasen in der Nähe von Feldern mit dem umstrittenen Doppel-Null-Raps tot auffand und als Todesursache eine akute Leber-Dystrophie feststellte, glaubte man in der neuen Rapsart selbst die Ursache für das Hasensterben gefunden zu haben. Inzwischen hat der Göttinger Bakteriologe *H. Seifert* als Mitverursacher Bodenbakterien, sogenannte Clostridien, als Krankheitsursache wahrscheinlich gemacht. Es handelt sich dabei um stäbchenförmige Keime, die im Boden versporen und so Jahrzehnte überdauern können. »Über die Nahrung aufgenommen, können sie sich bei einem ›massiven Futterstoß‹ sprunghaft vermehren und dabei Giftstoffe produzieren. Dabei wäre es unerheblich, ob Raps, Klee, Weizen oder anderes gefressen würde. Auch könnten Hasen und Rehe gleichermaßen an einer solchen ›Clostridiose‹ erkranken. Im Winter 1987/88 wurden Jäger und Förster gebeten, Proben aus Herz und Leber von verendeten Wildtieren einzusenden. Über 300 Proben sind bislang untersucht worden,

[36] A.a.O.

bei rd. 60% ließen sich Clostridien nachweisen. Ob diese tatsächlich eine Rolle im Wildsterben spielen, ist (aber, d. Verfasser) noch offen.«[37] Wahrscheinlicher ist sogar, daß die Ursachen für das Hasensterben in gewissem Sinne »psychischer« Natur sind: bereits durch einseitige Nahrung ungünstig ernährt, werden die Hasen im Herbst, wenn die Felder in relativ kurzer Zeit abgeerntet sind, in viel kleinere Zonen zurückgedrängt; die Populationsdichte steigt. »Es kommt zu einem heftigen Kampf um den Lebensraum, der Stoffwechsel der beunruhigten Tiere und die plötzliche Nahrungsknappheit schwächen den Organismus, so daß die Hasen auch anfälliger gegenüber Krankheiten sind.«[38] Die Natur selber hat von alters her dafür gesorgt, daß Hasenpopulationen sich bei zu großer Dichte durch Infektionskrankheiten selbst regulieren. Doch eben: die natürlichen Mechanismen der Selbstregulation bestimmter Tierarten können unter veränderten Bedingungen eine Katastrophe anrichten, und zwar, wie üblich, ohne daß wir auch nur annähernd vorherwissen könnten, was im einzelnen passieren wird.

Um so mehr freilich können wir bereits heute schon im großen und ganzen wissen, was geschehen wird. Es mag Autoren geben, wie C. Bresch,[39] die in dem rapiden Artenschwund unter evolutivem Aspekt kein zentrales Problem entdecken. Sie argumentieren, daß in der Evolution schon einmal die »Energiekrise« der von organischen Stoffen abhängigen Lebewesen durch die Entwicklung der photosynthetisierenden, ihre Lebensbausteine selber herstellenden Al-

---

[37] A.a.O.
[38] A.a.O. Vgl. auch die davon abweichende Theorie: Hase: Raps unbedenklich, aber RHD-Virus droht, in: Pirsch. Magazin für Jagd, Wild, Natur, 24. 11. 1989, S. 26: »Das RHD-Virus (Rabbit Hemorrhagic Disease = infektiöse hämorrhagische Krankheit der Kaninchen) hat bei Haus- und Wildkaninchen hohe Mortalitätsraten verursacht und ist auf den Feldhasen übertragbar, der unter Versuchsbedingungen ebenfalls darauf erkranken und sterben kann.«
[39] C. Bresch: Zwischenstufe Leben. Evolution ohne Ziel?, München 1977, 120–121, 228–240.

gen überwunden worden sei; durch die Sauerstoffausscheidung der Pflanzen wurden bekanntlich alle vorangegangenen Lebensformen bis auf wenige Reste verdrängt. Könnte es nicht sein, so ließe sich argumentieren, daß ähnlich wie damals, am Ende der chemischen Evolution, die Entfaltung der heutigen Formen des Lebens begann, nunmehr die biologische Evolution zu einer »Energiekrise« geführt hat, die nur den intelligenten Lebewesen noch eine echte Chance läßt? Wir brauchten dieser Konzeption zufolge nur tapfer und ohne Bedauern so weiter zu machen und dem technischen Fortschritt zu dienen, soweit er uns Menschen nützlich erscheint; die Tiere und die Pflanzen wären in dieser Sicht der Dinge nichts weiter als Übergangsformen zur Hervorbringung und Ermöglichung menschlichen bzw. nachmenschlichen Daseins. Zudem hat die Evolution schon mehrfach einen harten Artenschwund hinnehmen müssen, so daß die Ausrottung zahlreicher Tier- und Pflanzenarten eigentlich auch als etwas ganz Natürliches erscheinen könnte. In dem *ersten* Argument meldet sich die alte Anthropozentrik (alles ist nur um des Menschen willen da) nur in einem neuen, evolutiv zurechtgeschneiderten Gewande wieder zu Wort, in der *zweiten* Version erscheint der Mensch so sehr als ein Teil der Natur, daß all das, was er technisch betreibt und tut, noch als ein Teil der natürlichen Evolution betrachtet wird. Doch so oder so wird die Dramatik dessen, was sich heute abspielt, auf schlimme Weise verharmlost.

In der Tat, es gab in der globalen Entwicklung des Lebens *fünf gravierende Einschnitte.*[40] Nach einer anfänglichen Experimentierphase und Blütezeit der vielzelligen Tiere begann vor ca. 600 Mio Jahren die Artenzahl im Ordovizium auf ein in etwa gleichbleibendes Niveau von etwa 400 Millionen mariner Lebensformen anzusteigen; gegen Ende des Ordoviziums vor etwa 450 Millionen Jahren fiel die Zahl der Familien

---

[40] Zu dem folgenden vgl. E. O. WILSON: Bedrohung des Artenreichtums, in: Spektrum der Wissenschaft, 11/1989, S. 88–95, S. 90–91.

um etwa 12% ab, sie erreichte aber im Silur und Devon wieder die alte Vielfalt, bis gegen Ende des Devon vor 350 Millionen Jahren erneut ein Abfall um etwa 14% eintrat. Nach einer neuerlichen Erholung im Karbon ist vor allem am Ende des Perm vor ca. 230 Millionen Jahren ein katastrophaler Artenschwund um 52% zu verzeichnen und nach einem neuen Ansteigen wieder 50 Millionen Jahre später am Ende der Trias ein erneuter Abfall um 12% auf das alte Niveau von ca. 200 Millionen mariner Familien. Die nächsten 120 Millionen Jahre zeigen ein stetiges Anwachsen des Artenreichtums auf ca. 600 Millionen Familien, als am Ende der Kreidezeit vor ca. 65 Millionen Jahren ein letztes Mal ein Rückgang der Arten um etwa 11% eintritt, um dann im Tertiär auf über 700 Millionen Familien anzusteigen. Nach dem schweren Einbruch am Ende des Perm hat sich mithin im Verlauf der letzten 200 Millionen Jahre eine Artenvielfalt gebildet, wie sie nie zuvor auf diesem Planeten bestand. Und nun muß man sich vor Augen stellen, welch eine einschneidende Bedeutung für das Leben auf diesem Planeten die Herauslösung des Menschen aus der umgebenden Natur vor etwa 10 000 Jahren mit Beginn des Mesolithikums spielt. »Für den Artenreichtum ist der Mensch mit all seinen Aktivitäten etwas Verheerendes; unablässig wächst die Zahl von Organismen, die er ausgerottet hat. Besonders Inseln, Seen und überhaupt isolierte und deutlich abgegrenzte Lebensräume sind betroffen. – Nicht weniger als die Hälfte aller Vogelarten Polynesiens (z. B., d. Verfasser) wurden durch Jagd und durch Rodung von Urwäldern ausgetilgt. Im 19. Jahrhundert ging der größte Teil der einzigartigen Baum- und Strauchflora von St. Helena, einer kleinen Insel im Südatlantik, für immer verloren, als das Eiland vollständig entwaldet wurde. Hunderte von Fischarten, die nur im ostafrikanischen Victoriasee vorkommen und die einst eine große wirtschaftliche Bedeutung als Nahrung und als Zierfische hatten, sind heute bedroht, weil unbedacht der Nilbarsch – ein räuberischer Speisefisch – eingebürgert wurde. Man könnte noch manches Beispiel anführen, wie durch menschlichen Eingriff ökologische Gleichgewichte umkippten.«[41]

Und was folgt nun daraus? Daß *eine* Art auf diesem Globus das Recht hat, auf Kosten aller anderen zu leben? Doch wohl nicht. Wenn es im Präkambrium die Photosynthese war, die den Engpaß der Energiegewinnung in der Entwicklung des Lebens nach vorne hin öffnete, so wird man statt in den Folgen, *in der Art* dieser »Erfindung« ·selbst den Schlüssel auch für die Lösung der gegenwärtigen Krise erblicken müssen. Den überwiegenden Teil der Energie gewinnen wir heute noch aus fossilen Brennstoffen; wir machen uns m. a. W. diejenige Energie zunutze, die irgendwann einmal in der Evolution aus der Photosynthese gewonnen wurde. Es wäre ein entscheidender Durchbruch, wenn wir eines Tages die Sonnenenergie selber so günstig zu verwenden wüßten, wie es damals die Pflanzen »gelernt« haben. Nicht das Recht zur Ausrottung aller anderen Arten, wohl aber das Prinzip einer sparsamen Energiegewinnung läßt sich aus dem Artenschwund durch die Folgen der Photosynthese lernen. Wir stehen damit vor einem weiteren Punkt:

7. Technische Innovationen und Fragen der Biotechnologie

Eine entscheidende Überlebensfrage der Menschheit ist die Frage, woher wir die Energie gewinnen sollen, die wir zum Leben brauchen. Trotz aller möglichen Appelle, wie neuerlich von Papst Johannes Paul II., steht nicht zu erwarten, daß wir durch eine »sparsamere« Lebensweise die akute Problematik lösen werden.[1] Daß wir z. B. im Winter die Büros und

---

[41] A.a.O., S. 91.

[1] Papst JOHANNES PAUL II.: Friede mit Gott dem Schöpfer, Friede mit der ganzen Schöpfung, in: Kirchliches Amtsblatt für die Erzdiözese Paderborn, 28. 12. 1989, S. 148–151, bes. Nr. 13: »In vielen Teilen der Welt neigt er (sc. der Lebensstil der westlichen Welt, d. Verfasser) zu Hedonismus und Konsumismus ... Einfachheit, Mäßigkeit, Disziplin und Opfergeist müssen das Leben eines jeden Tages prägen.«

Wohnstuben nur bis zu 16 °C heizen und uns dafür drei Strickjacken anziehen, kann vorübergehend bei einer momentanen Krise akzeptabel scheinen, aber es ist natürlich keine Dauerlösung. Die Moral muß darüber entscheiden, wieviele Kinder wir bekommen, wieviele aber von ihnen überleben können, entscheidet nicht die Moral, sondern die Technik.

Über eines gibt es keine Frage: Wir müssen so schnell wie möglich von dem Verbrauch fossiler Brennstoffe loskommen, nicht nur, weil sie schon in ein paar Jahrzehnten verbraucht sein werden, sondern auch wegen des Schadstoffausstoßes. Wie stark derzeit der Primärenergieverbrauch vor allem durch das Bevölkerungswachstum ansteigt, zeigen die Aussagen der traditionellen Esso-Übersicht von 1988. Danach erreichte in 1987 der Primärenergieverbrauch mit 9759 Mio t Steinkohleeinheiten (SKE) einen Rekordstand. »Das waren 2,4 Prozent mehr als 1986. Die Pro-Kopf-Rechnung weist dagegen im Vergleich zu 1980 – trotz in diesem Zeitraum erheblich gesunkener Preise – einen Rückgang um ein Prozent auf nicht ganz zwei Tonnen SKE aus. Seit 1980 nahm die Weltbevölkerung ... um mehr als eine halbe Milliarde oder um gut 12 Prozent auf fünf Milliarden Menschen zu. Gleichzeitig kletterte der Energieverbrauch um mehr als elf Prozent. Erdöl blieb auch 1987 mit einem Anteil an der Bedarfsdeckung von rd. 40 Prozent der mit Abstand wichtigste Energieträger vor Kohle (33), Erdgas (22), Wasserkraft (3) und Kernkraft (zwei Prozent). Als größte ›Pro-Kopf-Verbraucher‹ ermittelte der Hamburger Mineralölkonzern die Kanadier mit fast zehn Tonnen SKE. Knapp dahinter folgen die US-Amerikaner vor den Sowjets (6,4 Tonnen). An vierter Stelle stehen die Bundesbürger mit nicht ganz sechs Tonnen.«[2]

Wenn man diese Zahlen liest und sich vor Augen hält, daß

[2] Bevölkerungszuwachs läßt Energieverbrauch steigen, FAZ, 7. 12. 1988. Vgl. auch B. Harenberg (Hrsg.): Aktuell 90. Das Lexikon der Gegenwart, Dortmund 1989, 98–99.

die Kohle in 100 Jahren, Öl und Erdgas schon in 60 Jahren verbraucht sein werden, so ist auch klar, daß uns kein noch so asketisches Sparsamkeitsprogramm die Frage abnimmt, wie es weitergehen soll; wenn immer wieder gesagt wird, daß heute 25% der Weltbevölkerung 75% der Energie verbrauchen, so kann die Folgerung daraus nicht sein, den Energieverbrauch der Industrieländer dem Niveau der Entwicklungsländer anzupassen, vielmehr drängen umgekehrt die Länder der Dritten Welt selbst nach einem Lebensstandard, der den Energieverbrauch weltweit erst recht in die Höhe treiben wird; also liegt es an den Industrienationen, Verfahren der Energiegewinnung zu ersinnen, die auf lange Zeit hin verfügbar sind und die Umwelt nicht zu sehr belasten.

Nach der Ölpreiskrise von 1973 setzten die westlichen Industriestaaten verstärkt auf *die Kernenergie*; in der BRD z. B. liegt der Stromanteil der Kernkraft heute bei 36%.[3] Doch das Reaktorunglück von Tschernobyl am 26. April 1986 beendete diesen Traum des homo faber; es machte mit einem Mal die Fehlbarkeit des Menschen bewußt, denn nicht die Technik, das Reaktorpersonal hatte hier in nachträglich schwer begreifbarer Weise versagt.[4] Und wenn so etwas in der UdSSR vorkommen kann, wie soll dann die Zukunft der Menschheit aussehen, wenn der Export der Kernkraft zum Aufbau von Reaktoren in Irak, Pakistan oder Libyen führen sollte?[5] Selbst drei Jahre nach Tschernobyl findet die Kata-

---

[3] Vgl. W. HUNCKE: Umwelt und Wissenschaft, in: P. Scholl-Latour (Hrsg.): Knaurs Weltspiegel 90, München 1989, S. 89–108, S. 96, die Werte weltweit für 1988.

[4] R. v. STRUVE: Tschernobyl: Der Mensch hat versagt – nicht die Technik. Ein Jahr nach der Atomkatastrophe in der Ukraine, in: Westfalenblatt, 23. April 1987. Vgl. Der Spiegel 19/1986: Mörderisches Atom. Der Super-GAU in der Sowjet-Union.

[5] Inzwischen, nach der Öffnung zum Osten, wissen wir, daß wir gar nicht so weit zu gehen brauchen. »Ein Zwischenfall in einer Uranerz-Aufbereitungsanlage in der Nähe der südböhmischen Stadt *Budweis* Anfang der 60er Jahre hatte nach Angaben der Umweltorganisation Greenpeace katastrophale Folgen. Greenpeace behauptete gestern (sc. am 22. 1. 1990) in Wien, große Mengen von radioaktivem Material seien damals ins Freie

gelangt. Die Umweltorganisation legte Zahlen vor, wonach die Krebsrate im Kreis Budweis 1000mal höher ist als in der übrigen CSSR.« dpa, in: Neue Westfälische, 23. 1. 1990: Unfall in CSSR-Urananlage. – Dicht vor einer Katastrophe stand 1976 offenbar der DDR-Atomreaktor in *Greifswald*. Vgl. Der Spiegel, 29. 1. 1990: Zeitbombe »Tschernobyl Nord«, 30–45. Dieser schwere Beinahe-Unfall nach einem großen Brand im Maschinenraum war wohl nur die Spitze eines Eisbergs, wie die Abfolge der Störfälle zeigt: »1974, der Block I war erst kurze Zeit mit Vollast gefahren, ließ sich der Reaktor nicht mehr kontrollieren, die Temperaturen stiegen. Nach Öffnen des Reaktordeckels bot sich ein Bild der Verwüstung: Etliche Brennelemente (DDR-Fachwort: ›Kassetten‹) waren geborsten, die Zirkon-Ummantelung einzelner Brennstäbe geplatzt; der wie in Pillenröhrchen angeordnete Uranbrennstoff war teilweise zusammengebacken, verklumpt oder verstreut. – Im selben Jahr wurde bei der Entladung von Block I eine Katastrophe knapp vermieden. Irrtümlich war eines der schweren Steuerelemente (DDR-Fachwort: ›Absorberkassette‹) aus dem offenen Druckgefäß gezogen worden und baumelte über dem vollgeladenen Reaktorkern. Der Absturz aus 15 Meter Höhe drohte – verhindert wurde er nur, weil es gelang, ein Feuerwehrsprungtuch unter die freihängende Kassette zu spannen. – Bei einem Störfall Mitte der siebziger Jahre war, nach Meinung von Greifswalder Augenzeugen, nur noch ›ein technisches Wunder‹ hilfreich. Bei Wartungsarbeiten hatte die Kraftwerker, aus purer Schlamperei, sechs Schutzdeckel im Reaktorinnern vergessen. Als der Atommeiler wieder angefahren wurde, riß der Mahlstrom des Kühlmittels die 2,5 Millimeter dicken Stahldeckel mit sich und fetzte sie, wie Stasi-Akten in einen Reißwolf, durch die gurgelnden Riesenpumpen. Eine Schnellabschaltung gelang. Alle sechs Hauptumwälzpumpen gingen kaputt. – 1981 wurde ein Durchgehen des Reaktors gerade noch vermieden. Durch Vertauschen zweier Rohrleitungen gelangte 40 Minuten lang sogenanntes de-ionisiertes Wasser (›Deionat‹) in die aktive Zone des Reaktors. Der Kernspaltungsprozeß wurde dadurch beschleunigt – die Temperatur stieg unkontrolliert. Schnellabschaltung und Zuführung von neutronenbremsendem Bor stoppten die Überwärmung. – Ein Störfall am 2. Januar 1985 ging auf die chronisch miserable Arbeitsdisziplin zurück: Ein Arbeiter, der die Auslaufkanalschleusen vom Turbinenhaus in Richtung Ostsee überwachte, fiel in Schlaf. Der Kanal lief voll bis an den Rand. Nur weil das Erdreich der Dämme hartgefroren war, wurde eine Überflutung des Kraftwerksgeländes vermieden. – 1988 kam es zum Ausfall des Reaktorblocks 3, weil das Notstromsystem versagte. Während der Stromzufuhr unterbrochen war, fielen alle Signalgeber und Sensoren aus und blieben beim Augenblickswert stehen – vier Minuten lang steuerten die Techniker den Reaktor im Blindflug. A.a.O., S. 30–32. – Vgl. auch M. SCHWELIEN: Tod aus der Bombenfabrik. Die älteste Plutoniumfabrik steht in Hanford. In ihrer Umgebung sind viele Menschen krank, in: Die Zeit, 4. 11. 1988, S. 17–20: »Mit dem Manhattan-Projekt, dem supergeheimen Bau der Atombombe im Zweiten Weltkrieg, fing es an. Heute lagern in Hanford und Savannah River nahezu 450 Millionen Liter hochaktiven flüssigen Abfalls in Tanks, die alt und rissig sind. In Hanford wurden überdies bis zu

strophe noch immer täglich statt. »Die Zahl der Toten ist auf 250 gestiegen. Über hundert Dörfer wurden umgesiedelt, weitere 500 Dörfer warten noch auf ihre Evakuierung. Tausende von Menschen leben auf verstrahltem Boden, essen und trinken radioaktiv verseuchte Lebensmittel. Die Kinder müssen wie Gefangene in den Häusern gehalten werden.«[6] »Tschernobyl« – das ist ein Symbol dafür geworden, daß etwas, dessen praktische Möglichkeit stets für unmöglich erklärt wurde, sehr wohl, und zwar schon innerhalb von ein paar Jahren, wirklich werden kann. Zwar rechnete Kanzler H. Kohl in jenen Tagen die deutschen Kernkraftwerke beruhigend zu den »sichersten der Welt«; doch es waren Anfang 1987 weltweit 397 Kernkraftwerke in Betrieb, die ca. 350 Mio t Kohle, d. h. 10% der geförderten Kohle ersetzen; und es genügt offensichtlich ein einziges Tschernobyl, um die komplette menschliche Hilflosigkeit angesichts der eigenen Taten unter Beweis zu stellen. Und sind die *deutschen* KKW's so sicher?[7] Eine Risikostudie der Bundesregierung rechnet im Fall eines Super-GAU mit 14 500 Soforttoten und 100 000 Langzeittoten im Einzugsbereich eines Kernkraftwerks; und was in deutschen Kernkraftwerken alles geschehen kann, zeigt sich am besten an all dem, was bereits schon geschehen ist: Seit der Inbetriebnahme 1986 wurden in *Brokdorf* 42 Störfälle bekannt – der Generator und der Notstromdiesel erwiesen sich als Schwachpunkte; am 1. 7. 1983 gab der Reaktor *Philippsburg 1* im Norden von Karlsruhe wegen defekter Brennelemente 40% mehr radioaktives Jod als erlaubt an die Luft ab; nach einem Kurzschluß am 12. 10. 1989

---

900 Milliarden Liter niedrig aktiven Abfalls in Sickerbecken, Gräben und flache Verdunstungsseen gepumpt. Würde man diese Menge an Flüssigkeit zu einem 15 Meter tiefen See stauen, dann wäre er von der Größe Manhattans, größer als die deutsche Stadt Saarbrücken.«

[6] J. Schkljarewski: Das Kreuz von Tschernobyl. Die Natur ist jetzt der Feind des Menschen, in: Die Zeit, 24. 11. 1989, S. 96.

[7] Vgl. zum Folgenden: Kernkraftwerk Biblis. Eine Zeitbombe, in: Stern, 8. 12. 1988, S. 10–15.

fiel die Stromversorgung für Reaktorblock A aus, das Kraftwerk war für Sekunden ohne Strom – ein Beinahe-GAU! In *Brunsbüttel* versagte am 25. 8. 1986 ein Entlastungsventil, der Reaktor schaltete automatisch ab. Im April 1986 trat in *Hamm-Uentrop* ein Leck im Kühlsystem des Reaktors auf – ebenfalls ein Beinahe-GAU! 1973 riß in *Würgassen* eine Leitung im Primärkreislauf des Kraftwerks, das rechtzeitig abgeschaltet werden konnte. Im März 1980 entwich bei abgeschaltetem Reaktor Wasser aus dem Reaktor-Becken, Radioaktivität gelangte in die Luft. Am 27. 3. 1980 entwich im Kraftwerk *Isar I* radioaktiver Dampf ins Maschinenhaus; 1985 traten in *Isar II* Risse in Schweißnähten des Sicherheitsbehälters auf. 1985 passierte etwas Ähnliches in *Neckarwestheim 2*. M. a. W.: von »Sicherheit« kann in Anbetracht der möglichen Folgen einer Katastrophe auf der Länge der Zeit keine Rede sein – die absolute Sicherheit, die das Betreiben eines KKW's erfordern würde, ist eine technische Utopie. Und eine menschliche erst recht! Da werden gravierende Störfälle vor der Öffentlichkeit verheimlicht. Da werden von der Firma Transnuklear rd. 100 Mitarbeiter aus fast allen deutschen Atomkraftwerken jahrelang mit vielen Millionen Mark bestochen, um Transportaufträge für die Firma zu erhalten. Und vor allem: da wird deutlich, welch zeitlich und räumlich begrenzten Zielsetzungen die derzeitigen politischen und wirtschaftlichen Entscheidungen gehorchen, während die Folgen dieser Entscheidungen den ganzen Globus auf Jahrzehntausende belasten können. Es hilft nichts: wir müssen uns eingestehen, daß wir der Technologie der Kernkraft nicht gewachsen sind.

Was aber ist dann zu tun? Es wäre möglich, die Kernkraft wieder durch Steinkohle zu ersetzen, doch wir würden uns damit eine Steinkohlenverbrennung von 40 Mio t einhandeln, was einen Schwefeldioxid-Ausstoß von ca. 700 000 t mit sich brächte; es würden bei Stillegung der Kernkraftwerke in der BRD 20 neue Kohlekraftwerke für einen Kostenaufwand von c. 40 Mrd. DM nötig, die selbst bei einer entsprechenden

Entschwefelung und Entstickung immer noch einen hohen CO_2-Ausstoß besäßen; zudem wäre die deutsche Kohle international sehr teuer, schon heute liegen 12 Mio t deutscher Kohle auf Halde und verschlingen 10 Mrd. DM an jährlichen Subventionen; und vor allem: um die letzten Kohlenreserven auszubeuten, müßten wir ganze Landschaften umsiedeln, nachdem zuvor viele Kohlekraftwerke zugunsten der Umwelt stillgelegt wurden. Und all diese Hypotheken müßten wir tragen in der Nachbarschaft des brennstoffarmen Frankreichs, das heute bereits 60% Strom aus KKW's bezieht und sogar das Ziel von 85% anstrebt, wüßte man nur, wohin mit den Plutoniumrückständen. Andererseits scheint es der Bundesregierung mit dem Ausstieg aus der Kernindustrie allmählich ernst zu werden – die fehlinvestierten 7,5 Mrd. DM für den stillgelegten Reaktor in Kalkar und die 4,5 Mrd. DM für den Hochtemperaturreaktor in Hamm machen das deutlich.[8]

Zwischen dem gefährlichen Atom und der unmöglich gewordenen Kohle verbleibt als einziger Ausweg in die Zukunft eigentlich nur die *Sonnenenergie*. Am aussichtsreichsten erschien dabei bisher die *Photovoltaik*, eine Halbleitertechnologie wie die Mikroelektronik. »Nicht nur die elektronischen Generatoren (Solarmodule), sondern auch die nötige automatisierte Produktionstechnik für die Massenfertigung haben industrielle Reife erlangt.«[9] Man unterscheidet heute 3–4

[8] Vgl. B. HARENBERG (Hrsg.): s. o. Anm. 2, S. 35: Stopp atomarer Großprojekte in der BRD. – Die Baukosten für die Wiederaufbereitungsanlage in *Wackersdorf*, die 1989 fallengelassen wurde, beliefen sich bis 1989 auf 2,6 Mrd. DM. – Zur *Kohlekrise* vgl. B. HARENBERG (Hrsg.): s. o. Anm. 2, S. 167: »Der Absatz von in der BRD erzeugter Steinkohle wurde Ende der 80er Jahre wegen ihres hohen Preises von rd. 260,– DM/t (1988/89) zunehmend schwieriger (importierte Kohle: rd. 80,– DM/t). Die Produktion wird jährlich mit staatlichen Subventionen in Höhe von rd. 10 Mrd. DM unterstützt. Die sog. Kohlerunde, eine Tagung mit Teilnehmern aus Politik, Wirtschaft und Gewerkschaften, stellte im Dezember 1987 ein Überangebot an Kohle von 13–15 Mio t in der BRD fest. Sie hielt den Abbau von mindestens 30 000 Arbeitsplätzen für erforderlich (Beschäftigte im Kohlebergbau: rd. 160 000).«
[9] F. FRISCH: Elektrisierende Photovoltaik. Solartechniker lassen die Rekorde

Verfahren der PV-Technik. Am teuersten, aber auch effizientesten ist die schwarze, monokristalline Siliciumscheibe, wie sie auch bei der Fertigung von Computerchips verwandt wird; daneben existiert das billigere blauschillernde polykristalline Silicium, das inzwischen fast den Wirkungsgrad der »schwarzen« Variante erreicht hat; das weinrote amorphe Silicium hingegen kommt mit einer nur ein tausendstel Millimeter dünnen Schicht aus, die auf Glas oder Edelstahlblech aufgedampft wird; sie erreicht leider erst den halben Wirkungsgrad der kristallinen Konkurrenten, »die allerdings mehr als das Hundertfache an Halbleitermaterial verschlingen«. Seit kurzem gibt es nun ein neues Material: »eine Halbleiterschicht so dünn wie amorphes Silicium, jedoch aus einer kristallinen Mischung aus Kupfer, Indium und Selen (CIS), die unbeschränkt funktioniert. Sie läßt sich ebenfalls auf Glas aufdampfen, eignet sich also für eine breite Massenproduktion, zeigt aber schon jetzt im Labor 14,1 Prozent Wirkungsgrad – wesentlich mehr als das seit vielen Jahren entwickelte amorphe Material.«[10] »Marktreife Anwendungen entstehen aber erst, wenn die Solarmodule und die angeschlossenen technischen Komponenten perfekt aufeinander abgestimmt sind. Systemtechnik ist zu einem wichtigen Arbeitsgebiet der Photovoltaik geworden. Wesentliche Entwicklungen sind abgeschlossen: Nur wenige Kilometer von Freiburg, auf den ersten Höhen des Schwarzwaldes, steht bereits das erste Haus, das ohne Verbindung zum Stromnetz durch Sonnenenergie rund um die Uhr mit exaktem 220-Volt-Wechselstrom versorgt wird. Die exzellenten Erfahrungen aus diesem EG-Projekt münden jetzt in dreizehn weitere Vorhaben, bei denen Häuser ohne Netzanschluß mit Finanzhilfe aus Bonn elektrifiziert werden sollen.« »Schon heute betreibt die US-Küstenwacht rund 11 000 Navigationsleuch-

purzeln, in der Produktion führen deutsche Firmen, in: Die Zeit, 13. Okt. 1989, S. 84.

[10] A.a.O. Inzwischen hat M. GREEN (Australien) mit einer neuartigen Monozelle bereits einen Wirkungsgrad von 23% erreicht.

ten für Schiffahrt rund um den Kontinent mit PV-Strom.« »Entwicklungsländer wie etwa Indien, Brasilien oder China verfügen schon heute über genügend wissenschaftliches und technisches Personal, um Photovoltaik in ihren Ländern gezielt einzusetzen. Anders verhält es sich mit den ärmsten Ländern, in denen über zwei Milliarden Menschen bislang ohne elektrische Energie leben. Was sie für ihre soziale und ökonomische Entwicklung am dringendsten benötigen, sind Geräte, die nur wenig Strom verbrauchen: Wasserpumpen, Kühlboxen für Medikamente und Impfstoffe, Fernsehgeräte für den Unterricht der Landbevölkerung, Licht und Tele-kommunikation.« Man schätzt zudem, daß sich der Wir-kungsgrad der Solarzellen von derzeit ca. 10% bis zur Jahr-tausendwende verdoppeln läßt. »Je Quadratmeter sonnenbe-schienener Zellenfläche könnten dann nicht 100, sondern 200 Watt Strom erzeugt werden«;[11] für die Photovoltaik wäre das der Punkt, an dem sie ihren Siegeszug in die Wohnungen und Industriebetriebe antreten könnte.

Ein anderer Weg zu preiswertem Strom wurde 1988 von dem Lörracher Physiker *J. Kleinwächter* vorgestellt und scheint auch in unseren Breiten anwendbar zu sein. Mit Hilfe einer Spiegeltechnik wird hier das Sonnenlicht gebündelt und durch die entstehende Wärme der verwendete chemi-sche Stoff Magnesiumhydrid gespalten, wobei der als »Reak-tionsmedium« verwendete Wasserstoff freigesetzt wird. »In einem zweiten Schritt, der zu einer beliebigen Zeit erfolgen kann, wird der Wasserstoff in das Magnesiumbett geleitet. Bei der folgenden chemischen Reaktion entsteht erhebliche Wärme mit einer Temperatur bis zu 500 Grad Celsius«, die dann verschieden genutzt werden kann. Wichtig bei den Vorarbeiten dieses aussichtsreichen Verfahrens war es, das hochreaktiv wirkende Magnesiumhydrid auf katalytischem Wege herzustellen. Es wird auf diesem Wege möglich, bei der

[11] C. D. Chowanetz: Die Kraft der Sonne: Ausweg aus größten Nöten der Menschheit, in: Westfalenblatt, 7. 2. 1987.

Nutzung der Sonnenenergie einen Wirkungsgrad von 80% zu erreichen, also achtmal mehr als derzeit bei der Photovoltaik. Auch ist es möglich, die Wasserstoffverbrennung zu jedem beliebigen Zeitpunkt einzuleiten, das Speicherproblem wäre damit gelöst.[12]

Neben der Erschließung neuer Verfahren zur Energiegewinnung verdienen einige Wege der Energieeinsparung besondere Erwähnung. Dazu zählt vor allem die genaue Steuerung des anfallenden Energiebedarfs durch *Mikroprozessoren*. Bei der Bahn z. B. könnten 20% des Stromverbrauchs durch Rückgabe der Energie an das Netz beim Bremsvorgang gespart werden, bei der häuslichen Waschmaschine etwa 25%, in der Industrie vermutlich sogar um die 50%; die Ersetzung der Röhren im Fernsehgerät durch Transistoren würde den Stromverbrauch um 80% verbilligen.

Besonders wichtig ist die *Wärmedämmung* in den Wohnungen. Man schätzt allerdings, daß die Umrüstung der Wohnungen in der BRD auf effektive Wärmedämmung 450 Mrd. DM kosten würde. Unerläßlich z. B. wäre eine Zwei-Scheiben-Verglasung und eine entsprechende Fächerung der Wände; bei 30% der heutigen Wohnungen ließe sich eine solche Verbesserung durchführen, allerdings nur mit einem Kapitaleinsatz von ca. 250 Mrd. DM. Die Mauern müßten so ausgelegt sein, daß sie die Sonnenstrahlen aufnehmen, statt sie zu reflektieren. »Statt eines Wärmeverbrauchs von 250 Kilowattstunden pro Quadratmeter im Jahr« ist es durchaus möglich, »mit 30 Kilowattstunden auszukommen«;[13] in die-

---

[12] Forscher melden Durchbruch bei der Nutzung der Sonnenenergie. Preiswerter Strom aus Sonnenlicht. Fünf Jahre bis zur Serienreife. dpa, Neue Westfälische, 16. Sept. 1988.

[13] A.a.O. Vgl. auch J. H. GIBBONS, P. D. BLAIR, H. L. GWIN: Strategien für die Energienutzung, in: Spektrum der Wissenschaft, 11/1989, S. 116–124, die sehr zu Recht warnen: »letztlich vermag die Menschheit den Niedergang der globalen Umwelt nur dann aufzuhalten, wenn die Dritte Welt die Chancen zur sparsamen Nutzung ihrer Ressourcen wahrnimmt. Neue Technologien können den Entwicklungsländern helfen, die in den Industrieländern erfundenen und angewendeten unerwünschten und überholten Verfahren gar nicht erst einzuführen, sondern gleich neue Formen der

sem Falle wäre die Bedeutung eines Sonnenlichtspeichers (z. B. auf der Basis von Magnesiumhydrid) besonders groß. Lassen sich auf diese Weise neue Energiequellen erschließen bzw. die vorhandenen Energiequellen sparsamer nutzen, so läßt sich die Verknappung der Rohstoffe durch Verfahren der Biotechnologie ein Stück weit auffangen.

Bereits im Gebrauch sind *Verfahren der Biotechnologie* bei der Laugung von Kupfererzhalden, die einen rentablen Bergbau nicht zulassen, aber doch zur wirtschaftlichen Nutzung ergiebig genug sind. In diesem Falle hat es sich bewährt, den Berg mit Sauerstoff und Kohlendioxid gesättigtem Wasser zu berieseln, das Bakterien der Gattung Thiobacillus enthält. Die Thiobacilli oxidieren Sulfide und Schwefel zu Schwefel und Schwefelsäure, und sie vermehren sich noch im stark

Energienutzung zu praktisieren.« (S. 124) Vgl. auch L. Bölkow – O. Ullmann: Energie im nächsten Jahrhundert. Die Rolle der Sonnenenergie im Vergleich zu anderen Energien, in: Energie. Verlagsbeilage zur FAZ, 3. Okt. 1989, S. 1–2. Vgl. H.-P. Winkelmann: Solarwärme und Photovoltaik. Anwendungsbereiche der Solartechnik in Entwicklungsländern, a.a.O., S. 15. K. Gertis: Heizenergieverbrauch im Wohnungsbau. Wie heizen wir unsere Wohnungen im Jahr 2000?, a.a.O., S. 15–16. C.-J. Winter – U. Sprengel: Energie aus dem Weltraum. Strom und Prozeßwärme für Raumlabors, a.a.O., S. 19: »Wird die Sonnenstrahlung auf der Erde dazu genutzt, Wärme oder Strom zu erzeugen, so geschieht damit irdische Nutzung von Energie aus dem Weltraum. Sie aber leidet prinzipiell unter dem Tag-Nacht-Rhythmus und darunter, daß von der Solarkonstanten von 1,4 kW/m^2 nach Durchschnitt durch die Atmosphäre im Mittel des Jahres je nach geographischer Breite nur etwa 100 W/m^2 (Mitteleuropa) übrigbleiben. Deshalb empfahl der Amerikaner Peter Glaser in den sechziger Jahren, die Solarstrahlung in der geostationären Umlaufbahn – und zwar im großtechnischen Maßstab – in elektrische Energie umzuwandeln, diese über Mikrowellen aus 36 000 Kilometer Höhe auf die Erde zu übertragen, sie hier mit großen Antennen zu empfangen und als Drehstrom ins Netz einzuspeisen. Den positiven Aspekten, insbesondere der hohen, nahezu konstanten Solareinstrahlung, stehen negative gegenüber. Auf jeder Wandlungsstufe entstehen Verluste: Nach Durchlaufen der gesamten Energieumwandlungskette – von der Sonnenstrahlung im Weltraum bis zur Einspeisung ins irdische Stromnetz – bleiben nur ca. 7 Prozent übrig. Demgegenüber können irdische Sonnenkraftwerke – je nach Auslegung des Heliostatenfeldes und der Speichergröße – mit jährlichen Wirkungsgraden von zukünftig etwa 15 Prozent elektrische Energie ans Netz abgeben.«

Sauren. So kommt es dann zur Oxidation von sulfidischen Kupfererzen. Am Grund der Halde sammelt sich schließlich eine verdünnte Kupfersulfatlösung, aus welcher das Kupfer elektrochemisch abgeschieden werden kann. Das Verfahren läßt sich auch auf die Gewinnung von Uran- und Zinn-Erzen ausdehnen.[14]

Auch in der *Erdölgewinnung* fangen Bakterien an, eine Rolle zu spielen. Unterstellt man die gegenwärtige Fördermenge, so ergibt eine Tabelle der Reserven (in 10 Mrd. t) und der Reichweite (in Jahren) das folgende Bild: USA 3,7; 8. Libyen: 2,8; 53. Vereinigte Emirate: 4,1; 74. Irak: 5,9; 101. Iran: 6,5; 62. Mexiko: 6,8; 46. UdSSR: 8,6; 14. Kuweit: 12,8; 221. Saudiarabien: 25,5; 108.[15] Unter diesen Umständen ist *die Frage der besseren Ausnutzung der bekannten Erdöllager* bereits einigermaßen dringlich. Wenn eine Quelle versiegt, sind heute nur ca. 30% des Öls zutage gefördert, der Rest sitzt in den Kapillarräumen des Gesteins und ist wegen seiner hohen Viskosität nur schwer zugänglich. Vielleicht aber wird es möglich, von Bakterien produzierte Polysaccharide, wie das von *Xanthomonas campestris* produzierte Xanthan, als viskose Lösung in die Erde zu pumpen und das Öl aus dem Gestein zu drängen? Oder man nutzt Bakterien dazu, Detergenzien auszuscheiden und so die Mobilität von Öl-Wasser-Systemen so weit zu erhöhen, daß sich das Gemisch aus den Kapillaren des Gesteins nach oben pumpen läßt.[16]

Um die Abhängigkeit vom Erdöl zu verringern, hat vor allem *Brasilien* damit begonnen, Benzin durch *Bioalkohol* zu ersetzen. Jährlich produziert Brasilien ca. 9 Mrd. l Bioalkohol. Das Verfahren besteht in der Vergärung des zuckerhaltigen Extraktes des Zuckerrohrs mit Hilfe von Hefe. Heute bereits fahren die Autos in Brasilien mit einem Gemisch, das 10–15%

---

[14] G. GOTTSCHALK: Biotechnologie im Aufbruch – Prognosen, Perspektiven, in: Biotechnologie. Das ZDF-Studienprogramm als Buch, Köln 1986, 171–183, S. 176–177.

[15] B. HARENBERG (Hrsg.): s. o. Anm. 2, S. 104.

[16] G. GOTTSCHALK: s. o. Anm. 14, S. 176.

Alkohol enthält.[17] Gleichwohl scheinen die Nachteile dieses Verfahrens politisch den Vorteil der Streckung der Ölvorräte und der relativen Unabhängigkeit vom Ölmarkt zu überwiegen. Der Zusatz Alkohol ist immer noch teurer als Benzin und muß staatlich subventioniert werden; um den Bioalkohol zu erzeugen, ist inzwischen eine Anbaufläche von der Größe der Bundesrepublik ($248\,000$ km^2) mit Zuckerrohr bepflanzt; um die jahresabhängigen Zuckerrohrernten einzubringen, müssen kurzzeitig Arbeitskräfte eingestellt werden, die außerhalb der Erntezeiten »freigesetzt« werden; der Zuckerrohranbau in diesem Umfang steht in krassem Widerspruch zu den Interessen der Landbevölkerung, die als erstes für die eigenen Bedürfnisse auf eigenen Feldern produzieren müßte, um der wachsenden Verelendung zu entgehen; außerdem wäre beschäftigungspolitisch dem Anbau von *Maniok* der Vorzug vor dem Anbau von Zuckerrohr zu geben. Doch all diese Nachteile nimmt die brasilianische Regierung in Kauf, um die exorbitante Auslandsverschuldung aus der Zeit der Industrialisierung in den 60er Jahren zu bezahlen – ein Beispiel dafür, wie eng verflochten Ökologie und Ökonomie allerorten sind.[18] Immerhin macht die Produktion von Bioalkohol Sinn in Ländern, die ohnedies, wie in den EG-Staaten, an hohen Agrarüberschüssen »leiden«. Der Anbau von *Rüben* verspräche den ertragreichsten und billigsten Weg, und wenn auch der Bioalkohol mit den derzeitigen Benzinpreisen noch nicht konkurrieren kann, sollten doch Bioanlagen staatlicherseits gefördert werden, um die Technologie zu verbessern und die Überschüsse wirtschaftlicher abzubauen.

Ähnlich verhält es sich mit der Produktion von *Biogas*. Es entsteht überall dort, wo organisches Material von Mikroor-

---

[17] A. DE MEIJÈRE: Alkohol: von jeher biologisch, in: Biotechnologie, s. o. Anm. 14, S. 35–44; G. GOTTSCHALK: Biotechnologie im Aufbruch – Prognosen, Perspektiven, a.a.O., 173–175.

[18] Vgl. N. PIPER – F. VORHOLZ: »Das große Geld ist zerstörerisch.« *Zeit*-Gespräch mit dem brasilianischen Umweltschützer *José Lutzenberger*, Die Zeit, 10. Nov. 1989, S. 43–44.

ganismen in Abwesenheit von Sauerstoff umgesetzt wird, also in nassen Böden, in den schlammigen Sedimenten von Flüssen, Seen und Ozeanen. Es ist dies der ideale Lebensraum der Methanbakterien, und ihre Produktionsleistung ist so groß, daß weltweit ca. 700 Mio t Methan von ihnen hergestellt wird. Allerdings entzieht sich dieses natürliche Biogas unserer Nutzung; denn zum größten Teil wird es von Methan-oxidierenden Bakterien verwertet und zu Kohlendioxid umgesetzt. Der Prozeß selbst aber läßt sich in den entsprechenden Anlagen wirkungsvoll verwenden, um die Belastung der Umwelt ebenso wie die Abhängigkeit vom Erdöl zu verringern.[19]

Aus den o. a. Zahlen (s. o. 284f.) geht hervor, daß die Fäkalienabfälle aus Massentierhaltung, überdüngten Monokulturen und Großstädten die »Selbstreinigungskraft« der Gewässer, d. h. die Zersetzung des Abfalls durch Mikroorganismen in Kohlendioxid und Wasser, bei weitem überfordern. Das Problem liegt darin, daß bei der Oxidation des Abfalls bei einer zu hohen Belastung der Gewässer so viel Sauerstoff verbraucht wird, daß die vom Sauerstoff abhängigen Mikroorganismen nicht mehr existieren können; das Gewässer »kippt um«, und es beginnt nun die Tätigkeit von Organismen, die den Abfall nicht mehr oxidieren, sondern unter Bildung von Biogas *anaerob* zersetzen.

Aus dieser Tatsache ergeben sich zwei Möglichkeiten:

In den *traditionellen Wasseraufbereitungsanlagen* wurde *das Belebtschlamm-Verfahren* entwickelt, indem nach einer mechanischen Vorklärung des Wassers mit Hilfe entsprechender Oberflächenbelüfter in einem Belebungsbecken eine biologische Stufe der Abwässerbehandlung eingeschaltet wurde. Um die Lösbarkeit des Sauerstoffeintrags zu verbessern, hat sich neben dem Belebungsbecken vor allem für die Nachklärung die »*Turmbiologie*« bewährt, in der man den Sauerstoff von unten her durch Begasungsdüsen in kleinen

[19] G. GOTTSCHALK: s. o. Anm. 14, S. 173.

Bläschen langsam gegen den Wasserdruck am Boden durch das Klärwasser perlen läßt.

Erfolgversprechender noch erscheint indessen *die anaerobe Abwasserreinigung* zu sein, nicht nur, weil der Aufwand für die Sauerstoffeinleitung entfällt, sondern auch weil bei diesem Verfahren ca. 95% Methan und Kohlendioxid gewonnen wird, und vor allem: weil 10mal weniger Biomasse entsteht; zudem werden unter den reduzierenden Bedingungen der anaeroben Abwasserreinigung Schwermetalle als äußerst schwer lösliche Sulfide deponiert. Auch mit dem Abwasser der Zellstoffindustrie, dem sog. Brüdenkondensat, ist die Zersetzungsleistung der anaeroben Verfahren dem Belebtschlammverfahren weit überlegen. Die Grenzen der anaeroben Abwasserreinigung liegen freilich bei hohen Feststoffbelastungen der Gewässer und bei zu geringen Konzentrationen der Inhaltsstoffe; es handelt sich hier aber um eine wichtige neue Technologie, deren Nutzen für die Reinerhaltung der Umwelt unübersehbar ist. Die Biogasgewinnung selbst verknüpft zudem bei diesem Verfahren sehr vorteilhaft die Abfallbeseitigung mit der Energiegewinnung.[20]

Unrealistisch ist allerdings die Erwartung, mit Biogas Erdöl oder Uran als Energiequellen ersetzen zu können. Lediglich 3% des Energiebedarfs in Europa lassen sich mit Biogas abdecken. »Würde beispielsweise die Landwirtschaft ihre gesamten Abfälle der Biogasproduktion zuführen, so lieferte das nur 8% der allein von den landwirtschaftlichen Betrieben benötigten Energie.« Zudem bedarf ein Faulgasbehälter infolge der Trägheit der Methanbakterien einer Wärme von mindestens 35 °C, um aktiv zu bleiben, und so muß bei Außentemperaturen von 20 °C allein 53% der aus dem Biogas gewonnenen Energie auf den Betrieb der Anlage selbst verwendet werden. Immerhin kann Biogas vor allem in den Entwicklungsländern Kochwärme und Heizenergie für die

---

[20] CH. WANDREY: Mikroorganismen für sauberes Wasser, in: Biotechnologie, s. o. Anm. 14, S. 107–120.

Wohnung liefern – bei dem katastrophalen Brennstoffmangel vieler Länder ein äußerst wichtiger Aspekt.[21]

Die erheblichen Umweltprobleme, die aus der Intensivnutzung der Böden in der industrialisierten Landwirtschaft hervorgehen, haben durch *die Biotechnologie* an einer entscheidenden Stelle eine Reihe schwerwiegender Fragen aufgeworfen: wie, wenn es möglich wäre, statt mit einem gigantischen Einsatz von Herbiziden die Pflanzen vor »Schädlingen« zu schützen, umgekehrt *gentechnologisch* Schädlings-resistente Pflanzen herzustellen und so den Einsatz der stark giftigen Herbizide zugunsten leichter abbaubarer Pflanzenschutzmittel zu verringern? Und weiter: wie, wenn es gelänge, mit den Mitteln der Gentechnologie den Proteingehalt z. B. der Kartoffel zu erhöhen und mithin die Anbaufläche zu verringern? Und könnte man nicht, statt pro Hektar und Jahr ein Weizenfeld mit 50–90 kg N_2 zu düngen, gentechnologisch eine Stickstoff-fixierende Weizenpflanze herstellen? Ehe wir diese Fragen diskutieren, seien zunächst die praktischen Möglichkeiten der Realisierung derartiger Ziele kurz geschildert.

Die Voraussetzungen zur *gentechnologischen Manipulation* von Pflanzen sind heute gegeben. Wie es gemacht wird, hat das *Agrobakterium tumefaciens* vorgeführt,[22] das bereits 1907 als Urheber der *Wurzelhalsgallen* erkannt wurde. Doch erst 40 Jahre später kam man dahinter, daß es mit den von den Agrobakterien infizierten Tumorzellen etwas Besonderes auf sich hat. Pflanzen wachsen unter der Steuerung zweier Wachstumshormone heran: der *Auxine*, die das Wurzelwachstum regulieren und dafür sorgen, daß stets nur die obersten Knospen einer Pflanze austreiben (die sog. apikale Dominanz), und der *Cytokinine*, die das Großwachstum veranlassen und das Wurzelwachstum unterdrücken. Die durch Agrobakterien transformierten Zellen jedoch bedürfen der Pflanzenhormone nicht, wenn ihnen nur erst das

[21] G. GOTTSCHALK: s. o. Anm. 14, S. 174.
[22] Zum Folgenden vgl. B. GRONENBORN: Pflanzenzucht und Gentechnologie, in: Biotechnologie, s. o. Anm. 14, 141–162.

»Tumor-indizierende Prinzip« vermittelt worden ist. Darüber hinaus erzeugen die von Agrobakterien transformierten Tumorzellen Aminosäure-Derivate, wie sie sonst von Pflanzen nicht gebildet werden: die Klasse der sog. *Opine*, d. h. Verbindungen einer Aminosäure mit einer Keto-Carbonsäure oder mit einem Zucker. Die wichtigsten Opine bilden die Familien der *Octopine* (so benannt nach dem Vorkommen in den Muskelzellen des Octopus) und der *Nopaline* (nach dem Nopal-Kaktus); beides sind Kondensate von Arginin mit Pyruvat und α-Keto-Glutarat:

Octopin
$$\begin{array}{c} H_2N \\ \diagdown \\ \diagup\diagup \\ HN \end{array} CNH\,(CH_2)_3–CHCOOH$$
$$| $$
$$NH$$
$$|$$
$$H_3C–CHCOOH$$

Nopalin
$$\begin{array}{c} H_2N \\ \diagdown \\ \diagup\diagup \\ HN \end{array} CNH\,(CH_2)_3–CHCOOH$$
$$|$$
$$NH$$
$$|$$
$$HOOC(CH_2)_2–CHCOOH$$

Wichtig ist nun, daß ein bestimmter Agrobakterienstamm nur ein bestimmtes Opin herstellen kann, das wiederum nur ihm als Nahrung dient. 1974 fanden *J. Schell* und *M. van Montagu*, daß der »Befehl« zur Tumorbildung und zur Opinsynthetisierung in einem *Plasmid-Ring* kodiert sein muß, also in jenen extrachromosomalen ringförmigen DNA-Molekülen verborgen ist, die sich nur in den virulenten Tumorinduzierenden Stämmen der Agrobakterien finden lassen. Das Tumor-induzierende Prinzip erwies sich mithin als ein Tumor-induzierendes Plasmid, kurz Ti-Plasmid genannt; auch die Opin-Verwertung ist an dieses Plasmid gebunden. 1977 gelang es dann *E. Southern* in einem nach ihm benannten

Verfahren, die DNA-Sequenzen des Ti-Plasmids zu identifizieren, die den Befehl zur Tumorbildung enthalten, und es zeigte sich umgekehrt, daß es gerade dieser Abschnitt des Ti-Plasmids war, der sich kovalent mit der DNA der Chromosome einer Tumor-infizierten Pflanze verknüpfte. Das bewies: »Agrobakterien sind in der Lage, das zu tun, was der Mensch als Gen-Überträger gern täte: Sie transferieren eine Reihe neuer Gene ins Genom eines fremden Organismus und veranlassen diesen zu neuen Syntheseleistungen, nämlich Opine zu produzieren und andere auf der T-DNA codierte Funktionen zu exprimieren.«[23]

Die Frage war nun: wie läßt sich der Transfer fremder DNA mit Hilfe von Ti-Plasmiden so abwandeln, daß die Tumorbildung unterbleibt? Da die Tumorzellen der Agrobakterien in Kultur ohne die Zugabe der Pflanzenhormone Auxin und Cytokinin zu wuchern vermögen, lag die Annahme nahe, daß es Stellen auf den Ti-Plasmid-Ringen gibt, die selbst den Code für die Synthese der beiden Wachstumshormone enthalten, und in der Tat: man fand bisher zwei Gene, die für Enzyme codieren, die direkt an der Hormonsynthese beteiligt sind. Sind beide Hormon-Gene aktiv, so bildet sich ein undifferenzierter Tumor, ein Kallus; ist dagegen eines der beiden Gene ausgeschaltet, so entstehen entweder Sprosser (shooter mutants), die keine Wurzeln mehr bilden, oder Wurzler (rooty mutants), die keine Sprosse mehr bilden. Es ist aber auch möglich, beide Wachstumsgene zu inaktivieren; integriert in das Genom einer Pflanzenzelle, wird die so gezähmte T-DNA des Agrobakteriums dann auch ohne Tumorbildung das entsprechende Opin synthetisieren lassen.

Noch einen Schritt weiter, fand man heraus, daß die T-DNA der Agrobakterien immer nur bis zu einer genau bestimmten Grenze in die DNA der Pflanzen eingebaut wird und daß die jeweils linken und rechten Enden der T-Region einander sehr ähnlich sind. Dadurch wurde es möglich, eine

[23] A.a.O., S. 148.

gemeinsame Signalsequenz für den Beginn und das Ende der transferierten DNA-Region der Ti-Plasmide abzuleiten. Diese gemeinsame »Border«-Sequenz, die nicht länger als 25 Basenpaare ist, steuert offenbar die Verknüpfung der T-DNA des Bakteriums mit der Pflanzen-DNA, wobei diese 25-Basenpaarsequenz bei dem Einbau selbst in der Regel weggelassen wird. »Entfernt man nun alle Gene der T-DNA, die zwischen diesen 25 Basenpaare umfassenden Verknüpfungssignalen liegen, und ersetzt sie durch eine x-beliebige fremde DNA, so wird diese fremde DNA von den Agrobakterien ebenso gut ins Genom einer Pflanze übertragen wie eine normale T-DNA. Der einzige Unterschied ist: Es wird kein Tumor gebildet. Mittlerweile ist bereits gezeigt, daß diese 25-Basenpaar-Sequenzen, chemisch synthetisiert und in ein Ti-Plasmid eingesetzt –, genügen, um Gene, die von diesen Signalen gewissermaßen eingerahmt sind, stabil ins Pflanzengenom einzubauen.«[24] M. a. W.: es ist möglich, mit Hilfe der »gezähmten« Ti-Plasmide von Agrobakterien DNA-Sequenzen, die eine wünschenswerte Stoffsynthese codieren, in die Erbinformation höherer Pflanzen einzuschleusen; alles weitere liegt jetzt sozusagen auf der Hand.

Eine bemerkenswerte Eigenschaft vieler zweikeimblättriger Pflanzen ist ihre Fähigkeit zur *Differenzierung* und *Regenerierung* ihrer Zellen, d. h. es ist möglich, die biologische Uhr ihrer Entwicklung wieder auf Null zu stellen und das gesamte Programm ihrer Entwicklung, entsprechend den Befehlen ihrer Gene, noch einmal ablaufen zu lassen. Die Blätter einer Tabakpflanze oder einer Petunie z. B. können mit Hilfe von Zellulasen (d. h. mit Hilfe von Enzymen, welche die Zellulose der pflanzlichen Zellwände auflösen) in wandlose Einzelzellen zerlegt werden, die nur aus Protoplasma, umgeben von der dünnen Zellmembran, bestehen. Diese *Protoplasten* können sich nur mit einer neuen Wand umgeben und teilen; bei einer ausgeglichenen Balance in der Konzentration

[24] A.a.O., S. 150–151.

der Wachstumshormone (der Auxine und der Cytokinine) würden sie sich zu einer undifferenzierten Zellmasse, einer Kallusbildung, auswachsen. Erhöht man jedoch die Konzentration des Cytokinins, werden naturgemäß aus dem Kallus Sprosse hervorwachsen, die bei entsprechender Größe als Stecklinge auf ein Wachstumsmedium gebracht werden können; konzentriert man nunmehr das Auxin in höherer Menge, werden die Stecklinge anfangen, Wurzeln zu bilden. Aus einem einzelnen Protoplasten läßt sich also eine neue Pflanze regenerieren, die voll vererbungsfähig ist; man braucht mithin nur einen einzigen Protoplasten auf dem Weg des Transfers eines Ti-Plasmid-Rings und der Eintragung einer gewünschten T-DNA genetisch zu verändern, und man kann Pflanzen künstlich heranbilden, die mit eben den Eigenschaften ausgestattet sind, die sie haben sollen. Zwar ist die Regeneration ganzer Pflanzen aus einer einzigen Zelle nicht bei allen Pflanzenarten möglich, doch beherrscht man diesen Prozeß bereits recht gut bei den Nachtschattengewächsen, zu denen der Tabak und die Petunie gehören, aber auch die Kartoffel und die Tomate. Einkeimblättrige Pflanzen, wie die Gräser und damit die Getreidearten, lassen sich (noch) nicht regenerieren.

Wo wir heute in der BRD stehen, hat das Jahr 1989 gezeigt, als der erste Freilandversuch mit gentechnisch veränderten Pflanzen in die Schlagzeilen geriet. Das Max-Planck-Institut für Züchtungsforschung in Köln hatte beim Bundesgesundheitsamt den Antrag gestellt, 37000 Petunienpflanzen, die durch ein Mais-Gen in ihrer Farbe genetisch verändert worden waren, außerhalb des Labors in einem Versuchsfeld wachsen zu lassen. »Trotz vehementer Proteste der Grünen genehmigte das Bundesgesundheitsamt im Mai 1989 das Kölner-Freilandexperiment. »Die Zeit war jedoch zu weit fortgeschritten, um die Petunien noch auszusetzen; wir werden daher erst 1990 sehen, was geschieht.«[25]

---

[25] W. Huncke: Umwelt und Wissenschaft, in: P. Scholl-Latour (Hrsg.): Knaurs Weltspiegel 90, München 1989, S. 89–108, S. 103–104.

Welche *Möglichkeiten die Gentechnologie* bei der Mutation von Pflanzen eröffnet, sei kurz dargestellt. Es ist möglich, Resistenz-Gene gegen Antibiotika auf Pflanzen zu übertragen; 1983 gelang dies zum ersten Mal und ist heute bereits Laborroutine. So wie bestimmte Drogen Bakterien am Wachstum hindern, so können sie auch das Wachstum von Pflanzen hindern bzw. abtöten; umgekehrt lassen sich aus Bakterienstämmen, die gegen Antibiotika resistent sind, diejenigen Gene isolieren, von denen die Produktion von Enzymen in Auftrag gegeben wird, die die Resistenz bewirken. Damit die Steuerbefehle der fremden DNA freilich von der Pflanzenzelle erkannt und befolgt werden können, muß jedes Gen, das transferiert werden soll, mit den Steuersignalen versehen werden, die in dem Zielorganismus auch verstanden werden. Wenn z. B. das Escherichia coli Bakterium menschliches Insulin produzieren soll, so muß das Gen, das die Produktion von menschlichem Insulin steuert, mit den Expressionssignalen von Escherichia coli versehen sein;[25] entsprechend muß ein Bakterium-Gen für die Resistenz gegen ein bestimmtes Antibiotikum mit den entsprechenden Pflanzensignalen versehen werden, wenn die Pflanzen, in deren Genom ein solches Resistenzgen (mit Hilfe des Ti-Plasmids) eingebracht wurde, wirklich resistent werden soll. »Gen-Konstruktionen dieser Art, bei denen die Bereiche eines

---

[25] Die Großproduktion von Insulin mit Hilfe künstlich veränderter Bakterien ist in der BRD von der Frankfurter Hoechst AG vorangetrieben worden. Vordem mußten für die Insulin-Gewinnung zur Behandlung der etwa 500 000 in der BRD lebenden Diabetiker die Drüsen von *täglich* mehr als 100 000 Schlachtschweinen verarbeitet werden. Den Forschern von Hoechst ist es gelungen, einem Bakterium die Erbinformation eines Affen einzubauen. So verändert, stellt das etwa ein tausendstel Millimeter große Bakterium das Proinsulin her, eine natürliche Vorstufe des menschlichen Insulins. Im weiteren Verlauf des Verfahrens werden die Organismen mit einem künstlichen Milchzucker gefüttert, der den Befehl »Insulinproduktion« auslöst. – Vgl. K. BEYREUTHER – S. VOGEL: Produkte gentechnologisch umprogrammierter Zellen, in: Gentechnologie, s. o. Anm. 14, 131–140, S. 136–138, zu den Schwierigkeiten der herkömmlichen Insulin-Herstellung aus den Bauchspeicheldrüsen von Rindern und Schweinen.

Genes für ›Protein-codieren‹ aus einem Organismus stammen, die Steuersignale für die Expression aber aus einem anderen, nennt man ›chimäre‹ Gene.«[27]

Die Verwendung solcher chimärer Gene erlaubt nun auch die Methode des *direkten Gentransfers* oder der »Transformation«, der Übertragung schierer DNA; dieses Verfahren ist auch auf Protoplasten von Pflanzen anwendbar, die nicht von Agrobakterien infiziert werden können, z. B. bei den Protoplasten kultivierter Gräserzellen. Ganz entsprechend wird z. Z. in vielen Labors daran gearbeitet, Resistenz-Gene gegen bestimmte Herbizide auf Pflanzen zu übertragen. Tatsächlich besitzen wir heute bereits Testpflanzen (Tabak und Petunie), die gegen das Herbizid Glyphosat resistent sind; es ist unter dem Namen »Round Up« eines der meist verkauften Herbizide in den USA.[28]

Einen anderen Weg zur künstlichen Virusresistenz von Pflanzen ermöglicht die Einführung einer *Antisense-RNA* bzw. von Gegensinn-RNA-Genen. Dieses Verfahren beruht auf der Tatsache, daß ein Gen sich nur über eine *messenger-RNA* in Protein übersetzt; eine messenger-RNA kann aber nur einsträngig im Cytoplasma einer Zelle ihre Anweisungen für die Proteinsynthese vermitteln; wenn es gelingt, in der Zelle eine RNA zu synthetisieren, die der messenger-RNA komplementär ist, so werden die beiden RNA-Moleküle sich zu einer doppelsträngigen RNA verbinden und damit genetisch unwirksam bleiben. »Es liegt also nahe, ein Gen zu konstruieren, das eine exakte Kopie zum Beispiel eines Virusgens darstellt, nur eben mit entgegengesetzter Polarität.«[29] Auf diese Weise ließen sich bestimmte Viren, die einer Pflanze schädlich werden können, durch Hybridisierung inaktiv stellen und damit die Genexpression des Virus blokkieren. Daß dieses Verfahren funktioniert, setzt wohlge-

[27] B. GRONENBORN: Pflanzenzucht und Gentechnologie, in: s. o. Anm. 14, 141–162, S. 152.
[28] A.a.O., 153–154.
[29] A.a.O., 155.

merkt nicht die genaue Kenntnis der gesamten m-RNA eines Virus voraus, es genügt vollständig, hinreichend viele Antisense-RNA von strategisch wichtigen Regionen der jeweils zu blockierenden Gene zu produzieren. Entsprechende Versuche stehen heute bereits dicht an der Grenze zum Erfolg.

Als sehr aussichtsreich für die Verfahren der Gentechnologie erscheint nicht zuletzt die Manipulation der Gene der Samenspeicher-Proteine von Nutzpflanzen zum Zwecke der *Nährstoffanreicherung*, d. h. der Anreicherung mit essentiellen Aminosäuren. Außer bei Kartoffel, Wein und Zucker verbrauchen wir bei den wichtigsten Nahrungspflanzen, d. h. bei sämtlichen Getreidearten, die *Samen* und damit deren Stärke und Speicherproteine. Das Verfahren eines Gentransfers mit Hilfe der Agrobakterien, das z. B. bei der Kartoffel funktioniert, kommt freilich gerade bei den Getreiden nicht in Frage, da die Gräser weder mit Agrobakterien zu infizieren sind noch sich aus Einzelzellen (Protoplasten) regenerieren, also »klonen« lassen, aber es wäre möglich, den Nährwert der Kartoffel selbst zu verbessern. In der Knolle der Kartoffel besitzt das Protein *Patatin* den höchsten Nährwert mit einem Index an essentiellen Aminosäuren von fast 1,0, gemessen an der Zusammensetzung von Hühnereiweiß, dessen Wert mit 1,0 festgesetzt wird. Nun beträgt aber das Patatin nur 1% des Trockengewichtes einer Kartoffelknolle; könnte man die Patatin-Menge verdoppeln, so läge der Protein-Ertrag pro Anbaufläche noch über der Sojabohne.[30]

Auch an andere Veränderungen von Pflanzen läßt sich denken: eine Erhöhung der Widerstandskraft gegen Kälte oder Hitze oder der Fähigkeit, auf feuchten oder salzhaltigen Böden zu wachsen; dazu müßte man freilich das Zusammenspiel mehrerer Gene kennen und übertragen können, und so weit sind wir noch nicht.

Als Traumziel »grüner« Gentechnologie gilt zur Zeit *die*

[30] A.a.O., 155–156.

Erzeugung stickstoff-fixierender Pflanzen. Den Ausgangspunkt dafür bilden Mikroorganismen, die – ähnlich wie die
Pflanzen unter Ausnutzung der Sonnenenergie das CO_2 der
Luft fixieren – den Stickstoff der Luft unter Aufwendung
chemischer Energie in der Form von ATP (Adenosintriphos-
phat) fixieren können. Der Enzymkomplex, der die Elektro-
nenübertragung auf den Stickstoff katalysiert, der Nitrogena-
sekomplex, ist außerordentlich sauerstoffempfindlich, und
daher kann die Fixierung molekularen Stickstoffs aus der Luft
nur anaerob erfolgen. Der reduzierte Stickstoff geht direkt in
den Aminosäure-Stoffwechsel der Bakterien ein, wobei 17
verschiedene Genprodukte in einem genau balancierten Prozeß zusammenwirken müssen. Luftstickstoff wird aber nicht
nur von freilebenden Bakterien fixiert, sondern auch von
Bakterien, die mit bestimmten Pflanzen in Symbiose leben.
Am wichtigsten dabei ist die Symbiose zwischen den *Leguminosen* (den Hülsenfrüchtlern) und den Bakterien der Gattung
Rhizobium (der »Knöllchenbakterien«). Leguminosen sind
u. a. Bohnen, Linsen, aber auch Klee und Luzerne. Die
Rhizobien infizieren die Wurzelhaarzellen der Leguminosen
und bilden dort sog. Bakteroide, welche die Pflanzenzellen zu
der Produktion neuer Stoffe, der sog. *Noduline* anregen.
Dazu zählt z. B. das *Leghämoglobin*, bei dem das Häm von
den Rhizobien, das Proteinmolekül aber von den Leguminosen gebildet wird; das Leghämoglobin sorgt nicht nur für die
rote Farbe in den Knöllchen der Leguminosen, sondern es ist
auch der Sauerstoff-Regulator der Zellen. Nur deshalb kann
die sauerstoffempfindliche Nitrogenase in den Knöllchen den
reduktiven Prozeß der Stickstoff-Fixierung katalysieren. Insgesamt schätzt man, daß an der Symbiose zwischen den
Leguminosen und Rhizobien ca. 50–100 verschiedene Gene
beteiligt sind.

Um Stickstoff-fixierende Pflanzen zu schaffen, bieten sich
nun zwei Wege an: Man kann die 17 bakteriellen Gene für die
Stickstoff-Fixierung in das Genom der Pflanze transferieren,
aber dann müßte man jedes Gen mit einem Kontrollsignal

versehen, das von der Pflanze verstanden wird, und das scheint zur Zeit noch unmöglich. Oder man überträgt die Nodulin-Gene und andere Pflanzengene auf Nicht-Leguminosen, z. B. auf Getreide; diese Gene stammen aus Pflanzen und besitzen daher auch Regulationssignale, die von Pflanzen verstanden werden. Das Ergebnis wäre ein zur Knöllchenbildung fähiges Getreide. Freilich: noch ist nicht klar, wie man Getreide durch Gentransfer mutieren oder aus Protoplasten regenerieren könnte; ja, wir kennen nicht einmal die Pflanzengene, die für die Symbiose mit Stickstoff-fixierenden Mikroorganismen eine Rolle spielen. Gleichwohl erscheint das Ziel selbst als durchaus lohnend – Rhizobien können in Symbiose mit Leguminosen immerhin eine Menge von 100–600 kg Stickstoff pro Hektar und Jahr fixieren. »Eine vergleichbare Menge (ca. 300 kg N_2 pro Hektar und Jahr) wird auch von der Blaualge *Anabaena azollae*, die in Symbiose mit dem schwimmenden Wasserfarn Azolla lebt, in den Reisfeldern Süd- und Ostasiens fixiert. Dies erklärt, weshalb hier der Reisanbau seit alters her ohne zusätzliche Stickstoff-Düngung auskommen konnte.«[31] Andererseits ist rein energetisch gesehen der Wirkungsgrad der Stickstoff-Fixierung durch Nitrogenase-Reaktionen weit niedriger als der Wirkungsgrad des Haber-Bosch-Verfahrens zur Mineraldünger-Produktion ($\frac{1}{2}N_2 + \frac{3}{2}H_2O \rightarrow NH_3 + \frac{3}{4}O_2$), der bei etwa 50% liegt; zudem dürfte die Übertragung der Fähigkeit zur Stickstoff-Fixierung zu einem Rückgang der Erträge führen. Dieser Nachteil würde ökologisch indessen wettgemacht durch die Schonung der ohnedies schon nitratüberlasteten Böden und Gewässer, und ökonomisch ließen sich – vor allem in Entwicklungsländern – die nicht unerheblichen Transportkosten für die Zubringung des Kunstdüngers einsparen.[32]

Andere Möglichkeiten der Gentechnologie liegen in der

[31] A.a.O., 161–162.
[32] A.a.O., 161–162.

Verbesserung der Umwelt. Zu den Abfallstoffen der chemischen Industrie gehören z. B. aromatische Halogen- und Sulfonsäure-Verbindungen, die in den Kläranlagen nicht abgebaut werden. Im Labor gelang es, das Bakterium *Pseudomonas putida* zu veranlassen, solche Verbindungen abzubauen. Das Insektizid DDT (Dichlor-Diphenyl-Trichlorethan) mußte vor Jahren verboten werden, weil es sich in den höheren Organismen zu stark konzentrierte (s. o. S. 19). Zur Zeit arbeitet man in Zürich daran, eine Polypetid-Kette räumlich so zu falten, daß sie ein DDT-Molekül zu binden vermag; es gelang, für ein Protein eine Aminosäure-Sequenz festzulegen, die nach der Faltung die notwendige Struktur aufweist. Dieses künstlich synthetisierte Protein ist also bereits zur Substratbindung imstande; noch einen Schritt weiter, und man könnte ein Protein erzeugen, das zur Oxidation von DDT imstande wäre, und dann sollte es kein Problem mehr sein, die Information zur Synthese dieses Proteins in ein Bakterium einzuschleusen, das dann das gewünschte Enzym synthetisieren würde. – Oder das Stichwort *Seveso*: was wäre darum zu geben, wenn es ein Protein gäbe, das Dioxin abbauen könnte! Man brauchte dann nur noch eine DNA zu synthetisieren, welche die Bildung dieses Proteins codierte; der weitere Weg wäre klar: Einbau dieser DNA in ein Plasmid und dann des Plasmids in ein Bakterium. Am Ende besäße man ein Dioxin-abbauendes Bakterium, das nach einer Umweltkatastrophe wie der von Seveso Dioxin-verseuchte Böden »reinigen« könnte – zweifellos unter Umständen ein wichtiger Vorteil.[33]

Inzwischen gehen *gentechnologische Experimente an Tieren* in den USA bereits viel weiter. 1989 wurden zum ersten Mal »transgene« Karpfen, denen man genetisch die Wachstumshormone von Forellen eingepflanzt hatte, um ihr Größenwachstum zu erhöhen, in einem »Feldversuch« getestet.

---

[33] G. GOTTSCHALK: Biotechnologie im Aufbruch – Prognosen, Perspektiven, in: s. o. Anm. 14, S. 171–183, S. 177–178.

Niemand weiß, was geschieht, wenn diese Tiere in freie Gewässer gelangen. Die Harvard-Professoren *Ph. Leder* und *T. Stewart* ließen 1989 Labormäuse patentieren, die durch Genmanipulation eine erhöhte Krebsanfälligkeit aufweisen und sich daher für die Krebsforschung besonders gut eignen.[34] Ja, man experimentiert inzwischen an chimärischen Hybrid-formen, offenbar nur, um zu sehen, ob die so ersonnenen Gebilde überhaupt herstellbar und wenigstens für eine Weile lebensfähig sind: Mischungen aus Ziegen und Schafen, Hun-den und Wölfen etc., – der menschlichen Willkür scheint mittlerweile jede Fessel abgestreift. Und im Hintergrund bereitet sich unaufhaltsam die Vision des »gläsernen Men-schen« vor. »Bis zum Jahr 2000 soll die innere Landkarte eines Menschen aufgezeichnet werden. So wie die Physiker mit immer größeren Teilchenbeschleunigern nach den klein-sten Bausteinen der Materie suchen, fahnden die Biologen nach den ca. 100 000 Genen und ihrer Molekülfolge, der Sequenz, bei insgesamt 3 Milliarden Bausteinen, die auf den Doppelsträngen der DNA aufgereiht sind. Und da die Se-quenzierung zu einer Routineaufgabe geworden ist, die nicht mehr hochrangige Wissenschaftler erfordert, sondern von Assistenten erledigt wird, die sich für die Verarbeitung der riesigen Datenmenge Computer bedienen, ist das Genom-Projekt in erster Linie ein wirtschaftliches Unternehmen: der pharmakologischen Ausbeute wegen.«[35] Entsprechend gna-denlos ist der Wettbewerb in der menschlichen Genom-Analyse zwischen den westlichen Industrienationen und Ja-pan. Nur so läßt sich erklären, daß im Oktober 1988 die EG ein mit 60 Mio DM ausgestattetes Forschungsprojekt aufge-legt hat, das den Namen trägt: »Spezielles Forschungspro-gramm im Gesundheitsbereich: Prädiktive Medizin. Analyse des menschlichen Genoms (1988–1991).«[36] On verra.

---

[34] W. Huncke: Umwelt und Wissenschaft, s. o. Anm. 25, S. 104–105.
[35] A.a.O., 105.
[36] A.a.O., 106.

Spätestens wenn es den Menschen betrifft, freilich zumeist auch kein Jota früher, beginnen die ethischen Skrupel gegenüber der Gentechnologie. Unstreitig gibt es gewichtige Gründe, die verlockenden Möglichkeiten gentechnologischer Auswege aus der bestehenden Energie- und Ökokrise mit äußerster Skepsis zu betrachten; es kommt aber darauf an, als erstes die grundlegende Dialektik aller Entscheidungen in diesem Gebiete sich zu verdeutlichen.

Die Verfahren der Gentechnologie, wenn auch noch so verkürzt, im Detail zu schildern, erschien schon deshalb als unerläßlich, weil insbesondere in Theologenkreisen gegenüber jedem technischen Fortschritt eine merkwürdige Denkhemmung besteht, die sich gern als moralische Verantwortung gebärdet, wenngleich sie zu einem beachtlichen Teil aus Unkenntnis, Aberglauben und tradierten Vorurteilen besteht. Insbesondere in der katholischen Moraltheologie ist die Neigung verankert, ihre Lehre vom »Naturrecht« als Grundlage der Ethik an Tatbeständen der »Natur« festzumachen, die dann als das »Wesen« der »Sache« oder »des Menschen« gedeutet werden; – Empfängnisverhütung z. B. muß als sittlich unerlaubt gelten, weil sie der »Natur des ehelichen Aktes« widerstreitet. Nach dieser Vorstellung ist es Gott selbst, dessen Wille in den Einrichtungen der Natur sichtbar wird und sich in den Wechselfällen des Lebens kundtut. Der (biblische) Vorsehungsglaube (s. o. S. 75–78), verknüpft mit einer radikal anthropozentrischen Weltsicht (s. o. S. 71–78), nimmt im Grunde noch immer die Natur als eine in sich fertige Bühne für die Geschichte des Menschen; einzig in der menschlichen Geschichte ereignet sich Dynamik und Bewegung, die Natur gilt demgegenüber für etwas Fertiges, das Gott so und nicht anders gewollt und gemacht hat. Wohl geht die Rede in Röm 8,22 f. von der eschatologischen Verherrlichung der ganzen Schöpfung in Christus, die durch die Sünde (des Menschen!) in Weh und Verderben liegt, doch handelt es sich dabei um rein mystische Betrachtungen, die mit der Deutung der konkreten Naturgeschichte nichts zu tun haben.[1]

Insofern ist es nicht zu viel gesagt, wenn man behauptet, daß das Weltbild der christlichen Dogmatik inzwischen zwar rational die Erkenntnisse *Galileis* zu akzeptieren bereit ist, aber in Wahrheit die Kopernikanische Wende immer noch nicht mitvollzogen hat, geschweige, daß es sich durch *Darwin* oder *Freud* hätte verändern lassen. Wo in der Theologie des 20. Jh.'s wäre es je zu einem intellektuellen und emotionalen Ereignis geworden, daß *E. Hubble* vor rd. 65 Jahren (1924) entdeckte, daß der Andromeda-Nebel eine eigene Galaxis außerhalb unserer eigenen ist?[2] Mittlerweile haben sich die kosmischen Dimensionen von Raum und Zeit ins Gigantische erweitert; wir rechnen heute mit ca. 20 Mrd. Jahren der Evolution in rd. 100 Mrd. Galaxien, von denen unsere eigene etwa 200 Mrd. Sterne aufweist,[3] während andere, wie die Zentralgalaxis im Virgo-Haufen, die M 87, auf mehr als 3000 Mrd. Sterne mit über 10 000 zugehörigen Kugelhaufen geschätzt wird.[4] Von diesen Veränderungen unseres Weltbildes ist die christliche Theologie absolut unbeeindruckt geblieben, indem sie nach wie vor den Menschen – wohlgemerkt auf der Stufe der heutigen Entwicklung – für das Endziel aller göttlichen Heilsveranstaltungen im Alten wie im Neuen Testament erklärt. Sinn und Zweck der menschlichen Geschichte sind bereits durch die »unüberbietbare Heilszusage« Gottes im Munde der Propheten geoffenbart und durch Jesus Christus anfanghaft erfüllt worden. Seither sind wir bereits in das vom göttlichen Heilswillen garantierte Eschaton der Geschichte eingetreten, von dessen Wahrheit und Bedeutung *die Kirche*

---

[1] Vgl. dazu E. DREWERMANN: Ich steige hinab in die Barke der Sonne. Meditationen zu Tod und Auferstehung, Olten 1989, S. 234–237.

[2] TH. FERRIS: Galaxien (1980), Basel 1983, S. 14.

[3] H. FRITZSCH: Vom Urknall zum Zerfall. Die Welt zwischen Anfang und Ende, München–Zürich ³(überarb.) 1983, 41.

[4] TH. FERRIS: Galaxien, s. o. Anm. 2, S. 120.

in der reflektierten Bewußtheit des von Gottes Geist ermöglichten Glaubens Kenntnis und Ermächtigung besitzt. Man gibt sich in der christlichen Theologie keine Rechenschaft, daß man im Rahmen solcher Aussagen nicht nur die alte Anthropozentrik des christlichen Weltbildes ungerührt in die jedes menschliche Vorstellungsmaß übersteigenden Dimensionen des Kosmos projiziert, sondern zugleich auch eine Totalaussage über die Richtung der Evolution trifft, die in jedem Falle das Wissen und den Horizont der derzeit lebenden menschlichen Spezies selbst auf unserem kleinen Planeten bei weitem übersteigt.

Und eben diese Nicht-Beachtung der wirklichen Parameter der Schöpfung in Raum und Zeit läßt die Wirklichkeit des Kosmos – *gegen* den heutigen Stand des Wissens, aber in Fortführung des statischen Weltbildes der mittelalterlichen Scholastik – als etwas an sich Fertiges, von Gott Gesetztes erscheinen, das vom Menschen zwar beherrscht, benutzt, verwendet und verwaltet, aber nicht in seiner Eigenart verändert werden darf.[5] An jeder Stelle einer *naturwissenschaftlich*

---

[5] Vor allem G. ALTNER: Die Überlebenskrise in der Gegenwart. Ansätze zum Dialog mit der Natur in Naturwissenschaft und Theologie, Darmstadt (wb 10) 1988, 58–85 hat versucht, die Frage der Gentechnologie im Rahmen einer »offenen« Weltsicht zu erörtern und die klassische »nicänisch« gefaßte Trinitätslehre durch eine Vorstellung von einem in seiner Schöpfung werdenden Gott zu ersetzen. So diskutierbar die theologischen Aussagen *Altners* erscheinen mögen, so richtig und wichtig ist doch das Bemühen, die tradierten Formeln der christlichen Dogmatik vom Gedanken der Evolution her neu zu interpretieren und damit Theologie zu einem Instrument ökologischen Denkens zu machen. Die Lehre von der Gottebenbildlichkeit des Menschen (S. 80) dürfte gerade dann aber logischerweise nicht als ein Argument der Selbstbegrenzung des Menschen (z. B. in den Fragen der Gentechnologie) ins Spiel gebracht werden, selbst wenn man der Feststellung ALTNERS der Sache nach nur zustimmen kann: »Der Mensch kann und darf die Natur gestalten, aber die Überschreitung des ihm Möglichen (?) und des ihm Aufgetragenen vollzieht sich dort, wo es zur Ausrottung von Arten kommt, wo Schmerz, Krankheit und Tod Lebewesen unbillig zugefügt werden, wo das Subjektsein des Menschen verachtet und wo kommende Generationen durch willkürliche Eingriffe ihrer Zukunft beraubt werden.« (81)

wirklich *neuen Erkenntnis* in der Neuzeit legte die christliche Glaubenslehre daher als erstes das Veto ihrer Offenbarungswahrheiten ein und trieb durch die Unversöhntheit ihrer Lehren mit der Erfahrung ganze Generationen von Forschern konsequent in den Atheismus; und eine jede Stelle einer wirklichen *technologischen Neuerung* hat die christliche Ethik mit Skepsis, Mißtrauen und Verbot, dann mit mißmutiger Duldung, schließlich mit theologischer Rechtfertigung begleitet. Es handelt sich um eine Einstellung, die man auf die Formel bringen könnte: Was noch nicht war, das soll auch niemals werden; denn was war, ist von Gott selber so eingerichtet, und es verstößt daher gegen den göttlichen Willen, es ist ein Zeichen prometheischer Hybris, eine Wiederholung des ursündlichen Wie-Gott-sein-Wollens, Teile der Welteinrichtung verändern zu wollen. Es ist klar, daß die in der Tat unheimlichen Möglichkeiten etwa der Gentechnologie unter solchen Denkvoraussetzungen prinzipiell als eine Kriegserklärung gegen Gott, als eine Form titanenhafter *Theomachie* begriffen werden.

Ein Hauptproblem dieser Art von Theologie und Ethik besteht in der Schwierigkeit, zu akzeptieren, daß die Welt als ganze sich entwickelt und daß es inmitten dieser Entwicklung keinen Zustand und keine einzelne Erscheinungsform gibt, die als unveränderlich betrachtet werden könnte. Selbst die biblische »Beauftragung« des Menschen zur »Herrschaft« über die Natur ist keine Setzung, die an und für sich besteht, sondern sie reflektiert lediglich eine Form des menschlichen Selbstverständnisses, wie es seit dem Ende des Paläolithikums vor etwa 10 000 Jahren sich herausgebildet hat. Spätestens seit dem *Neolithikum*, das in Nordeuropa um ca. 3000 v. u. Z. begann, verändert der Mensch aktiv durch die Züchtung von Pflanzen und Tieren bestimmte Erscheinungsformen des Lebens; er ahmt damit in gewisser Weise die Selektion der natürlichen Evolution nach, indem er selbst die Bedingungen des Überlebens der am besten (d. h. an seinen Willen!) Angepaßten festlegt. Aber es war und ist ein langwieriger und schwieriger Prozeß, »immer nur eine oder nur wenige neue erwünschte Eigenschaften in eine schon bewährte Sorte oder Rasse einzukreuzen. Bei jeder genetischen Kreuzung werden ... zwei *Genome* ... zufallsmäßig miteinander gemischt. Daher müssen anschließend durch Rückkreuzungen und Auslese die gewünschten Merkmale stabilisiert werden. So dauerte es z. B. 24 Jahre, bis eine so ertragreiche und widerstandsfähige Gerstensorte wie das ›Vogelsanger Gold‹ in vielen Einzelschritten (sc. zwischen 1938–1962, d. Verfasser) gezüchtet war.«[6] Und das ist die Höchstgeschwindigkeit, die wir in Kenntnis der Mendel-Morganschen Gesetze heute mit konventionellen Züchtungsmethoden erreichen können. Je weiter wir indessen in die Zeit zurückgehen, desto *langsamer* wird das Tempo geschichtlicher Entwicklung. Allein die Zeit des sog. Mesolithikums geht ca. 4000 Jahre lang dahin (ein Zeitraum also von heute zurück bis zu den Hünengräbern!), ohne daß die Menschen dieser Zeit sich von der Stufe der Jäger und Sammler gelöst hätten, – sie verbesserten lediglich ihre Geräte und Methoden und lernten es, seßhaft zu werden; und in den Zeiten des älteren und mittleren Paläolithikums können Zehntausende von Jahren vorüberziehen ohne irgendeine deutlich erkennbare Veränderung in den hinterlassenen Artefakten.

Insofern setzt seit dem *Beginn des Neolithikums* eine Bewegung ein, die immer rascher und rascher den Menschen aus der Einheit mit der Natur herausträgt, und insofern scheint es eigentlich nur konsequent, in unseren Tagen das Tempo der Entwicklung noch einmal zu steigern. Was, so könnte man fragen, geschieht bei der Manipulation von Genen denn anderes, als was z. T. die Natur selbst schon getan hat, bzw. was die Menschen mit ihren Züchtungsexperimenten bereits seit vielen Jahrtausenden tun, nur daß wir es heute wissender,

---

[6] B. GRONENBORN: Pflanzenzucht und Gentechnologie, in: Biotechnologie. Das ZDF-Studienprogramm als Buch, Köln 1986, 141–162, S. 142–143.

zielgerichteter und also erfolgreicher und rascher tun können?

Nun, wir tun mit der Gentechnologie in der Tat etwas anderes, das von allem Bisherigen ebenso verschieden ist wie die Atombombe von der Streitaxt oder dem Repetiergewehr, aber dieses Andere wird erst sichtbar, wenn wir es nicht an einem statisch verstandenen göttlichen Willen messen, sondern es mit der Dynamik der Evolution selbst vergleichen; erst dann ergeben sich glaubwürdige Orientierungspunkte auch einer ethischen Beurteilung dessen, was wir gegenüber der Natur verantworten können und nicht.

In vier Punkten läßt sich zeigen, daß die Problematik unseres gegenwärtigen Umgangs mit der Natur nicht so sehr darin besteht, *daß* wir mit technischen Mitteln in der Natur etwas ändern, sondern in der Art, *wie* wir diese Änderungen vornehmen; die Problematik speziell der Gentechnologie ist dabei nicht als ein Haupt-, sondern als ein (allerdings wichtiges) Teilproblem zu betrachten. Insgesamt handelt es sich an dieser Stelle um Gedanken, die sich mit der bislang dargelegten Anthropozentrik des christlich-abendländischen Weltbildes auf das engste verbinden; doch werden wir die zunächst nur recht allgemein erörterten Faktoren: Zeit und Geschichte (s. o. S. 124–133) jetzt wesentlich konkreter, d. h. *politisch-praktisch* formulieren müssen; ebenso läßt sich die Vorstellung von der Einheit des Menschen mit der Natur, die bisher als ein religiös-mystisches Desiderat erörtert wurde (s. o. S. 142–160), wesentlich klarer durch *Einbeziehung systemtheoretischer Erwägungen* formulieren.

a) Als ein Hauptmerkmal unserer Art, mit der Natur umzugehen, erscheint *das Prinzip der funktionalen Isolation*. Irgendein Plan, ein Projekt kommt uns als sinnvoll, nützlich oder aus irgendeinem Grunde als notwendig vor, – dann ist alles weitere scheinbar nur noch eine Frage der Bereitstellung der geeigneten Mittel, um dieses Ziel zu erreichen. Im Hintergrund dieser Vorgehensweise steht ein Weltbild, das nicht nur im biblisch-christlichen Sinne den Menschen und seine Geschichte von der Natur abtrennt, sondern auch die Natur selbst in ein Bündel quantifizierbarer Einzelphänomene zerlegt. Der Aufstieg und Erfolg der Naturwissenschaften in der Neuzeit war seit *Galilei* und *Newton* zunächst an die Mechanik gebunden. Man entdeckte, daß es möglich ist, Bewegungsabläufe in Raum und Zeit auf höchst einfache Weise exakt zu beschreiben, indem man nichts weiter betrachtet, als den Bewegungsvorgang selbst, und zwar unter der Annahme, daß man z. B. jede äußere Störung des »freien« Falls, dem im Idealfall eine konstante Beschleunigung zukommen soll, methodisch ausklammern könne und müsse. Die Schönheit und Klarheit der Formeln der Kepplerschen Gesetze oder der Newtonschen Mechanik, die alle Bewegungen im Himmel und auf Erden, von der Geschoßbahn einer Kanonenkugel bis zu der Bewegung der Gestirne zu erklären vermochte, bedeutete nicht nur einen Rausch der Erkenntnis und einen Triumph des menschlichen Geistes, die gefundenen Gesetze erlaubten auch ihre technische Umsetzung in mechanische Geräte. Selbst die Eigenschaften von Gasen ließen sich zunächst zu einem wesentlichen Teil mit den Mitteln der klassischen Mechanik (kinetische Gastheorie) beschreiben, was den Zugang zur Dampfkraft eröffnete. In Fortführung der in der klassischen Mechanik bewährten neuzeitlichen Methodik wurden auch die magnetischen und elektrischen Felder studiert, was schließlich im 19. Jh. im Rahmen der Theorien des Elektromagnetismus zu weiteren wichtigen Energiequellen führte (Elektromotor und Dynamo).

Das Weltbild, das so entstand, ließ sich nicht davon beirren, daß es im Grunde auf einer unerhörten Vereinfachung der Wirklichkeit basierte und daß es notwendig eine Reihe von Problemen aufwarf, die sich unter den gesetzten methodischen Bedingungen nicht lösen ließen. Auch nach den außerordentlich wichtigen erkenntnistheoretischen Neuansätzen, die bereits durch *Einsteins* allgemeine Relativitätstheorie und durch die Quantenmechanik in den 20er Jahren dieses Jh.'s bei der Beschreibung der scheinbar paradoxen

Verhaltensweisen des Lichtes notwendig wurden,[7] war und blieb es zentral das Geheimnis des Lebens selbst, das einer jeden naturwissenschaftlichen Aufklärung sich zu widersetzen schien. Gerade das Geheimnis des Lebens wurde daher in der christlichen Theologie bis weit in die Mitte dieses Jh.'s hinein als die eigentliche Domäne des Glaubens mit dem Offenbarungsanspruch göttlichen Wissens verteidigt. Tatsächlich kann eine rein mechanische Betrachtung den Vorgängen des Lebens nicht gerecht werden, und so konnte der evolutive Ansatz des naturwissenschaftlichen Denkens von der Mitte des 19. Jh.'s an gegenüber der entscheidenden Frage nach der Entstehung des Lebens über unbeweisbare Hypothesen nicht hinausgelangen. Die Lücken des Nichtwissens blieben die Pfeiler der theologischen Demonstration der Schöpfermacht und Vorsehung Gottes, sie blieben auch die Freiräume einer Frömmigkeitshaltung, die an jeder Stelle ein besonderes Eingreifen Gottes in den Gang der Welt für möglich und, den Umständen gemäß, für wünschbar hielt und hält.[8]

Einen entscheidenden Anstoß zur Überwindung des klassischen reduktionistischen Denkens könnte *die Theorie der dissipativen Strukturen* bringen, wie sie von *Ilya Prigogine*, einem belgischen Physikochemiker, und von dem deutschen Physiker *Hermann Haken* angestoßen worden ist.[9] Es geht

---

[7] Vgl. R. FEYNMAN: QED. Die seltsame Theorie des Lichts und der Materie (1985), München 1988, S. 143–171; J. GRIBBIN: Auf der Suche nach Schrödingers Katze. Quantenphysik und Wirklichkeit (1984), München 1987, S. 171–193; 194–230; N. CALDER: Einsteins Universum (1979), Frankfurt 1980, S. 177–201; I. PRIGOGINE – I. STENGERS: Dialog mit der Natur. Neue Wege wissenschaftlichen Denkens, [5](erw.) München–Zürich 1986, 225–244.

[8] Speziell die Frage nach dem »Wunder« bzw. nach der »Erhörung« von Gebeten blieb theologisch auf das engste mit der Ablehnung des »Deismus« bzw. des »Pantheismus« verknüpft, ja, es erscheint immer noch selbst höchstrangigen Kirchenleuten als ein Zeichen unchristlichen Unglaubens, wenn jemand »leugnen« wollte, daß Jesus im wörtlichen Sinne Tote auferweckt habe oder, biologisch verstanden, »jungfräulich« zur Welt gekommen sei.

[9] Vgl. G. NICOLIS – I. PRIGOGINE: Die Erforschung des Komplexen. Auf

um die Beschreibung von kollektiven und nicht – wie bisher – von isolierten Systemen. Wenn dieser Ansatz sich, wie es scheint, als richtig erweist, so ergeben sich daraus auf der Stelle weitreichende philosophische und theologische Folgen, die auch die Frage nach dem rechten Umgang des Menschen mit der Natur mittelbar beeinflussen müssen. Statt nämlich, wie bisher, die Struktur des Lebendigen reduktionistisch durch die Gesetzmäßigkeiten des Anorganischen verstehen zu wollen, kehrt die Theorie der dissipativen Strukturen die Betrachtungsweise um, indem sie den Begriff des komplexen Systems und seine Phänomenologie aus der belebten Natur aufnimmt und in Physik und Chemie einführt.

Physikalisch betrachtet, weist jedes lebendige System einen zwar möglichen, aber höchst unwahrscheinlichen Zustand von Ordnung und Komplexität auf, den es nur erhalten kann, indem es Materie und Energie höherer Ordnung aus der Umwelt aufnimmt und in Form von Materie und Energie niedrigerer Ordnung an die Umwelt abgibt. Ein solcher Austauschprozeß stabilisiert mithin (für relativ kurze Zeit!) die Ordnung des Lebendigen durch Abbau der Ordnung der Umgebung; es handelt sich also um einen Vorgang der Zerstreuung, der Dissipation.[10] Entscheidend ist dabei, daß die Biologie von vornherein außerstande ist, ein lebendiges System isoliert von seiner Umgebung zu betrachten; um dem Phänomen des Lebendigen gerecht zu werden, muß die Betrachtungsweise der Biologie »systemisch« oder systemtheoretisch sein. Im Gegensatz dazu lag das Ideal der Physik und Chemie bislang in der Betrachtung abgeschlossener, von der Umgebung isolierter Systeme; Zustände oder Prozesse, die diesem Ideal nicht entsprachen, mußten entweder als »ge-

dem Weg zu einem neuen Verständnis der Naturwissenchaften, München 1987, S. 29–65. Die Anregung zu dem folgenden Teil der Abhandlung verdanke ich N. SCHMIDT: Die Evolution des Geistes. Herausforderung an die Verantwortung des Menschen. Hoffnung und Chance für morgen. (Manuskript; voraussichtlich:) Olten 1990.

[10] Vgl. G. NICOLIS – I. PRIGOGINE: Die Erforschung des Komplexen, 77–82; 93–99.

stört« oder als undurchschaubares »Chaos« beiseite geschoben werden.[11] Prigogines Leistung besteht nun darin, daß er sich im Rahmen der Thermodynamik des Ungleichgewichts gerade den »Störungen«, d. h. den Ungleichgewichtssystemen zuwandte und feststellte, daß auch im Anorganischen »dissipative Systeme« existieren, die sich, wie belebte Organismen, sehr bald auf ein Gleichgewicht zubewegen würden, wenn sie nicht ständig Energie bzw. Materie höherer Ordnung von außen aufnehmen und auf niedrigerem Niveau nach außen abgeben würden. Ungleichgewichtszustände müssen ihren Abstand vom Gleichgewichtszustand also durch einen ständigen Energieaustausch aufrechterhalten, und sie unterscheiden sich gerade dadurch von den Gleichgewichtszuständen der klassischen Betrachtungsweise der Physik. In der Theorie der dissipativen Struktur sind die Gleichgewichtszustände der bisherigen Physik als Sonderfall von dissipativen Strukturen mit Dissipation Null enthalten. Indem auf diese Weise die Physik durch die Einbeziehung der Ungleichgewichtszustände erweitert wird, schließt sich auch der Graben, der bisher aus prinzipiellen strukturellen Gründen die Betrachtung des Organischen und des Anorganischen voneinander trennte, und indem die systemtheoretische Betrachtungsweise sich vom Organischen auch auf das Anorganische ausdehnt, entsteht ein grundsätzlich neues Paradigma des Verstehens, innerhalb dessen der Bereich des Organischen und des Anorganischen sich wenigstens im Prinzip einheitlich beschreiben läßt. Allerdings steht die Mathematisierung von Ungleichgewichtszuständen noch am Anfang; oft werden dissipative Prozesse nur numerisch mit Hilfe von Computern dargestellt; umso wichtiger aber ist es zu begreifen, daß sich Physik und Chemie bisher nur den »einfacheren« Naturgesetzen zugewandt hatten und diese nur infolge einer fundamentalen Abstraktion des Denkens von der Anschau-

[11] Vgl. I. PRIGOGINE – I. STENGERS: Dialog mit der Natur, s. o. Anm. 7, S. 176–199; G. NOCOLIS – I. PRIGOGINE: Die Erforschung des Komplexen, 174–187.

ung und einer prinzipiellen Isolation des Erkenntnisobjektes vom Gesamtzusammenhang ihre mathematische Einfachheit gewinnen konnten. Gerade die Isolation der Einzelphänomene bzw. die »Diskretheit« der Begriffe machte indessen den Erfolg der naturwissenschaftlichen Denkweise in der Neuzeit aus: mit ihrer Hilfe gelang es, Maschinen und Geräte zu konstruieren, deren Effizienz vornehmlich auf der Abschirmung der technisch realisierten Systeme von den »störenden« Fremdeinflüssen der Umwelt beruht. Damit gegeben ist nun freilich eine Denk- und Handlungsweise, die notgedrungen aufgrund der Künstlichkeit ihrer Voraussetzungen in die Wirklichkeit der Natur wie ein Fremdkörper eindringt und, je erfolgreicher im Detail, desto schädlicher im ganzen werden muß.

Kehren wir zu der Ausgangsfrage zurück, die angesichts der Vielfalt technischer Möglichkeiten sich heute unausweichlich stellt: was sollen, was dürfen wir tun?, so läßt sich aus den Veränderungen des naturwissenschaftlichen Denkens selbst eine erste Rahmenbedingung formulieren. Wir können sagen: Wenn sich alle Form von Technik naturwissenschaftlichem Forschen und Wissen verdankt, so darf die Technik selbst nicht unterhalb der Einsichten der sie tragenden Vernunft bleiben. D. h.: der Sinn von Technik kann nicht länger darin liegen, Geräte zu konstruieren und Verfahren zu ersinnen, um die Natur in immer besser ausbeutbare Segmente zu zerlegen, sondern sie muß die Austauschbedingungen der Umwelt, statt sie als das Störende zu betrachten, vielmehr als das Hilfreiche und daher Erhaltenswerte in ihre Überlegungen mit einbeziehen.[12] Rein praktisch ergeben sich aus diesem einfachen Postulat bereits eine Reihe konkreter Einzelentscheidungen, wobei der Vorteil solcher Ableitungen darin liegt, daß wir kein göttliches Wissen brauchen, um zu erfah-

---

[12] Vgl. von anderen Voraussetzungen her, aber in gleicher Zielsetzung Th. v. Uexküll: Organismus und Umgebung. Perspektiven einer neuen ökologischen Wissenschaft, in: G. Altner (Hrsg.): Ökologische Theologie, Stuttgart 1989, S. 392–408.

ren, was menschlich ist, sondern einfach von der Erwartung der Widerspruchsfreiheit des menschlichen Denkens und Handelns ausgehen können.

Die Frage lautet z. B.: sollen wir mittels Gentechnologie den überhöhten Einsatz von Herbiziden dadurch abbauen, daß wir schädlingsresistente Pflanzen herstellen, oder sollen wir den überhöhten Nitratgehalt unserer Böden infolge ausufernden Kunstdüngereintrags dadurch verringern, daß wir Stickstoff-fixierende Pflanzen konstruieren? Die Antwort kann entsprechend dem zugrundegelegten Postulat nur lauten: Nein, und zwar nicht, weil gentechnologische Verfahren prinzipiell dem Schöpferwillen Gottes widersprächen, sondern weil sie in dieser Anwendungsform der Vernunft unserer Erkenntnis widersprechen. Bereits der bedenkenlose Einsatz von Herbiziden oder von Kunstdünger setzt voraus, daß eine einzelne Pflanzenart oder eine einzelne Agrarfläche wie ein abgeschlossenes System zu betrachten und zu behandeln wäre, das von »Störungen« von außen mit künstlichen Mitteln abgeschirmt werden müßte. Dieser Denkfehler im Ansatz würde nicht korrigiert, sondern im Gegenteil: sogar noch erweitert, wenn man, sozusagen als Objektivierung eines solchen Denkens in störungsfreien Systemen, Pflanzen schüfe, die gegen bestimmte »Störungen« von außen gewappnet wären. Was bezogen auf die einzelne Pflanzenart als »Störung« erscheinen mag, erscheint im Haushalt der Natur als der Normalfall und hat dort gewiß auch seinen Sinn. Ein Handeln, das sich mit einem »systemischen« Denken verträgt, dürfte nicht den Erhalt einer einzelnen Art zum Ziel erklären, sondern müßte als erstes den Stellenwert der jeweiligen Pflanzenspezies innerhalb der Austauschbeziehungen der natürlichen Artenvielfalt untersuchen und von daher auf ein möglichst abgestimmtes Gedeihen der Tier- und Pflanzenarten innerhalb eines bestimmten Landschaftsraumes hinwirken. M. a. W.: die Hauptaufgabe einer umweltfreundlichen Technologie müßte im Agrarbereich darin bestehen, die Verfahren des *biologischen Landbaus* in jeder Form zu fördern und vor allem die Symbioseformen zwischen den Arten sowie die Regulationsmechanismen in einem bestimmten Biotop zu erkunden und zu stützen.[13]

Ein höchst wichtiges Ergebnis solchen Umdenkens besteht u. a. darin, unser wachsendes Wissen über die Natur nicht immer wieder nur zum Zwecke neuer Formen von Herrschaft und Ausbeutung zu verwenden, sondern etwas zu lernen, was einem praktischen Gehorsam gegenüber der Natur gleichkommt: die asiatischen Reisbauern z. B. brauchten, wie wir eben hörten, Jahrtausende lang keinen Kunstdünger, weil sie die Pflanzen, die ihnen zur Lebensgrundlage dienten, nicht aus der natürlichen Symbiose mit den Bodenbakterien herauslösten.[14] Ein Wissen um die Natur, das sich nicht länger zum Herrschaftswissen aufwirft, sondern bereit ist, sich in die erkannten Gefüge der Natur einzuordnen, kehrte in gewissem Sinne auf einem reflexen Niveau zu der Weisheit zurück, die wir bereits in der religiösen Haltung der Naturvölker bewundern konnten (s. o. S. 118–128). Und warum nicht! Viele Kleingärtner befolgen heute schon die zahlreichen Anweisungen und Handreichungen, wie sie Blattläuse, Kartoffelkäfer u. ä. mit Hilfe von Marienkäfern und be-

[13] Vgl. P. R. CROSSON – N. J. ROSENBERG: Strategien für die Landwirtschaft, in: Spektrum der Wissenschaft, 11/1989, 108–115, S. 113–114, die vor allem den altbewährten *Mehrfachanbau* empfehlen. »Das Konzept bedeutet Fruchtwechsel oder aber Mischkulturen, wobei auch Bäume zwischen den einjährigen Pflanzen stehen können. In Getreide beispielsweise kann man Hülsenfrüchte einsäen; im Gemengeanbau läßt man zwei oder mehr Fruchtarten zusammen wachsen. – Dieses Vorgehen hat eine lange Tradition. In Mittelamerika etwa pflanzt man noch heute Mais, Bohnen und Kürbisse in Mischkultur wie schon in vorkolumbianischer Zeit. Der Mais gibt den Bohnen ein Spalier; die Bohnen reichern den Boden mit Stickstoff an, und der Kürbis schafft eine Bodenbedeckung, welche Erosion, Bodenverdichtung und Unkrautbewuchs vermindert.« »In Westafrika verbessert die Laubstreu von Akazien-Bäumen … die Bodenverhältnisse, was verschiedene Getreide- und Gemüsepflanzen zugute kommt.«

[14] Vgl. auch K. EGGER: Traditioneller Landbau in Tansania – Modell ökologischer Ordnung?, in: J. Dahl – H. Schickert (Hrsg.): Die Erde weint. Frühe Warnungen vor der Verwüstung, München (dtv 10 751) 1987, 229–256.

stimmten Vogelarten in Schach halten, auch ohne zur Spray-
dose zu greifen, und sie begreifen immer mehr die Chance,
kleine Oasen der Natur einzurichten, die vielen Kleinsän-
gern, Vögeln und Insekten Residuen der Entfaltung schaffen.
Auch viele Bauern kehren inzwischen zu den Methoden des
biologischen Landbaus zurück und stellen mit Erleichterung
fest, daß sie unabhängig von den enormen Zulieferungen an
Energie und Chemikalien im ganzen rentabler wirtschaften
können als zuvor.

Ein wichtiger Nebenaspekt ergibt sich aus Überlegungen
dieser Art auf politischer Ebene. In dem Maße wie die
Produktion von Nahrungsmitteln in die natürliche Umwelt
zurückgebunden wird, sollte es auch möglich sein, den Konsum der landwirtschaftlichen Produkte wieder stärker zu
regionalisieren. Es ist beim besten Willen nicht einzusehen,
warum wir z. B. in Nordfriesland dem Wattenmeer durch
Eindeichungen immer neue Köge für immer noch mehr
Milchvieh entreißen müssen, nur um schließlich Schafskäse
nach Griechenland und in die Türkei zu exportieren und den
Viehzüchtern dort auf den verkarsteten Böden Konkurrenz
zu machen. Es ist auch nicht einzusehen, warum wir Hühner
zu Millionen in den Massentierhaltungen ihr Leben lang
quälen müssen, nur damit schließlich Eier aus Holland und
Dänemark trotz langer Lieferwege und Lagerzeiten immer
noch billig genug sind. Auch auf den Preis könnte sich das
Prinzip eines ortsgebundenen Marktes alter Prägung nur
günstig auswirken, während der internationale Konkurrenzdruck des EG-Marktes nicht nur zu einer rasanten Ausdehnung der industrialisierten Landwirtschaft führt, sondern
auch ein stetes Wachstum der Investitionen an Kapital und
Technik erfordert, dem die kleinen und mittleren Höfe einfach nicht gewachsen sind.[15]

b) Insgesamt verträgt *die Preisgestaltung* unserer heutigen

---

[15] Nach Ansicht der Arbeitsgemeinschaft Bäuerliche Landwirtschaft (ABL)
wird die gegenwärtige Agrarpolitik weitere 200 000 bäuerliche Familien-
betriebe zur Aufgabe zwingen. dpa, Westfalenblatt, 11. 11. 1986.

Wirtschaft sich nicht mit den Bedingungen eines umweltfreundlichen Denkens und produziert trotz aller gegenteiligen Lippenbekenntnisse unserer Politiker immer neue unvereinbare Gegensätze zwischen Ökonomie und Ökologie. Als *Karl Marx* die Art und Weise beschrieb, wie in unserem Wirtschaftssystem der Wert einer Ware sich bestimmt, widersprach er sehr zu Recht den merkantilistischen Theorien, nach denen eine Ware so viel kostet, wie in dem Kräftespiel von Angebot und Nachfrage auf dem freien Markt für sie verlangt wird. Zwar *erscheint* der Preis einer Ware in dieser Form, ihr Wert aber, meinte *Marx*, bemißt sich im Kapitalismus nach dem Kapital, das aufgewandt werden muß, um die Kosten für die Herstellung der Ware zu bezahlen. Er schrieb: »Das Kapital C zerfällt in zwei Teile, eine Geldsumme c, die für Produktionsmittel, und eine andere Geldsumme v, die für Arbeitskraft verausgabt wird; c stellt den in konstantes, v den in variables Kapital verwandelten Wertteil vor. Ursprünglich ist also $C = c + v$ ... Am Ende des Produktionsprozesses kommt Ware heraus, deren Wert $= c + v + m$, wobei m der Mehrwert.«[16] Das ursprüngliche Kapital C hat sich mithin in C' verwandelt, also: $C' = c + v + m$. Da aber auch die Produktionsmittel einmal als Ware erzeugt wurden, läßt sich der Wert einer Ware grundsätzlich aus den Kosten herleiten, die aufgewandt werden müssen, um die menschliche Arbeitskraft zu reproduzieren. Der Wert einer Ware ist demnach nichts weiter als vergegenständlichte Arbeit. Für die marxistische Gesellschaftskritik entscheidend wurde die hier entwickelte Theorie vom *Mehrwert*: der Arbeiter erhält von dem Eigner der Produktionsmittel einen Lohn, der nötig ist, um seine Arbeitskraft zu reproduzieren, er arbeitet aber nicht nur so lange, bis er Waren hergestellt hat, aus deren Verkauf sich die Kosten für die Reproduktionsmittel und die Arbeitskraft bezahlen ließen, er arbeitet darüber hinaus, und diese geron-

[16] K. Marx: Das Kapital. Kritik der politischen Ökonomie, 1. Bd., nach der 4. von F. Engels durchges. u. bearb. Aufl. Hamburg 1890, hrsg. v. Institut für Marxismus-Leninismus beim ZK der SED, Berlin 1965, S. 226.

nene Surplusarbeitszeit, diese vergegenständlichte Mehrarbeit, deren Ertrag dem Arbeiter vorenthalten wird, um in die Vermehrung des Kapitals Eingang zu finden, ist der Mehrwert, dessen Rate sich aus dem Verhältnis der Mehrarbeit (m) zu der notwendigen Arbeit (v) plus den Kosten für die Produktionsmittel errechnet, also: Rate des Mehrwerts $= \frac{m}{v+c}$.[17] Für *Marx* bedeutet die Rate des Mehrwerts den exakten »Ausdruck für den Exploitationsgrad der Arbeitskraft durch das Kapital oder des Arbeiters durch den Kapitalisten«,[18] und er sah in dieser Erkenntnis den Schlüssel zur Veränderung der gesamten Gesellschaftsordnung.

In unserem Zusammenhang indessen ist etwas anderes von noch größerer Bedeutung: die Verwandlung von Wissenschaft und Technik in reine Instrumente der Kapitalvermehrung. Völlig richtig bemerkte *Marx*, daß Wissenschaft und Technik »eine von der gegebenen Größe des funktionierenden Kapitals unabhängige Potenz seiner Expansion« bilden,[19] indem sie die Wirksamkeit, den Wert und den Umfang der Produktionsmittel vermehren. In der Tat: das Kapital, zersplittert in den Händen relativ weniger miteinander konkurrierender Kapitaleigner, ist selber in großem Stil zur Grundlage und Ermöglichung umfangreicher Forschungsaufträge geworden, wobei erneut jede Firma sich als ein geschlossenes System begreift, das sich gegen alle anderen durchsetzen muß. Aus Entdeckungen und Einsichten, die jedermann zugänglich sein sollten, werden auf diese Weise Firmengeheimnisse und Instrumente der Marktbeherrschung; und vor allem: es werden die Erkenntnisse naturwissenschaftlichen Forschens von Anfang an unter die Pflicht gestellt, bestimmte firmeneigene Produkte zu verbessern oder neu hervorzubringen. Die integrative Kraft gerade der naturwissenschaftlichen Erkenntnisse geht unter diesen Umständen prinzipiell verloren; sie pervertiert sich zu einem bloßen Handlangerdienst an der

[17] A.a.O., S. 232.
[18] A.a.O.
[19] A.a.O., 632.

Vermehrung des Kapitals. Die Kapitalvermehrung selbst aber greift nun über zu den Anspruchsrechten an Grund und Boden, Wasser und Wald, Berg und See, Land und Meer.

Es klingt geradewegs zynisch, ist aber bitter ernst gemeint, wenn *K. Marx* verkündet: »Der Wasserfall, wie die Erde überhaupt, wie alle Naturkraft, hat keinen Wert, weil er keine in ihm vergegenständlichte Arbeit darstellt, und daher auch keinen Preis, der normaliter nichts ist als der in Geld ausgedrückte Wert.«[20] Der »Wert« eines Stücks Natur wird, so verstanden, allein durch seine Einbeziehung in die Reproduktion des Kapitals konstituiert: »Die Voraussetzung bei der kapitalistischen Produktionsweise ist ... diese: die wirklichen Ackerbauer sind Lohnarbeiter, beschäftigt von einem Kapitalisten, dem Pächter, der die Landwirtschaft nur als ein besonderes Exploitationsfeld des Kapitals, als Anlage seines Kapitals in einer besonderen Produktionssphäre betreibt. Dieser Pächter-Kapitalist zahlt dem Grundeigentümer, dem Eigentümer des von ihm exploitierten Bodens, in bestimmten Terminen, z. B. jährlich, eine kontraktlich festgelegte Geldsumme (ganz wie der Borger von Geldkapital bestimmten Zins) für die Erlaubnis, sein Kapital in diesem besonderen Produktionsfeld anzuwenden. Diese Geldsumme heißt Grundrente, einerlei, ob sie von Ackerboden, Bauterrain, Bergwerken, Fischereien, Waldungen usw. gezahlt werde. Sie wird gezahlt für die ganze Zeit, während deren kontraktlich der Grundeigentümer den Boden an den Pächter verliehen, vermietet hat.«[21] Auf diese Weise wird der Grundeigentümer immer reicher, und da der Geldwert der Ländereien mit dem Fortschritt der ökonomischen Entwicklung immer mehr anschwillt, muß es bald schon das Ziel des Kapitalisten sein, nicht länger mehr nur der Pächter, sondern selbst der Grund-

[20] K. MARX: Das Kapital. Kritik der politischen Ökonomie, 3. Bd., nach der 1. von F. Engels hrsg. Aufl. Hamburg 1894, hrsg. v. Institut für Marxismus-Leninismus beim ZK der SED, Berlin 1964 (Marx-Engels Werke, Bd. 25), S. 660–661.
[21] A.a.O., 631–632.

eigentümer bestimmter Anteile an der Natur zu werden. M. a. W.: die Natur gehört ab sofort demjenigen, der am meisten für sie bezahlen kann, indem er über Verfahren verfügt, in absehbaren Zeiträumen zumindest noch ein bißchen mehr an Gewinn aus der Nutzung bestimmter Areale der Natur zu ziehen, als deren Übereignung ihn gekostet hat, ja, es bemißt sich der Wert der Natur überhaupt nur nach den Möglichkeiten, mit ihr Geld zu gewinnen. »... die Erde überhaupt ... hat keinen Wert ...« Es ist höchst bemerkenswert, daß diese Anschauung auch im Marxismus keinesfalls aufgegeben worden ist. Wert hat nur die menschliche Arbeit an der Natur. Erst wenn die »Exploitation« der Natur einen Grad erreicht hat, der die Reproduktion menschlicher Arbeitskraft verteuert, wird auch der Natur ein gewisser Wert an sich zuwachsen müssen: er wird dann gerade so hoch liegen, wie die Reproduktionskosten an denjenigen Schadstellen betragen, die den Menschen selbst betreffen. Ökologie ist unter diesen Voraussetzungen nichts weiter als ein Teil des »variablen Kapitals«, und dies ist der Hintergrund der so viel gepriesenen Worte von der »Einheit« von Ökologie und »Ökonomie« im gegenwärtigen Wirtschaftssystem.

Man kann, so betrachtet, gar nicht deutlich genug darauf hinweisen, zu welch absurden Konsequenzen die ursprünglich christlich fundierte Anthropozentrik des Denkens selbst in ihrer Widerspruchsform in Ost und in West, ob im Kapitalismus oder im Sozialismus, führt. Wenn es jemals einen Frieden des Menschen mit der Natur geben soll, so müßte die gesamte Grundlage unseres ökonomischen Gefüges sich ändern. Es war das Verdienst von *K. Marx*, die Verdinglichung menschlicher Arbeit im Geld-Waren-Umlauf der kapitalistischen Produktion bewußtgemacht zu haben; doch es genügt nicht, daran zu erinnern, daß Maschinen, Waren und Geld nicht auf Kosten, sondern zum Nutzen des Menschen verwandt werden sollten; es muß in einem Konzept, das die alten Gegensätze von Kapitalismus und Sozialismus endlich hinter sich läßt, zur Voraussetzung einer jeden Wertfestsetzung werden, den Preis einer Ware nicht aus den Herstellungskosten (Produktionsmittel plus Arbeitskraft) zu errechnen, sondern im Rahmen eines »systemischen«, die Umgebung mit in Rechnung stellenden Denkens vor allem die Kosten miteinzubeziehen, die eine Wiederherstellung der Natur in ihrem ursprünglichen Zustand in Anspruch nimmt.[22]

Entsprechend diesem Postulat ergibt sich sogleich, daß man eine Reihe von Dingen, die heute noch als sehr rentabel erscheinen, auf der Stelle für äußerst unrentabel halten muß, und daß man vor allem eine Reihe von Dingen, die man heute noch unbesehen glaubt tun zu können, in Anbetracht der wahren Kosten, die man der Umwelt auferlegt, durchaus nicht mehr tun kann. Wir erwähnten z. B. vorhin das Verfahren der Kupferlaugung mit Hilfe von Thiobazillen. Es ist klar, daß ein solches Verfahren für wirtschaftlich gehalten werden kann, solange man einen Berg nicht anders betrachtet als eine Gesteinsprobe im Labor. Kein Berg der Welt aber ist eine bloße Ansammlung von Laborgestein, er ist nicht nur das

---

[22] Es liegt hier ein politisch außerordentlich wichtiges Problem vor. Nach dem offensichtlichen Zusammenbruch des sozialistischen Wirtschaftssystems in Osteuropa wächst vor allem in der BRD die Zuversicht, unsere eigene kapitalistische Wirtschaftsordnung nur einfach wie wohltätigen Regen über die dürstenden Länder des ehemaligen »Ostblocks« regnen lassen zu müssen. In Wahrheit kommt es darauf an, daß Kapitalismus wie Kommunismus zu einer gemeinsamen, in die Natur eingepaßten, weil buchstäblich mit der Natur »rechnenden« Wirtschaftsordnung finden. – In der Tat hat der Sozialismus in der DDR im Umgang mit der Natur dieselben Erscheinungen hervorgebracht wie das westliche Wirtschaftssystem, – an der Spitze: die Industrialisierung der Landwirtschaft mit Massentierhaltungsanlagen für 170 000 Schweine mit entsprechenden Exportaufträgen in die BRD; sodann: die rücksichtslose Belastung von Luft und Gewässer; die Zerstörung wertvoller gewachsener Biotope usw. Es wäre aber ein schwerer Irrtum, zu glauben, man müsse lediglich mit technischem »Know how« die Produktionsbedingungen in der DDR, in der Tschechoslowakei, in Polen, in der UdSSR vor allem im Ausstoß von Schadstoffen »umweltfreundlicher« gestalten. Es kommt dringend darauf an, *das gesamte System der Ausbeutung der Natur* zugunsten einer immer weiter ausufernden und immer anspruchsvoller sich gebärdenden Menschheit zugunsten eines Denkens und Handelns in ökologischen Gleichgewichten aufzulösen.

Ergebnis eines langen geologischen Prozesses einschließlich der formenden Kräfte der Erosion von Wasser und Wind, er ist immer auch Teil eines biologischen Austauschprozesses. Bevor man herangeht, Kupfererz aus dem Gestein zu waschen, müßte als erstes überlegt werden – nicht nur: wie reproduziert sich die menschliche Arbeitskraft, sondern welche Kosten müssen aufgewandt werden, um diejenigen Bedingungen zu erstellen, unter denen die Natur sich zu regenerieren vermag. Dabei wird vor allem *der Faktor der Zeit* auf eine völlig neue Weise kalkuliert werden müssen. Während der »Mehrwert« einer Ware in der Theorie des Marxismus sich aus der überschüssigen Arbeitszeit ergibt, müßte jetzt noch ein beträchtlicher Mehrwert bildender Faktor durch die Zeit hinzukommen, in welcher die Natur *arbeiten* muß, um sich selbst wiederherzustellen.

Aus solchen Erwägungen geht zweierlei zugleich hervor. *Zum einen* kommt jetzt erst in gebotener Schärfe die anthropozentrische Arroganz zum Vorschein, mit der wir ausschließlich die menschliche Arbeit als »Wertschöpfung« betrachten. Da können die Korallen getrost im Verlauf von Jahrtausenden mit dem großen Barrier-Riff das größte von Lebewesen auf diesem Globus errichtete Bauwerk auftürmen – wir Menschen geben uns das Recht, daran zu verändern, was immer wir wollen (oder was »unbeabsichtigt« damit geschieht, s. o. S. 40); die Blattschneideameisen können in Millionen Tiere zählenden Arbeitsarmeen den tropischen Urwald am Boden »reinigen« und »düngen«, Vögel können zur »Insektenbekämpfung« tätig sein, wie sie wollen, es gilt uns all dies nicht als Arbeit, eben weil diese gewaltigen Leistungen nicht von Menschen erbracht werden. Wenn eine Menschenmutter ein Kind zur Welt bringt, bedarf sie »naturgemäß« allen Schutzes und aller Hilfe; doch eben denselben Brutpflegeinstinkt, den wir mit allen höheren Lebewesen teilen, sprechen wir wie selbstverständlich den Tieren ab, sobald es unsere wirtschaftlichen Interessen berührt, d. h. wir haben keine Skrupel, den Ozelot zu jagen, Schimpansen einzufangen etc., gleichgültig, was aus den engen sozialen Beziehungen dieser Tiere wird. Und vor allem: wir stellen uns unfähig, die außerordentliche Leistung auch nur zu sehen, geschweige denn zu würdigen, die darin liegt, daß die Natur in Jahrmillionen die unterschiedlichen Ansprüche einer Fülle von Tier- und Pflanzenarten auf engstem Raum immer wieder aufeinander abgestimmt hat. Gerade an dieser Stelle bedürften wir dringend eines neuen Bewußtseins dafür, daß wir keinerlei Recht besitzen, es eine »Wertschöpfung« zu nennen, wenn wir »im Vollzug« unserer heutigen Form von Arbeit Zug um Zug Werte vernichten, die nicht nur in ihrer physischen Existenz, sondern insbesondere in der Art, in der »*Kultur*« und Weisheit ihrer Zusammenordnung liegen. *Zum anderen* begreifen wir, daß es für uns Menschen kein Recht gibt, irgend etwas auf Erden unwiederbringlich in den Tod zu stoßen, nur weil wir selber sein Verschwinden nicht für bedauerlich finden.

Vergleicht man die Arbeitsweise der Natur mit der Arbeitsweise des Menschen, so fällt vor allem *die enorme Differenz des Zeitfaktors* auf. Seit ihrer Entstehung vor ca. 7000 Jahren z. B. arbeitet die Nordsee sich gegen die norddeutschen Küsten vor; niemals kommt sie dabei zur Ruhe. Mal erschafft sie die Düneninseln Ostfrieslands, dann wieder reißt sie zusammenhängende Strukturen in einer einzigen Nacht auseinander,[23] und unablässig verdriftet sie Sand und Sedimente, nimmt fort und lagert neu an, baut auf und reißt ein, doch immer in Zeitmaßen, die den Menschen, sobald er sich absolut setzt, überfordern. Darf man es z. B. hinnehmen, daß das Meer gerade dabei ist, die Geest-Insel Sylt auseinanderzubrechen?[24] Muß man nicht das Naturschutz-Gebiet von Hörnum-Odde mit allen Mitteln: mit Tetrapoden, Sandvorspülungen oder sogar einem Schutzdeich gegen den Blanken

[23] Vgl. J. E. ROHDE: Naturwunder Küste, Nordsee, Ostsee, Schleswig-Holstein, Zürich–München (1979) 1985, S. 25–32; 49–56.

[24] Vgl. W. LIGGES: Inseln und Halligen Nordfrieslands, Köln 1985, S. 7–17; 40–59.

Hans schützen? Spätestens seit der Seßhaftwerdung des Menschen haben wir uns in die Erde so festgekrallt, daß wir zumindest nicht erleben möchten, daß besondere Veränderungen der Natur sich just zu unserer Lebenszeit ereignen. Wir haben etwas zu verteidigen, und also werden wir es verteidigen. Was wir in 10–20 Jahren erarbeitet und aufgebaut haben, z. B. einen Bungalow in Kampen auf Sylt, möchten wir am liebsten schützen, als wenn es eine ganze Ewigkeit Bestand haben sollte. Es ist die bloße Veränderlichkeit der Natur einerseits und unser Beharren auf die einzig durch uns Menschen erbrachten »Werte« andererseits, die eine Art Feindschaft zwischen Natur und Mensch hervorrufen. Wir haben es verlernt, mit den Dingen zu gehen und uns ihrem längeren Atem zu fügen.

Dabei stehen wir geschichtlich allem Anschein nach an einem Punkt, an dem wir uns fragen müssen, ob die bisherige *Definition von Arbeit* überhaupt noch Sinn macht. Im Marxismus galt wesentlich die kollektive Arbeit als das treibende Element, das den Menschen in einer Art Selbstschöpfung hervorbringt. Was ein Mensch ist, bestimmte sich zufolge dieser Auffassung wesentlich durch das, was er tut. In Wirklichkeit haben wir inzwischen den Hauptteil unserer Arbeit zunächst an rein mechanische, neuerdings sogar an intelligente Maschinen delegiert, die in einer zuvor nie geahnten Wirksamkeit die Natur zu verändern imstande sind. Doch eben deswegen müssen wir den althergebrachten Glauben aufgeben, daß es so etwas gebe wie ein »Recht auf Arbeit«. Im Gegenteil. Es kann unmöglich das Ziel der weiteren Geschichte sein, immer mehr Menschen an immer wirksamere Geräte heranzulassen, die in immer kürzerer Zeit und in immer größerem Umfang die Natur einseitig zugunsten bestimmter vermeintlicher oder wirklicher Lebensbedürfnisse des Menschen verändern. Wenn wir Maschinen erfinden, die von einem einzigen Mann bedient werden können, obwohl sie die Leistung von 100 Arbeitern verrichten, so wird uns nichts anderes übrig bleiben, als damit einverstanden zu sein, daß die 99 anderen »arbeitslos« sind. Und wenn die Produkte dieser Maschine 100 Menschen ernähren können, inzwischen aber die Zahl der Menschen auf 200 wächst, so brauchen wir, um diese Menschen zu ernähren, nur 2 Arbeiter an zwei Maschinen dieser Art, d. h. es werden auf der Stelle 198 Menschen »arbeitslos« sein. In Wirklichkeit aber sind sie vielleicht gar nicht »arbeitslos«, wenn wir nur das, was wir als Arbeit bezeichnen, neu definieren. Eine Mutter, die im Schwangerschaftsurlaub nicht zur Arbeit geht bzw. die nach der Geburt ihres ersten Kindes den Arbeitsplatz verläßt, ist ja, weiß Gott, nicht arbeitslos, sie hat lediglich etwas Besseres und Wichtigeres zu tun, als im Büro zu sitzen oder am Fließband zu stehen; das Wichtigere aber, dem sie sich zuwendet, besteht nicht in der Hervorbringung neuer Produkte oder in der Veränderung der Natur, sondern vielmehr in der Bewahrung dessen, was die Natur ihr anvertraut hat. Und dieses kleine Beispiel läßt sich durchaus erweitern. Es ist offenbar eine rein *patriarchalisch* bedingte Form, in der wir bisher nur die Tätigkeit des Mannes: Jagd und Krieg in breitester Form kulturell als »Arbeit« definiert haben. Ein verändertes Bewußtsein, das integraler die Stellung des Menschen inmitten der Natur miteinbezieht, wird weniger auf die Produktion von Erzeugnissen, als vielmehr auf die Regeneration bzw. auf den Erhalt der Natur ausgerichtet sein.

In dieser Hinsicht liegt z. Z. offenbar eine immense Kapazität an Arbeit einfach brach, indem wir es in der BRD seit etwa 15 Jahren fast schon für normal halten, mit rd. 2 Mio »Arbeitslosen« zu leben, statt diese freigesetzten Arbeitskräfte dafür einzusetzen, den Schaden wenigstens einigermaßen wieder gut zu machen, den wir der Natur durch die erhöhte Produktivität unserer industriellen Fertigungsverfahren zufügen. Die Neugewinnung von Mooren, Rieselfeldern,[25] Sumpfwiesen und Auwäldern, die Aufforstung ganzer

---

[25] Vgl. als ein vorbildliches Beispiel: Die Rieselfelder Münster. Europareservat für Watt- und Wasservögel, hrsg. v. der biologischen Station, »Rieselfelder Münster«, Selbstverlag, 44 Münster, Coermühle 181.

Landschaftszonen, der äußerst arbeitsintensive Schutz bestimmter vom Aussterben bedrohter Tier- und Pflanzenarten, die Überwachung geltender Naturschutzbestimmungen nach Art der Green-Peace-Aktionen bzw. die Aufdeckung katastrophaler Lücken bestehender Gesetzgebung, der Schutz des Wildes vor dem Autoverkehr, die Streuung von Informationen über die Anlage von Teichen und Gärten sowie über artgerechte Tierhaltung – es gibt sehr viel zu tun, wir müßten es nur anders anpacken als bisher. Das Ziel bestünde in der sozusagen »weiblicheren« Mentalität einer Gesellschaft, in der die Forderung nach Gleichberechtigung von Mann und Frau nicht primär darin besteht, daß nun endlich auch Frauen in Bergwerken arbeiten und in Armeen »dienen« können, sondern daß die andere, im Patriarchalismus bisher vernachlässigte oder unterdrückte Seite des menschlichen Wesens: die Einheit mit der Natur als eine gleichgewichtige und gleichberechtigte Aufgabe neben der »Arbeit« alten Stils gesehen wird. Natürlich setzt das auch im religiösen Denken und Empfinden Veränderungen voraus, denen gegenüber die gegenwärtige Form des Christentums sich immer noch eigentümlich schwertut.

c) Wenn auf diese Weise im Rahmen eines systemtheoretisch konzipierten Weltbildes Mensch und Natur als eine Einheit gedacht werden müssen, so laufen wir freilich Gefahr, einen *Faktor des Gefühls* zu übersehen, der uns seit eh und je geradezu zwingt, den Abstand des Menschen von der umgebenden Natur immer weiter zu vergrößern: den Faktor der *Angst* zum Zwecke der Erhaltung der eigenen Existenz *bzw.* den Faktor des *Mitleids* zum Zwecke der Erhaltung fremden Lebens.

In gewissem Sinne sind wir Menschen Widerspruchswesen bereits dadurch, daß wir aufgrund unserer Herkunft aus der Tierreihe eine Reihe von Gefühlen und instinktiven Handlungsbereitschaften mitbringen, die uns die Fürsorge für Kranke oder hilfsbedürftige Artgenossen als eine tiefverankerte Pflicht erscheinen lassen. Einerseits teilen wir diese

Ausstattung mit allen höheren Wirbeltieren, auf der anderen Seite aber sind der Ausdehnung solcher Gefühle auf nicht-menschliche Lebewesen offenbar recht enge Grenzen gesetzt, die zudem mit bestimmten äußeren Merkmalen der Wahrnehmung verknüpft sind, wie das Ansprechen eines bestimmten Pflegebedürfnisses durch das »Kindchenschema« oder durch bestimmte Laute, die an den Hilferuf eines Kindes erinnern. Alles wäre wohl in Ordnung, wenn wir Menschen vor ca. 4 Mio. Jahren auf der Stufe des Säugetiergehirns mit der Ausbildung des limbischen Systems stehengeblieben wären. Das Problem unserer Existenz aber liegt darin, daß wir durch die Entwicklung des Großhirns unsere Gefühle mit Verstand, d. h. mit einer unerbittlichen Konsequenz ausstatten können;[26] wir sind auf dieser Erde sozusagen die einzigen Lebewesen, die ihre Gefühle zu Ende denken können, und darunter insbesondere die Gefühle der Angst und des Mitleids: ob wir es wollen oder nicht, diese Gefühle sind es, die am nachhaltigsten eine *endgültige* Lösung für die ständige Bedrohtheit und Ausgesetztheit des menschlichen Daseins erzwingen.

Insbesondere *die christliche Theologie* hat bis in die Gegenwart hinein die Gefühle von Angst und Mitleid in einer großartigen Kombination in das Göttliche hineinprojiziert, indem sie den Menschen einen Gott vorstellte, der sich in väterlicher Huld und Treue um das Wohl und Wehe eines jeden einzelnen sorgt und nach dem Maß der Gerechtigkeit in Zeit und Ewigkeit sein Leben lohnt oder straft. Dieser aus dem Alten Testament entwickelte Gedanke der Vorsehung Gottes, zunächst gegenüber der Geschichte des auserwählten Volkes, dann aber gegenüber dem Dasein jedes einzelnen Menschen (s. o. S. 74–78), führte notgedrungen zu bitteren Enttäuschungen: die Schöpfung Gottes *ist* nicht gütig und

---

[26] Vgl. R. ORNSTEIN – R. F. THOMPSON: Unser Gehirn: das lebendige Labyrinth (1984), Hamburg 1986, S. 14–19; 33–46; vgl. E. DREWERMANN: Der Krieg und das Christentum, Regensburg 1982, S. 74–75: Die Angst, die aus dem Geist entsteht.

gerecht zu dem einzelnen Menschen, und es ist offensichtlich zu viel erwartet, einen besonderen Schutz oder eine wunderbare Ausnahmestellung des Menschen inmitten der empirischen Welt verlangen zu wollen. Das Christentum suchte dieses Problem mit Hilfe der Lehre der Erbsünde bzw. der »gefallenen« Schöpfung zu überbrücken: die Menschheit als ganze liegt in Sünde gefangen und verdient allemal den Zorn des göttlichen Strafgerichts, ja, es ist schon von Wunder zu sagen, daß wir allein aufgrund der Barmherzigkeit Gottes noch nicht gar aus sind, wie wir wohl verdienten. Mehr noch: die gesamte Schöpfung ist durch die Unheilstat des Ersten Menschen ins Unheil, d.h. in die Herrschaft des Bösen geraten, bzw. es hat der Urabfall der Engel im Himmel schon vor aller Schöpfung im Hinblick auf die Schuld des Menschen Macht über die gesamte Natur gewonnen und ist bis in den Grundbestand verderbt und getrübt worden; – daher das unsägliche Leid schon im Tierreich, daher die offensichtliche Ungerechtigkeit des Weltenlaufs, daher die scheinbare Sinnlosigkeit von so unsäglich viel Not und Elend auf Erden. Man muß nur die verzweifelt ringenden Passagen eines so ehrlichen und empfindsamen Menschen wie *Reinhold Schneider* in »*Winter in Wien*« lesen,[27] und man hat die ganze Tragik vor Augen, die ein solches Weltbild für Menschen erzeugen muß, die es ernst nehmen. Paradoxerweise bekämpft die christliche Theologie bis heute mit alttestamentlichem Eifer jede Form

---

[27] Vgl. R. SCHNEIDER: Winter in Wien. Aus meinen Notizbüchern 1957/58, Freiburg–Basel–Wien 1958, S. 109–110; 119–120. Bes. S. 241: »Für mich ist die Offenbarung der Liebe ein personales Wort an den, der glaubt, der zu glauben vermag, kein Wort an die Kreatur, die Räume, die Gestirne, auch nicht an die Geschichte (so paradox das zu sein scheint). Aus einer unbegrenzbaren kosmischen Dunkelwolke schimmert schwach ein einziger Stern; das muß uns genug sein.« – Das *muß* es; aber in den Augen der orthodoxen Theologen galt es für den Zweifel, für den latenten Unglauben R. SCHNEIDERS, daß er mit solchen Einsichten des Leids im Begriff stand, sich von der mythisch strukturierten, aber geschichtlich interpretierten Naturbetrachtung und Geschichtsdeutung der christlichen Dogmatik in herkömmlicher Form zu lösen. Vgl. E. KOCK: R. Schneider. Winter in Wien, Freiburg 1986, S. 7–26.

von Mythologie, aber sie merkt nicht und will nicht bemerken, daß diese ihre Lehren nichts anderes sind als ein grandioser in den Kosmos projizierter Mythos, der überhaupt nur dann Sinn macht, wenn man ihn mit den Mitteln der tiefenpsychologischen und existentialen Hermeneutik als eine Selbstaussage des Menschen interpretiert, nicht als eine objektive Aussage über Herkunft und Zukunft der Welt. Die einfache Tatsache, die sich beim Blick durch das Mikroskop und das Fernrohr, bei den Bohrproben im Oberen Erdmantel oder im Reagenzrohr auf vielerlei Weise bestätigt, lautet unwiderbringlich, daß Erdbeben und Seuchen, Meteoreinschläge und Klimaschwankungen, daß das Driften der Kontinente und das Vordringen und Zurückweichen der Meere, daß der Kampf der Arten untereinander, daß Deformationen des Erbgutes und Krankheiten aller Art, daß der Nahrungskreislauf von Fressen und Gefressenwerden, von Lebenserhaltung und Tod, daß die mächtigen Leidenschaften von Aggression und Sexualität nicht das Konterfei einer »gefallenen« Schöpfung widerspiegeln, sondern die notwendige Einrichtung einer Welt wiedergeben, die nur nach anderen Gesetzen sich wagt und vollzieht, als sie der menschlichen Ethik und Ästhetik entsprechen; oder, anders ausgedrückt, wir beginnen zu begreifen, daß die Gesetze, nach denen unsere ethischen und ästhetischen Werturteile sich bilden, selbst das Ergebnis eines Teilprozesses der Evolution darstellen, der uns wohl helfen mag, uns selber in Grenzen zu verstehen und miteinander einigermaßen erfolgreich zu kooperieren, der aber wenig dazu taugt, die Welt als ganze zu begreifen oder gar beurteilen zu wollen;[28] und es hilft offenbar endgültig nicht mehr, die christliche Anthropozentrik dadurch verewigen zu wollen, daß man die menschlichen Vorstellungen von Gut und Böse, Schön und Häßlich, Edel und Niedrig, Wert-

[28] Vgl. R. RIEDL: Biologie der Erkenntnis. Die stammesgeschichtlichen Grundlagen der Vernunft, Berlin–Hamburg 1979, S. 175–192. Vgl. bes. auch K. LORENZ: Der Abbau des Menschlichen, München 1983, S. 112–144.

voll und Schädlich dem lieben Gott selber zuschreibt. Gott ist buchstäblich unendlich viel mehr, als was wir Menschen – zum gegenwärtigen Zeitpunkt! – verstehen können.

Wie aber dann? Wenn es keinen Sinn macht, auf ein göttliches Mitleid zu hoffen, das uns vor den Unbilden der Welt zu schützen vermöchte, ja, wenn es nicht einmal möglich ist, in Krankheiten, in Unglücksfällen, in Qualen aller Art so etwas zu sehen wie eine verborgene Botschaft des Schicksals, so scheint die einzig verbleibende Konsequenz darin zu liegen, die menschliche Intelligenz aufzurufen, den fehlenden göttlichen Schutz des Menschen vor der Natur durch wachsende Kenntnis der Gesetze und Abläufe der Natur und durch ein entsprechendes praktisches Handeln zu ersetzen. Und von daher ergeben sich jetzt noch einmal ganz neue Fragen auch an die Funktion und die sittliche Erlaubtheit z. B. gentechnologischer Eingriffe in das Genom des Menschen oder der Experimente mit Pflanzen und Tieren.

Speziell *zwei* Fragen richten sich an die *Biotechnologie*; die eine ergibt sich aus der weitgehenden *Aufhebung der Selektionsbedingungen* für den Menschen, die andere aus der zunehmenden Möglichkeit, *Erbkrankheiten* durch Eingriffe der »Genchirurgie« zuvorzukommen. Beide Fragen bewegen sich an der Grenze dessen, was uns heute als menschlich und vernünftig erscheint, doch müssen sie gestellt werden, da sie sich strukturell aus der ganzen Anlage dessen ergeben, was wir seit 8000 Jahren als »Geschichte« bezeichnen.

Die Zeit ist endgültig dahin, daß wir eine Kindersterblichkeit von 50 % mit einer entsprechend hohen Geburten- und Selektionsrate, wie unter den »natürlichen« Lebensbedingungen der Indios in Amazonien z. B., für akzeptabel halten. Ein jedes Menschenkind, welches das Licht der Welt erblickt oder auch nur unterwegs dahin ist, soll eine faire Chance erhalten, leben zu dürfen, so befiehlt es uns ein natürliches Gefühl von Mitleid, Fürsorglichkeit, Mütterlichkeit u. a.; und wir sind medizinisch heute in der Lage, derartige Gefühle wirksam gegen die Natur durchzusetzen. Praktisch haben wir der

Natur das Messer der Selektion in den letzten 200 Jahren aus der Hand genommen, und schon in dieser Tatsache liegt ein schweres Problem: wir müssen fürchten, daß unser Erbmaterial zunehmend korrodiert, indem die Bedingungen, uns als kulturelle Wesen am Leben zu erhalten, immer künstlicher werden müssen.[29] M. a. W.: wir entfernen uns immer weiter von den natürlichen Gegebenheiten, wir legen immer mehr Filter der Hygiene, der keimfreien Sterilität, der antibiotischen Abwehr zwischen uns und die uns umgebende Natur, und die Frage steht bald schon ins Haus, wieviel »Natur« wir eigentlich überhaupt noch vertragen.[30] Schlimmer noch: wir stehen vor dem Problem, den Ausfall der natürlichen Selektion durch Verfahren der »Eugenik« zu ersetzen, aber wie?

Eine bestimmte »Selektion« findet natürlich nach wie vor statt: wie seit Jahrtausenden entscheiden Sympathie und Schönheit, eine Kombination bestimmter biologischer Schlüsselreize wie Haarfarbe, Augen, Gesichts- und Körpergestalt über die Aussichten eines Jungen, ein bestimmtes Mädchen zu finden, bzw. umgekehrt; hinzu kommen kulturell vermittelte Faktoren wie sozialer Rang, Geld und Beziehungen, Bildung und Ausdrucksvermögen, sowie vor allem das breite Feld charakterlicher Entsprechungen; doch all diese Auswahlkriterien der Liebe haben wenig zu tun mit Erbkrankheiten wie Bluterkrankheit, Zucker, Chorea Huntington u. a. Wir sind heute so weit, daß wir die Stelle auf der DNA genau bestimmen können, deren Defekt eine so schreckliche Krankheit wie die Chorea codiert. Wie sollten

<hr>

[29] Vgl. B. RENSCH: Das universale Weltbild. Evolution und Naturphilosophie, Frankfurt (Fischer Tb. 6340) 1977, S. 206–209, der davon ausgeht, daß schon heute »wahrscheinlich jeder Mensch etwa 6–10 sehr schädliche rezessive Erbanlagen« besitzt (S. 207) und daß die natürliche Auslese »infolge der entwickelten ethischen Vorstellungen nicht mehr besteht«, ja, daß »die Symptome vieler Erbkrankheiten (Anomalien der Gliedmaßen und der Zahnstellung, jugendliche Zuckerkrankheit, Bluterkrankheit u. a.) sogar durch ärztliche Kunst weitgehend behoben werden können« (S. 206–207).

[30] Auch nur die Reise in ein Entwicklungsland setzt heute bereits langwierige Schutzimpfungen und Gesundheitskontrollen voraus!

wir da nicht tun dürfen, was wir tun: den Schreibfehler der DNA-Reduplikation zu korrigieren, also die Gentechnologie zu benutzen, um das Spiel von Mutation und Selektion selbst in die Hand zu nehmen? Doch wie will man diesen Ansatz begrenzen? Konsequenterweise müßte man in ein paar Jahrzehnten bereits zur Verhinderung möglicher Erbkrankheiten prophylaktisch das Genom jeder Frau und jedes Mannes durchmustern und am günstigsten die für fehlerfrei erkannten männlichen und weiblichen Geschlechtszellen *in vitro* zusammenführen, wobei es offen bliebe, ob die so befruchteten Zellen als Retortenbabys oder auf »natürlichem« Wege das Licht der Welt erblicken würden.[31] Für Horrorphantasien in der Perspektive der »*brave new world*« des A. Huxley bleibt hier ein breiter Spielraum konkreter Phantasie.[32] Doch in einem wichtigen Punkt sah *Huxley* offenbar völlig richtig: wir halten es nicht aus, den Menschen dem blinden Mechanismus von Versuch und Irrtum auszusetzen, uns erscheint eine Natur als grausam, wild und ungerecht, die auf solche Weise mit menschlichem Leben spielt, und wir werden, sobald wir nur können, alles Erdenkliche unternehmen, um das Schicksal zu korrigieren. Wenn heute eine Mutter ihr Kind in die Arme schließt, so muß sie es lieben für die bloße Tatsache, daß es ihr Kind ist; sie kann nicht wissen, welche Eigenschaften es besitzt oder entwickeln wird. Einer fortgeschreneren Gesellschaft mag es zu abstrakt erscheinen, daß Eltern sich nur ein Kind überhaupt wünschen, man wird sie fragen, welch ein Kind sie sich wünschen: einen Jungen oder ein

---

[31] H. JONAS: Laßt uns einen Menschen klonieren – Betrachtungen zur Aussicht genetischer Versuche mit uns selbst, in: J. Dahl – H. Schickert: Die Erde weint, München (dtv 10 751) 1987, 97–126, S. 126 resümiert ganz richtig: »Verhütung von Unglück allein ist hier erlaubt, kein Probieren neuartigen Glücks. Mensch, nicht Übermensch sei das Ziel.« Doch das Problem des *Klonens* liegt weit unterhalb der eigentlichen Frage: der Rettung eines kollektiv korrodierenden Erbgutes mit den diagnostischen und (vielleicht) therapeutischen Mitteln der Gentechnologie und Genchirurgie.

[32] A. HUXLEY: Schöne neue Welt (1932), Frankfurt (Fischer Tb. 26) 1953.

Mädchen, mit welchen Fähigkeiten bevorzugt, mit welchen körperlichen und geistigen Merkmalen, und muß man, wenn alle Umstände der Zeugung eines Kindes bereits in den technischen Anlagen vorbereitet und somit gesellschaftlich kontrolliert werden, die Eltern noch fragen, wie *sie* sich ihre Kinder wünschen? Warum nicht gleich die Gesellschaft darüber bestimmen lassen, welch einen Menschentyp sie bevorzugt braucht?[33] Soviel ist klar: daß die Frage, was ein Mensch ist und was wir eigentlich meinen, wenn wir von Person, Freiheit, Seele, Selbstbestimmung, Individualität u. ä. sprechen, im kommenden Jahrhundert eines der schwersten Probleme darstellen wird. Und es wird die Frage sein, inwieweit wir uns der Auffassung *Feuerbachs* annähern, daß wir mit »Gott« eigentlich nichts anderes meinten als die projizierte Gestalt des menschlichen Wesens bzw. der konkret existierenden menschlichen Gesellschaft.

Für uns, am Ende des 20. Jh.'s, muß es genügen, aus den durchaus möglichen, ja, in gewissem Sinne sogar naheliegenden Visionen einer biologisch durchgestylten Welt von morgen zu lernen, daß etwas nicht stimmen kann, wenn wir eines unserer freilich edelsten Handlungsmotive: das menschliche Mitleid, absolut setzen und den inmitten der Endlichkeit stets gefährdeten, allen Arten von Leid ausgesetzten Menschen, so weit es irgend geht, vor der Natur abzuschirmen suchen. Die

---

[33] Auch hier ist H. JONAS: s. o. Anm. 31, S. 120–121 nur zuzustimmen, wenn er von dem »Recht zum Nichtwissen« spricht; wie aber, wenn eine Gesellschaft von morgen den Spielraum des Nichtwissens als zu gefährlich und vor allem: für zu kostspielig empfindet und nicht zuletzt: wenn sie ihn als ethisch nicht verantwortbar betrachtet, weil Menschen betreffend? Alle Technik besteht darin, den Raum des Zufälligen in das exakt Vorhersehbare umzuwandeln. Man betritt den Mond nicht, wie Columbus Amerika entdeckte: letzterer war ein Abenteurer und Entdecker –, die Crew eines Spacelab verrichtet ihren Dienst nach festgelegten Richtlinien, die es exakt einzuhalten gilt. *Was ist der Mensch?* Diese Frage auch nur in die Sphäre von ca. 200 Jahren weiterer geschichtlicher Entwicklung zu projizieren, muß die völlige Ratlosigkeit offenbaren, mit der wir selbst uns heute gegenüberstehen. Nur so viel ist sicher: wir werden uns gegen die Welt von morgen nicht mit den Argumenten von gestern schützen können.

Gefahr ist groß, daß wir am Ende nicht menschlicher werden, sondern nur unmenschlicher. Ein Ergebnis menschlicher Selektion findet man heute bereits in der Vielzahl der *Haushundrassen*[34] vor. Die Vorstellung mutet grotesk an, daß wir dabei sind, auf einem ähnlichen Weg uns selbst zu vermopsen. Immerhin mag man denken, daß wir bei allem, was wir mit uns selbst anstellen, den Preis dafür auch selbst entrichten müssen; die Verschiebung des Leids bzw. die Umformungen des Leids bleiben hier in der Sphäre ein und derselben Spezies gebunden, und wenigstens geht auf diese Weise alles, was immer auch geschieht, gewissermaßen mit rechten Dingen zu. Gerade das aber kann man nicht sagen bei all den Formen, in denen wir Menschen das Quantum an Leid, das die Natur uns auferlegt hat, bedenkenlos an die Tiere abzugeben suchen. Natürlich scheint es zunächst ganz verständlich, daß Medikamente, ehe sie an Menschen »erprobt« werden, zunächst eine lange Testphase in Tierversuchen durchlaufen sollen, – das Gesetz will es so.[35] Aber die Zweifel an der Legitimation unseres Tuns beginnen bereits an der Stelle, wo wir so tun, als wenn die Tiere keine eigenen Gefühle besäßen. In Wahrheit sind die Loci für die Schmerzempfindung in einem Säugetiergehirn genau dieselben wie in dem Gehirn eines Menschen, und so wird man schließen müssen, daß höher entwickelte Tiere genau so Schmerz empfinden wie Menschen, ja, womöglich sogar noch mehr. Wir Menschen können uns in Gedanken von dem »tierischen« Schmerzgefühl ein Stück weit distanzieren, und vor allem: wir wissen zumeist in etwa um die Ursachen, manchmal sogar um den Sinn eines Schmerzes. Ein Tier leidet nur stumm vor sich hin. Es kann nicht begreifen, warum, und es gibt keine Sprache der Welt, es ihm zu erklären.

---

[34] Vgl. K. LORENZ: So kam der Mensch auf den Hund, München (dtv 329) 1975, S. 59–63: Anklage gegen Züchter.

[35] Vgl. dagg. I. WEISS: Das unerträgliche Muß – Tierschutzgesetze und ihre Anwendung, in: K. Franke (Hrsg.): Mehr Recht für Tiere, Hamburg 1985, S. 233–253.

Was es heißt, wie ein Tier zu leiden, kann jeder im Selbstexperiment für sich in Erfahrung bringen.[36] Nehmen wir an, jemand leidet an schweren Zahnschmerzen, die ihn am Einschlafen hindern; – nebenbei bemerkt, schon das Absinken der Wachsamkeit verstärkt bekanntlich einen tagsüber noch als relativ schwach empfundenen Schmerz bis zum Unerträglichen; nun setzen wir einmal, jener Mann stehe des Nachts auf, um sich ein Schmerzmittel zu holen, er nähme aber statt dessen, um »richtig« auszuruhen, ein Schlafmittel. Das Ergebnis ist gut vorhersehbar: er wird die ganze Nacht kein Auge mehr zutun; denn die weitgehende Ausschaltung des Bewußtseins läßt nichts weiter übrig als den einfachen tierischen Schmerz.

Oder, ein anderes Beispiel, das geeignet ist, zugleich das Vorurteil zu beseitigen, daß nur Menschen »seelisch« zu leiden vermöchten: eine Frau packt mittags im Beisein ihres Foxterriers den Koffer, um bis zum nächsten Morgen zu verreisen; der Hund weiß aus Erfahrung, was das Kofferpakken bedeutet: Frauchen wird weggehen, und er wird allein sein. Für den Hund erscheint in diesem Moment die gesamte Welt wie leergeräumt, und anders als ein Mensch, dem man sagen kann, wie lange die Abwesenheit währen wird, muß einem Tier die Trennung wie etwas Endgültiges vorkommen. Entsprechend ganzheitlich vermag ein Tier Leid zu empfinden.[37]

Entsprechend ganzheitlich vermag es auch *Glück* zu empfinden. Dieser Tage stieg ich aus dem Zug und sah, wie ein Mann mit seinem Dackel am Bahnsteig stand, um seine Frau abzuholen; für ihn bedeutete das Wiedersehen mit seiner Gattin ersichtlich keine größere Aufregung, der Hund aber war buchstäblich außer sich vor Glück, er sprang einen halben Meter hoch in die Luft, und von den weit geöffneten

---

[36] Das folgende Beispiel entstammt einer Fernsehdiskussion mit K. Lorenz Mitte der 70er Jahre.

[37] Vgl. K. Lorenz: So kam der Mensch auf den Hund, s. o. Anm. 34, S. 120–123: Die Treue und der Tod.

zitternden Nasenflügeln bis zu dem übermütig wedelnden Schwänzchen war das Tier ein einziger leibhaftiger Taumel der Freude. – Es ist keine Frage, ein Tier kann nicht *weniger*, sondern zumindest *totaler* und *vitaler* Glück und Schmerz empfinden, weit mehr jedenfalls, als jeder Mensch es je könnte. Wenn es aber so steht, welch ein Recht haben wir dann, in den Laboratorien der Pharmaindustrie und in den Ausbildungsstätten der Ärzte den Tieren jede Art von Schmerz und Leid millionenfach zuzumuten, die eigentlich wir selbst zu tragen hätten?

Eine einfache Antwort mag lauten, das Opfer von noch so vielen Tieren sei dadurch gerechtfertigt, daß es womöglich für alle Zukunft gelingen könnte, eine bestimmte schreckliche Krankheit zu besiegen. Wir stellen jetzt einmal beiseite, daß wir in aller Regel kaum wissen, wie die Ausrottung oder Neutralisierung eines bestimmten Krankheitserregers oder -überträgers auf das Artengleichgewicht eines bestimmten Biotops zurückwirkt; es genügt hier die Feststellung, daß es allenfalls gerechtfertigt sein mag, 500 000 Meerkatzen oder Hunde im Kampf gegen eine Krankheit zu quälen und zu töten, die *für alle Zeiten* im Leben der Meerkatzen oder Hunde unschädlich gemacht werden könnte, vorausgesetzt freilich, wir wüßten, was die Meerkatzen und die Hunde tun werden, wenn wir die naturgegebenen Verfahren, ihre Arten kurzzuhalten, einfach durchbrechen. Äußerst problematisch aber erscheint die Verschiebung des natürlichen Anteils von Leid und Schmerz von einer Species auf eine Vielzahl anderer.

Wenn es überhaupt eine ethische Rechtfertigung der Tierversuche geben könnte, so müßte sie darin bestehen, *das gesamte Ausmaß kreatürlichen Schmerzes* auf dieser Welt zu verringern. Unter diesem Aspekt allein scheint es »gerechtfertigt«, ein Bakterium wie die Escherichia coli in ein lebendes Reagenzrohr zu verwandeln oder angehenden Ärzten die ersten Sektionsübungen an Regenwürmern ausführen zu lassen; und selbst wenn wir mit all den Grausamkeiten millionenfacher Tierversuche nur das Ausmaß an Schmerz umzuschichten, nicht abzumildern vermöchten, so wäre doch schon viel gewonnen, wir könnten, entsprechend dem Grad der Schmerzempfindlichkeit, entlang dem evolutiven Baum des Lebens zumindest das Gesamtquantum an *physischem* Leid gewissermaßen von den Blättern und Zweigen weg auf den Stamm und die Wurzeln herunterdrücken.

Alles in allem aber sollten wir gerade nicht länger für unser gutes Recht halten, was wir derzeit sozusagen aus Gewissensgründen glauben den Tieren antun zu sollen. Wir sollten die wunderbare Kraft unseres Mitleids, gepaart mit der göttlichen Gabe des Geistes, nicht länger dazu verwenden, einen Totalanspruch unserer Species an die Natur anzumelden, sondern im Gegenteil: das Mitleid vermöge unseres Denkens und unseres Vorstellungsvermögens zu *universalisieren* und es auf die gesamte leidende Kreatur auszudehnen. Am Ende stünde eine Ethik, die im Sinne *A. Schopenhauers* (s. o. S. 99–100) den Willen zum Leben nicht mehr als die Grundlage eines generellen Kampfs aller gegen alle versteht, sondern darin eine Bereitschaft erkennt, sich mit allem identisch zu setzen, was auch, wie ich selbst, leben will. Nur so öffnet sich der *Schleier der Maya*, der in der Enge der christlichen Anthropozentrik die Menschen daran hindert, ihre Güte so offen und weltweit zu leben, daß sie Platz hat für alles, was sterblich ist oder, besser: was womöglich *gemeinsam mit uns* unterwegs ist zum Land der Unsterblichkeit.[38]

d) Ein letzter wichtiger Punkt im Verhältnis von Mensch und Natur läßt sich nach dem Gesagten an dem *Faktor der unterschiedlichen Zeit*[39] festmachen bzw. er läßt sich beschreiben als die strukturelle Ungemäßheit von Naturgeschichte und Menschengeschichte. Das Faktum besteht, daß wir nicht

---

[38] Vgl. E. DREWERMANN: Ich steige hinab in die Barke der Sonne. Meditationen zu Tod und Unsterblichkeit, Olten 1989, 228–247. Vgl. auch DERS.: Über die Unsterblichkeit der Tiere. Hoffnung für die leidende Kreatur, mit einem Vorw. von LUISE RINSER, Olten 1990.

[39] Vgl. K. LORENZ: Der Abbau des Menschlichen, München–Zürich 1983, S. 145–148: Die Diskrepanz der Geschwindigkeiten.

mehr nur die moralische Fähigkeit verloren haben, in dem größeren Atem der Welt mit den Dingen zu gehen, die bittere Tatsache lautet, daß wir im Verlaufe der letzten 8000 Jahre innerhalb der Geschichte der Menschen ein Tempo angeschlagen haben, das strukturell mit den Zeitmaßen der Natur nicht mehr zurechtkommt. Es war *Reinhold Schneider*, der ganz richtig die (gegenwärtige Form menschlicher) Geschichte als eine Art Fieberzustand empfand, als einen Überhitzungsgrad an Energie, buchstäblich als das Ende aller Zeit und als Endzeit der Geschichte unmittelbar vor der hereinbrechenden Apokalypse.[40] Uns Heutigen sind die Weltuntergangsängste der 50er Jahre im Schatten des Kalten Kriegs und der Zündung der ersten Wasserstoffbomben in der Form des *» Winter in Wien«* kaum noch verständlich, doch nicht, weil wir uns weniger bedroht fühlten oder weil wir das Wachsen möglicher Gefahren nicht überdeutlich bemerken würden, sondern weil wir mit dem gesamten Raster der christlich überkommenen Geschichtsdeutung, wenn sie mehr sein will als eine projizierte Form der existentiellen Grunderfahrung menschlicher Erlösung von Angst und Schuld im Gegenüber der Person des Jesus von Nazareth, so gut wie nichts mehr anfangen können. Wir begreifen sehr wohl, daß es lediglich

---

[40] R. SCHNEIDER: Winter in Wien. Aus meinen Notizbüchern 1957/58, S.235: »Die wenigen tausend Jahre ›Geschichte‹, gegenüber der Geschichte der Erde und des Kosmos, bedeuten einen Ablauf von rasender Schnelle, eine Bewegung, deren Heftigkeit kaum in ein Verhältnis gebracht werden kann zu Prozessen natürlicher Gestaltung. Es ist ein in das Dunkel der Natur geworfener Blitz: Was für ihn ›Zeit‹ ist, das ist nicht Zeit der Natur, sowenig wie die Flugzeit der Eintagsfliege Zeit ist des Baumes, des Felsens, der Meere. Mit Geschichte bricht das eigentlich Unheimliche ein. Völker, Kulturen werden in der Nacht wie Scheite verzehrt; Geschichte ist die in den Kosmos projizierte Schrift aus dem Palaste zu Babylon, ein der gesamten Umwelt wesensfremder Prozeß.« Und S.133: »Das Göttliche der Botschaft ist eben die Begrenzung und Bescheidung, das Schweigen vor den unendlichen Räumen; sie bedeutet die Hervorhebung des Menschen aus den kosmischen Bezügen. Aber ich bin nicht imstande, diese Singularität im All zu leben; es zieht mich zum Untergange mit der Kreatur; ich ersehne den Frieden, den sie erwarten darf.«

die alte Anthropozentrik des Christentums in der Drappierung einer umfassenden Deutung von Geschichte darstellt, wenn wir glauben, über eine göttliche Offenbarung zu verfügen, die uns erklärt, was für ein Schicksal es mit »der« Schöpfung, mit dem Universum als ganzem also, oder, bescheidener geworden, zumindest doch mit unserer »Welt«, dem Planeten Erde, nehmen werde. Es braucht hier nicht erörtert zu werden, daß jedes Wörtlichnehmen apokalyptischer Erwartungen der baldigen Wiederkunft Christi, wie sie immer wieder in der Geschichte des Christentums zu beobachten war, sich regelmäßig als Täuschung erwiesen hat;[41] es ist vor allem der Gedanke der Evolution selbst, der es schlechtweg verbietet, zu glauben, wir besäßen so etwas wie ein endgültiges Wissen um die objektive Bestimmung der Schöpfung.

Um es so zu sagen: erst seit 2–3 Mio Jahren beginnt der menschliche Geist, mit einer ermattenden Langsamkeit am Anfang, dann immer rascher, die Augen aufzuschlagen, – man muß sich nur klarmachen, daß es noch keine 3000 Jahre her ist, daß die Menschen die Sonne und den Mond für Götter hielten und daß es noch keine 500 Jahre her ist, seit wir zumindest von der geometrischen Form der Erde eine klare Vorstellung besitzen. Doch selbst 2 Mio Jahre sind in den geologischen Zeiträumen der Evolution nicht mehr als ein Bruchteil; d. h., gemessen an dem Parameter der Natur stehen wir noch ganz und gar am Anfang der Entwicklungsmöglichkeiten der menschlichen Art. Unter diesen Umständen scheint die Annahme aberwitzig, daß wir bereits jetzt, oder vielmehr: gerade just zu dem Zeitpunkt, da wir selber existieren, in den Besitz der ganzen Wahrheit des Wissens um das Schicksal von Welt und Geschichte gelangt wären.[42] Deutlich

---

[41] Zur Interpretation apokalyptischer Visionen vgl. E. DREWERMANN: Tiefenpsychologie und Exegese, 2 Bde., Olten 1984–1985. Bd. 2, S. 436–591.

[42] Vgl. H. VON DITFURTH: Der Geist fiel nicht vom Himmel. Die Evolution unseres Bewußtseins (1976), München 1980, S. 314–318.

erkennbar handelt es sich dabei nur um eine neue Form eines archaischen Mittelpunktwahns, der darin besteht, den eigenen zufälligen Standort durchaus als den einzigen und letztgültigen Beobachtungsort und Standpunkt der Weltanschauung zu interpretieren.

Ja, es scheint manchen Theologen unter bestimmten Voraussetzungen nicht einmal die christliche Vorstellung widerspruchsfrei haltbar zu sein, daß Gott sich in der Person Jesu unüberbietbar aller menschlichen Geschichte mitgeteilt habe.[43] Wer immer Jesus von Nazareth war und wie göttlich und tiefsinnig seine Person und Lehre auch immer gewesen ist und sein mag, – ganz sicher war er ein Wesen der Species *homo sapiens sapiens*, und ganz sicher redete er zu Wesen dieser Species. Gesetzt aber, daß die Evolution des Menschen wirklich erst am Anfang steht, so wird man in ein paar Zehntausend Jahren (gerade so lang, wie an Zeit nötig ist,

---

[43] So sehr richtig H. v. Ditfurth: Wir sind nicht nur von dieser Welt. Naturwissenschaft, Religion und die Zukunft des Menschen (1981), München (dtv 10 290) 1984, S. 19–23. Vgl. E. Drewermann: Ich steige hinab in die Barke der Sonne, s. o. Anm. 38, S. 239. Die Erschütterung der christlichen Dogmatik in diesem Zentralpunkt der Christologie läßt sich nicht »theologisch« mit der Evolutionslehre vermitteln; dies ist die Grenze, die auch dem Konzept der Welt als eines »gottoffenen Systems« in der Theologie von J. Moltmann und (nach ihm) G. Altner gesetzt ist; vgl. G. Altner: Die Überlebenskrise in der Gegenwart. Ansätze zum Dialog mit der Natur in Naturwissenschaft und Theologie, Darmstadt 1988, S. 142–152. Etwas ganz anderes ist der Gedanke von J. White: Jesus, die Evolution und die Zukunft der Menschheit, in: St. Grof (Hrsg.): Die Chance der Menschheit. Bewußtseinsentwicklung – der Ausweg aus der globalen Krise, München 1988, S. 221–238, der in Jesus die »vollendete Verkörperung der neuen Menschheit« erkennt und meint: »Seine Mission und seine Lehre enthalten im Kern die Entwicklung eines neuen und höheren Bewußtseinszustandes *einer ganzen Spezies* und nicht nur vereinzelter Menschen.« Das mag, christlich gesehen, wohl gelten, ist aber keine Antwort auf das Schicksal von Kosmos und Geschichte, und es wertet zudem die nichtchristlichen Religionsformen ab: auch der Buddha war »nicht nur ein vereinzelter Mensch«, sondern unzweifelhaft der Beginn eines neuen Bewußtseins. Was die alte christliche Dogmatik wollte, war eben nicht nur ein moralischer oder existentieller Impetus, sondern eine »Heilsaussage« bzw. eine metaphysische Definition über Sein und Zukunft aller Welt. Und eben eine solche Aussage ist nicht mehr möglich.

damit das von uns heute produzierte Strontium 90 zerfällt) eine menschliche Art vermuten dürfen, die von uns Heutigen weiter entfernt ist als wir Jetztlebende von den Neanderthalern. M. a. W.: wir verfügen keinesfalls, auch im christlichen Glauben nicht, über ein »eschatologisches« Wissen von Sinn und Bedeutung der Evolution des Lebens und der menschlichen Geschichte, wir stehen vielmehr gerade erst an dem Punkt, da wir zum ersten Mal ungefähr ahnen, was es heißt, die richtigen Fragen an die uns umgebende Welt zu richten, damit wir brauchbare Antworten erhalten, und die wohl härteste Zumutung unserer Existenz heute liegt offenbar darin, ganz sicher zu wissen, daß wir in unseren Tagen auf unsere Fragen nach der Bedeutung all dessen, was sich mit uns und um uns ereignet, bestimmt (noch) keine Antwort bekommen können. Kein Wort aus dem Munde Jesu (oder irgendeines anderen Religionsstifters) ändert etwas an dieser absurden Grundkonstellation menschlicher Existenz zum gegenwärtigen Zeitpunkt der Evolution. Was Jesus als der »Sohn Gottes« oder als das »Wort Gottes« uns zu sagen hat, kann ein tragender Grund sein, mit dieser Absurdität in Vertrauen und Hoffnung zu leben, sie selbst zu beseitigen erscheint im Horizont heutiger Geschichte nicht möglich. Es bleibt nichts anderes übrig, als die Folgen des eigenen Verhaltens selber zu tragen. Kein Gott wird bereit stehen, die Fehler von Heute morgen stellvertretend zu büßen.

Aber, so mag man fragen, gibt es ein Morgen denn überhaupt? Im Bilde gesprochen: man weiß, daß Frösche in unterschiedlichen Zeiten leben, je nachdem, ob sie, in der klirrenden Kälte des Winters im Schlamm eines Sees vergraben, mit langsamem Herzschlag am sparsamsten Rand ihres Daseins wie bewußtlos dahinvegetieren oder ob sie in den warmen Sommertagen um ein Vielfaches *intensiver* ihr Dasein vollziehen, *aber auch* um ein Vielfaches *schneller zu altern* gezwungen sind. Analog dazu ließe sich denken, daß die menschliche Geschichte inzwischen einen »Wärmegrad« erreicht hat, der Prozesse, die unter »natürlichen« Umständen Jahrmillionen in Anspruch nähmen, auf Jahrhunderte, ja, inzwischen auf Jahrzehnte und Jahre zusammendrängt. Wäre es daher nicht denkbar, daß wir eben mit dem, was wir heute »Geschichte« nennen, dabei sind, das Kontingent an Zeit zu verbrauchen, daß die Evolution für den Entfaltungsspielraum einer Art vorgesehen hat? Wahr ist, daß wir heute in wenigen Jahren Ressourcen der Energie verbrauchen, die zusammenzutragen und zu speichern das Leben viele Jahrmillionen allein im Karbon und in der Kreidezeit benötigt hat. Wahr ist auch, daß wir derzeit leben, als wenn wir der Natur den Krieg erklärt hätten. Wahr ist auch, daß es so wie in den letzten 40 Jahren seit dem 2. Weltkrieg endgültig nicht mehr weitergehen kann.

Ein wirkliches strukturelles Problem, das dringend seiner Lösung harrt, weil es eine enorme destruktive Sprengkraft in sich birgt, besteht allein schon in dem *Zwang zur Geschwindigkeit* selbst. Man darf voraussetzen, daß niemand, der heute bei BASF oder Daimler Benz, bei Texaco oder Siemens Entscheidungen fällt, die Natur subjektiv schädigen will, und ganz gewiß darf man es nicht generell annehmen z. B. bei einem Kommunalpolitiker, der über einen neuen Bebauungsplan, über eine Umgehungstangente oder über die Genehmigung eines neuen Industriestandorts abstimmen soll; aber sie alle müssen in unserer Gesellschaft Tag um Tag Entscheidungen fällen ohne eine wirkliche Kenntnis dessen, was ihre Entscheidungen für die Umwelt bedeuten. Diese Blindheit bezüglich der Folgen unseres Handelns ähnelt der Situation eines Mannes, der bei dichtem Nebel mit immer höherem Tempo auf unbekannter Straße bzw. querfeldein fahren soll, nur daß die Aufprallwand der Natur elastischer ist als Gummi und wir daher eine ganze Weile lang nicht merken, daß wir längst dabei sind, die Kraft ihres Rückstaus zu spannen, indem wir ihre Grenzen überdehnen. Was wir dringend brauchen, ist *ein Moratorium des Nachdenkens* bzw. eine erlaubte Entlastung von der ständigen Verpflichtung, über Dinge zu entscheiden, deren Komplexität wir überhaupt nicht abschätzen, geschweige denn kalkulieren können. Eine ganz entscheidende Frage der Gewinnung von Zukunft lautet daher: wie bremsen wir das geschichtliche Tempo ab bis zur Erreichung eines »Fließgleichgewichts«, das der natürlichen Entwicklung konform ist? – Die Frage ist in etwa identisch mit der alten marxistischen Frage: wie läßt sich eine Geschichte beschreiben und verwirklichen jenseits der antagonistischen Widersprüche der gegenwärtigen Periode des Kapitalismus bzw. des Staatssozialismus?

Wenn erst einmal eine Frage richtig gestellt ist, so fallen die Antworten zumeist erstaunlich leicht, zumindest theoretisch. Die Frage nach einer Abbremsung des Tempos geschichtlicher Entwicklung ist als erstes eine Frage der Verlangsamung des Trägerprozesses aller Menschheitsentwicklung: der Bevölkerungsexplosion. Ehe sie nicht gestoppt, ja, *umgekehrt* worden ist bis auf eine Zahl, die ungefähr vor einem halben Jahrhundert bei ca. 2,5 Mrd. lag, oder, wie *B. Grzimek* einmal meinte, bei ca. 700 Mio wie vor etwa 300 Jahren und dann nach rückwärts konstant über sehr lange Zeiträume, wird es einen Ausgleich zwischen Mensch und Natur nicht geben können. Und diese Feststellung wirft sogleich die nächste Frage auf: wie ist es möglich, unter den gegenwärtigen Bedingungen weltweit die Reproduktionsrate der Menschheit zu begrenzen? Oder anders gefragt: wie lassen sich gerade bei den ärmsten und zugleich kinderreichsten Völkern Verhältnisse herstellen, die es erlauben, mit weniger Kindern zu leben (s. o. S. 46–50) und die Last des Elends nicht in vollem Umfang an die Umwelt weitergeben zu müssen? Ein Hauptproblem der gegenwärtigen Geschichtsepoche besteht in der Frage, wie wir es rasch genug den Ländern der Dritten Welt ermöglichen können, auf die natürlichen Gegebenheiten ihrer Umwelt mehr Rücksicht zu nehmen.

Einen wichtigen Aspekt dabei haben wir schon erwähnt: *die Preisgestaltung*. Kein Land der Dritten Welt hat derzeit eine faire Chance zur Entwicklung, solange die Preise für Rohstoffe und die Preise für Fertigwaren auf dem Weltmarkt weiterhin so dramatisch auseinandergehen wie bisher.⁴⁴ Innerhalb eines ökonomischen Denkens, das den Wert einer Ware wesentlich nach der aufgewandten Arbeitskraft des Menschen bemißt, wird das Interesse der Industriestaaten notwendig darauf abzielen, bei erhöhten Lohnkosten die Fertigungskosten sowie die Rohstoffpreise so niedrig wie möglich zu halten; es ist die immanente Logik der Industrialisierung selbst, die Erzeugung von Waren, mithin die Umwandlung von Naturstoffen und deren Beschaffung so billig wie möglich zu gestalten. Erst bei einem Denken, das die Arbeit der Natur für genauso »wertschöpfend« erachtet wie die Arbeit des Menschen, gelangen die Entwicklungsländer in den wirtschaftlichen Genuß ihrer Ressourcen; erst dann auch wird ein realer Interessenausgleich zwischen Nord und Süd möglich sein; erst dann auch lassen sich Ökonomie und Ökologie wirklich miteinander versöhnen.

Gemessen an dieser Forderung, erscheint es als eine eitle Selbsttäuschung, die bisherige Wirtschaftsordnung unverändert beibehalten zu wollen und gleichzeitig unter dem Stichwort der Entwicklungshilfe die Probleme der Dritten Welt sowie unter dem Stichwort des Umweltschutzes die extreme Gefährdung der Natur sinnvoll beantworten zu wollen. Es muß einen jeden, der die nicht endenden Debatten um die »Entwicklungshilfe« seit Jahrzehnten in der BRD mitverfolgt, bitter stimmen, wenn er sieht, wie wenig an effektiver Hilfe aus einem Wust von Worten bis heute geworden ist. Ins Wort genommen hat die BRD sich selbst vor Jahren mit dem Versprechen, wenigstens 0,7% des Bruttosozialproduktes für die Entwicklungshilfe einzusetzen, tatsächlich aber ist sie über 0,4% nie hinausgekommen. Die Entwicklungshilfe der westlichen Industrieländer ist 1987 sogar zum ersten Mal real

---

⁴⁴ Vgl. *Der Brandt-Report*. Bericht der Nord-Süd-Kommission, Frankfurt (Ullstein Tb. 34 102) 1981, S. 216–234: Industrialisierung und Welthandel; S. 253–276: Die Weltwährungsordnung. E. EPPLER: Ende oder Wende. Von der Machbarkeit des Notwendigen, Stuttgart–Berlin–Köln–Mainz 1975, S. 79–89: Rohstoffe, Nahrungsmittel, Energie.

um 1% gesunken; sie betrug nominal zwar rd. 5 Mrd Dollar (10 Mrd DM) und stieg damit auf 41,5 Mrd Dollar (83 Mrd DM), doch ergab sich dieser »Anstieg« lediglich aus dem Verfall des Dollars. Auch die Hilfe privater Organisationen stagnierte 1987 bei rd. 3,3 Mrd Dollar (6,6 Mrd DM). »Die Kredite privater Banken und Investoren gingen 1987 auf ca. 23 Mrd Dollar (46 Mrd DM) zurück (1986: 33 Mrd Dollar, 66 Mrd DM). Insgesamt erhielt die Dritte Welt Finanzmittel in Höhe von 90 Mrd Dollar (180 Mrd DM), dem standen jedoch Schuldendienstzahlungen von rd. 140 Mrd Dollar (280 Mrd DM) gegenüber.«[45] Krasser als in der nüchternen Sprache dieser Zahlen läßt sich nicht mitteilen, welch eine arithmetische Augenwischerei unsere »Entwicklungshilfe« darstellt. Wir »helfen« nicht, wir verlangsamen lediglich die Eintreibung der »Schulden«, in welche wir die Länder der Dritten Welt durch die ungerechten *Terms of trade* im Weltmarkt (Rohstoffpreise) und durch zahlreiche Fehlsteuerungen im einzelnen (Monokulturen wie Kaffee- oder Zuckerrohranbau, deren Produkte von Preisschwankungen geradezu verheerend getroffen werden können; einseitige soziale Entwicklungen infolge der Industrialisierung; Landflucht; ausuferndes Großstadtproletariat; Einmischung fremder Konzerne in die Landverteilung etc.) wie mutwillig hineingetrieben haben. Während es unsere oberste wirtschaftliche Aufgabe sein sollte, es den armen Ländern zu ermöglichen, zu einem umweltfreundlichen Gleichgewicht mit der Natur zurückzufinden, sind wir gerade heute, in den Jahren einer entscheidenden Weichenstellung für die weitere Entwicklung der Menschheit auf diesem Globus, weiter davon entfernt denn je.

Immerhin scheint es, als ob wir zum Ende dieses so außerordentlich explosiven, krisen- und kriegsgeschüttelten 20. Jh.'s dahin kommen könnten, zumindest die exorbitanten

---

[45] Westen gibt erstmals weniger. OECD-Studie rügt schrumpfende Leistungen der USA und Bundesrepublik. FAZ 7.12. 1988. B. HARENBERG: Aktuell 90. Das Lexikon der Gegenwart, Dortmund 1989, 102–103.

Ausgaben für militärische Rüstung (mehr als 30% des Bruttosozialproduktes in den meisten Staaten der Welt!)[46] nach dem beginnenden Abbau der Ost-West-Spannungen herunterzufahren und etwas einigermaßen sozial und ökologisch Sinnvolles damit anzustellen. Zu Ende sein könnte dann auch die enorme Verschwendung von Intelligenz, Arbeit und Kapital, die noch bis heute darin besteht, so gut wie alle wichtigen technischen und naturwissenschaftlichen Innovationen im Zeichen der militärischen Konkurrenz und Konfrontation von Warschauer Pakt und Nato buchstäblich zweifach erfin-

---

[46] Vgl. P. KOCH: Wahnsinn Rüstung, Hamburg 1981, S. 269–291: Das Bombengeschäft: »Wenn man nur fünf Prozent der jährlichen Militärausgaben in der ganzen Welt einbehalten würde, so schrieb sie (sc. *Ruth Sirvad*, d. Verfasser) 1976 in einer Studie, würde man 15 Milliarden Dollar zur Verfügung haben. Davon könnte man 200 Millionen unterernährter Kinder ernähren (vier Milliarden Dollar), in Ländern mit Hungersnot die Landwirtschaft aufbauen (drei Milliarden Dollar), für 100 Millionen Kinder ohne Aussicht auf Ausbildung Schulen schaffen (drei Milliarden Dollar), einen internationalen Nothilfefonds für von Katastrophen heimgesuchte Länder organisieren (zwei Milliarden Dollar), ein weltweites Programm gegen Karies starten (1,5 Milliarden Dollar), eine Grundschulausbildung sichern (eine Milliarde Dollar), eine weltweite Kampagne zur Ausrottung der Malaria durchführen (450 Millionen Dollar), 300 Millionen Kinder und Frauen im gebärfähigen Alter durch Eisenpräparate gegen Anämie schützen (45 Millionen Dollar) und 100 Millionen Kinder im Alter bis zu fünf Jahren durch Vitaminpräparate vor Erblinden aus Mangel an Vitamin A retten (fünf Millionen Dollar).« (S. 290) Freilich: zu oberst müßten *Mittel für Geburtenkontrolle* ausgegeben werden! D. DÖRNER: Ut desint vires ... Über den Umgang mit sehr komplexen Systemen, in: J. Dahl – H. Schickert (Hrsg.): Die Erde weint, München (dtv 10 751) 1987, S. 188–208 schildert sehr eindrucksvoll das Experiment »*Tanaland*«, bei dem einzelnen Versuchspersonen die Aufgabe gestellt wurde, als Berater in einem Entwicklungsland aufzutreten; es zeigte sich, wie verheerend die Folgen mangelnder Neben- und Fernwirkungsanalysen sich gestalten müssen, indem man versucht, einzelne »Übel« zu bekämpfen, ohne deren Abhängigkeit vom Gesamtsystem zu betrachten; die im Experiment aufgezeigten Fehler der sukzessiven Unter- und Übersteuerung von Maßnahmen entsprechen sehr dem »Teufelskreis der Inkompetenz«, in dem wir seit Jahrzehnten unsere Art von »Entwicklungshilfe« befangen sehen. – Zu den Notwendigkeiten einer internationalen Kooperation in Umweltfragen vgl. P. C. MAYER-TASCH: Die verseuchte Landkarte. Das grenzen-lose Versagen der internationalen Umweltpolitik, München 1987.

den, durchführen und organisieren zu müssen. Wir wären zum ersten Mal in der menschlichen Geschichte in der Lage, praktisch zu leben, was wir spätestens seit den Tagen der stoischen Ethik wissen könnten: daß die Wahrheit des Menschen und die Universalität seines Geistes keine Grenzen duldet und keine Ausgrenzungen hinnimmt.

Gleichwohl bleibt der Gesamteindruck unserer Lage bedrückend. Wir Menschen müssen im Umgang mit den beiden großen Triebgebieten der Aggression und der Sexualität in den Themenschwerpunkten: Krieg und Überbevölkerung, in Jahrzehnten Verhaltensweisen ändern, die sich im Verlauf von Jahrmillionen aufgebaut haben,[47] und es zeigt sich, wie schwer es uns fällt, dem Tempo der technischen Veränderungen religiös und moralisch wenigstens in etwa nachzukommen, bis wir einen Zustand erreichen, an welchem das, was wir in den letzten zwei Jahrhunderten als Geschichte kennengelernt haben: ein ständiger Fortschritt in der wachsenden Nähe zum Abgrund, einem neu zu erstellenden »Fließgleichgewicht« Platz macht.

Ein wichtiges Teilziel heute bereits besteht darin, zumindest die Reste einer noch intakten Natur vor jedem weiteren Zugriff des Menschen zu schützen. Es muß Orte geben, an welche Menschen nicht hingehören, Überlebensinseln, an denen die Evolution auch in Jahrzehntausenden noch unabhängig vom Menschen sich weitergestalten kann;[48] denn die Alternative dazu wäre absolut infaust: das Herrentier Mensch wäre das Ende jeglicher Evolution und der Rest der Welt wäre nichts weiter als das Rohmaterial seiner Lebensansprüche. Es

---

[47] K. LORENZ: Der Abbau des Menschlichen, München–Zürich 1983, S. 155–196 katalogisiert die »Fehlleistungen ursprünglich sinnvoller Verhaltensweisen« vor allem im politisch-wirtschaftlichen Bereich unter Stichworten wie Überorganisation, Wettbewerb, Werbung, Propaganda, überwertige Ideen u. a. m.

[48] Vgl. V. B. DRÖSCHER: Wiedergeburt. Leben und Zukunft bedrohter Tiere (1984), München (dtv 10 659) 1986, S. 149–177: Rettungsinseln für Tiere. – S. 174–176 bietet eine Liste von Tierarten, die *von zoologischen Gärten* vor dem Aussterben bewahrt wurden.

ist der Kern von allem, was wir heute lernen müssen – oder niemals mehr lernen werden: daß das Überleben von Pflanzen und Tieren wichtiger ist als eine weitere Vermehrung der Menschheit. Die *expansive* Phase der menschlichen Geschichte ist endgültig an ihr Ende gelangt; und eine zweite, lebens*intensive* Phase wird es nur geben, wenn wir lernen, weise zu werden.

Wie lebensfeindlich wir heute in West- und Mitteleuropa leben, mag man daran erkennen, daß die umweltfreundlichsten Gebiete just dort anzutreffen sind, wo den Menschen der Zugang weitgehend versperrt ist: die Truppenübungsplätze und das Grenzgebiet der DDR zählen zu den erhaltenswertesten Naturoasen unserer Tage. Für Menschen lauert dort Todesgefahr, drum haben die Tiere und Pflanzen grad hier ihren Frieden. So blieben im Schatten der Todesstreifen des DDR-Grenzzaunes, dieses singulären Beispiels dafür, wie ein moderner Staat es nötig finden kann, seine eigenen Bürger einzusperren, z. B. die Überschwemmungsgebiete wie die Flußniederungen der Sude erhalten, bei Mustin am Goldensee findet sich eine der wenigen Kormoran-Brutkolonien auf deutschem Boden, Graureiher haben sich am Dassover-See bei Travemünde angesiedelt.[49] Es sollte unsere Pflicht sein, solche Stätten des Friedens für Tiere und Pflanzen zu erhalten, und es wird sich bald schon zeigen, ob wir dazu außerhalb politischer Zwänge in Freiheit imstande sind.

Vielleicht ist ein kleines abschließendes Beispiel sehr lehrreich, welch eine Art von Bewußtseinsveränderung gerade jetzt von uns erwartet wird. Der griechische Dichter *Nikos Kazantzakis* beschreibt in seiner Autobiographie »*Rechenschaft vor El Greco*« als eines der entscheidenden Erlebnisse seiner Jugend die Entdeckung, daß die Erde nicht ist, »wie wir dachten, das Zentrum des Alls; Sonne und Sternenhimmel kreisen nicht unterwürfig um unsere Erde; unser Planet ist

---

[49] Reservat für Wendehälse, Der Spiegel, 29. 1. 1990, S. 81–82; B. Borgeest – Th. Stephan: Die Grenze lebt, in: Zeitmagazin, 26. 1. 1990, S. 6–15.

nichts anderes als ein kleiner, unbedeutender Stern, in die Milchstraße hineingeworfen, und bewegt sich in knechtischer Unterwürfigkeit um die Sonne. Die königliche Krone war vom Haupt unserer Muttererde gestürzt. – Traurigkeit und Empörung ergriffen mich; zusammen mit der Mutter sind nun auch wir von der Vorrangstellung im Himmel herabgestürzt ... warum dann die Märchen, die uns die Lehrer, ohne sich zu schämen, erzählten, daß Gott Sonne und Mond als Schmuck der Erde geschaffen und über uns den Sternenhimmel wie einen Lüster gehängt habe, auf daß er uns leuchte? – Das war die erste Wunde; und die zweite: Der Mensch ist nicht ein verwöhntes privilegiertes Geschöpf Gottes; Gott hauchte ihm nicht seinen Atem ein, schenkte ihm keine unsterbliche Seele; er ist nur ein Glied in der endlosen Kette der Tiere, Enkel, Urenkel des Affen. Und wenn man unsere Haut, unsere Seele ein bißchen kratzt, wird man darunter unseren Ahnen, den Affen, finden. – Meine Bitterkeit und meine Empörung waren unerträglich; ich irrte allein auf den Küstenstraßen oder zwischen den Feldern umher ... Ich lief und fragte ... Warum täuschte man uns so viele Jahre lang? fragte ich mich und lief weiter; warum errichtete man uns Menschen und unserer Mutter, der Erde, königliche Throne und stürzte uns dann herab?[50]«

Den Kopf voller Zweifel und Verzweiflungsgedanken entdeckt der junge *Nikos Kazantzakis* im Nachbarhaus eine Äffin, deren rotes Hinterteil und deren menschliche Augen ihn bislang stets verächtlich gestimmt hatten. »Jetzt aber packte mich das Grauen ... das also ist meine Ahnin? ... Ein Königreich stürzte in mir zusammen ... Bin ich also nicht Gottes Sohn, sondern ein Affensohn?« »Und je mehr ich mich mit Wissen vollstopfte, um so bitterer war es in meinem Herzen. Ich hob den Kopf, hörte die Äffin schreien, und eines Tages löste sie sich von ihrem Strick, kletterte auf unseren Mimosenbaum, und als ich die Augen hob, sah ich sie zwi-

[50] N. KAZANTZAKIS: Rechenschaft vor El Greco, München 1978, S. 113–114.

schen den Zweigen nach mir spähen. Mich schauderte. Niemals hatte ich ein so menschliches Auge gesehen; ein Auge voller List und Spott, das rund, schwarz, unbeweglich auf mich gerichtet war. Ich warf die Bücher beiseite ... Ich beugte mich aus dem Fenster, warf dem Tier eine Nuß hin; es fing sie spielend, brach sie mit den Zähnen auf und begann, gierig den Kern zu kauen und mich dabei spöttisch anzublicken und zu schreien ... dann legte sie ihre Arme auf meine Schultern und wollte nicht mehr von mir fort. Ich fühlte ihre Wärme an meinem Hals, sie roch nach Wein und Ungewaschenheit, die Haare ihres Schnurrbartes drangen in meine Nasenlöcher, kitzelten mich, und ich mußte lachen. Sie seufzte und hing an mir wie ein Mensch. Ich fühlte, wie wir uns anglichen, der Atem der Äffin folgte ruhig meinem Atem, wir waren versöhnt. Und als sie mich abends verließ ..., kam mir ihre Umarmung wie eine düstere Verkündigung vor; durch das Fenster verließ mich der dunkle Engel eines vierfüßigen, behaarten Gottes.«[51]

Es ist eine rührende, zärtliche Begegnung innerer Versöhnung zwischen Mensch und Tier, ein durchaus religiöses Erlebnis, das der griechische Dichter hier schildert, wie es leider nur niemals innerhalb der christlichen Religion gelehrt und erfahrbar gemacht wurde. Das Ziel der christlichen Theologie bestand gerade nicht darin, den Menschen in die Einheit seiner Herkunft aus der Tierreihe zu setzen,[52] sondern ihn ganz im Gegenteil so weit als möglich aus der Natur herauszulösen; nur deshalb konnten die Entdeckungen *Galileis* und *Darwins* sich zu einer metaphysischen Katastrophe des Abendlandes auswachsen. Es ist erstaunlich, daß *Kazant-*

[51] A.a.O., 118–119.
[52] Diese These wird immer wieder trotz aller Lippenbekenntnisse durch das Verhalten der christlichen Kirchen bis in die Gegenwart bestätigt. Vgl. C. A. SKRIVER: Der Verrat der Kirchen an den Tieren, Höhr–Grenzhausen, ²1988, S. 63–89. Er ist der einzige mir bekannte theologische Autor, der in Anbetracht der Quälereien der Tierversuche *Schopenhauer* zitiert: »Die Menschen sind die Teufel auf der Erde und die Tiere die geplagten Seelen.« (S. 97)

zakis selbst sich in diesem Zusammenhang nicht an die Worte erinnert, die sein über alles geliebter Großvater sprach, als er auf dem Sterbebett von seinen Angehörigen Abschied nahm. »Spitzt eure Ohren, ihr Kinder, hört meine letzten Gebote: Gebt acht auf die Tiere, auf die Rinder, auf die Schafe, auf die Esel; glaubt mir, sie haben auch eine Seele, sind auch Menschen, nur daß sie ein Fell tragen und nicht sprechen können; frühere Menschen sind es, gebt ihnen zu essen; gebt acht auf die Olivenbäume und die Weinfelder, ihr müßt sie düngen, sie begießen, sie beschneiden, wenn ihr wollt, daß sie euch Früchte bringen; auch sie waren früher Menschen, aber viel, viel früher, und haben kein Erinnerungsvermögen mehr; doch der Mensch hat es, und daher ist er Mensch. Hört ihr? Oder spreche ich zu tauben Ohren?«[53]

Erst eine solche Geschwisterlichkeit mit all unseren Mitgeschöpfen, eine solche Rückerinnerung an den Paradiesesmorgen (s. o. S. 103–104) wird eine Form von Religion heraufführen, in welcher Natur und Geschichte, Ökologie und Ökonomie, Welt und Mensch, Unbewußtes und Bewußtes, Gefühl und Verstand, Frau und Mann, Leib und Seele eine Einheit bilden könnten. Gerade eine solche Einheit aber, das läßt sich jetzt schon sagen, wird religiös zunehmend mehr den Maßstab dessen bilden, was wir in Zukunft als Wahrheit werden glauben und als Wirklichkeit werden gestalten können. Die Natur hat Zeit. Selbst wenn sie in einem grandiosen Neuentwurf die menschliche Geschichte wie ein lästig gewordenes oder fehl geschlagenes Experiment von sich abschütteln sollte, so könnte sie sogar auf unserem kleinen Planeten gut und gern noch ein paar Mal von vorn beginnen, um intelligente Wesen zu schaffen, die vielleicht weniger aggressiv, weniger unglücklich und weniger verworren der Welt gegenüberstünden. Die Natur hat viel Zeit. Wir Menschen aber haben durchaus keine Zeit mehr. Das ist das entscheidende Problem. Denn nur wenn wir *jetzt* die richtigen Entscheidun-

[53] N. Kazantzakis: Rechenschaft vor El Greco, s. o. Anm. 50, S. 61.

gen treffen, werden wir das Fieberthermometer heutiger Geschichte auf einen für uns und die Welt erträglichen Grad herunterschlagen können – und stille werden in dankbarem Staunen über die unverdiente Schönheit des Seins.

HERDER / SPEKTRUM – Weisheit

Karlfried Graf Dürckheim
Mein Weg zur Mitte
Gespräche mit Alphonse Goettmann
Band 4014

Das Glück liegt auf der Hand
ABC der Lebensfreuden
Hrsg. von Rudolf Walter
Band 4021

Tanz der göttlichen Liebe
Das Hohelied des Karmel
Band 4023

Franz von Assisi
Geliebte Armut
Band 4024

Annemarie Schimmel
Die orientalische Katze
Band 4033

Antoine de Saint-Exupéry
Man sieht nur mit dem Herzen gut
Band 4039

Karlfried Graf Dürckheim
Vom doppelten Ursprung des Menschen
Band 4053

HERDER / SPEKTRUM – Literatur

Antoine de Saint-Exupéry
Briefe an seine Mutter
Botschaften eines großen Herzens
Band 4007

Lew Tolstoj
Zeiten des Erwachens
Band 4017

José Luis Sampedro
Das etruskische Lächeln
Roman
Band 4022

Marie Luise Kaschnitz
Zeiten des Lebens
Band 4029

Daniil Granin
Die verlorene Barmherzigkeit
Eine russische Erfahrung
Band 4043

Sabine Brodersen
Inge
Geschichte einer Einfühlung
Band 4059

HERDER / SPEKTRUM – Lebensfragen

Verena Kast
Loslassen und sich selber finden
Die Ablösung von den Kindern
Band 4002

Richard Lamerton
Sterbenden Freund sein
Helfen in der letzten Lebensphase
Band 4004

Lorenz Wachinger
Wie Wunden heilen
Sanfte Wege der Psychotherapie
Band 4009

Elisabeth Lukas
Auch dein Leben hat Sinn
Logotherapeutischer Trost in der Krise
Band 4011

Viktor E. Frankl
Das Leiden am sinnlosen Leben
Psychotherapie für heute
Band 4030

Harry Pross
Buch der Freundschaft
Band 4044

Rüdiger Rogoll
Nimm dich, wie du bist
Wie man mit sich einig werden kann
Band 4046

HERDER / SPEKTRUM – Lebenserfahrungen

Irmhild Söhl
Tadesse, warum?
Das kurze Leben eines äthiopischen Kindes
in einem deutschen Dorf
Band 4005

Christine Swientek
Mit 40 depressiv, mit 70 um die Welt
Wie Frauen älter werden
Band 4010

Elfriede Mosenthin
Am Ende bleibt die Menschlichkeit
Als Nachtschwester auf der Pflegestation
Band 4015

Waltraud von Tucher
Das Baby-Nest
Ein Kampf gegen Paragraphen und Lieblosigkeit
Band 4026

Margot Dombrowe
Ab morgen nie wieder
Der verzweifelte Kampf einer Mutter
um ihr drogensüchtiges Kind
Band 4028

Namo Aziz
Schweigen tötet
Schmerz und Traum
einer kurdischen Familie
Band 4074

HERDER / SPEKTRUM – Kultur

Gerd Heinz-Mohr
Lexikon der Symbole
Bilder und Zeichen der christlichen Kunst
Band 4008

Arno Borst
Die Katharer
Band 4025

Malcolm Lambert
Ketzerei im Mittelalter
Eine Geschichte von Gewalt und Scheitern
Band 4047

Hans Zender
Happy new ears
Das Abenteuer, die neue Musik zu hören
Band 4049

Ulli Olvedi
Frauen um Freud
Die Pionierinnen der Psychoanalyse
Band 4057

Ramon Llull
Das Buch vom Freunde und vom Geliebten
Übersetzt und herausgegeben von Erika Lorenz
Band 4094

Li Zehou
Der Weg des Schönen
Geschichte der chinesischen Kultur
Band 4114

HERDER / SPEKTRUM – Religion

Maria Kassel
Traum, Symbol, Religion
Tiefenpsychologie und feministische Analyse
Band 4040

Karlheinz Weißmann
Druiden, Goden, Weise Frauen
Zurück zu Europas alten Göttern
Band 4045

Leszek Kolakowski
Falls es keinen Gott gibt
Band 4067

Edward Schillebeeckx
Jesus
Die Geschichte von einem Lebenden
Band 4070

Carl Friedrich von Weizsäcker
Die Sterne sind glühende Gaskugeln, und Gott ist gegenwärtig
Über Religion und Naturwissenschaft
Band 4077

Rudolf Kaiser
Die Erde ist uns heilig
Die Reden des Chief Seattle und anderer indianischer
Häuptlinge
Band 4079

Lexikon der Religionen
Grundbegriffe, Ideen, Gestalten
Band 4090

HERDER / SPEKTRUM – Zeitfragen

Peter L. Berger
Auf den Spuren der Engel
Die moderne Gesellschaft und die Wiederentdeckung der
Transzendenz
Band 4001

Friedhelm Hengsbach
Wirtschaftsethik
Aufbruch – Konflikte – Perspektiven
Band 4013

Dietmar und Irene Mieth
Schwangerschaftsabbruch
Die Herausforderung und die Alternativen
Band 4016

Stephan H. Pfürtner
Fundamentalismus
Die Flucht ins Radikale
Band 4031

Dieter Oberndörfer
Die offene Republik
Die Zukunft Deutschlands und Europas
Band 4034

Ch. von Weizsäcker / E. Bücking
Mit Wissen, Widerstand und Witz
Frauen für die Umwelt
Band 4093

Peter L. Berger
Der Zwang zur Häresie
Religion in der pluralistischen Gesellschaft
Band 4098

HERDER / SPEKTRUM – Zeitfragen

Gerd Michelsen
Unsere Umwelt ist zu retten
Was ich gewinne, wenn ich mein Verhalten ändere
Band 4035

A. Th. Khoury / L. Hagemann / P. Heine
Islam-Lexikon
Geschichte, Ideen, Gestalten
Drei Bände in Kassette
Band 4036

Bernhard Gerl
Schrei nicht! Weine nicht!
Ein irakischer Flüchtling erzählt seine Geschichte
Band 4037

Frauenlexikon
Wirklichkeiten und Wünsche von Frauen
Hrsg. von Anneliese Lissner, Rita Süssmuth
und Karin Walter
Band 4038

Gerhard Bühringer
Drogenabhängig
Wie Eltern, Angehörige und Freunde
helfen können
Band 4064

Lexikon Medizin, Ethik, Recht
Darf die Medizin, was sie kann?
Information und Orientierung
Band 4073